U0306118

西藏畜禽寄生虫病研究60年

◎ 刘建枝　夏晨阳　主编

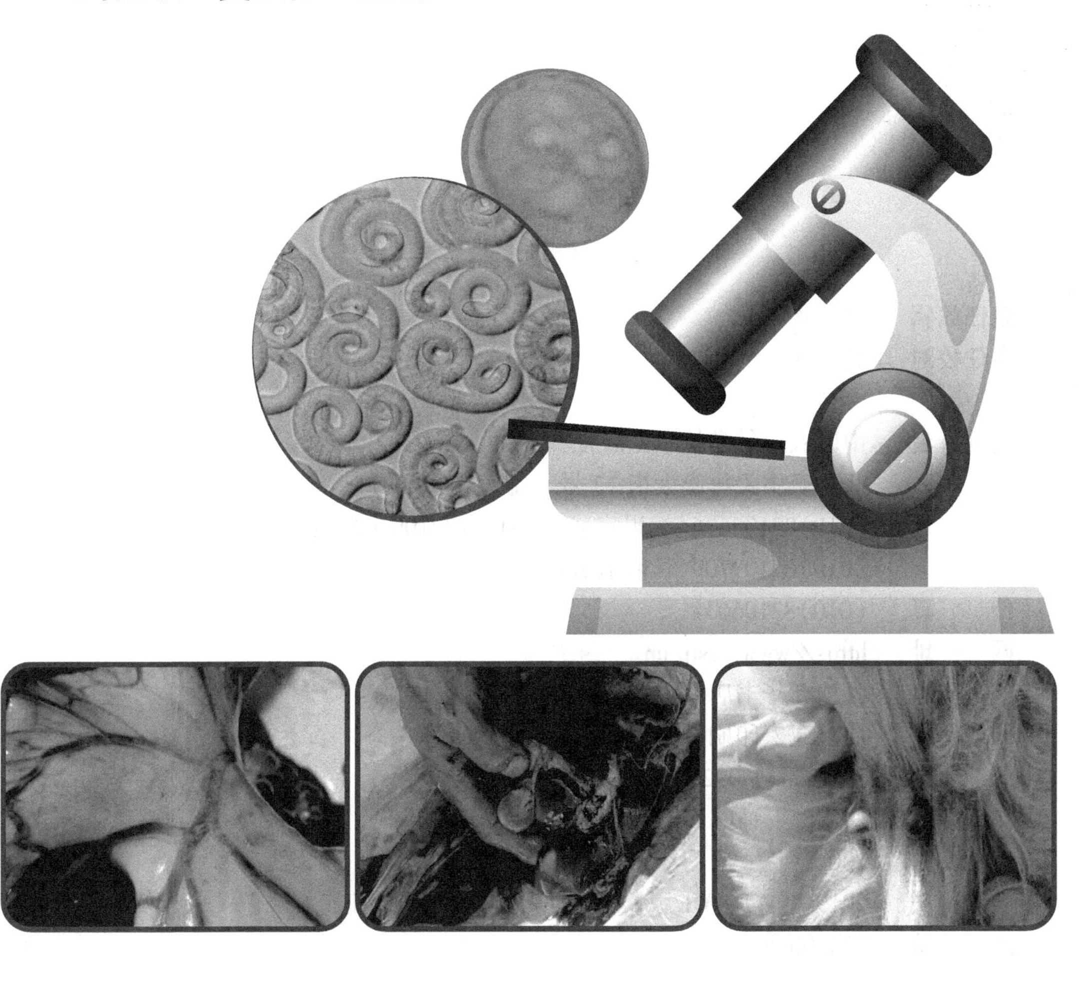

中国农业科学技术出版社

图书在版编目（CIP）数据

西藏畜禽寄生虫病研究 60 年 / 刘建枝，夏晨阳主编 .—北京：中国农业科学技术出版社，2019. 7
ISBN 978-7-5116-4020-8

Ⅰ. ①西… Ⅱ. ①刘…②夏… Ⅲ. ①畜禽-寄生虫病-研究-西藏 Ⅳ. ①S855. 9

中国版本图书馆 CIP 数据核字（2019）第 018946 号

责任编辑 姚 欢
责任校对 马广洋

出 版 者 中国农业科学技术出版社
北京市中关村南大街 12 号 邮编：100081
电 话 (010)82106636(编辑室) (010)82109702(发行部)
(010)82109709(读者服务部)
传 真 (010)82106631
网 址 http://www.castp.cn
经 销 者 各地新华书店
印 刷 者 北京建宏印刷有限公司
开 本 787 mm×1 092 mm 1/16
印 张 29. 25 彩插 8 面
字 数 700 千字
版 次 2019 年 7 月第 1 版 2019 年 7 月第 1 次印刷
定 价 280. 00 元

《西藏畜禽寄生虫病研究60年》

编 委 会

主　编： 刘建枝　夏晨阳

副主编： 李家奎　巴桑旺堆

编　委： 陈裕祥　鲁西科　朱兴全　付宝权
刘志杰　关贵全　唐文强　石　斌
单曲拉姆　宋天增　冯　静　元振杰
姬秋梅　班　旦　格桑卓嘎　马兴斌
佘永新　马弘财　周东辉　黄思扬
马金英　陈晓英　王　燕　赵　丽
李　坤　韩照清　刘梦媛　高建峰
张　鼎　兰彦芳　张　辉　罗后强
邱　刚　高文勋　汪小强　王　蕾
刘鑫宇　杨德全

2019 年西藏自治区科学技术协会
《西藏畜禽寄生虫病研究 60 年成果汇编》
2019 年西藏自治区科技重大专项
牛羊内外寄生虫病调查及防控关键技术研究与示范
2016 年科技厅重点科研项目
西藏牛羊包虫病、皮蝇蛆病防控技术研究与示范
2013 年国家公益性行业（农业）科研专项
放牧动物蠕虫病防控技术研究与示范（项目编号：201303037）

前 言

号称“世界屋脊”的青藏高原，南起喜马拉雅山脉南缘，北至昆仑山、阿尔金山和祁连山北缘，西部为帕米尔高原和喀喇昆仑山脉，东及东北部与秦岭山脉西段和黄土高原相接，介于北纬26°00′~39°47′，东经73°19′~104°47′之间，幅员辽阔，地势高亢。西藏更是屋脊的屋脊，国土面积122.84万km^2，约占全国总面积的1/8，平均海拔4 000m以上，比周围的平原、盆地高出3 000m以上。具有独特的生态环境，高寒、干旱、缺氧是其最大的特点。在这片广袤的高原之上生活有798种野生动物，以及牦牛、绵羊、山羊、黄牛、猪、鸡等家畜（禽），是西藏农牧民生产生活中主要经济来源，在西藏国民经济中占比很高。统计年鉴显示，截至2015年末，西藏全区存栏家畜1 833万头（只、匹），其中存栏牛599万头、绵羊736万只、山羊420万只，猪40万头。受经济社会发展落后等因素的制约，西藏畜牧业生产方式仍以自然放牧为主，饲养管理水平落后，动物疫病种类多、危害严重，经过几代兽医工作者的努力，许多动物疫病得到了有效控制。

自20世纪50年代中期开始，西藏畜牧科技人员开始了寄生虫病防控研究的漫漫征程。历经60载，开展了西藏家畜（禽）寄生虫区系调查研究、病原学及流行病学调查研究、引进药物驱虫试验研究、防控关键技术研究及示范等，取得了可喜成绩，有效控制了家畜寄生虫病，很大程度上降低了寄生虫的危害，为西藏畜牧业健康发展做出了卓越贡献。

1956年宋锦章、方勤娟开启了西藏家畜寄生虫研究，报道了西藏波密地区蚊类；1962年邬捷报道了西藏昌都地区绵羊、黄羊及岩羊寄生蠕虫34种；1965年孔繁瑶首次报道寄生于西藏绵羊的一新种线虫——念青唐古拉奥斯特线虫（*Ostertagia nianqingtangulaensis*）；鲁西科等西藏寄生虫病科研工作者首次研究报道罗德西吸吮线虫（*Thelazia rhodesi*）；西藏畜牧兽医工作者于20世纪70年代开启了寄生虫区系调查研究，同时开启了引进药物对家畜的驱虫实验研究；在随后的年月里，科研人员在西藏广大区域内陆续展开了多种动物的寄生虫区系调查、新药引进及驱虫实验，为西藏寄生虫种类研究奠定了坚实的基础，提供了大量的宝贵数据资料，推动了家畜禽驱虫关键技术的广泛应用。

进入21世纪后，随着分子生物学技术兴起与普及，刘建枝等利用分子生物学技术首次在西藏鉴定出寄生于牦牛体内的中华皮蝇蚴虫（*Hypoderma sinence*）、寄生于绵羊真胃的普通背带线虫（*Teladorsagia circumcincta*）、寄生于猪体内的旋毛虫（*Trichinella spiralis*），庞程等还在西藏藏羚羊体内发现中国第四种皮蝇蛆——藏羚羊皮蝇蛆（*Hypoderma* spp.）。20世纪90年代统计显示西藏家畜（禽）共有寄生虫198种，其中寄生蠕虫154种、蜘蛛昆虫类23种、原虫类21种。

本书是西藏广大兽医工作者历时60年心血结晶，是西藏家畜（禽）寄生虫病各方面取得成果的总结，也是一部广大兽医工作者对西藏畜（禽）寄生虫病认知史，防治工作的奋斗史。本书可供区内外广大畜牧兽医工作者参考参阅，因精力有限未能将全部研究论文收录在册，难免有遗漏，在此致歉。

本书的出版得到了西藏自治区科学技术学会、西藏自治区科技重大专项（西藏特色家畜选育与健康养殖-XZ201901NA02）、西藏自治区科技重点科研项目（西藏牛羊包虫病、皮蝇蛆病防控技术研究与示范）与国家公益性行业（农业）科研专项（放牧动物蠕虫病防控技术研究与示范〈201303037〉）的资助，还得到了自治区科学技术协会与自治区农牧科学院畜牧兽医研究所领导的大力支持，在此表示诚挚的感谢。本书收录了诸多未公开发表的宝贵文献，在此对文中作者一并表示忠心的感谢。

由于时间仓促、编者水平有限，书中难免存在错漏之处，敬请广大读者提出宝贵的意见和建议，以便及时更正。西藏家畜寄生虫病防治工作依然任重道远，我们愿意与国内外寄生虫病研究学者一道为西藏家畜寄生虫病防治继续努力，为西藏畜牧业健康发展贡献我们的微薄之力。

目　录

调查研究

引进药物驱虫、灭源试验研究

寄生虫防治药物研究

病原学研究

研究综述

调查研究

西藏波密地区蚊类的初步调查*

宋锦章，方勤娟

波密地区，原属前西康省，位于东经95°~97°、北纬29°~31°，为西藏高原较低的地区，气候温暖，雨量充足。本地区内除数条较大的河流外，也有少数的缓流小溪，但水温较低（9月小溪的平均水温为12℃），不适为蚊类滋生场所，因此，蚊虫不易在本地区内大量滋生和繁殖，笔者所采集的蚊虫大部是采自雨后积水的石凹及小坑。

笔者所采集的几乎全部是幼虫，成虫很少。成虫在帐篷、马棚及居民房中均难找到（仅在帐篷中采到2只库蚊），但在其滋生场所四周的灌木及草丛中则较多。波密地区的蚊类，以往尚无文献记载。作者于1954年5月下旬至10月中旬在该地区做了调查采集，但因当时条件关系，所作调查仅限于公路沿线。兹将所调查只蚊类4属12种的分布及滋生地分述如下，以供今后工作之参考。

1 按蚊属 *Anopheles* Meigen，1818

1.1 巨型按蚊贝氏变种 *Anopheles gigas baileyi* Edwards，1929

分布：立亚、卡达、郭、嘉龙塌、邓、通麦、新嘉、培龙、白浪汀、札木。

滋生地：小溪、沼泽**、清水坑、污水坑***、森林水坑****、石凹、泉水、蹄印、树洞、木槽。

1.2 巨型按蚊西木拉变种 *Anopheles gigas simlensis* James，1911

分布：札木、嘉龙塌。

滋生地：石凹、小溪。

1.3 林氏按蚊 *Anopheles lindesayi* Giles，1990

分布：白浪汀。

滋生地：泉水。

---

* 刊于《昆虫学报》1956年4期

** 沼泽为雨后积水之较大池塘，内多水草。

*** 污水坑为粪便所污染的小水坑。

**** 森林水坑在森林中，完全为树阴所蔽，无日光。

2　库蚊属　*Culex* Linnaeus，1758

2.1　致乏库蚊（致倦库蚊）　*Culex fatigans* Wiedemann，1828

分布：立亚、札木、卡达、郭。

滋生地：沼泽、污水池、木槽。

2.2　拟态库蚊（斑翅库蚊）　*Culex mimeticus* Noe，1899

分布：札木、卡达、郭、邓、通麦、培龙、白浪汀。

滋生地：沼泽、清水坑、污水坑、泉水、蹄印、木槽、森林水坑。

2.3　迷走库蚊　*Culex vagans* Wiedemann，1928

分布：札木。仅找到个别成虫而未找到幼虫。

2.4　薛氏库蚊（白顶库蚊）　*Cluex shebbearei* Barraud，1924

分布：札木、嘉龙塌、邓、通麦、新嘉、白浪汀。

滋生地：清水坑、石凹、竹篓、木槽、森林水坑。

3　伊蚊属　*Aedes* Meigen，1818

3.1　美腹伊蚊 *Aedes pulchriventer*（Giles），1901

分布：卡达、嘉龙塌、白浪汀。

滋生地：石凹、清水坑、污水坑。

3.2　爱氏伊蚊（刺刺伊蚊）*Aedes elsiae* Barraud，1923

分布：嘉龙塌、新嘉、白浪汀。

滋生地：石凹、清水坑、污水坑。

3.3　骚扰伊蚊（刺扰伊蚊）*Aedes vexans*（Meigen），1830

分布：札木。

3.4　伪带纹伊蚊 *Aedes pseudotaeniatus*（Giles），1901

分布：卡达、嘉龙塌、通麦、新嘉、白浪汀。

滋生地：石凹、清水坑、污水坑。

3.5 未定名赛氏蚊 *Theobaldia* sp.

分布：札木、卡达。

滋生地：森林水坑、小溪。

西藏昌都地区绵羊与野羊寄生虫调查报告*

邬　捷
（四川省农业科学研究所）

摘　要：本文报道西藏昌都地区绵羊与野羊（黄羊及岩羊）寄生蠕虫共34种。

西藏是我国西南部最大的高原牧区，是有丰富的家畜和天然野生动物资源的地方，更是我国家畜和野生动物寄生虫研究的空白地区。调查危害家畜的寄生虫及与家畜关系密切的野生动物寄生虫，目前在发展畜牧业生产和防治寄生虫病的危害上，具有重要意义。1960年6月至1961年1月，作者在西藏工作期间，曾在拉萨、昌都、八宿等地，对各种家畜和野生动物的寄生虫，进行了一些调查研究工作，现将有关绵羊、黄羊和岩羊寄生虫的调查材料，研究整理报告于后。

1　调查研究结果

本次调查是在西藏东部昌都地区进行的。在昌都地区调查之前，曾在拉萨解剖一头1.5岁杂交的绵羊，发现有下列6种寄生蠕虫：即西南歧尾肺线虫（*Bicaulus xinanensis*；同物异名：西南变圆线虫 *Varestrongylus xinanensis*），原圆属肺线虫（*Protostrongylus* sp.），环纹奥斯脱他线虫（*Ostertagia circumcincta*），鞭虫（*Trichocephalus* sp. 未保存标本，未鉴定种）及矛形复腔吸虫（*Dicrocoelium lanceatum*）等。

在昌都地区调查的地点，包括昌都县（城关区、拉多牧区），八宿县（夏雅牧区）等具有代表性的地方。在这些地区，先后解剖绵羊13只（系统解剖6头），野生黄羊7头和岩羊1只。共计发现内外寄生虫32种，其中寄生虫线虫22种，吸虫3种，绦虫幼虫3种，昆虫2种，舌形虫1种，住肉孢子虫1种，分属于6纲、17科、24属。

1.1　绵羊寄生虫调查结果

在昌都县、八宿县共解剖13只绵羊，其中，经过系统解剖检查者6只，共发现下列28种内外寄生虫，兹将结果详列于表1内。

1.2　黄羊寄生虫调查结果

黄羊（*Prodorcas gutturosa* Pallat）是西藏草原上最多见的一种野生羊类，成群地在草原上生活，与家羊接触机会很多，经常在同一牧地吃草和饮水。

此次调查，在八宿县夏雅牧区共解剖7只黄羊，获得8种寄生虫标本，计有住肉孢子虫1种，囊虫2种，吸虫1种，线虫4种。兹将详细调查结果列于表2。

---

* 刊于《中国畜牧兽医》1962年12期

表 1　绵羊寄生虫调查结果

寄生虫种类	寄生部位	昌都 1 号	昌都 2 号	八宿 1 号	八宿 2 号	八宿 3 号	八宿 4 号*	八宿 5 号*	八宿 6 号*	八宿 7 号*	八宿 8 号*	八宿 9 号*	八宿 10 号	八宿 11 号*
		♂	♂	♂	♂	♂	♂	♂	♂	♂	♂	♂	♂	♂
		1.5 岁	1 岁	1.5 岁	2 岁	1.5 岁	1.5 岁	2 岁	1 岁	1 岁	1.5 岁	1.5 岁	1.5 岁	1.5 岁
丝状网尾线虫 *Dictyocaulus filaria*	支气管		5					11						
原圆线虫 *Protostrongylus* sp.	肺泡	+	+	+				6						
斯氏原圆线虫 *Protostrongylus skrjabini*	支气管		2	30	3	11							2	7
西南歧尾线虫 *Bicaulus xinanensis*	细支气管		3	10	4								3	
艾氏毛圆线虫 *Trichostrongylus axei*	真胃			4		5								
毛圆线虫 *Trichostrongylus* sp.	真胃		1			5								
环纹奥斯脱他线虫 *Ostertagia circumcincta*	真胃	635	412	186	237	410							19	
奥斯脱他线虫 1 *Ostertagia* sp. Ⅰ	真胃		1			1								
奥斯脱他线虫 2 *Ostertagia* sp. Ⅱ	真胃				4									
马氏马歇尔线虫 *Marshllagia marshalli*	真胃	1		330	307	170				8			1	
尖刺细颈线虫 *Nematodirus filicollis*	小肠			1										
细颈线虫 *Nematodirus* sp.	小肠	1		2										
捻转血矛线虫 *Haemonchus contortus*	真胃	2												
羊钩虫（现：仰口属）*Bunostomum trigonocephalum*	小肠	21	1		1									
夏伯特线虫 *Chabertia* sp.	大肠	3												
结节虫（现：食道口属）*Oesophagostomum* sp.	大肠	11												

（续表）

寄生虫种类	寄生部位	昌都 1号	昌都 2号	八宿 1号	八宿 2号	八宿 3号	八宿 4号*	八宿 5号*	八宿 6号*	八宿 7号*	八宿 8号*	八宿 9号*	八宿 10号	八宿 11号*
		♂	♂	♂	♂	♂	♂	♂	♂	♂	♂	♂	♂	♂
		1.5岁	1岁	1.5岁	2岁	1.5岁	1.5岁	2岁	1岁	1岁	1.5岁	1.5岁	1.5岁	1.5岁
类圆螺咽胃虫（现：蛔状属，圆形蛔状线虫）*Ascarops strongylina*	真胃	1												
斯氏鞭虫 *Trichocephalus skrjabini*	大肠	121								2	16			
兰氏鞭虫 *Trichocephalus lani*	大肠		4	1	4									
毛细线虫 *Capillaria* sp.	真胃	11			1									
肝片吸虫 *Fasciola hepatica*	胆管	1											3	
鹿同盘吸虫 *Paramphistomum cervi*	瘤胃/十二指肠	10			+					85		47		
羊斯克里亚平吸虫（现：斯孔属）*Skrjabinotrema ovis*	小肠			2 000以上	10 000以上	20 000以上								
无卵黄腺绦虫 *Avitellina* sp.	小肠						+		1					
细颈囊尾蚴 *Cysticercus tenuicollis*	腹腔			4	1	5							3	
羊毛虱 *Bovicola ovis*	体外毛从			+										
羊虱蝇（现：羊蜱蝇）*Melophagus ovinus*	体外毛从									13				
舌形虫 *Linguatula serrata*	肠间淋巴结			2										

+未统计虫数；＊系局部解剖，虫数也是部分标本数

表 2　黄羊寄生虫调查结果

寄生虫种类	寄生部位	1	2	3	4	5	6	7	感染强度（最低，最高）	平均	感染率 %
		♀	♀	♂	♂	♂	♀	♀			
		成年	成年	成年	成年	成年	成年	成年			
羊住肉孢子虫（同物异名：脆弱住肉孢子虫，*Sarcocystis tenella*）*Sarcocystis ovi-canis*	食道肌	14	67	100*		145	38	247	14~247	101. 83	100. 00
棘球蚴 *Echinococcus cysticus*	肺	2							2	2	14. 28
细颈囊尾蚴 *Cysticercus tenuicollis*	腹腔							1	1	1	14. 28
鹿同盘吸虫 *Paramphistomum cervi*	瘤胃，十二指肠	2	2 000*	29				42	2~2 000	518. 25	57. 14
类圆螺咽胃虫（现：蛔状属，圆形蛔状线虫）*Ascarops strongylina*	瓣胃，真胃	149	290**	92***	343	684	1 416	131	131~1 416	572. 14	100. 00
马氏马歇尔线虫 *Marshllagia marshalli*	真胃	2	2	1	1		5		1~5	2. 2	71. 42
尖刺细颈线虫 *Nematodirus filicollis*	小肠						28	1	1~28	14. 5	28. 57
球鞘鞭虫 *Trichuris globulosa*	大肠	1					10	3	1~10	4. 6	42. 85

* 全部作典型标本保存，此为最低估计数；** 另有 200 条以上虫体连同虫囊保存；*** 另有 700 条虫体连同虫囊保存

1.3 岩羊寄生虫调查结果

岩羊当地工作同志通称盘羊，但根据体型特征似属岩羊（*Pseudosi* sp.）的一种。

在八宿夏雅牧区，解剖检查1只成年公岩羊，获得下列4种寄生线虫：

环纹奥斯脱他线虫（*O. circumcincta*），真胃，9条。

马氏马歇尔线虫（*M. marshalli*），真胃，13条。

细颈线虫（*Nematodirus* sp.），真胃，28条。

毛细线虫（*Capillaria* sp.），小肠，24条。

2 讨论与结论

根据上列寄生虫调查结果，在绵羊和野生羊体内共发现34种寄生虫（包括拉萨）。此外，在昌都畜牧兽医总站保存的标本中，尚有扩展莫尼茨绦虫（*Moniezia expansa*）与胰阔盘吸虫（*Eurytrema pancreaticum*）两种寄生虫标本。对于昌都地区羊群常发的螨病与脑包虫病，在剖检中尚未遇见。

绵羊斯克里亚平吸虫，在八宿县绵羊种发现3例，感染强度很高，寄生虫数可高达2万个以上，对其危害性和防治方法，有进一步调查研究的必要。

在绵羊真胃寄生的线虫中，环纹奥斯脱他线虫所占的比例甚大，而危害羊只最大的捻转血矛线虫所占的比例最低，这一结果，与作者在四川的调查结果一致，其原因可能与高原地区的自然条件有关。

1960年，昌都地区开展了用碘溶液防治肺线虫的工作，全区共防治绵、山羊24万只以上。根据国内外研究结果，碘溶液是治疗羊丝状网尾线虫病、牛胎生网尾线虫病与猪后圆线虫病等的有效方法，但是对羊的原圆线虫病、缪勒线虫病与歧尾线虫病等无效。根据作者初步调查结果，虽然调查的头数尚少，地区还不够广泛，但可以初步看出，羊的丝状网尾线虫所占比例不算太大。尤其应当注意的是，斯克里亚平原圆线虫（*P. skrjabini*）的虫体很大，长达40~60mm，眼观很似丝状网尾线虫，易被误认为丝状网尾线虫，而采取防治后者的办法进行防治，可能造成徒劳无益的后果。因此，在大规模防治以前，建议先进行一些必要的调查工作，确定危害羊只主要寄生虫的种类，分布地区，然后选择确实有效的方法。

在野生黄羊和岩羊内，共有10种寄生虫，除棘球蚴、螺咽胃虫（*Ascarops* sp.）、球鞘鞭虫与住肉孢子虫尚未在当地绵羊内发现外，其余几种在绵羊体内都有寄生。但在当地牦牛体内，有棘球蚴寄生。由上可以看出，黄羊和岩羊在绵羊寄生虫的互相传播上，有一定关系。

类圆螺咽胃虫（*Ascarops strongylina*）主要寄生在猪，偶然寄生在牛，而寄生在绵羊者尚属少见，作者曾在四川康定绵羊内首次发现，此次在昌都发现尚属第二次。

在黄羊内发现螺咽胃虫（*Ascarops* sp.）值得研究，这种线虫与前种显著不同，另作专题研究报告。螺咽胃虫主要寄生在黄羊重瓣胃内，也可在真胃内见到。此虫在重瓣胃胃壁内形成蚕豆大至鸽蛋大之虫囊。虫囊椭圆形，其一端有一小孔与胃腔相通，虫囊内有虫体 1~346 条，一般为 50~100 条。虫囊形成之部位，多半在重瓣胃基部与真胃交界处胃壁内，呈串珠状，个别在重瓣胃中部或上部胃壁内形成少数虫囊。在胃壁内形成之虫囊数，最少为 3 个，最多达 12 个。寄生虫数，每头最少为 131 条，最多达 1 416条。

在黄羊食道上寄生住肉孢子虫甚为普遍，除 1 头未作检查外，其余都有此种原虫寄生，寄生虫数甚高，14~247 个，平均 101.83 个。这种寄生虫是羊常见的寄生虫，但由于剖检当地绵羊头数不多，在绵羊体内暂未发现。

斯克里亚平原圆线虫（*P. skrjabini*）在我国尚无报道，此次尚为首次。

中国西藏日喀则和江孜地区的淡水肺螺类*

刘月英

（中国科学院动物研究所）

西藏软体动物的调查工作，从前国人尚无报道，只有一些外国学者做过一些零星的研究，例如19世纪的Reeve（1850）、Woodward（1856）、Deshayes（1871），20世纪的Preston（1909）、Germain（1909）、Weber（1910）、Dautzenberg（1915）等人。1961年年底，中国科学院西藏综合考察队渔业小组从西藏带来一批软体动物标本，委托作者分析鉴定。这些标本是1961年4—11月从日喀则专区的定结南湖、江孜专区的羊卓雍湖、惰清河、喀拉河及杜莫胡等水域内采到的，经过鉴定，共有10种，分别隶属于2科，2属。全部都是西藏地区已经记载过的种类，但前人所发表的报告还有许多种类，在笔者的材料中尚没有发现，如 *Radix auricularia obliguata*（Martens），*Limnaea auricularia* var. *thermalis* Weber，*Planorbis nevilli* Martens，*Planorbis pankongensis* Nevill 等种，有待以后做进一步的调查，再为补充。

1 种类的描述

1.1 耳萝卜螺 *Radix auricularia*

样本采集地：康马，喀拉（喀拉河，4/Ⅶ，海拔4 320m，pH 值 7，水深平均50cm）；帕里，惰清（惰清河，25/Ⅷ，海拔4 350m，pH 值 7，水温 17~18℃，平均水深 25cm）；羊卓雍湖（张继泉，1/Ⅵ，海拔4 321m，pH 值 7，水深 80cm）；白地（20/Ⅴ，海拔4 320m，pH 值 10，水温 17℃）。

标本测量

壳高	壳宽	壳口高	壳口宽
18.0	16.0	15.5	13.0
17.5	14.0	16.0	11.5
17.0	12.0	14.0	9.0

本种是世界性广分布种，为欧洲、亚洲普通的种类，它的形态变异甚大；在我国北方及长江流域各省是常见的种类。

* 刊于《动物学报》1963年1期

1.2 狭萝卜螺 *Radix lagotis*

样本采集地：杜莫湖（11/Ⅸ，海拔4 300m，pH 值7，水温15℃，平均水深15m）；羊卓雍湖（白地，20/Ⅴ；浪卡子，1/Ⅵ，海拔4 320m，pH 值7~8）。

标本测量

壳高	壳宽	壳口高	壳口宽
19.25	15.5	14.0	11.5
15.5	13.0	12.5	10.0
13.0	9.2	9	6.5

本种形状变异很大，有许多变种，贝壳呈尖卵圆形，具有较高的螺旋部及卵圆形的壳口。

分布于我国黑龙江、河北、陕西、湖北、西藏；欧洲；北亚。

1.3 霍氏萝卜螺 *Radix hookeri*

样本采集地：康马、喀拉（喀拉河）。

标本测量

壳高	壳宽	壳口高	壳口宽
10.2	6.8	6.8	4
10.2	6.8	7.0	4

贝壳中等大小，呈尖卵圆形，壳薄，壳面呈浅黄色，或褐色，较不透明。有 4 个螺层，壳顶略钝，螺层增长均匀，体螺层膨大，上部呈削肩状。缝合线浅、斜，在体螺层上方斜的特别明显。壳口呈长卵圆，外缘薄，内缘厚，外折，上方贴附于体螺层上，轴缘形成一个窄的薄片。脐孔明显，略被轴缘所遮。

本种只发现在我国西藏及喜马拉雅的北部。Hooker（1850）在我国西藏和喜马拉雅北部5 490m 以上地区采到。Stewart（1907）从西藏江孜海拔3 996m，芒察海拔4 419m及塞镇海拔3 992m 地区的池塘及由泉水形成的小溪中采到。

1.4 波氏萝卜螺 *Radix bowelli*

样本采集地：定结（定结南湖，8/Ⅶ，海拔4 200m，pH 值10，水温20℃，平均水深0.6 m）。

标本测量

壳高	壳宽	壳口高	壳口宽
11.5	7.5	8.5	5.5
12.0	8.0	9.0	5.5

贝壳呈宽卵圆形，壳薄，较坚固，略有光泽，壳面呈黄褐色。有4个螺层，螺层缓慢，均匀增长，各螺层上部呈肩状，略呈梯状排列；螺旋部较细长，约等于全部壳高的1/3；体螺层膨大。缝合线深。壳口呈长卵圆形，内缘外翻，上缘贴附于体螺层上，轴缘形成一个较宽的薄片。脐孔明显，位于其后。

本种只在我国的西藏发现，为该地特有种。Bailey从西藏特拉特森海拔4 880m处采到。Stewart在德林哥姆巴海拔4 266m、芒察4 419m和江孜3 996m的小山溪内采到。

1.5 青海萝卜螺 *Radix cucanorica*

样本采集地：羊卓雍湖（白地，20/Ⅴ）。

标本测量

壳高	壳宽	壳口高	壳口宽
20.5	10.2	15.0	11.0
17.0	13.2	12.0	9.8
16.0	10.2	10.2	6.5

贝壳呈尖卵圆形，壳厚坚实，壳面具有明显的生长线。有5个螺层，前面螺层增长均匀，形成尖锥状长的螺旋部；体螺层迅速增长；螺旋部高，约占全部壳高的2/5；壳顶尖；体螺层膨大，上部呈肩状。壳口大，呈卵圆形，外缘薄，内缘外翻，上方贴附于体螺层上，下方形成强的轴缘。脐孔明显，被轴缘所遮。

本种分布于我国的西藏、甘肃及青海等地。

1.6 尖氏萝卜螺 *Radix acuminata*

样本采集地：羊卓雍湖（浪卡子，1/Ⅵ；白地，20/Ⅴ）。

标本测量

壳高	壳宽	壳口高	壳口宽
14.5	7.5	10.5	6.0
12.0	6.0	8.0	5.0
12.0	7.0	9.0	5.5

贝壳瘦长，呈尖长卵圆形。有4个螺层，螺层不膨胀，缓慢增长，渐细；壳顶尖，

螺层上都呈斜状，体螺层细长，不膨大，上部呈削肩状。壳口呈长卵圆形，较长，较窄，外缘薄，内缘外翻，上方贴附于体螺层上；轴缘细，略扭转。脐孔小，被轴缘所遮。

本种分布于我国的西藏，喜马拉雅的北部；印度。

1.7 斯氏旋螺 *Gyraulus stewarti*

样本采集地：帕里，惰清（惰清河，25/Ⅶ）；定结（定结南湖，9/Ⅶ）。

标本测量

壳直径	7.5	5.0	6.0
壳宽	2.0	1.3	1.5

贝壳呈扁圆盘状，壳面呈黄香色，贝壳坚固，稍厚，壳面具有细密的斜行的生长线。有 $4\frac{1}{2}$个螺层，螺层规则增长，贝壳上面较平坦，中央凹入，下面略凸，在体螺层上外凸的最明显；体螺层呈圆形，向壳口逐渐增大，周缘中央具有钝的龙骨。脐孔大而深。缝合线深。壳口边缘不向外扩张。

Stewart（1909）从我国的西藏浪湖海拔4 483.5m 的池塘内采到本种。现知仅分布于我国西藏，为西藏特有种。

1.8 巴拉克包尔旋螺 *Gyraulus barrackporensis*

样本采集地：定结（定结南湖，9/Ⅶ）。

标本测量

壳直径	5.0	5.0	4.5
壳宽	1.2	1.2	1.2

贝壳呈圆盘状，壳面呈黄褐色。有 $3\frac{1}{2}$个螺层，螺层规则增长，贝壳上面较平坦，中央微微凹入；体螺层大而圆，在贝壳下面将其他螺层掩盖着。壳口呈斜卵圆形、内缘贴附于体螺层上，形成明显白色大的胼胝部。脐孔小。

Stewart（1907）曾于西藏芒察海拔4 419m 以及江孜海拔3 996m 处的池塘内采到。本种分布于我国西藏；印度。

1.9 矮小旋螺 *Gyraulus nanus*

样本采集地：羊卓雍湖（浪卡子，白地）。

标本测量

壳直径	6.0	4.0	3.8
壳宽	1.2	1.0	1.0

贝壳呈扁圆盘状。有3 $\frac{1}{2}$ 个螺层，上部较平坦，中央稍凹入，体螺层宽圆，下面外凸，有的标本在中央具有钝的龙骨。缝合线浅。壳口呈斜横圆形、周缘不向外扩张，内缘形成一个白色弱的胼胝部。脐孔大而深。

Germain在1909年曾提到*Planorbis himalayensis*与本种很近似，可能是一种，作者将两种文献中的描述和图进行了比较，两种形状及描述完全相同，因此考虑*Planorbis himalayensis*是*Planorbis nanus*的同物异名。

Stewart（1907）曾于西藏德林海拔4 266m的小溪发源地，江孜海拔4 419m的河中水草上及浪湖海拔4 483.5m的湖中水草上。Strachey曾采于西藏错拉俄尔。Hodgart曾采于印度。本种分布于我国西藏；印度。

1.10 拉达克旋螺 *Gyraulus ladacensis*

样本采集地：羊卓雍湖（浪卡子，1/Ⅵ）。

标本测量

壳直径	4.5	4.0	4.0
壳宽	1.1	1.0	1.0

贝壳小，呈圆盘状。有4 $\frac{1}{2}$个螺层，螺层均匀增长，贝壳上下两面同样的外凸，两面的中央微微凹入；体螺层大而圆，在贝壳上而高于倒数第二螺层，周缘具有钝的龙骨。壳口呈斜横圆形，周缘薄，上缘下斜，向内缩紧，内缘贴附于体螺层上，形成若白色的胼胝部。

Stolicjka曾采于拉达克、旁遮、巴达克香、叶尔羌等地。本种分布于我国的西藏、新疆；印度。

2 地理分布和垂直分布

2.1 地理分布

西藏日喀则和江孜2个专区的10种淡水肺螺类中，除了耳萝卜螺为世界性的种类及狭萝卜螺分布于欧洲及北亚的种类外；其他8种全部属于高原地区的种类，其中，霍氏萝卜螺、波氏萝卜螺、斯氏旋螺为我国西藏高原地区的特有种；青海萝卜螺除分布于西藏外，还分布于青海、甘肃高原地区；尖萝卜螺、矮小旋螺、巴拉克包尔旋螺、拉达克旋螺除分布于我国西藏外，还在印度等地分布。

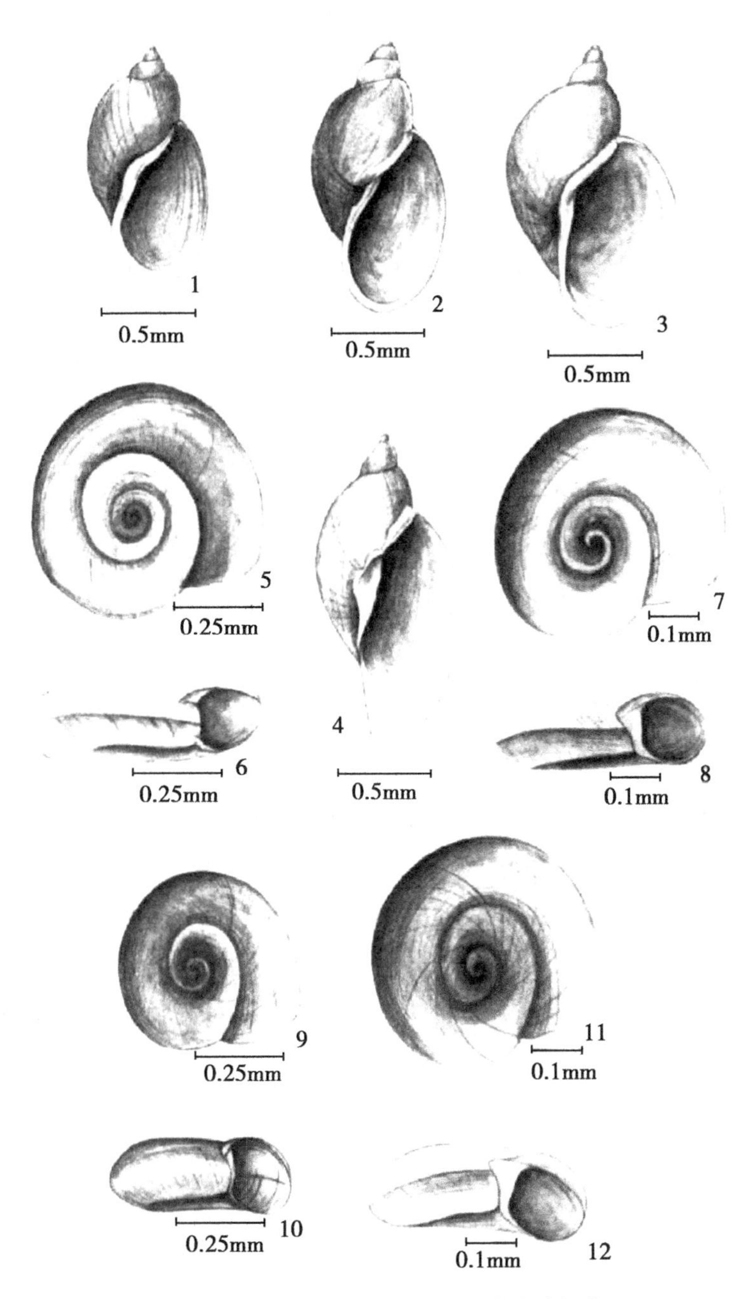

图1　西藏日喀则和江孜地区的淡水肺螺类

1. 霍氏萝卜螺（*Radix hookeri*）；2. 波氏萝卜螺（*Radix bowelli*）；3. 青海萝卜螺（*Radix cucanorica*）；4. 尖萝卜螺（*Radix acuminata*）；5，6. 斯氏旋螺（*Gyraulus stewarti*）；5. 背面观；6. 侧面观；7，8. 巴拉克包尔旋螺（*Gyraulus barrackporensis*）；7. 背面观；8. 侧面观；9，10. 矮小旋螺（*Gyraulus nanus*）；9. 背面观；10. 侧面观；11，12. 拉达克旋螺（*Gyraulus ladacensis*）；11. 背面观；12. 侧面观

在日喀则专区仅在定结南湖一个水域进行了采集，定结南湖是一个较小的湖泊，海拔4 200m，面积约 8km^2，水浅，湖内有水生维管束植物，适于淡水肺螺类生长，螺类数量极多，共发现波氏萝卜螺、巴拉克包尔旋螺、斯氏旋螺 3 种，前两种只发现在这一水域内，后一种除发现在这一水域内以外，在江孜专区的惰清河内也有发现，数量都很多。此外在这一水域内还采到了椎实螺产的卵袋。

在江孜专区进行了惰清河、喀拉河、杜莫湖及羊卓雍湖 4 个水域的采集，而在羊卓雍湖又进行了白地、浪卡子、张纠 3 个地区的采集。

惰清河，海拔4 350m，河宽 2~3m，沿岸水生维管束植物生长茂盛，发现耳萝卜螺及斯氏旋螺 2 种，数量极多。

喀拉河，海拔4 320m，河宽 4~5m，螺类生长较少，发现耳萝卜螺及霍氏萝卜螺 2 种。

杜莫湖，海拔4 300m，湖面积约 32km^2，水生维管束植物生长少，螺类较少，只发现狭萝卜螺一种。

羊卓雍湖，海拔4 320m，是一个大的湖泊，面积 880km^2，有 11 条河流流入，在河口处螺类生长很多。在白地共发现 5 种，其中，耳萝卜螺及矮小旋螺为本水域的优势种，其次是狭萝卜螺及青海萝卜螺，而尖萝卜螺较少；浪卡子是羊卓雍湖的一个附属的小湖泊，面积约 10km^2，岸边水生维管束植物生长很多，螺类极多，共发现狭萝卜螺、尖萝卜螺、矮小旋螺及拉达克旋螺 4 种，数量都很大；张纠是流入羊卓雍湖的一条泉水，水生维管束植物生长很多，螺类极多，并发现大量的卵袋，只采到耳萝卜螺一种。

现将 2 个专区淡水肺螺类的分布情况列于表 1（表内“+”表示数量较少；“++”表示数量较多；“+++”表示数量多）。

表 1　西藏日喀则和江孜 2 个专区淡水肺螺类的分布情况

种名	日喀则	江孜					
	定结湖	惰清河	喀拉河	杜莫湖	羊卓雍湖		
					白地	浪卡子	张纠
1. 耳萝卜螺		+++	+		+++		+++
2. 狭萝卜螺				+	++	+++	
3. 霍氏萝卜螺			+				
4. 波氏萝卜螺	+						
5. 青海萝卜螺					++		
6. 尖萝卜螺					+	++	
7. 斯氏旋螺	+++	+++					
8. 巴拉克包尔旋螺	+++						
9. 矮小旋螺					+++	+++	
10. 拉达克旋螺						+++	

2.2 垂直分布

现根据前人的记载和笔者调查的资料，将日喀则及江孜2个专区淡水肺螺类垂直分布的比较做成表2。

表2 日喀则及江孜2个专区淡水肺螺类垂直分布的比较

种类	海拔高度（m）	
	最高	最低
1. 耳萝卜螺	5 540	4 320
2. 狭萝卜螺	4 300	1 400
3. 霍氏萝卜螺	5 490	3 992
4. 波氏萝卜螺	4 880	3 996
5. 青海萝卜螺	4 320	1 320
6. 尖萝卜螺	5 490	4 320
7. 斯氏旋螺	4 483. 5	4 200
8. 巴拉克包尔旋螺	4 419	3 996
9. 矮小旋螺	4 483. 5	4 320
10. 拉达克旋螺	4 370	4 320

由表2可以看出，日喀则及江孜二专区的淡水肺螺类全部都分布在海拔1 400~5 540m的范围内，其中，以耳萝卜螺垂直分布最高，可分布到海拔5 540m处，其次是霍氏萝卜螺及尖萝卜螺可分布到海拔5 490m处，表列的前3种可分布在海拔5 000m以上，除了狭萝卜螺最低可分布至1 400m的地区以外，其他种类最低都分布在3 900m以上。狭萝卜螺的垂直分布幅度最广，在西藏地区分布于海拔1 400~4 300m的范围内，其次是耳萝卜螺分布在海拔4 320~5 540m范围内，但是这两种在其他地区的垂直分布都很低。拉达克旋螺及青海萝卜螺垂直分布幅度最小，前者在海拔4 320~4 370m，后者只在4 320m处发现。

参考文献（略）

当雄县绵羊寄生虫区系调查*

佚　名
（西藏自治区畜牧兽医科学研究所；当雄县兽医院）

西藏地处我国西南前哨，是我国主要的牧区之一，草原辽阔，水草丰盛，牧业比重约占全区国民经济收入的 50%，畜牧业的发展不但关系到全区国民经济的收入和人民生活水平的提高，同时在巩固祖国西南边防上也有着十分重要的意义。

为了逐步摸清我区家畜寄生虫的地理分布及其危害程度，给防治家畜寄生虫病提出科学根据，于 1974 年 5 月首先对当雄县中嘎多公社绵、山羊寄生虫进行了调查。

1　自然概况

中嘎多公社属于当雄县管辖，位于念青唐古山山脉之间，东经 91°29′，北纬 30°29′，地势比较平坦，起伏不大，多有水滩、小沼泽分布，并有当雄河由东向西穿流而过。本区气候特点干寒，6 月最热（22.3℃），12 月最冷（-24.2℃），年平均降水量为 471mm，6、7、8 月降水量最大为 347.7mm，占全年降水量的 73.7%（当雄县气象站资料）。夏季多雷暴、冰雹，冬春多偏西和西南大风，6 月下旬至 8 月中旬为无霜期，当地属于亚高山草原类型，以沙草科和禾本科植物为主。

中嘎多公社全部是藏族社员，牧业经济为本公社每年收入的来源，主要家畜有绵羊、山羊、牦牛和少量的马匹，依高山、滩地天然牧场放牧，野生动物主要有熊、狼、狐、黄羊、野兔等。

2　调查方法和步骤

2.1　剖检羊只

系利用中嘎多公社 1973 年未进行任何驱虫的体质瘦弱和较健壮的藏系绵羊 15 只和山羊 4 只。

2.2　剖检方法

基本上是按照斯克里亚平蠕虫学完全剖检法进行的。所采集的标本用肉眼粗略鉴定后，分装于 70% 甘油酒精中固定保存，并做好记录。

将所得的固定标本在显微镜下进行了逐条的较仔细的鉴定，列出了中嘎多公社羊只

* 刊于《兽医科技资料》1975 年 Z1 期

寄生虫种类统计表（表1）。

3 结果

1974年5月，对当雄县中嘎多公社15只绵羊和4只山羊进行了剖检（附表1）：
绵羊共发现40种体内外寄生虫，分属于：
吸虫纲：二科，二属，二种；
绦虫纲：二科，四属，四种；
线虫纲：六科，十一属，三十种；
节肢动物门：三纲，三目，四科，四属，四种。
山羊共发现20种体内外寄生虫，分属于：
吸虫纲：二科，二属，二种；
绦虫纲：一科，二属，二种；
线虫纲：五科，八属，十三种；
节肢动物门：一纲，一目，三科，三属，三种。
现名列于后：

扁形动物门 Platyhelminthes
- 吸虫纲 Trematoda
  - 棘口目 Echinostomida
    - 片形科 Fasciolidae
      - 片形属 *Fasciola*
        - 肝片形吸虫 *F. hepatica*
    - 前后盘科 Paramphistomatidae
      - 前后盘属 *Paramphistomum*
        - 鹿前后盘吸虫 *P. cervi*
- 绦虫纲 Cestoda
  - 圆叶目 Cyclophyllidea
    - 裸头科 Anoplocephalidae
      - 无卵黄腺属 *Avitellina*
        - 中点无卵黄腺绦虫 *A. centripunctata*
    - 带科 Taeniidae
      - 棘球属 *Echinococcus*
        - 兽形棘球蚴 *E. veterinarum*
          （同物异名：细粒棘球蚴 *E. cysticus*）
      - 带属 *Taenia*
        - 细颈囊尾蚴 *C. tenuicollis*
      - 多头属 *Multiceps*
        - 脑多头蚴 *Coenurus cerebralis*

线形动物门 Nemathelminthes
- 线虫纲 Nematoda

圆形目 Strongylidae
毛圆科 Trichostrongylidae
毛圆属 *Trichostrongylus*
蛇形毛圆线虫 *T. colubriformis*
艾氏毛圆线虫 *T. axei*
鹿毛圆线虫 *T. cervarius*
透明毛圆线虫 *T. vitrinus*
奥氏特他属/奥斯特属 *Ostertagia*
普通奥氏特他线虫 *O. circumcincta*
三叉奥氏特他线虫 *O. trifurcata*
念青唐古拉奥氏特他线虫 *O. nianqingtangulaensis*
叶氏奥氏特他线虫 *O. erschowi*
西方奥氏特他线虫 *O. occidentalis*
马歇尔属 *Marshallagia*
马氏马歇尔线虫 *M. marshalli*
蒙古马歇尔线虫 *M. mongolica*
拉萨马歇尔线虫 *M. lasaensis*
东方马歇尔线虫 *M. orientalis*
细颈属 *Nematodirus*
许氏细颈线虫 *N. hsui*
奥利春细颈线虫 *N. oiratianus*
钝刺细颈线虫 *N. spathiger*
钩口科 Ancylostomatidae
仰口属 *Bunostomum*
羊仰口线虫 *B. trigonocephalum*
夏伯特科 Chabertidae
食道口属 *Oesophagostomum*
甘肃食道口线虫 *O. kansuensis*
网尾科 Dictyocaulidae
网尾属 *Dictyocaulus*
丝状网尾线虫 *D. filaria*
原圆科 Protostrongylidae
原圆属 *Protostrongylus*
赖氏原圆线虫 *P. raillieti*
霍氏原圆线虫 *P. hobmaieri*
刺尾属 *Spiculocaulus*
邝氏刺尾线虫 *S. kwongi*
歧尾属 *Bicaulus*
同物异名：变圆属 *Varestrongylus*
舒氏歧尾线虫 *B. schulzi*

伪达科　Pseudaliidae
缪勒属　*Muellerius*
毛样缪勒线虫　*M. capillaris*
同物异名：毛细缪勒线虫　*M. minutissimus*
毛首目　Trichocephalidea
同物异名：鞭虫目　Trichuridea
毛首科　Trichocephalidae
同物异名：鞭虫科　Trichuridae
毛首属　*Trichocephalus*
同物异名：鞭虫属　*Trichuris*
拉尼毛首线虫/兰氏毛首线虫　*T. lani*
球形毛首线虫　*T. globulosa*
斯克里亚平毛首线虫/斯克里亚宾线虫　*T. skrjabini*
节肢动物门　Arthropoda
蛛形纲　Arachnida
寄形目　Parasitiformes
硬蜱科　Ixodidae
革蜱属　*Dermacentor*
草原革蜱　*D. nuttalli*
五口虫纲　Pentastomida
舌形虫目　Linguatulida
舌形虫科　Linguatulidae
舌虫属　*Linguatula*
锯齿舌虫幼　*L. serrata*
昆虫纲　Insecta
双翅目　Diptera
虱蝇科　Hippoboscidae
蜱蝇属　*Melophagus*
绵羊虱蝇　*M. ovinus*
食毛目　Mallophaga
毛虱科　Trichodectidae
毛虱属　*Bovicola*
山羊毛虱　*B. caprae*
虱目　Anoplura
颚虱科　Linognathidae
颚虱属　*Linognathus*
绵羊颚虱　*L. ovillus*
狭颚虱　*L. stenopsis*

表1　中嘎多公社绵羊、山羊寄生虫感染量

虫名及感染量	羊号	1	2	3	4	6	7	9	11	12	13	15	16	17	18	19	感染羊数	感染强度	平均感染强度	感染率%
	性别	♂	♂	♂	♂	♂	♂	♀	♂	♀	♀	♀	♀	♀	♀	♀				
	年龄	成	成	成	成	成	成	成	成	成	2岁	成	成	成	成	成				
	营养	中下	下	中下	中下	中	中下	下	中下	中下	中下	下	中下	中下	中下	中下				
肝片吸虫 *F. hepatica*			1		3	35	15	13	70	8	53	6	24	4	17	12	1~70	20.8	80.0	
鹿前后盘吸虫 *P. cervi*		3			28	860	99		151	33	240	8	21	25	216	11	3~860	153.1	73.3	
中点无卵黄腺绦虫 *A. centripunctata*	2	2		3		4	4	1			4			1		8	1~4	2.6	53.3	
兽形棘球蚴 *E. veterinarum*					2		1		4	2	30		4	1	3	8	1~30	5.9	53.3	
细颈囊尾蚴 *C. tenuicollis*		1	1	2	3		6			3	1	1	2	4		10	1~6	2.4	66.7	
脑多头蚴 *Coenurus cerebralis*							3									1	3	3.0	6.7	
Trichostrongylus yansomf			10					1								2	1~10	5.5	13.3	
蛇形毛圆线虫 *T. colubriformis*					1	13							35	29	1	5	1~35	15.8	33.3	
艾氏毛圆线虫 *T. axei*		1			2			1				16			2	5	1~16	4.4	33.3	
鹿毛圆线虫 *T. cervarius*		1											29			2	1~29	15.0	13.3	
透明毛圆线虫 *T. vitrinus*													2			1	2	2.0	6.7	
普通奥氏线虫 *O. circumcincta*	11	10	12	23	142	10	107	23	307	317	5	6	9	4	28	15	4~317	67.6	100.0	
三叉奥氏线虫 *O. trifurcata*				2	17	10	5	3	23	16	2		5		10	10	2~23	9.3	66.7	
念青唐古拉奥氏线虫 *O. nianqingtangulaensis*	1		10	7	24		14	6		54	1	1			5	10	1~54	12.3	66.7	
O. hamaea															1	1	1	1.0	6.7	

（续表）

虫名及感染量	羊号	1	2	3	4	6	7	9	11	12	13	15	16	17	18	19	感染羊数	感染强度	平均感染强度	感染率%
	性别	♂	♂	♂	♂	♂	♂	♀	♂	♀	♀	♀	♀	♀	♀	♀				
	年龄	成	成	成	成	成	成	成	成	成	2岁	成	成	成	成	成				
	营养	中下	下	中下	中下	中	中下	下	中下	中下	中下	下	中下	中下	中下	中下				
叶氏奥氏线虫 *O. erschowi*					1						1					2	1	1.0	13.3	
西方奥氏线虫 *O. occide-ntalis*					1				30							2	1~30	15.5	13.3	
O.（*G*）. *arcuiui*				1												1	1	1.0	6.7	
马氏马歇尔线虫 *M. marshalli*	12		4	38	13		30	2	31	4			6		1	10	1~38	14.1	66.7	
蒙古马歇尔线虫 *M. mongolica*	6	20	37	22	31	20	18	5	11	23		9	38	1	3	14	1~38	17.4	93.3	
拉萨马歇尔线虫 *M. lasaensis*	25	20	14	8	16		8	1		15			1			9	1~25	12.0	60.0	
东方马歇尔线虫 *M. orientalis*					1											1	1	1.0	6.7	
许氏细颈线虫 *N. hsui*	1 126	349	1 150	104	2 546	1 965	221	1 854	730	6 507		100	276	730	381	14	61~6 507	1 288.5	93.3	
奥利春细颈线虫 *N. oiratianus*								1								1	1	1.0	6.7	
钝刺细颈线虫 *N. spathiger*							1			1						2	1	1.0	13.3	
羊仰口线虫 *B. trigonocephalum*								1	2	4	2	4	27	13	6	8	1~27	7.4	53.3	
甘肃食道口线虫 *O. kansuensis*	3		6	1	1	4	10			16		5	14	5	17	11	1~17	7.5	73.3	
丝状网尾线虫 *D. filaria*		5	6	2	1		8	5	75	6	21	23	119		35	12	1~119	25.5	73.3	

（续表）

虫名及感染量	羊号	1	2	3	4	6	7	9	11	12	13	15	16	17	18	19	感染羊数	感染强度	平均感染强度	感染率%
	性别	♂	♂	♂	♂	♂	♂	♀	♂	♀	♀	♀	♀	♀	♀	♀				
	年龄	成	成	成	成	成	成	成	成	成	2岁	成	成	成	成	成				
	营养	中下	下	中下	中下	中	中下	下	中下	中下	中下	下	中下	中下	中下	中下				
霍氏原圆线虫 *P. hobmaieri*	14	19	12	11	1	6	17	15	8	3	7	8	9	5	2	15	1~19	9.1	100	
赖氏原圆线虫 *P. raillieti*		1				1		30								3	1~30	10.7	20.0	
邝氏刺尾线虫 *S. kwongi*	1	1				6		1	2		1	3				7	1~6	2.1	46.7	
S. sp.														2		1	2	2.0	6.7	
舒氏岐尾线虫 *B. schulzi*						3			2				2			3	2~3	2.3	20.0	
毛细缪勒线虫 *M. minutissimus*			有	有		有	有	有	有	有	有	有	有	有	有	12			80.0	
拉尼毛首线虫 *T. lani*	96	229	187	38	8	41	67	83		89	61	3	86	96	14	14	3~229	78.4	93.3	
球形毛首线虫 *T. globulosa*	6	60						6					3	3		5	3~60	15.6	33.3	
斯克里亚平毛首线虫 *T. skrjabini*			3										5			2	3~5	4.0	13.3	
草原革蜱 *D. nuttalli*	3	7		1			2		1							5	1~7	2.8	33.3	
锯齿舌虫蚴 *L. serrata*					4					2						2	2~4	3.0	13.3	
绵羊虱蝇 *M. ovinus*	50	39		1	4	338	142		133	83	40	171	109	246	24	13		106.2	86.67	
山羊毛虱 *B. caprae*																				
绵羊颚虱 *L. ovillus*						15					16					2	15~16	15.5	13.3	
狭颚虱 *L. stenopsis*																				
总计	14	17	15	17	21	17	21	20	17	20	17	16	23	17	19					

表 2　嘎多公社绵羊、山羊寄生虫感染量

虫名及感染量	羊号	5	10	14	20	感染羊数	感染强度	平均感染强度	感染率（%）
	性别	♂	♂	♀	♂				
	年龄	成	成	成	成				
	营养	中下	下	中下	中下				
肝片吸虫 *F. hepatica*		1	2	10	8	4	1~10	5.25	100
鹿前后盘吸虫 *P. cervi*		5			13	2	5~13	9.0	50
中点无卵黄腺绦虫 *A. centripunctata*									
兽形棘球蚴 *E. veterinarum*					1	1	1	1.0	25
细颈囊尾蚴 *C. tenuicollis*		2	1	1	11	4	1~11	3.75	100
脑多头蚴 *Coenurus cerebralis*									
Trichostrongylus yansomf									
蛇形毛圆线虫 *T. colubriformis*			1			1	1	1.0	25
艾氏毛圆线虫 *T. axei*				2		1	2	2.0	25
鹿毛圆线虫 *T. cervarius*									
透明毛圆线虫 *T. vitrinus*									
普通奥氏线虫 *O. circumcincta*		4	5	4		3	4~5	4.33	75
三叉奥氏线虫 *O. trifurcata*			3	1		2	1~3	2.0	50
念青唐古拉奥氏线虫 *O. nianqingtangulaensis*									
O. hamaea			3			1	3	3.0	25
叶氏奥氏线虫 *O. erschowi*									
西方奥氏线虫 *O. occidentalis*									
O.（G）. arcuiui									
马氏马歇尔线虫 *M. marshalli*									
蒙古马歇尔线虫 *M. mongolica*		1				1	1	1.0	25
拉萨马歇尔线虫 *M. lasaensis*		1	2			2	1~2	1.5	50
东方马歇尔线虫 *M. orientalis*									
许氏细颈线虫 *N. hsui*		481	121		320	3	121~481	307.33	75
奥利春细颈线虫 *N. oiratianus*									
钝刺细颈线虫 *N. spathiger*									
羊仰口线虫 *B. trigonocephalum*									
甘肃食道口线虫 *O. kansuensis*		1	10	6	1	4	1~10	4.5	100

（续表）

虫名及感染量	羊号	5	10	14	20	感染羊数	感染强度	平均感染强度	感染率（%）
	性别	♂	♂	♀	♂				
	年龄	成	成	成	成				
	营养	中下	下	中下	中下				
丝状网尾线虫 *D. filaria*					12	1	12	12.0	25
霍氏原圆线虫 *P. hobmaieri*		7	1	1	1	4	1~7	2.5	100
赖氏原圆线虫 *P. raillieti*									
邝氏刺尾线虫 *S. kwongi*									
S. sp.									
舒氏岐尾线虫 *B. schulzi*									
毛细缪勒线虫 *M. minutissimus*		有		有		2			50
拉尼毛首线虫 *T. lani*		2		85	8	3	2~85	31.67	75
球形毛首线虫 *T. globulosa*									
斯克里亚平毛首线虫 *T. skrjabini*									
草原革蜱 *D. nuttalli*									
锯齿舌虫蚴 *L. serrata*									
绵羊虱蝇 *M. ovinus*		2	2	2	2	4	2	2.0	100
山羊毛虱 *B. caprae*		17	86	181	140	4	17~181	106.0	100
绵羊颚虱 *L. ovillus*									
狭颚虱 *L. stenopsis*		23	1	2	7	4	1~23	8.25	100
总　计		14	13	12	12				

从对当地羊只剖检的结果来看，寄生虫的种类多，高达40多种，感染的普遍而且数量也比较大。

从附表可以看出，绵羊以肝片形吸虫、鹿前后盘吸虫、普通奥氏特他线虫、蒙古马歇尔线虫、许氏细颈线虫、拉尼毛首线虫、丝状网尾线虫以及绵羊虱蝇，无论在感染率、感染强度和平均感染强度都为当地的优势虫种。细粒棘球蚴虽然感染强度不太高，但感染很普遍，应引起当地的重视。其次还有三叉奥氏特他线虫、念青唐古拉奥氏特他线虫、拉萨马歇尔线虫、甘肃食道口线虫、羊仰口线虫等。17号羊感染寄生虫种类最多23种，1号羊最少14种。

山羊在感染寄生虫种类和强度上均远比绵羊低，唯独许氏细颈线虫和山羊毛虱优势较强。

4 防治建议

（1）牲畜的饲料不足，营养缺乏，尤其是冬春牧草枯黄的时候，正是家畜寄生虫病趁机泛滥之时，是导致家畜死亡的重要原因。要切实加强家畜的饲养管理，做好抗灾保畜的准备工作，储备足够的冬季的饲草、饲料，提高家畜的抗病能力。同时要开展群众性的草原基本建设工作，建立人工饲草、饲料基地，可实行计划轮牧，减低寄生虫病对家畜的危害。

（2）肝片吸虫病是本区家畜主要寄生虫病之一，危害严重。沼泽草地是肝片吸虫中间宿主椎实螺（当地群众叫通尕）大量滋生的场所，是家畜肝片吸虫病的传播来源。温暖季节椎实螺出现的时候，不要把家畜放到沼泽地去吃草。开展群众性的灭螺工作，根治沼泽地，建立人工饮水池。杜绝肝片吸虫的传播来源。

（3）要认真贯彻“防重于治”的兽医方针。开展群众性的春季防治和冬季除虫工作。

春季预防：在羊只春乏到来之前，将羊群中的乏羊挑出，用有预防性能强的药物如硫化二苯胺等，每日少量（每只羊每天0.5~1g）混合入补饲的精料或食盐内，持续饲喂2~3个月，以防止侵袭病源的再感染。

春季治疗：无条件预防的羊群，在当年尚未变瘦乏弱之前，除当地常用的杀虫效力强的药物进行攻击性的除虫外，还可用新药“硝氯酚”（每只羊0.1~0.15g）驱杀肝片吸虫，试用驱虫净（四咪唑）驱杀肺丝虫和肠道线虫。

冬季除虫：有条件的地方可再进行一次冬季驱虫。对家畜的保膘和安全过冬具有重大的作用。

用药的羊只一般在药后2~6天内排出的粪便中含有大量的虫卵。把排出的粪便尽量的收集起来，堆积发酵，进行生物热处理。杀死虫卵然后利用，以防虫卵散布草原污染牧场。所以给羊只驱虫时应集中进行。

（4）棘球蚴病是人畜共患的寄生虫病，当地受棘球蚴感染的羊只很普遍，感染率达53%，估计当地群众也会受到本病的侵害，必须引起有关部门的重视。本病是通过犬、狼、狐等动物传播的。人人要养成讲卫生的习惯，不要玩狗，对于有棘球蚴寄生的肝、肺等脏器，一定要深埋或焚烧，防止犬、狼、狐等终末宿主吞食。消灭野犬，对于牧羊犬，每年应定期用氢溴酸槟榔素或吕宋粉进行两次驱虫。用药后把犬3~4日内排出粪便深埋或焚烧，以防虫卵散布草场，致家畜再感染。

（5）消灭家畜寄生虫病要动员群众参与进来，才能进行得扎实、彻底，这必须在当地党组织的领导下，除培养一部分防疫骨干外，还要向群众宣传党的有关方针政策以及寄生虫病对畜牧业发展的危害性，使人人皆知，家喻户晓，以收到事半功倍的结果。

康马县羊寄生虫区系调查报告

彭顺义，达瓦扎巴，陈裕祥，群 拉，杨德全，德吉央宗
（西藏农牧科学院畜牧兽医研究所）

西藏是我国的西南前哨，亦是我国的五大牧区之一，养羊业在西藏是畜牧业生产上占有较为重要的位置。据全区疫病普查所提供的材料表明，近年来在有关各级领导的重视下，经过广大兽防人员的共同努力，积极开展群防群治，消灭或基本控制了家畜烈性传染病的大面积流行。但是，由于过去对家畜寄生虫病重视不够，各地每年都进行了不同程度的驱虫工作，虽然收到一些效果，也还存在不少的问题，至今家畜寄生虫病仍然比较严重。家畜寄生虫病是一种慢性消耗疾病，致使畜产品的产量与质量降低。在每年春季牧草青黄不济时，羊群终日处于半饥饿状态，再加上气候严寒，致使牲畜体质下降，抵抗力降低，寄生虫则趁机猖狂，使羊体瘦弱不堪，甚至发生大批死亡。直接或间接地给畜牧业生产带来巨大损失。

鉴于家畜寄生虫病给畜牧业生产带来的严重危害，我区已开始把防治寄生虫病列为兽防工作的重点之一。为了逐步摸清我区家畜寄生虫病的地理分布及其危害程度，为今后的兽防工作提供依据。为此笔者于 1981 年 5—6 月，对日喀则地区康马县羊寄生虫进行了调查。

1 自然情况

康马县是我区的边境县之一，位于日喀则地区的西南部，坐落在喜马拉雅山南麓，是年楚河的发源地，东与浪卡子县，北与岗巴和江孜县，西与白朗县，南与亚东和邻国不丹接壤，境内山峦起伏，地势高寒，平均海拔在 4 300m 以上。山坡牧草繁茂，属亚高山草甸草场，适于放牧牲畜，牧草以禾本科为主，沿河谷地带适于种植青稞、冬小麦等耐高寒农作物。

家畜以绵羊和牦牛为主，此外还有少量的马、驴、猪及鸡。野生动物有熊、麝、狼、狐、岩羊及野兔等。

2 调查方法

笔者所剖检的羊分别是从全县 6 个区、9 个公社购入未经驱虫的绵羊 21 只和山羊 3 只。

按照蠕虫学剖检方法，进行剖检，详细记录，并采集全部标本。昆虫、吸虫、绦虫用 70%的酒精固定保存；线虫和绦蚴用巴氏液固定保存。

将调查中收集的全部标本带回室内在显微镜下逐条进行鉴定。

3 调查结果

1981年5—6月对康马县各区、社、队的21只绵羊、3只山羊进行了剖检，所采集到的寄生虫标本，经鉴定分别属于下列各纲、目、科、属、种；并列出统计表。

扁形动物门 Platyhelminthes
　吸虫纲 Trematoda
　　复殖目 Digenea
　　　片形科 Fasciolidae
　　　　片形属 *Fasciola*
　　　　　肝片形吸虫 *F. hepatica*
　　斜睾目 Plagiorchiida
　　　双腔科 Dicrocoeliidae
　　　　双腔属 *Dicrocoelium*
　　　　　矛形双腔吸虫 *D. lanceatum*
　　　　　东方双腔吸虫 *D. orientalis*
　　　同盘科 Paramphistomatidae
　　　　同盘属 *Paramphistomum*
　　　　　鹿前后盘吸虫 *P. cervi*
　　枭形目 Strigeida
　　　短咽科 Brachylaenidae
　　　　斯孔属 *Skrjabinotrema*
　　　　　绵羊斯孔吸虫 *S. ovis*
　绦虫纲 Cestoda
　　圆叶目 Cyclophyllidea
　　　裸头科 Anoplocephalidae
　　　　莫尼茨属 *Moniezia*
　　　　　贝氏莫尼茨绦虫 *M. benedeni*
　　　　无卵黄腺属 *Avitellina*
　　　　　中点无卵黄腺绦虫 *A. centripunctata*
　　　　曲子宫属 *Thysaniezia*
　　　　　盖氏曲子宫绦虫 *T. giardi*
　　　带科 Taeniidae
　　　　带属 *Taenia*
　　　　　细颈囊尾蚴 *C. tenuicollis*
　　　　多头属 *Multiceps*
　　　　　脑多头蚴 *Coenurus cerebralis*

棘球属 *Echinococcus*

细粒棘球蚴 *E. cysticus*

线形动物门 Nemathelminthes

线虫纲 Nematoda

尖尾目 Oxyuridea

尖尾科 Oxyuidae

斯氏属 *Skrjabinema*

绵羊斯氏线虫 *S. ovis*

圆形目 Strongylidea

毛圆科 Trichostrongylidae

毛圆属 *Trichostrongylus*

蛇形毛圆线虫 *T. colubriformis*

奥斯脱属/奥斯特属 *Ostertagia*

普通奥斯脱线虫 *O. circumcincta*

三叉奥斯脱线虫 *O. trifurcata*

西藏奥斯脱线虫 *O. xizangensis*

马歇尔属 *Marshallagia*

蒙古马歇尔线虫 *M. mongolica*

拉萨马歇尔线虫 *M. lasaensis*

血矛属 *Haemonchus*

捻转血矛线虫 *H. contortus*

细颈属 *Nematodirus*

尖刺细颈线虫/尖交合刺细颈线虫 *N. filicollis*

达氏细颈线虫 *N. davtiani*

钝刺细颈线虫 *N. spathiger*

钩口科 Ancylostomatidae

仰口属 *Bunostomum*

羊仰口线虫 *B. trigonocephalum*

夏伯特科 Chabertidae

食道口属 *Oesophagostomum*

甘肃食道口线虫 *O. kansuensis*

网尾科 Dictyocaulus

网尾属 *Dictyocaulus*

丝状网尾线虫 *D. filaria*

原圆科 Protostrongylidae

原圆属 *Protostrongylus*

赖氏原圆线虫 *P. raillieti*

刺尾属 *Spiculocaulus*

邝氏刺尾线虫 *S. kwongi*

歧尾属 *Bicaulus*

舒氏歧尾线虫 *B. schulzi*

鞭虫目 Trichuridea

毛首科 Trichocephalidae

毛首属 *Trichocephalus*

兰氏毛首线虫 *T. lani*

球形毛首线虫 *T. globulosa*

瞪羚毛首线虫 *T. gazella*

节肢动物门 Anthnopoda

蛛形纲 Arachnida

寄形目 Parasitiformes

硬蜱科 Ixodiae

矩头蜱属/革蜱属 *Dermacentor*

草原革蜱 *D. nuttalli*

昆虫纲 Insecta

双翅目 Diptera

虱蝇科 Hippoboscidae

蜱蝇属 *Melophagus*

羊蜱蝇 *M. ovinus*

虱目 Anoplura

颚虱科 Lingognathidae

颚虱属 *Linognathus*

山羊颚虱/狭颚虱 *L. stenopsis*

山羊在感染寄生虫种类和强度上比绵羊低，结果详见表1。

表1 绵羊、山羊寄生虫感染情况统计

感染虫名	绵羊			山羊		
	感染强度	平均感染强度	感染率（%）	感染强度	平均感染强度	感染率（%）
肝片形吸虫 *Fasciola hepatica*	17	17	4.76	2~7	4.5	66.67
矛形双腔吸虫 *Dicrocoelium lanceatum*				242	242	33.33
东方双腔吸虫 *Dicrocoelium orientalis*	22	22	4.76			
鹿同盘吸虫 *Paramphistomum cervi*	7~34	23.67	14.28			
绵羊斯孔线虫 *Skrjabinotrema ovis*	500~916	708	9.52	23	23	33.33
贝盖氏莫尼茨绦虫 *Moniezia benedeni*	1	1	4.76			
盖氏曲子宫绦虫 *Thysaniezia giardi*				1	1	33.33

（续表）

感染虫名	绵羊			山羊		
	感染强度	平均感染强度	感染率（%）	感染强度	平均感染强度	感染率（%）
中点卵黄腺绦虫 *Avitellina centripunctata*	1~3	1.6	23.81			
细粒棘球蚴 *Echinococcus cysticus*	2	2	4.76			
细颈囊尾蚴 *Cysticercus tenuicollis*	1~6	2.07	66.67	1	1	33.33
脑多头蚴 *Coenurus cerebralis*	1	1	14.28			
绵羊斯氏线虫 *Skrjabinema ovis*	1~160	42.75	19.05			
羊仰口线虫 *Bunostomum trigonocephalum*	4	4	4.76			
甘肃食道口线虫 *Oesophagostomum kansuensis*	1~96	47.5	28.57	1~80	40.5	66.67
蛇形毛圆线虫 *Trichostrongylus colubriformis*	1	1	4.76			
普通奥氏线虫 *Ostertagia circumcincta*	213	213	4.76			
三叉奥氏线虫 *O. trifurcata*	3~5	4	9.52			
西藏奥斯脱线虫 *O. xizangensis*	1~343	84.28	33.33	18	18	33.33
蒙古马歇尔线虫 *Marshallagia mongolica*	3~420	141.5	95.24	7~71	39	66.67
拉萨马歇尔线虫 *M lasaensis*	73~120	96.5	9.52			
尖刺细颈线虫 *Nematodirus filicollis*	2~150	45.5	66.67	129	129	33.33
达氏细颈线虫 *Nematodirus davtiani*	12~164	54.75	19.05			
钝刺细颈线虫 *Nematodirus spathiger*	23	23	4.76			
捻转血矛线虫 *Haemonchus contortus*	1~3	1.5	19.05			
丝状网尾线虫 *Dictyocaulus filaria*	1~82	20.24	80.95	29	29	33.33
赖氏原圆线虫 *Protostrongylus raillieti*	1	1	4.76			
邝氏刺尾线虫 *Spiculocaulus kwongi*	1~30	10.85	33.33			
舒氏歧尾线虫 *Bicaulus schulzi*	1~65	21.75	19.05			
兰氏毛首线虫 *Trichocephalus lani*	2~109	38.55	42.85	7	7	33.33
瞪羚毛首线虫 *T. gazellae*	1~162	28.9	47.62	3	3	33.33
球形毛首线虫 *T. globulosa*	1~5	3	9.52			
纳氏矩头蜱/草原革蜱 *Dermacentor nuttalli*	1~2	1.3	28.57			
羊蜱蝇 *Melophagus ovinus*	3~12	6.55	85.71	2~8	5	66.67
山羊颚虱 *Linognathus stenopsis*				3	3	33.33

从表 1 可以看出该县羊有寄生虫多达 34 种，其中以蒙古马歇尔线虫与丝状网尾线虫为优势种，其感染率与感染强度均较高。

4 防治建议

4.1 加强饲养管理和冬春补饲

牲畜的饲草饲料不足，营养缺乏是该县畜牧业上存在的大问题，在春季牧草青黄不济，牲畜吃不饱，终日处于半饥饿状态，再加上严寒侵袭，畜体抵抗力减弱，寄生虫则趁机泛滥，是引起家畜死亡的主要原因。因此，首先要做到畜舍清洁卫生，防寒保暖，精心饲养管理，夏秋季节水草丰茂，应加强放牧，抓好秋膘。入冬之前应先储备足够的草料，冬春季除放牧外，还要进行补饲，使家畜保持良好的膘情，强壮的体质具有坚强的抗病能力，搞好草场的浇水施肥，提高载畜量。此外各队各户还应建立饲料基地，进行人工种植牧草，供冬春补饲用。

4.2 实行春秋计划驱虫

据调查我区家畜寄生虫病存在着春秋两次发病高潮的规律，即春秋季节阳光强烈，气温较高，雨水充沛，草场潮湿，适于各种寄生虫虫卵和幼虫发育。因此，家畜在此期间受到大量寄生虫侵袭，形成秋季小高潮，或由于畜体膘情好，抵抗力强，幼虫多蛰伏体内，伺机活动，危害畜体。为了清除隐患，在每年的 11 月进入冬季之前进行一次驱虫，使牲畜保持健康安全越冬。冬春草枯，牲畜吃不饱，体质瘦弱，寄生虫也乘机猖獗危害，形成春季高潮，到翌年 2 月再进行一次春季计划驱虫，清除畜体内寄生虫，使羊群顺利度过青黄不济的春乏。驱虫药可采用丙硫苯咪唑，每千克体重口服 6~50mg 可驱除胃肠道线虫，肺线虫、绦虫、肝片吸虫、双腔吸虫等，一药多用，事半功倍。若用驱虫净（每千克体重 15mg）和硝氯酚（每千克体重 4mg）混合投药驱虫也可，将投药后一周内的羊粪收集起来，经发酵生物热无害处理，杀死虫卵与幼虫。

有条件的地方，实行草场分区轮牧，一年之内不得重放牧，能收到良好的效果。

加强卫生宣传，提倡科学养畜，在群众中除加强实行生产责任制外，还要广泛地进行卫生宣传，提倡科学养畜。通过各种形式宣传家畜寄生虫的危害性及防治知识，逐步做到人人讲卫生，村上户上有厕所，加强人畜粪便管理。凡患有寄生虫病的脏器与胃肠内容物，必须烧毁或深埋，绝不可到处乱抛乱丢。消灭螺蛳等中间宿主，预防吸虫感染。分别建立专供人畜使用的饮水处，保护人畜健康。

林周农场羊寄生虫调查报告

韩行赟，强　曲，穷　日
（西藏农牧学院）

多年来，我区对羊寄生虫的调查虽进行了大量工作，但较系统地调查研究却很少，已报道的有自治区畜科所彭顺义等同志对纯牧区的当雄县（1974年）和康马县（1981年）羊寄生虫区系调查；作者对半农半牧区的西藏八一地区绵羊寄生虫调查（1982—1983年）等。但由于高原地域辽阔，地形错综复杂，形成多种气候类型，致使各地区流行情况差异很大。为了进一步摸清不同气候类型的半农半牧区羊寄生虫的季节动态、地理分布、优势属种及其危害程度，给防治寄生虫病提供科学依据。笔者于1984年5—6月间，结合毕业生产实习，对林周农场羊寄生虫进行了初步调查，现将调查情况报告于后。

1　自然条件和养羊现况

林周农场位于西藏中部，拉萨河上游；西南临拉萨，东南通达孜县，海拔3 900~4 300m。该场四周群山起伏，为高山开阔山谷地带。全场总面积960km^2，天然草场41万亩（1亩约为667m^2，全书同），可利用率占50%；分布有高山草甸、亚高山草甸及亚高山灌丛草原植被。牧草以莎草科为主，另外还有少量的禾本科、豆科、菊科和灌木丛生；牧草生长季节较短、枯草季节较长。高山草甸草场水源多为泉水或积水潭，高山开阔山谷地带有4条小溪纵贯其中。根据1980—1983年度气象资料统计，年均温度5.1℃，日照时数3 009.7h。年均降水量463.3mm，多集中于6—9个月，其中，7、8月降水量占全年降水量的71.2%；年蒸发量1 960mm；无霜期130天；最大风速24m/s。总之，气候特点是：日照充足，太阳辐射强，气温、地温低，降水量少，水源缺乏，干湿季节变化明显，属于高原大陆性干燥气候。

该场为半农半牧区，耕地面积7万多亩。主要种植冬小麦、青稞、油菜等作物。牲畜头数为75 800头（只），其中，绵羊43 000多只，山羊5 000多只，牛20 000余头，还有少量马、骡、驴和猪等。羊主要是藏羊、茨盖羊及其杂交种。放牧方式以集中成群、终年放牧；每个群体为120~150只羊不等。每年5—10月在高山草甸和亚高山草原放牧，11月至次年3月在高山开阔谷地放牧；冬春季节补给少量的草料。管理上仍较原始粗放，还没摆脱“靠天养畜”的落后状况。

2　材料与方法

采用随机抽样方法，分别抽取自然感染寄生虫的一队绵羊、山羊各7只和八队绵羊、山羊各3只，共绵羊10只、山羊10只。其中，绵羊系茨盖羊与藏羊杂交后代，山羊系藏山羊，均为2~3岁去势公羊。

被检羊按完全剖检法剖杀后，采集体内各器官中的全部寄生虫和体表寄生虫的标本，进行固定保存、分类鉴定和计数。并根据检查结果做必要的流行病学调查。

3　调查结果

3.1　寄生虫种类及名录

在剖检20只羊中，所有羊只均不同程度感染着不同种属的寄生虫，寄生虫种类甚多，共发现体内外寄生虫29种，隶属于6纲18科25属。其中，绵羊分属于6纲14科19属23种，山羊分属于6纲14属16种。

3.1.1　绵羊

吸虫纲2种

矛形双腔吸虫　*Dicrocoelium lanceatum*

绵羊斯克里亚宾吸虫　*Skrjabinotrema ovis*

绦虫纲3种

棘球蚴　*Echinococcus cysticus*

细颈囊尾蚴　*Cysticercus tenuicollis*

无卵黄腺绦虫　*Avitellina centripunctata*

线虫纲14种

绵羊夏伯特线虫　*Chabertia ovina*

叶氏夏伯特线虫　*Chabertia erschowi*

羊仰口线虫　*Bunostomum trigonocephalum*

捻转血矛线虫　*Haemonchus contortus*

奥拉奇细颈线虫　*Nematodirus oriatianus*

蒙古马歇尔线虫　*Marshallagia mongolica*

西藏奥斯特线虫　*Ostertagia xizangensis*

三叉奥斯特线虫　*Ostertagia trifurcate*

环纹奥斯特线虫　*Ostertagia circumcincta*

甘肃食道口线虫　*Oesophagostomum kansuensis*

丝状网尾线虫　*Dictyocaulus filaria*

毛样缪勒线虫　*Muellerius capillaris*

柯氏原圆线虫 *Protostrongylus kochi*

蜘蛛纲1种

拉合尔钝缘蜱 *Ornithodorus lahorensis*

昆虫纲2种

羊狂蝇（蛆） *Oestrus ovis*，幼虫

羊蜱蝇 *Melophagus ovinus*

五口虫纲1种

锯齿舌形虫 *Linguatula serrata*，若虫

3.1.2 山羊

吸虫纲2种

矛形双腔吸虫 *Dicrocoelium lanceatum*

印度槽盘吸虫 *Ogmocotyle indica*

绦虫纲1种

细颈囊尾蚴 *Cysticercus tenuicollis*

线虫纲8种

绵羊夏伯特线虫 *Chabertia ovina*

叶氏夏伯特线虫 *Chabertia erschowi*

捻转血矛线虫 *Haemonchus contortus*

奥拉奇细颈线虫 *Nematodirus oriatianus*

指形长刺线虫 *Mecistocirrus digitatus*

甘肃食道口线虫 *Oesophagostomum kansuensis*

粗纹食道口线虫 *Oesophagostomum asperum*

丝状网尾线虫 *Dictyocaulus filaria*

蛛形纲2种

草原革蜱 *Dermacentor nuttalli*

残缘璃眼蜱 *Hyalomma detritum*

昆虫纲2种

山羊颚虱 *Linognathus stenopsis*

山羊毛虱 *Bovicola caprae*

五口虫纲1种

锯齿舌形虫 *Linguatula serrata*，若虫

3.2 寄生虫部位及感染程度

被检羊只都程度不同的感染着许多寄生虫，最多混合感染寄生虫种类数可达11种，最少也有4种，平均感染寄生虫数为6.85种。其中绵羊偏高，感染寄生虫种类数多为7~8种，占剖检绵羊的60%，平均感染寄生虫种类数为8.1种；而山羊感染寄生虫种类数为4~5种，占剖检山羊的60%，平均感染寄生虫种类数为5.6种。详见表1。

表 1　羊感染寄生虫的种类数表

畜别	类别	种类数（种）							
		4	5	6	7	8	9	10	11
绵羊	感染羊只数（只）		1		3	3	1		2
	占剖检羊百分率（%）		10		30	30	10		20
山羊	感染羊只数（只）	4	2	1	1	1	1		
	占剖检羊百分率（%）	40	20	10	10	10	10		

剖检羊只感染寄生虫数目差异很大（不包括外寄生虫）最多者（9 号绵羊）325 个虫体，最少者（17 号山羊）只有 18 个虫体，平均感染强度绵羊为 159. 2 个，山羊为 52. 4 个，绵羊是山羊的 3 倍多；而每种寄生虫感染强度相差也很大，如绵羊矛形双腔吸虫为 7~202 个，棘球蚴为 1~75 个，山羊捻转血矛线虫为 1~74 个不等。

绵羊和山羊寄生虫感染率均为 100%，而各种寄生虫的感染率，绵羊为 10%~100%，山羊也为 10%~100%，高低不等，感染率达 80%以上有 8 种，它们是：绵羊的矛形双腔吸虫 100%，捻转血矛线虫 90%，羊仰口线虫 80%；山羊的山羊毛虱 100%，捻转血矛线虫 90%，矛形双腔吸虫 80%，舌形虫若虫 80%。

本次调查体外寄生虫虽感染率和感染强度不大，但感染寄生虫种类数较多，山羊尤烈，高达 4 种。

寄生虫在羊体的分布是很广的，羊体的许多器官内都有它们的寄生。其中，小肠、皮肤、真胃和肺脏感染的寄生虫种类数较多，分别为 8 种、6 种、4 种和 4 种。同时，在剖解过程中，还发现由于寄生虫的寄生，所引起相应寄生器官的病理变化。

4　讨论

（1）调查结果表明，林周农场羊寄生虫总的特点是：感染种类繁多，侵袭面广，感染率较高，感染强度不大，危害较为严重，直接影响养羊业的发展。根据感染率、感染强度，地理分布及危害程度等因素，确定矛形双腔吸虫、捻转血矛线虫、舌形虫若虫等 3 种为绵羊、山羊寄生虫的优势虫种；羊仰口线虫、棘球蚴、羊鼻蝇幼虫和丝状网尾线虫等 4 种寄生虫为绵羊优势虫种。这些优势虫种应列为该场寄生虫病的重点防治对象。其余各属（种）寄生虫虽感染率不高，感染强度不大，危害较轻，但均系混合感染，在防治工作中也是不可忽视的。

（2）本次调查发现该羊群中感染舌形虫（*Linguatula*）若虫较为普遍，山羊感染率高达 80%，绵羊感染率达 20%；感染强度 1~24 个不等。主要寄生在肠系膜淋巴结和肺脏等器官内，为了探索锯齿舌形虫的生活史，笔者在调查过程中，发现该地区农牧民养犬居多，任其自生自灭，相沿成习。并先后剖检犬 7 只，在鼻腔及鼻旁窦内共检出舌形虫成虫 16 条，感染率达 71. 4%（详细资料见另文报道）。由此可见，本病在该场羊群中流行的原因所在，也为研究舌形虫生活史提供了根据。

（3）在感染 29 种寄生虫中的绵羊和山羊中。共同感染的有 8 种，即矛形双腔吸虫、细颈囊尾蚴、捻转血矛线虫、奥拉奇细颈线虫、夏伯特线虫、食道口线虫、丝状网尾线虫和舌形虫若虫等。其中，矛形双腔吸虫和捻转血矛线虫，从感染率和感染强度分析均居首位，另外仅感染绵羊的寄生虫有 10 种，仅感染山羊的寄生虫有 5 种。

出现上述情况，除个别寄生虫具有畜间异特性外，其他寄生虫的感染特点与有关资料不相符合。其原因可能与畜间差异、饲养管理及放牧方式有关；或由于本次调查样本少，属于极值样本造成的；或其他什么原因有待于进一步调查研究。至于斯克里亚平吸虫、印度槽盘吸虫和指形长刺线虫感染羊只都只有 1 例，不能以此计入数据内。

（4）棘球蚴病是人畜共患的寄生虫病。它是通过犬等动物传播的。本次调查被检绵羊感染率达 50%，平均感染强度达 26 个虫体；另外，据了解该场也有人被感染，对人畜危害很大，因此必须引起足够重视，加强预防措施。除有计划地留足少数牧犬和家犬外，应消灭其他犬；对牧犬和家犬，每年应定期驱虫，用药后 3~4 日内排出的粪便应收集深埋，以防虫卵散布，污染环境。凡不宜食用的羊肝、肺等内脏都不能喂犬，或至少也要煮熟后再喂。废弃的内脏一定要深埋或焚烧。

（5）据西藏自治区疫病调查、区畜科所彭顺义同志对羊寄生虫调查等资料报道，肝片吸虫病是危害我区羊的主要寄生虫病之一。但本次调查，在所有剖检羊只中均未发现肝片吸虫寄生；同期剖检 2 头牦牛，也未发现肝片吸虫寄生。为此，笔者做了必要流行病学调查，认为与下列因素有关。①近几年里，该地区气候干燥，水源缺乏，许多沟渠和池塘干涸；被检羊所在的一、八队人畜饮水主要靠一条小溪的水，而又是采取轮流供给的办法。在这种条件下，肝片吸虫的中间宿主——椎实螺是无法生存的。但在该场四、九队的河渠内却发现有耳萝卜螺和卵萝卜螺滋生，那么四、九队牛羊是否感染肝片吸虫病，还需进一步调查研究。②肝片吸虫发育过程与外界温度、湿度和光线有着密切关系，如虫卵发育和孵化为毛蚴需在 14℃ 以上气温下；尾蚴逸出螺体也不能低于 9℃ 等。总之，气候温暖，雨量充足是肝片吸虫发育的适宜条件，而该场气候干燥，水源缺乏，太阳辐射强，气温低（只有 6 月、7 月两个月平均气温可达 14℃）等外界条件不利于肝片吸虫发育的，是造成肝片吸虫病发病少或不发病的原因之一。

拉萨市区兔球虫病的暴发*

鲁西科，索朗班久
（西藏自治区畜牧兽医队）

1984年7月，拉萨地区正值阴雨连绵季节，市区某单位试验动物场内的兔子暴发了以腹泻为主要症状的疾病，引起大批兔子死亡。经调查诊断，确定为兔的艾美尔球虫病。由于本病在西藏以前未见有过报道，故将这次发病情况及诊断治疗经过报告如下。

1 发病经过

自治区药检所试验动物场，7月14日从拉萨市西郊某部购回2~3月龄的幼兔36只，放养于该场有露天运动场的兔舍内。当时，拉萨地区正是一年一度的雨季，气候潮湿温热，室内平均温度在20℃左右，兔舍和运动场内常有积水，兔腿部、腹部多被泥水污染。该批兔子从7月17日开始发病并陆续死亡。前期死亡严重，每天都要死亡1~3只，后期经过治疗逐渐减少，至8月10日，共死亡21只，死亡率为58.3%，发病率达90%以上。而该场原有的30多只成年兔当时单独饲养于室内的架笼内，这两批兔子的饲养相同，但室内笼养的兔子很少发病。同期，市区另外几个单位凡属地面饲养的兔场也相继发生了同样的疾病。

2 临床症状及剖检病理变化

患兔病初食欲减退，精神沉郁，继之出现持续性下痢，有的则表现为便秘。病兔生长停滞，被毛粗乱，肛门及后躯部被粪便污染，粪便为黄白色稀糊状或带有胶冻样的黏液，气味腥臭。到病的后期，食欲则完全废绝，兔体极度虚弱消瘦，死前腹部多有膨胀，死兔肛门外常粘着大团黏稠的粪便。

剖检病变：兔体极度消瘦，皮下多有积液。肝脏淤血肿大呈暗红色，肝表面有大小不等的黄白色圆形或不正形的斑点，取这些结节压片镜检，发现有大量的球虫幼年卵囊及裂殖体等（图1和图2）。胆囊也有肿大，胆汁浓稠，肠管尤其是空肠与盲肠极度扩张，肠系膜血管怒张呈树枝状，小肠内充满气体与黄白或黄红色脓性内容物。肠黏膜上散在小点出血，间有一些白色小结节。镜检肠内容物，见有多量脱落的上皮细胞，内有各个发育阶段的球虫。

* 刊于《中国兽医科技》1985年8期

3 实验室诊断

从发病兔场采集当时排出的粪便捣碎稀释后用两层纱布过滤到定量试管内，进行卵囊计数，再加2.5%重铬酸钾溶液放入恒温箱内培养至孢子期做初步分类鉴定，粪检不同月龄的兔感染情况为：2~3月龄：感染率100%（15/15），卵囊感染强度范围0.2~353.38万/g，平均23.47万/（g·只）；6~12月龄：感染率80%（8/10），感染强度范围0~83.15万/g，平均10.40万/（g·只）；1岁以上：感染率60%（3/5），感染强度范围0~9.9万/g，平均3.3万/（g·只）。总之，2月龄左右的幼兔感染率和感染强度都最高，年龄越大，对球虫的感染越轻。

引起这次兔球虫病为多种球虫混合感染，笔者初步鉴定有下列7种：*E. stiedae*（斯氏艾美尔球虫）、*E. intestinalis*（肠艾美耳球虫）、*E. perforans*（穿孔艾美尔球虫）、*E. coecicola*（盲肠艾美耳球虫）、*E. irresidua*（无残艾美耳球虫）、*E. pisiformis*（梨形艾美耳球虫）、*E. media*（中型艾美耳球虫）。其中优势种为肠艾美耳球虫、穿孔艾美尔球虫、斯氏艾美耳球虫。

4 人工发病试验

将上述1、2、3、9号病兔的含有球虫卵囊的粪便混合，加水稀释，离心浓集后，放入恒温箱培养至镜检发育成侵袭性卵囊作为感染用病料。然后在我队兔场选取5只3月龄的健兔，经粪检球虫均为阴性。其中3只作为人工发病试验兔，编号为21、22、23，两只作为对照。将上述病料混入饲料中给3只试验兔做一次性感染，每只兔约为50万，然后将5只兔分笼隔离饲养观察。

试验结果：喂给侵袭性卵囊的3只兔子，从第7天陆续出现症状：拉稀，食欲大减，体重变轻，消瘦毛焦。采集粪便做检查和卵囊计数，3只兔卵囊高峰期分别为：21号兔每个视野121个（每克粪便为928万个）；22号兔每个视野15个（77万/g）；23号兔每个视野76个（394万/g）。22兔于8月17日（第10天）因拉稀死亡，21号兔在8月25日（第18天）死亡；23号兔在9月2日（第29天）死亡。剖检其病理变化与自然病例基本一致。而对照兔无异常。

5 防治效果

将地面饲养的全部兔转入室内小笼单独隔离饲养，兔舍进行彻底清扫后，用皂炭煤乳剂（肥皂5g、石炭酸5ml、煤油10ml、水100ml混合后再加于1 000ml水中）进行消毒。对病兔加强了护理。对发病的兔先用SM_2按0.5%加入饲料中喂服，后又改用磺胺甲氧嘧啶按75mg/kg体重口服，并肌注磺胺五甲氧嘧啶与敌菌净，效果均不理想，不能制止死亡。于是，又改用呋喃唑酮按0.02%拌入饲料中，同时服用中药球虫九味散（白僵蚕32g、生大黄16g、桃仁泥16g、土鳖虫16g、生白术10g、桂枝10g、白茯苓

10g、泽泻 10g、猪苓 10g）混合研末，每只兔每天 3g 拌入饲料内。连服 3 天后，控制住了死亡，服 7 天后，所有病兔的病状消失，食量和体重增加，粪检卵囊显著减少。

图 1　肝结节涂片可见大量球虫卵囊和裂殖体

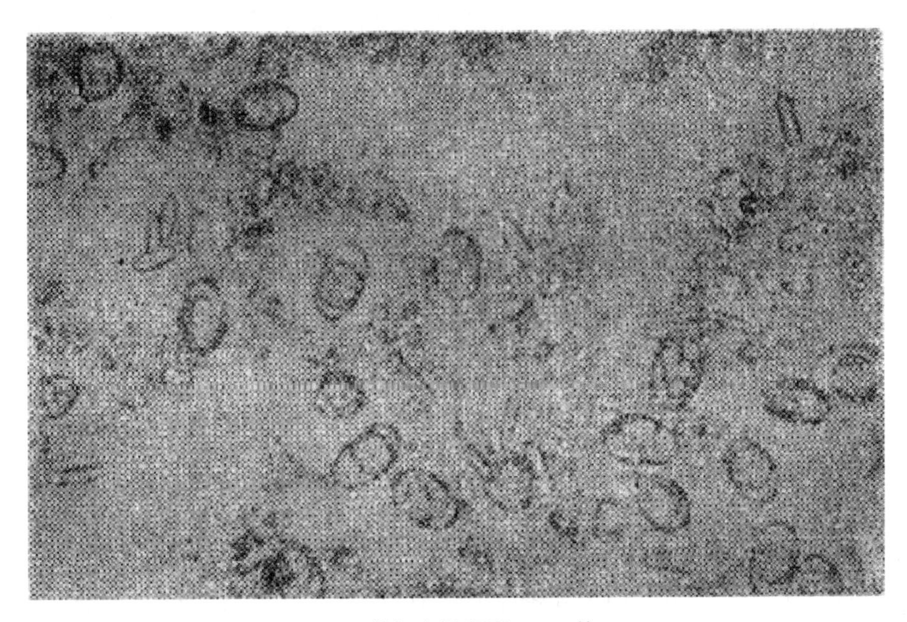

图 2　粪便中的卵囊（250 倍）

江孜县畜禽寄生虫区系调查报告

陈裕祥，张永清，杨德全，达瓦扎巴，格桑白珍
（西藏自治区畜科所）

根据全区畜禽疫病普查资料及笔者了解的情况表明：我区的畜禽疫病防治工作，在各级党和人民政府的关怀和重视下，经过广大兽防工作人员的努力，取得了可喜的成就，大的烈性传染病已基本得到控制或消灭，部分疑难病亦得到解决。在畜禽寄生虫病的防治方面也做出了努力，取得了一定的成绩，然而由于对全区畜禽寄生虫的病原分布规律及其季节动态掌握不清，难以掌握最佳驱虫季节，加之驱虫药品紧张并且单调、驱虫密度低，同时综合性防治措施不力，致使畜禽寄生虫病的防治工作无据可循，收益不甚显著，仍处于年年驱虫、年年有虫的被动局面，严重地阻碍着畜牧业生产的发展。

为此，笔者拟定从最起码最基础的工作着手，逐步摸清我区畜禽寄生虫的种类、地理分布规律及其危害情况，为全区畜禽寄生虫病的防治工作提供科学依据，也为编写全区畜禽寄生虫志、绘制全区畜禽寄生虫区系分布图积累资料。因此，笔者在对海拔较高的以牧业生产为主的半农半牧县——原林周县进行了畜禽寄生虫区系调查之后，又于1988 年 7 月至 1989 年 11 月对海拔偏低以农业生产为主的半农半牧县——江孜县进行了畜禽寄生虫区系调查。

1　自然概况

江孜县位于雅鲁藏布江支流的年楚河河畔，属藏南河谷地带，是一个以农业生产为主的半农半牧县。全县有 5 万多人，辖 18 个乡，1 个镇，其中农业乡、镇 14 个，半农半牧乡 4 个，牧业乡 1 个，含农业村 101 个、半农半牧村 43 个、牧业村 10 个。境内的主要山脉为乃青康萨，年楚河横跨全县。江孜县东与浪卡子县、东北与仁布县、北及西北与日喀则市、西与白朗县、西南与亚东县、南与康马县接址。地处北纬 28°48′~29°24. 5′，东经 89°14′~90°17′。是去亚东、日喀则等地的交通要道。

江孜县所在地海拔为 4 040m，农业主要分布在年楚河两岸，牧业集中的地方都在 4 200m 以上。干湿季节的变化较为明显，6—9 月为雨季，降水量达 268. 2mm，占全年降水量 285mm 的 94%以上；10 月至翌年 5 月为干旱季节，空气干燥，风大，冬春季节尤甚，且变化无常。年蒸发量达 2 577. 2mm，为年降水量的 9 倍之多。年平均温度为 4. 7℃，年最高温度在 7 月为 26. 5℃，年最低温度在 1 月份为 -22. 6℃，昼夜温差大。无霜期为 110 天左右。

江孜县水利资源丰富，利于发展农业生产。该县实际种植面积约 12 万亩，主要种植农作物为青稞、小麦、油菜、豌豆等。据 1989 年统计，该县粮食总产量达

4 500 万 kg，约占日喀则地区粮食总产量22 550万 kg 的 20%，占全区粮食总产量53 000 万 kg 的 8. 49%，实为我区的重要产粮基地。

该县草场面积较大，约为 430 万亩，有冬春草场 50 万亩左右。农区属河谷型草地，年产青草量每亩在 50~75kg，主要分布在年楚河两岸。牧草的主要优势种为禾本科的当地野生披碱草、早熟禾、野荞麦、赖草、针茅草；杂类草的蒲公英、翻白草、车前草；豆科的野生黄花苜蓿等。牧区一般海拔较高，属高山草甸型草地，牧草以小蒿草为主加杂草类，一些平坦的草地上有大蒿草、赖草、早熟禾、蒲公英、翻白草、针茅草。人工草场 1989 年年底累计种草面积 31 000多亩，主要种植牧草品种为紫花苜蓿、披碱草、红豆草。网围栏面积累计 20 000多亩，其中有效面积约 19 000亩。该县以天然草场为主，人工草场及一些天然丰裕草场作用于收割冬贮饲草。

该县 1987 年年底畜禽存栏总数为330 733头（只、匹），其中，牦牛 14 047头、黄牛30 139头、绵羊 180 968只、山羊 81 910只、马 4 632匹、驴 3 236匹、骡 801 匹、鸡 15 000羽，分别占全县畜禽总数的 4. 25%、9. 11%、54. 72%、24. 77%、1. 40%、0. 98%、0. 24%、4. 54%。该县农牧民群众对畜禽的饲养方式为：对牦牛、绵羊、山羊采取天然放牧的方式，农区冬春季对绵、山羊作适当的补饲，对马、驴、骡、黄牛、鸡则采取放牧与舍饲相结合的方式。

2 材料与方法

2. 1 动物来源与选择

本次调查的动物均系从江孜县所辖各乡、村内购入的。牦牛、黄牛、绵羊、山羊均是选择患寄生虫病比较严重而未经驱虫或被淘汰的动物；马、驴则是选择丧失使役能力的淘汰动物；鸡为随机购入；狗则是捕捉无户主周游在人群较为集中的江孜镇上的家狗。本次调查畜禽 164 头，只、匹，其中牦牛 16 头、黄牛 20 头、绵羊 21 只、山羊 19 只、马 2 匹、驴 6 匹、鸡 65 羽，狗 15 只。上述动物在购买时，均进行编号，登记其来源及其性别、年龄（鸡、狗除外）。本次被查畜禽的性别、年龄、剖检采集标本时间，详见各类动物寄生虫区系调查统计表。

2. 2 剖检方法与虫体采集

按兽医寄生虫学系统剖检法进行，对体表、皮下、肌肉各部、腹腔、肠系膜等器官进行认真细致的检查，收集虫体标本；对眼球、肝脏、肺脏进行剖解，经 0. 9%的普通食盐水反复冲洗洁净后，收集虫体标本；对消化道各部的内容物分别经 0. 9%的普通食盐水反复冲洗沉淀至粪渣液体清晰时，用平皿逐个仔细检出收集虫体标本。在本次调查中，对部分马、驴因虫体及粪渣量之多而收集其中部分寄生虫标本，对大量的山羊牛毛虱和部分兽型棘球蚴也未进行收集，其余的均收集全部体内外寄生虫标本。

对采集到的吸虫、绦虫、绦蚴、线虫、蝇蛆标本，经用 0. 9%的普通食盐水洗净后，吸虫、绦虫、蝇蛆置于 70%的酒精中固定保存；线虫置于热巴氏液中固定保存；

绦蚴置巴氏液中固定保存。对采集到的外寄生虫则细心去除毛、皮屑等杂质，置于70%的酒精中固定保存。

将采集到的各类寄生虫标本分别装青、链霉素小瓶或250ml的疫苗瓶中，以胶布作标签，标明宿主、寄生部位及采集时间，分别封贴在标本瓶上，以便于分类鉴别。

2.3 虫体鉴别

将调查收集到的寄生虫标本，按常规方法分别进行处理，逐条鉴别至种。

线虫以乳酸苯酚透明液进行透明，透明时间的长短视虫体大小而定，在显微镜下逐条鉴别至种并计数。

吸虫抽取部分或全部标本，经硼砂洋红染色，冬青油透明封制成片，在显微镜下逐条鉴别至种。绦虫抽取部分或全部标本，置于玻璃上加盖玻璃，滴加乳酸，视虫体大小施加重量将虫体压薄，并视虫体的大小掌握透明时间长短，以达到最佳透明效果，在显微镜下鉴别至种。蜘蛛、昆虫类在实体显微镜下仔细观察鉴别至种。

3 调查结果

在江孜县本次调查被检的16头牦牛、20头黄牛、21只绵羊、19只山羊、2匹马、6匹驴、65只鸡、15只狗，计164头、只、匹畜禽中共发现体内外寄生虫88种，分隶于3门、5纲、19科、4亚科、38属，其中，吸虫为5科、5属、5种，绦虫为4科、8属，10种，绦蚴为1科、2属、4种，线虫为7科、20属、64种（狗的线虫因资料欠缺未能鉴别尚没进行统计），蛛蛛类为1科、1属、1种，昆虫类为3科、3属、3种，五口类为1科、1属、1种。现依据吴淑卿等专家的分类学方法，将在该县发现的寄生虫种类，分别按动物种类列出寄生虫分类名录及感染情况。

该县各类家畜、家禽及狗的寄生虫区系调查结果如下。

3.1 牦牛

在被检的19头牦牛中计发现内外寄生虫14种（含1个古柏线虫 sp.），隶属于3门、10科、11属，其中吸虫为2科、2属、2种；绦虫为1科、2属、2种，绦虫幼虫为1科、1属、1种；线虫为4科、1亚科、4属、7种；蜘蛛类为1科、1属、1种。经对该县16头牦牛寄生虫的调查，除4头牦牛没有发现寄生虫，其余的12头均收集到多少不等的寄生虫标本，牦牛对寄生虫的感染率为75%。16头牦牛个体感染寄生虫的种数为1~5种的12头，未检出虫体者4头，被检牦牛平均感染2种寄生虫。牦牛的寄生虫最大混合感染强度为219条，平均混合感染强度为39.75条。该县对牦牛危害较大的寄生虫为牛皮蝇蛆，感染强度高达160余条，其次为兽型棘球蚴、绵羊夏伯特线虫、胎生网尾线虫等。对上述四种优势虫种应作为今后牦牛寄生虫病的重点防治对象。

3.2 黄牛

在本次调查的20头黄牛中，发现22种寄生虫（含1个古柏线虫 sp.），隶属于3

门、4纲、11科、14属，其中吸虫为3科、3属、3种；绦虫为1科、1属、1种，绦虫幼虫为1科、2属、2种；线虫为5科、3亚科、8属、15种；五口类为1科、1属、1种。经对该县20头黄牛的调查，除1头黄牛未发现寄生虫，其余的19头均采集到多少不等的寄生虫标本，黄牛对寄生虫的感染率为95%。20头黄牛个体感染寄生虫的种类为1~9种，其中未检出虫体者1头，感染1~5种寄生虫的13头，感染6~9种寄生虫的6头，被检黄牛平均感染4.45种寄生虫。黄牛的寄生虫最大混合感染强度为1 595条，平均混合感染强度为237.15条。该县对黄牛危害较大的寄生虫为：辐射食道口线虫、捻转血矛线虫、肿孔古柏线虫、梳状古柏线虫、扩张莫尼茨绦虫、彭氏东华吸虫等，上述6种优势虫种应列入今后寄生虫病防治工作的重点。

3.3 绵羊

在本次被查的21只绵羊中，计发现体内外寄生虫29种（含1个毛首线虫 sp.），分隶于3门、4纲、10科、3亚科、15属，其中吸虫为3科、3属、3种；绦虫为1科、2属、3种，绦虫幼虫为1科、2属、2种；线虫为4科、3亚科、7属、21种；昆虫类为1科、1属、1种。经对该县21只绵羊的调查，被检的21只绵羊均全部收集到多少不等的寄生虫标本，绵羊对寄生虫的感染率为100%。绵羊个体感染寄生虫的种类为3~13种，其中感染3~5种寄生虫的5只，占23.81%；感染6~8种寄生虫的12只，占57.14%；感染9~13种寄生虫的4只，占19.05%。绵羊的寄生虫最大混合感染强度为54 800条，平均混合感染强度为3 199.48条，对绵羊危害较大的寄生虫优势虫种有以下10种：蒙古马歇尔线虫、普通奥斯脱线虫、细颈囊尾蚴、绵羊斯氏吸虫、绵羊斯氏线虫、绵羊毛首线虫、东方马歇尔线虫、丝状网尾线虫、斯氏毛首线虫、矛形双腔吸虫。

3.4 山羊

经对该县19只山羊的调查，计发现29种寄生虫，分隶于3门、5纲、10科、3亚科、16属，其中吸虫为3科、3属、3种；绦虫为1科、3属、3种，绦虫幼虫为1科、2属、3种；线虫为3科、3亚科、6属、18种；昆虫类为1科、1属、1种；五口类为1科、1属、1种。本次被检的19只山羊均采集到多少不等的寄生虫标本，山羊对寄生虫的感染率为100%。山羊个体感染寄生虫的种类在2~15种，其中感染2~5种寄生虫的6只，占31.58%；感染6~10种寄生虫的11只，占57.89%，感染11~15种寄生虫的2只，占10.53%；平均感染7.11种寄生虫。山羊的寄生虫最大混合感染强度为87 300条，平均混合感染强度为10 275.89条（大量的山羊牛毛虱尚未统计在内）。对山羊危害较大的寄生虫优势虫种有：山羊牛毛虱、细颈囊尾蚴、蒙古马歇尔线虫、绵羊斯氏线虫、绵羊斯氏吸虫、拉萨马歇尔线虫、捻转血矛线虫、许氏马歇尔线虫、普通奥斯脱线虫、西方奥斯脱线虫。上述10种寄生虫今列为该县今后寄生虫病防治工作中的重点对象。

3.5 马属动物

经对该县2匹马、6匹驴的调查，8匹马、驴均采集到多少不等的寄生虫标本，马、驴对寄生虫的感染率均为100%。在被检的8匹马、驴体内共发现27种寄生虫，分隶于2门、2纲、5科、13属，其中吸虫为1科、1属、1种；线虫为4科、12属。在2匹马体内发现19种寄生虫，隶属于1门、1纲、3科、9属；在6匹驴体内发现25种寄生虫，隶属于2门、2纲、4科、11属。马感染寄生虫的种类为12~18种，平均感染15种寄生虫。马的寄生虫最大混合感染强度为11 363条，平均混合感染强度为8 349条；驴感染寄生虫的种类为8~22种，平均为14.33种，驴的寄生虫最大混合感染强度为4 478条，平均混合感染强度为1 866.16条。对马危害较大的线虫为：马圆形线虫、无齿阿福线虫、长伞毛线线虫、卡提毛线线虫、冠状毛线线虫、大唇片毛线线虫、小唇片毛线线虫、微小毛线线虫、辐射环行线虫、鼻状环行线虫、细口舒毛线虫。对驴危害较大的寄生虫有：肝片形吸虫、安氏网尾线虫、普通戴拉风线虫、细颈三齿线虫、埃及毛线线虫、卡提毛线线虫、冠状毛线线虫、大唇片毛线线虫、小唇片毛线线虫、曾氏毛线线虫、双冠园齿线虫、高氏舒毛线虫。

3.6 鸡

在本次调查的65羽鸡中，仅在该县重孜乡的88015号公鸡和达孜乡的88046号公鸡体内收集到绦虫标本，经鉴别前者为四角赖利绦虫，后者为有轮赖利绦虫，二者均属戴文科赖利属绦虫，其感染强度分别为前者3条，后者1条，感染率均为1.54%。

3.7 狗

在本次调查的15只狗体内发现6种寄生虫，隶属于3门、3纲、4科、6属，其中绦虫为2科、4属、4种；线虫为1科、1属、1种；五口类为1科、1属、1种。经对该县江孜镇上15条无户主家狗的调查，除3只狗未采集到寄生虫标本，其余的12只狗均收集到多少不等的寄生虫标本，狗对寄生虫的感染率为80%，15只狗个体感染寄生虫的种类为1~5种（其中3只狗未检出虫体标本），平均感染1.8种寄生虫，狗的寄生虫最大混合感染强度为328条，平均混合感染强度为64.75条。狗的主要寄生虫为：犬复殖孔绦虫、泡状带绦虫、细粒棘球绦虫、锯齿舌形虫等。

4 小结与建议

（1）本次进行的畜禽寄生虫区系调查，是继林周县畜禽寄生虫区系调查之后的又一次较为全面系统的调查。初步查清了江孜县家畜、家禽及狗的寄生虫种类、地理分布及其危害情况。为该县及相同类型地区寄生虫病的防治工作提供了可靠的科学依据，同时亦为编写全区畜禽寄生虫志和绘制全区畜禽寄生虫区系分布图积累了资料。

（2）本次调查表明：该县各类动物感染的寄生虫种类较多，计为88种，其中吸虫5种，绦虫10种，绦蚴4种，线虫64种，蜘蛛类1种，昆虫类3种，五口类1种。不仅种类多，感染率高，且感染强度也很大，详见各类动物的寄生虫区系调查统计表、分类名录及感染情况统计表。各类家养动物对寄生虫的感染率为牦牛75%、黄牛95%、绵羊、山羊及马、驴均为100%、狗为80%。各类动物感染寄生虫的种类、平均感染种类、最大混合感染强度及平均混合感染强度分别相应为：牦牛 14 种、2 种、219 条、39. 75 条；黄牛 22 种、4. 45 种、1 595条、237. 15 条；绵羊 29 种、7. 09 种、54 800条、3 199. 48条；山羊 29 种、7. 11 种、87 300条、10 275. 89条；马 19 种、15 种、11 363条、8 349条；驴 25 种、14. 33 种、4 478条、1 868. 16条；狗 6 种、1. 8 种、328 条、64. 75 条。该县各类牲畜均以多种寄生虫混合感染为特征，以吸虫、绦虫、绦蚴、呼吸道线虫与消化道线虫对牲畜危害最大，各类动物的优势寄生虫虫种为：牦牛 4 种，黄牛 6 种，绵羊 10 种，山羊 10 种，马 11 种，驴 12 种，狗 4 种。

（3）该县主要家养动物寄生虫如此严重，笔者认为其主要原因：一是该县日照时间长，地表温度高，水源丰富，草场潮湿，有利于各种寄生虫的虫卵、幼虫的生长发育及某些寄生虫中间宿主的生存；二是该县绝大部分牲畜是采取天然放牧形式，牲畜流动性大，造成病原传播和牲畜重复感染的机会较多；三是对各类动物寄生虫的种类、分布及其流行规律掌握不清，难以选择最佳驱虫药和适时的驱虫季节；四是该县以往对马属动物、牦牛及狗很少进行驱虫工作，对黄牛、绵羊、山羊的驱虫密度不是很高，加之于综合性防治措施不力等。

（4）建议该县今后在畜禽寄生虫病的防治工作中，要进一步加强领导、强化管理、开展群防群治，各级领导要及时解决兽防工作中出现的困难和问题，在农牧民群众中继续加强生产责任制，全面推行兽医技术承包责任制，广泛地开展科普宣传工作，提倡科学养畜。通过不同形式宣传家畜寄生虫病的危害性、传播途径及其防治知识。要积极创造条件，把经调查证实的各类动物的优势寄生虫虫种列为今后防治工作中的重点。开展以预防性驱虫为主和治疗性驱虫为辅的驱虫防治工作，改变过去对部分大家畜不进行驱虫的习惯，重视各类动物的驱虫防病工作，提高各类牲畜的驱虫密度。在条件许可的情况下，要逐步开展综合性防治措施，如净化草场，加强人畜粪便的管理，对患寄生虫病的脏器与消化道内容物实行烧毁或深埋，以达到控制病原传播和感染的目的。同时加强扑灭寄生虫中间宿主的工作，在该县要尽快组织一次群众性的灭狗工作，将一些无户主、无经济实用价值的狗全部捕杀，对一些确有经济实用价值的牧羊犬等，要进行定期驱虫工作，以控制人畜共患寄生虫病的传播。

参考文献（略）

林周县猪、鸡、狗寄生虫调查报告

陈裕祥，达瓦扎巴，格桑白珍，刘建枝，杨德全，张永清
（西藏自治区畜科所）

据文献报道，猪、鸡的寄生虫较多，对猪、鸡有着一定程度的危害，影响猪、鸡的生长发育，甚至造成死亡，阻碍着养猪、禽业的发展和效益，因此，对猪、鸡的寄生虫调查和防治十分重要。

狗是农牧民守家看畜的好帮手，在我区农牧民群众素有豢养的习惯，几乎家家户户都养狗，有的一家同时喂养着几条狗。狗与人畜的关系甚为密切，人畜间不少疾病都与狗紧密相关，特别是在传播人畜共患寄生虫病方面狗起着极为重要的作用。

鉴于上述情况，加之我区尚没有人进行过猪、禽寄生虫的调查研究工作，对狗寄生虫调查的资料亦很少。为逐步摸清西藏高原猪、鸡、狗寄生虫的种类及地理分布规律，给今后寄生虫病的防治提供科学依据，保护人畜健康，促进畜牧业经济的发展，笔者于1986—1987年首先对林周县的猪、鸡、狗进行了调查，兹报道于后。

1 材料和方法

1.1 调查对象

1.1.1 猪

本次调查的19头猪均系从林周县典中区随机购入的不同年龄的猪，其中，公猪5头、母猪14头，包括0.5岁以下的10头、1岁的2头、1.5岁的3头、2.0岁的3头、4岁的1头。

1.1.2 鸡

本次调查的鸡均系从林周县原阿朗、典中、萨唐三区随机购入的计103羽藏鸡，各区分别相应为2、63、38羽，其中，公鸡50羽，母鸡53羽。

1.1.3 狗

本次调查的11条狗均是在该县境内，主要是县机关附近随机猎取的野生家狗，其中，公狗4条，母狗7条。分别来源于唐古区1条、阿朗区1条、旁多区8条、典中区1条。

1.2 方法

按兽医寄生虫学剖检法，采集猪、鸡、狗的全部体内外寄生虫标本，按常规方法对标本进行固定保存，加以处理，在显微镜下鉴别至虫种。

2 调查结果

2.1 猪的调查

在该县19头猪的调查中，计发现体内外寄生虫8种，其中，包括绦蚴2种、线虫4种、棘头虫1种、昆虫类1种，分隶于4门、3纲、2目、5亚目、3超科、7科、2亚科、8属。兹将猪的8种寄生虫名录如下。

扁形动物门　Platyhelminthes
　绦虫纲　Cestoda
　　圆叶目　Cyclophyllidea
　　　带科　Taeniidae
　　　　棘球属　*Echinococcus*
　　　　　兽形棘球蚴　*E. veterinarum*
　　　　带属　*Taenia*
　　　　　细颈囊尾蚴　*Cysticercus tenuicollis*
线形动物门　Nemathelminthes
　线形纲　Nematoda
　　旋尾目　Spiruidea
　　　吸吮科　Thelaziidae
　　　　斜环咽线虫属　*Ascarops*
　　　　　胃斜环咽线虫　*A. strongylina*
　　蛔目　Ascarididea
　　　蛔虫科　Ascaridae
　　　　蛔属　*Ascaris*
　　　　　猪蛔虫　*A. suum*
　　圆形目　Strongylidea
　　　后圆科　Metastrongylidae
　　　　后圆属　*Metastrongylus*
　　　　　长刺后圆线虫　*M. elongatus*
　　　　　同物异名：猪后圆线虫　*M. apri*
　　毛首目　Trichocephalidea
　　同物异名：鞭虫目　Trichuridea
　　　毛首科　Trichocephalidae

同物异名：鞭虫科　Trichuridae
毛首线虫属　*Trichocephalus*
同物异名：鞭虫属　*Trichuris*
猪毛首线虫　*T. suis*
棘头虫动物门　Acanthocephala
原棘头虫纲　Archiacanthocephala
少刺吻目　Oligacanthorhynchida
少棘吻科 Oligacanthorhynchidae
巨吻属　*Macracanthorhynchus*
蛭形巨吻棘头虫　*M. hirudinaceus*
节肢动物门　Arthropoda
昆虫纲　Insecta
虱目　Anoplura
血虱科　Haematopinidae
血虱属　*Haematopinus*
猪血虱　*H. suis*

2.2　鸡的调查

本次调查的 103 羽鸡，发现了 3 种（属）寄生虫，即棘口属寄生虫 sp.，棘刺绦虫 sp 和鸡蛔虫。隶属于 2 门、3 科、3 属，它们的感染强度和感染率相应分别为 2 条、0.97%，1~2 条、5.83%，1 条、0.97%。

2.3　狗的调查

在本次被查的 11 条狗体内，同样亦发现 3 种（属）寄生虫，包括绦虫 2 种、五口虫类 1 种，分隶于 2 门、2 纲、2 科、3 属，感染情况为：多头绦虫的感染强度为 2~239 条，平均为 87.76 条，感染率为 63.64%（7/11）；舌形虫的感染强度为 1~23 条，平均为 13 条，感染率为 27.27%（3/11）；泡状属绦虫子 sp 的感染强度为 1~14 条，平均为 8.25 条，感染率为 72.73%（8/11）。

3　小结与讨论

（1）从林周县猪寄生虫调查结果看：该县猪寄生虫的种类为 8 种，每头猪平均感染寄生虫子的种数为 3.36 种，每头猪平均感染寄生虫总数为 53 条，猪对寄生虫的感染率为 97.74%。从上面这些数据看，似乎觉得该县猪寄生虫不是很严重，其实不然，猪血虱、猪的兽型棘球蚴、猪蛔虫、胃斜环咽线虫等对猪的危害是十分严重的。建议今后要大力宣传，提高农牧民群众对猪寄生虫病危害的认识，采取积极有效的防治措施。

（2）本次调查的 103 羽鸡，有 8 羽鸡发现寄生虫虫体，感染范围 1~4 条，鉴定为 3 种（属），鸡对寄生虫的感染率仅为 7.77%，各寄生虫虫种的感染率则更低。该县鸡感染的寄生虫的种类、强度及其感染率均偏低原因，笔者认为可能是该地区普遍为藏鸡，在藏鸡体内可能存在着某种抗寄生虫的生物因子；再就是由于寄生虫病病原在高寒地区的气候下难以生存。

（3）本次调查证实：该县狗的寄生虫病十分严重，感染率高达90.91%，在1条狗体内竟发现236条绦虫，数量十分可观。从虫种看，主要为多头绦虫、泡状属绦虫sp.、舌形虫。其感染率分别相应为27.27%、63.63%和72.73%。狗作为这些寄生虫的终末宿主，是人畜共患寄生虫病病原的主要传播者。鉴于以往我区对狗寄生虫病的危害认识不够，驱虫防治措施不力。建议今后必须加强这方面的工作，对一些有经济实用价值的军犬、警犬和牧羊犬进行定期驱虫，同时动员广大的牧民捕杀一些无经济实用价值的狗及野狗。

参考文献（略）

林周县黄牛寄生虫区系调查报告

陈裕祥，达瓦扎巴，刘建枝，杨德全，格桑白珍，张永清
（西藏自治区畜科所）

本文首次报道了西藏黄牛寄生虫的调查。作者用兽医寄生虫学完全剖检法对林周县24头黄牛寄生虫的调查，共发现体内外寄生虫39种，其中吸虫4种、绦虫2种、绦虫蚴2种、线虫26种、蜘蛛类1种、昆虫类3种，隶属于3门、6纲、11目、17科、23属。现将详细报告报道如下。

1 试验目的

西藏黄牛是我区畜群结构的一个重要组成部分，尤其是在半农半牧区和农区则是主要当家牲畜之一。据1979年本区疫病普查资料表明，我区的黄牛寄生虫病流行较为严重，但至今尚未曾见有关于这方面的专论报道。为逐步查明我区黄牛寄生虫的种类及其分布规律，给今后的防治工作提供依据、便利于我区畜牧业生产的发展。为此，笔者拟定先以林周县为试点，于1986年4月至1987年年底对该县进行了黄牛寄生虫调查。

2 材料和方法

本次调查所用动物均系从林周县所辖的原5个区、11个乡内购入的未经驱虫的24头黄牛，其中，公牛12头、母牛12头，它们分别来源于：唐古区4头、阿朗区1头、旁多区3头、典中区7头、萨唐区9头。24头被检黄牛的年龄为1岁的5头、2岁的3头、3岁的10头、4岁的2头、5岁的3头、6岁的1头。

用兽医寄生虫完全剖检法，采集部分或全部体内外寄生虫标本；线虫、绦蚴用巴氏液固定保存，吸虫、绦虫、蜘蛛、昆虫用酒精固定保存；按常规方法分别处理标本，在显微镜下逐条鉴别到种。据有关资料的分类学方法，进行寄生虫种类分布和感染情况统计，同时列出寄生虫名录。

3 调查结果

1986年4月至1987年12月对林周县各区、乡、村24头黄牛，按系统寄生虫学剖检法收集到的体内外寄生虫标本，经鉴定，它们隶属于3门、6纲、11目、17科、23属、39种，其分布区域、寄生部位及感染情况详见《林周县黄牛寄生虫调查统计表》。现列出黄牛寄生虫名录于后。

扁形动物门　Platyhelminthes
　吸虫纲　Trematoda
　　棘口目　Echinostomida
　　　同盘科　Paramphistomatidae
　　　　同盘属　*Paramphistomum*
　　　　　鹿同盘吸虫　*P. cervi*
　　斜睾目　Plagiorchiida
　　　双腔科　Dicrocoeliidae
　　　　双腔属　*Dicrocoelium*
　　　　　矛形双腔吸虫　*D. lanceatum*
　　　　　扁体双腔吸虫　*D. platynosomum*
　　枭形目　Strigeida
　　　短咽科　Brachylaimidae
　　　　斯氏属/斯孔属　*Skrjabinotrema*
　　　　　羊斯氏吸虫　*S. ovis*
　绦虫纲　Cestoidea
　　圆叶目　Cyclophyllidea
　　　裸头科　Anoplocephalidae
　　　　莫尼茨属　*Moniezia*
　　　　　贝氏莫尼茨绦虫　*M. benedeni*
　　　　曲子宫属　*Thysaniezia*
　　　　　盖氏曲子宫绦虫　*T. giardi*
　　　带科　Taeniidae
　　　　棘球属　*Echinococcus*
　　　　　兽形棘球蚴　*E. veterinarum*
　　　　带吻属　*Taeniarhynchus*
　　　　　牛囊尾蚴　*Cysticercus bovis*
线形动物门　Nemathelminthes
　线形纲　Nematoda
　　旋尾目　Spiruridea
　　　筒线科　Gongylonematidae
　　　　筒线虫属　*Gongylonema*
　　　　　美丽筒线虫　*G. pulchrum*
　　　　　多瘤筒线虫　*G. verrucosum*
　　　吸吮科　Thelaziidae
　　　　吸吮属　*Thelazia*
　　　　　罗德氏吸吮线虫　*T. rhodesi*
　　圆形目　Strongylidea

夏伯特科 Chabertidae

夏伯特线虫属 *Chabertia*

羊夏伯特线虫 *C. ovina*

食道口线虫属 *Oesophagostomum*

哥伦比亚食道口线虫 *O. columbianum*

辐射食道口线虫 *O. radiatum*

粗纹食道口线虫 *O. asperum*

微管食道口线虫 *O. venulosum*

钩口科 Ancylostomatidae

仰口线虫属 *Bunostomum*

牛仰口线虫 *B. phlebotomum*

毛圆科 Trichostrongylidae

毛圆线虫属 *Trichostrongylus*

蛇形毛圆线虫 *T. colubriformis*

古柏线虫属 *Cooperia*

梳状古柏线虫 *C. pectinata*

肿孔古柏线虫 *C. oncophora*

等侧古柏线虫 *C. laterouniformis*

野牛古柏线虫 *C. bisonis*

黑山古柏线虫 *C. hranktahensis*

血矛线虫属 *Haemonchus*

捻转血矛线虫 *H. contortus*

长柄血矛线虫 *H. longistipe*

细颈线虫属 *Nematodirus*

尖交合刺细颈线虫 *N. filicollis*

钝刺细颈线虫 *N. spathiger*

许氏细颈线虫 *N. hsui*

网尾科 Dictyocaulidae

网尾线虫属 *Dictyocaulus*

胎生网尾线虫 *D. viviparus*

毛首目 Trichocephalidea

同物异名：鞭虫目 Trichuridea

毛首科 Trichocephalidae

同物异名：鞭虫科 Trichuridae

毛首线虫属 *Trichocephalus*

同物异名：鞭虫属 *Trichuris*

绵羊毛首线虫 *T. ovis*

同色毛首线虫 *T. concolor*

斯氏毛首线虫　*T. skrjabini*
球形毛首线虫　*T. globulosa*
兰氏毛首线虫　*T. lani*

节肢动物门　Arthropoda
蛛形纲　Arachnida
寄形目　Parasitiformes
软蜱科　Argasidae
钝缘蜱属　*Ornithodorus*
拉合尔钝缘蜱　*O. lahorensis*
昆虫纲　Insecta
双翅目　Diptera
皮蝇科　Hypodermatidae
皮蝇属　*Hypoderma*
牛皮蝇　*H. bovis*
虱目　Anoplura
颚虱科　Linognathidae
颚虱属　*Linognathus*
牛颚虱　*L. vituli*
食毛目　Mallophaga
毛虱科　Trichodectidae
毛虱属　*Bovicola*
牛毛虱　*B. bovis*
五口虫纲　Pentastomida
舌形虫目　Linguatulida
舌形虫科　Linguatulidae
舌形虫属　*Linguatula*
舌形虫　*L. serrate*

4　小结与讨论

（1）经对林周县24头黄牛寄生虫的调查证实：该县黄牛寄生虫种类多，24头被检黄牛均采集到多少不等的寄生虫标本，黄牛对寄生虫的感染率为100%。经鉴别为39种寄生虫，其中分别为：吸虫4种、绦虫2种、绦蚴2种、线虫26种、蜘蛛类1种、昆虫类3种、五口虫类1种。黄牛感染寄生虫的种数为：感染1~5种虫的3头，感染6~10种虫的9头，感染11~15种虫的10头，感染18种虫的2头，平均每头黄牛感染10.2种寄生虫。该县黄牛寄生虫的分布情况为：唐古区17种，阿朗区11种，旁多区28种，典中区27种，萨唐区31种。阿朗区虽仅为11种，但被检黄牛只有1头，与整个林周县被检黄牛的平均感染寄生虫种数比较相近，对于阿朗区黄牛寄生虫种类多少的问题，尚待进一步研究调查。

（2）本次调查表明该县黄牛寄生虫病流行较为严重，以胎生网尾线虫、矛形双腔吸虫、绵羊夏伯特线虫、辐射食道口线虫、捻转血毛线虫、长柄血毛线虫、等侧古柏虫、细颈线虫、兰氏毛首线虫、牛皮蝇等为主要优势虫种，感染率均在40%以上；其次为鹿同盘吸虫、贝氏莫尼茨绦虫、牛囊尾蚴、哥伦比亚食道口线虫、微管食道口线虫、拉合尔钝缘蜱及牛颚虱等，感染率均在20%~40%。上述17种优势虫种的感染强度亦较高，这些均应列为今后防治工作中的重点对象，在此同时，对盖氏曲子宫绦虫、棘球蚴等其他一些寄生虫必须采取积极的防治措施。

参考文献（略）

西藏林周县马、驴、骡寄生虫调查报告

陈裕祥，达瓦扎巴，格桑白珍，刘建枝，杨德全，群　拉
（西藏自治区畜科所）

本次首次报告关于西藏马、驴、骡的寄生虫调查。作者采用兽医寄生虫学完全剖检法，对林周县9匹马、3匹驴、1匹骡的调查，采集到的虫体标本，经鉴别共为42种体内外寄生虫，其中，绦蚴1种、线虫37种、蜘蛛类1种、昆虫类3种。隶属于3门、4纲、7种、16属。现详细报道如下。

1　试验目的

马、驴、骡在我区有40万余匹，是广大农牧民的主要运输工具之一。鉴于以往未曾有人进行过马、驴、骡的寄生虫调查工作，为逐步摸清我区马、驴、骡的寄生虫种类及其地理分布规律，为兽防工作提供科学依据。为此，笔者以林周县为试点，于1986—1987年对该县进行了马、驴、骡的寄生虫调查。

2　材料和方法

本次的调查对象，是从林周县原5个区内购入的淘汰马、驴、骡，计13匹。其中，公马3匹、母马6匹，分别来自唐古区2匹、阿朗区2匹、旁多区1匹、典中区3匹、萨唐区1匹。马的年龄为：10岁的1匹、14岁的1匹、15岁的3匹、20岁的3匹、21岁的1匹；母驴3匹，均来源于萨唐区，9岁的1匹、10岁的2匹，公骡子1匹，来源于典中区，9岁。

采用兽医寄生虫学完全剖检法，采集部分或全部体内外寄生虫标本，按常规方法对标本进行固定保存和加以处理，在显微镜下逐条鉴别至种。

3　调查结果

1986—1987年对林周县各区、乡、村的马9匹、驴3匹、骡1匹，按系统寄生虫学剖检法进行了剖检。收集到的寄生虫标本，经鉴定分别属于下列各门、纲、目、科、属、种，现将寄生虫名录列出如下：

扁体动物门　Platyhelminthes

　　绦虫纲　Cestoidea

　　　　带科　Taeniidae

棘球属 *Echinococcus*

兽形棘球蚴 *E. veterinarum*

线型动物门 Nemathelminthes

线虫纲 Nematoda

尖尾科 Oxyuridae

尖尾线虫属 *Oxyuris*

马尖尾经线虫 *O. equi*

圆线科 Strongylidae

圆线虫属 *Strongylus*

马圆形线虫 *S. equinus*

阿福线虫属 *Alfortia*

无齿阿福线虫 *A. edentatus*

代拉线虫属 *Delafondia*

普通代拉线虫 *D. vulgaris*

三齿线虫属 *Triodontophorus*

锯齿三齿线虫 *T. serratus*

短尾三齿线虫 *T. brevicauda*

熊氏三齿线虫 *T. hsiungi*

细颈三齿线虫 *T. tenuicollis*

毛线科 Trichonematidae

毛线线虫属 *Trichonema*

长伞毛线线虫 *T. longibursatum*

埃及毛线线虫 *T. aegyptiacum*

卡提毛线线虫 *T. catinatum*

冠状毛线线虫 *T. coronatum*

双冠毛线线虫 *T. suhoronatum*

大唇片毛线线虫 *T. labiatum*

小唇片毛线线虫 *T. labratum*

间生毛线线虫 *T. hybridum*

花状毛线线虫 *T. claicatum*

曾氏毛线线虫 *T. tsengi*

四隅毛线线虫 *T. tetracanthum*

环行线虫属 *Cylicocyculus*

辐射环行线虫 *C. radiatum*

耳状环行线虫 *C. auriculatum*

长环行线虫 *C. elongatum*

金章环行线虫 *C. insigne*

鼻状环行线虫 *C. nassatum*

外射环行线虫 *C. ultrajectinum*
短囊环行线虫 *C. brevicapsulatum*
天山环行线虫 *C. tianshangenssis*
圆齿线虫属 *Cylicodontophorus*
双冠圆齿线虫 *C. bicoronatum*
碟状圆齿线虫 *C. pateratum*
奥普圆齿线虫 *C. euproctus*
彼杜洛线虫属 *Petrovinema*
杯状彼杜洛线虫 *P. poculatum*
杯口线虫属 *Poteriostomum*
不等齿杯口线虫 *P. imparidentatum*
舒毛线虫属 *Schulzitrichonema*
细口舒毛线虫 *S. leptostomum*
高氏舒毛线虫 *S. goldi*
偏位舒毛线虫 *S. asymmetricum*
辐首属 *Gyalocephalus*
头状辐首线虫 *G. capitatus*
网尾科 Dictyocaulidae
网尾属 *Dictyocaulus*
安氏网尾线虫 *D. arnfieildi*
节肢动物门 Anthnopoda
蜘蛛纲 Arachida
软蜱科 Argasidae
钝缘蜱属 *Ornithodorus*
拉合尔钝缘蜱 *O. lahorensis*
昆虫纲 Insecta
胃蝇科 Gasterophilidae
胃蝇属 *Gasterophilus*
烦扰胃蝇（蛆） *G. veterinus*
肠胃蝇（蛆） *G. intestinalis*
黑腹胃蝇（蛆） *G. pecorum*

4 小结与讨论

4.1 本次调查表明

该县马、驴、骡的寄生虫种类多。被检的13匹马、驴、骡均全部采集到寄生虫标本，寄生虫对马、驴、骡的感染率为100%，马感染寄生虫虫体总数最高者65 000余条。经鉴别为42种，其中马为37种，驴为30种。骡为18种，隶属于3门、4纲、16属，归类为绦蚴1种、线虫37种、蜘蛛类1种、昆虫类3种。马、驴、骡感染寄生虫的种数多；感染7~10种虫的为3匹，感染11~20种虫的为5匹，感染21~30种虫的为5匹，每匹平均感染寄生虫的种数为18.50种。各区马、驴、骡寄生虫分布的种数亦较多，分别为唐古区25种、旁多区30种、阿朗区31种、典中区32种、萨唐区30种。

4.2 本次调查证实

该县马、驴、骡的寄生虫病危害十分严重，调查发现的42种寄生虫感染率在38%(5/13)以上的达26种。它们分别为：马尖尾线虫、马圆形线虫、无齿阿福线虫、普通圆形线虫、锯齿三齿线线虫、细颈三齿线虫、长伞毛线线虫、卡提毛线线虫、双冠毛线线虫、冠状毛线线虫、大唇毛线线虫、小唇片毛线线虫、间生毛线线虫、花状毛线线虫、曾氏毛线线虫、辐射环形线虫、鼻状环形线虫、短囊环形线虫、天山环形线虫、双冠圆齿线虫、不等齿杯口线虫、高氏舒毛线虫、偏位舒毛线虫、头状辐首线虫、烦扰胃蝇（蛆）和肠胃蝇（蛆）等。上述26种虫体均可作为马属动物的优势虫种，必须列为今后寄生虫病防治工作的重点对象。

4.3 经本次调查说明

我区马、驴、骡的寄生虫种数多，危害大。这与过去我区对马、驴、骡寄生虫病的防治工作做得不够有直接关系。为此，建议各兽防工作部门，今后要把对马、驴、骡寄生虫病的防治纳入工作议事日程，采取积极有效的防治措施，尽快控制寄生虫病对马、驴、骡的危害，保证畜牧业经济的健康发展。

参考文献（略）

西藏林周县牦牛寄生虫区系调查报告

陈裕祥，刘建枝，杨德全，群　拉，达瓦扎巴，格桑白珍
（西藏自治区畜科所）

本文首次报道了关于西藏牦牛的寄生虫调查。作者用系统寄生虫学剖检法，对林周县22头牦牛进行了调查，采集的虫体标本，经鉴定为30种，分隶于3门、5纲、9目、14科、16属、归类为：吸虫5种、绦虫2种、绦蚴1种、线虫20种、蜘蛛类1种、昆虫类1种。另发现一古柏线虫新种未定名。现报道如下。

1　试验目的

牦牛是青藏高原的特有牲畜，在我区分布最广，数量亦最多，约400万头，占全区牲畜总数的75%左右，是牧民的主要生产、生活资料，在牧区是优良的驮运工具，农区则是主要役畜之一。关于我区牦牛寄生虫的调查尚未见报道过。为逐步弄清高原牦牛的寄生虫种类及其地理分布规律，为牦牛寄生虫病的防治工作提供依据，以达到保障畜牧业经济发展的目的。为此，笔者首先选择以海拔较高、位于念青唐古拉山南麓的林周县为试点，于1986—1987年对该县进行了牦牛寄生虫调查。

2　材料和方法

本次调查的22头牦牛（公牛10头、母牛12头），均是从林周县原5个区、11个乡内购入的，分别来源于唐古区7头、旁多区7头、阿朗区4头、曲中区2头、萨唐区2头。22头被检牦牛的年龄分别为：2岁的2头、3岁的1头、4岁的5头、5岁的3头、7岁的7头、8岁的3头、9岁的1头。

按系统寄生虫学剖检法，采集部分或全部体内外寄生虫标本，据常规方法将收集的标本分别进行处理，在显微镜下逐条鉴别至种。

3　调查结果

1986—1987年对林周县各区、乡的22头牦牛，按系统寄生虫学剖检法进行了解剖检查。收集到的虫体标本，经鉴定分别隶属于3门、5纲、4目、5亚目、15科、7亚科、16属、2亚属、30种。各种寄生虫的寄生部位、分布区域及感染情况详见林周县牦牛寄生虫调查统计表，现将牦牛寄生虫名录排列如下。

扁体动物门　Platyhelminthes

吸虫纲 Trematoda
棘口目 Echinostomida
同盘科 Paramphistomatidae
同盘属 *Paramphistomum*
鹿同盘吸虫 *P. cervi*
斜睾目 Plagiorchiida
双腔科 Dicrocoeliidae
双腔属 *Dicrocoelium*
矛形双腔吸虫 *D. lanceatum*
中华双腔吸虫 *D. chinensis*
片形科 Fasciolidae
片形属 *Fasciola*
肝片形吸虫 *F. hepatica*
枭形目 Strigeida
短咽科 Brachylaimidae
斯氏属/斯孔属 *Skrjabinotrema*
绵羊斯氏吸虫 *S. ovis*
绦虫纲 Cestoidea
圆叶目 Cyclophyllidea
裸头科 Anoplocephalidae
莫尼茨属 *Moniezia*
扩展莫尼茨绦虫 *M. expansa*
贝氏莫尼茨绦虫 *M. benedeni*
带科 Taeniidae
棘球属 *Echinococcus*
兽形棘球蚴 *E. veterinarum*
线形动物门 Nemathelminthes
线形纲 Nematoda
旋尾目 Spiruridea
筒线科 Gongylonematidae
筒线虫属 *Gongylonema*
美丽筒线虫 *G. pulchrum*
多瘤筒线虫 *G. verrucosum*
圆形目 Strongylidea
夏伯特科 Chabertidae
夏伯特线虫属 *Chabertia*
绵羊夏伯特线虫 *C. ovina*
食道口线虫属 *Oesophagostomum*

哥伦比亚食道口线虫 *O. columbianum*
辐射食道口线虫 *O. radiatum*
粗纹食道口线虫 *O. asperum*
钩口科 Ancylostomatidae
仰口线虫属 *Bunostomum*
牛仰口线虫 *B. phlebotomum*
毛圆科 Trichostrongylidae
古柏线虫属 *Cooperia*
等侧古柏线虫 *C. laterouniformis*
肿孔古柏线虫 *C. oncophora*
黑山古柏线虫 *C. hranktahensis*
卓拉古柏线虫 *C. zurnabada*
野牛古柏线虫 *C. bisonis*
古柏线虫新种未定名 *C.* sp.
细颈线虫属 *Nematodirus*
细颈线虫 *N. filicollis*
网尾科 Dictyocaulidae
网尾线虫属 *Dictyocaulus*
丝状网尾线虫 *D. filaria*
胎生网尾线虫 *D. viviparus*
毛首目 Trichocephalidea
同物异名：鞭虫目 Trichuridea
毛首科 Trichocephalidae
同物异名：鞭虫科 Trichuridae
毛首线虫属 *Trichocephalus*
同物异名：鞭虫属 *Trichuris*
绵羊毛首线虫 *T. ovis*
球形毛首线虫 *T. globulosa*
兰氏毛首线虫 *T. lani*
长刺毛首线虫 *T. longispiculus*
节肢动物门 Arthropoda
蛛形纲 Arachnida
寄形目 Parasitiformes
软蜱科 Argasidae
钝缘蜱属 *Ornithodorus*
拉合尔钝缘蜱 *O. lahorensis*
昆虫纲 Insecta
双翅目 Diptera

皮蝇科　Hypodermatidae

　　皮蝇属　*Hypoderma*

　　　　牛皮蝇　*H. bovis*

4　小结与讨论

（1）经过对林周县 22 头牦牛的寄生虫调查，除 1 头没有发现体内外寄生虫外，其余 21 头均收集到多少不等的寄生虫标本，寄生虫对牦牛的感染率为 95.55%。调查中计发现 29 种寄生虫，归类为：吸虫 5 种、绦虫 2 种、绦虫蚴 1 种、线虫 19 种、蜘蛛类 1 种、昆虫类 1 种。牦牛个体感染寄生虫的情况为：感染 1～10 种虫的为 6 头，未发现虫体者 1 头，被检测牦牛每头平均感染 4.09 种寄生虫。该县各区牦牛感染寄生虫的情况为旁多区 13 种、阿朗区 11 种、唐古区 22 种、曲中区 5 种、萨唐区 4 种。

该县牦牛与其他主要牲畜相比，无论在寄生虫的种类以及个体感染的虫种数和感染强度等方面，牦牛均较低。

（2）本次调查证实：该县寄生虫对牦牛危害最大的为牛皮蝇病，感染强度最高达 205 只，平均为 48.05 只，感染率高达 86.36%（19/22）；其次为胎生网尾线虫、扩展莫尼茨绦虫、贝氏莫尼茨绦虫、哥伦比亚食道口线虫、等侧古柏线虫、兰氏毛首线虫等寄生虫病。上述 7 种寄生虫病必须列为今后牦牛寄生虫病防治工作的重点对象。诚然对棘球蚴、肝片吸虫、绵羊夏伯特线虫等其他寄生虫病也不容忽视。

（3）在本次调查中，发现一古柏线虫新种，据有关资料查证，本新种与现有资料报道过的古柏属线虫在形态结构上有着特征性的不同之处，详细情况将另行报道。

参考文献（略）

西藏林周县山羊寄生虫区系调查报告

陈裕群，达瓦扎巴，刘建枝，杨德全，格桑白珍，群 拉，张永清
(西藏自治区畜科所)

作者经对林周县25只山羊寄生虫调查，计发现43种体内外寄生虫，其中，30种为区内首次报道；它们分属于3门、5纲、4目、5亚目、16科、9亚科、23属、3亚属，含吸虫3种、绦虫2种、绦蚴2种、线虫32种、昆虫类3种、五口虫类1种。详细报告如下。

1 试验目的

藏山羊分布于我区各地，居牲畜总数第2位。关于山羊寄生虫的种类及分布情况，前曾有人做过报道，但较零碎，有的难以查考。为逐步摸清我区山羊寄生虫的种类及其地理分布规律，给今后全区山羊寄生虫病的防治研究工作提供依据。为此，笔者拟定以林周县为试点，于1986年4月至1987年年底对该县山羊进行了较系统的寄生虫调查。

2 材料和方法

本次调查所用被检25只山羊，均是从林周县原5个区、11个乡内购入的未经驱虫羊。它们分别来源于：唐古区4只，旁多区8只，阿朗区4只，典中区7只，萨唐区2只。25只被检山羊的年龄和性别分别为：2岁的9只，3岁的12只，4岁的1只，6岁的1只，7岁的2只，公山羊12只、母山羊13只。

根据兽医寄生虫学完全剖检法，采集全部体内外寄生虫标本。对线虫、绦蚴用巴氏液固定保存；吸虫、绦虫、蜘蛛、昆虫均用70%的酒精固定保存。按常规方法对标本进行处理，在显微镜下逐条进行鉴别至寄生虫种名；吸虫、绦虫、蜘蛛、昆虫由厦门大学寄生动物研究室协助鉴别。

3 调查结果

1986年4月至1987年12月，对林周县各区的25只山羊，按在寄生虫学系统剖检法收集了全部体内外寄生虫标本。经鉴别，他们分属于3门、5纲、4目、5亚目、16科、9亚科、23属、3亚属、43种，其分布区域、寄生部位与感染情况详见林周县山羊寄生虫调查统计表。现将山羊寄生虫名录排列于下。

扁体动物门 Platyhelminthes

- 吸虫纲 Trematoda
  - 同盘科 Paramphistomatidae
    - 同盘属 *Paramphistomum*
      - 鹿同盘吸虫 *P. cervi*
  - 双腔科 *Dicrocoeliidae*
    - 双腔属 *Dicrocoelium*
      - 矛形双腔吸虫 *D. lanceatum*
      - 中华双腔吸虫 *D. chinensis*
- 绦虫纲 Cestcidea
  - 裸头科 Anoplocephalidae
    - 莫尼茨属 *Moniezia*
      - 扩张莫尼茨绦虫 *M. expansa*
      - 贝氏莫尼茨绦虫 *M. benedeni*
  - 带科 Taeniidae
    - 棘球属 *Echinococcus*
      - 兽形棘球蚴 *E. veterinarum*
    - 带属 *Taenia*
      - 细颈囊尾蚴 *Cysticercus tenuicollis*

线形动物门 Nemathelminthes

- 线虫纲/线形纲 Nematoda
  - 尖尾科 Oxyuridae
    - 斯氏线虫属 *Skrjabinema*
      - 绵羊斯氏线虫 *S. ovis*
  - 夏伯特科 Chabertidae
    - 夏伯特属 *Chabertia*
      - 绵羊夏伯特线虫 *C. ovina*
  - 钩口科 Ancylostomatidae
    - 仰口线虫属 *Bunostomum*
      - 羊仰口线虫 *B. trigonocephalum*
    - 食道口线虫属/食道口属 *Oesophagostomum*
      - 哥伦比亚食道口线虫 *O. columbianum*
      - 粗纹食道口线虫 *O. asperum*
      - 甘肃食道口线虫 *O. kansuensis*
  - 毛圆科 Trichostrongylidae
    - 毛圆线虫属/毛圆属 *Trichostrongylus*
      - 蛇形毛圆线虫 *T. colubriformis*
      - 斯氏毛圆线虫 *T. skrjabini*
    - 奥斯脱线虫属/奥斯特属 *Ostertagia*

奥氏奥斯脱线虫 *O. ostertagia*
念青唐古拉奥斯脱线虫 *O. nianqingtangulaensis*
中华奥斯脱线虫 *O. sinensis*
西藏奥斯脱线虫 *O. xizangensis*
西方奥斯脱线虫 *O. occidentalis*
伏氏奥斯脱线虫 *O. volgaensis*
马歇尔线虫属/马歇尔属 *Marshllagia*
拉萨马歇尔线虫 *M. lasaensis*
血矛线虫属/血矛属 *Haemonchus*
捻转血矛线虫 *H. contortus*
长柄血矛线虫 *H. longistipes*
似血矛线虫 *H. similis*
细颈线虫属/细颈属 *Nematodirus*
奥利春细颈线虫 *N. oiratianus*
钝刺细颈线虫 *N. spathiger*
似细颈线虫属/似细颈属 *Nematodirella*
最长刺似细颈线虫 *N. longissimespiculata*
网尾科 Dictyocaulidae
网尾线虫属/网尾属 *Dictyocaulus*
丝状网尾线虫 *D. filaria*
原圆科 Protostrongylidae
原圆线虫属/原圆属 *Protostrongylus*
霍氏原圆线虫 *P. hobmaieri*
柯氏原圆线虫 *P. kochi*
同物异名：淡红原圆线虫 *P. rufescens*
刺尾线虫属/刺尾属 *Spiculocaulus*
邝氏刺尾线虫 *S. kwongi*
囊尾线虫属/囊尾属 *Cystocaulus*
黑色囊尾线虫 *C. nigrescens*
同物异名：有鞘囊尾线虫 *C. ocreatus*
夫赛伏囊尾线虫 *C. vsevolodovi*
歧尾线虫属/变圆属 *Bicaulus/Varestrongylus*
舒氏歧尾线虫 *B. schulzi*
舒氏变圆线虫 *V. schulzi*
毛首科 Trichocephalidae
同物异名：鞭虫科 Trichuridae
毛首线虫属 *Trichocephalus*
同物异名：鞭虫属 *Trichuris/Mastigodes*

绵羊毛首线虫 *T. ovis*
同色毛首线虫 *T. concolor*
瞪羚毛首线虫 *T. gazellae*
斯氏毛首线虫 *T. skrjabini*
球形毛首线虫 *T. globulosa*
兰氏毛首线虫 *T. lani*
长刺毛首线虫 *T. longispiculus*

节肢动物门 Anthnopoda
昆虫纲 Insecta
虱蝇科 Hippoboscidae
蜱蝇属 *Melophagus*
羊蜱蝇 *M. ovinus*
狂蝇科 Oestridae
狂蝇属 *Oestrus*
羊狂蝇（蛆） *O. ovis*
啮毛虱科 Trichodectidae
毛虱属 *Bovicola*
山羊牛毛虱 *B. caprae*
五口虫纲 Pentastomida
舌虫科 Linguatulidae
舌形虫属 *Linguatula*
舌形虫 *L. serrata*

4 小结与讨论

（1）经对林周县山羊寄生虫的调查，被检 25 只山羊全部查收到寄生虫标本，山羊对寄生虫的感染率为 100%。调查中计发现 43 种体内外寄生虫（区内首次报道的为 30 种），其中：吸虫 3 种、绦虫 4 种、线虫 32 种、昆虫类 3 种、五口虫类 1 种。从山羊个体感染寄生虫的种数看，感染 2~5 种的为 5 只羊、6~10 种的为 14 只羊、11~15 种的为 5 只羊、16 种的为 1 只羊，被检 25 只羊平均感染寄生虫和数为 8. 68 种。从林周县山羊寄生虫种类分布区域情况看：唐古区为 23 种、阿朗区为 25 种、旁多区为 29 种、典中区为 22 种、萨唐区为 11 种。

（2）调查表明：林周县山羊寄生虫的优势种主要为羊蜱蝇、矛形双腔吸虫、细颈囊尾蚴、甘肃食道口线虫、蛇形毛圆线虫、捻转血矛线虫、钝刺细颈线虫、斯氏毛首线虫，感染率均在 40% 以上；其次则为绵羊斯氏线虫、绵羊毛首线虫、球形毛首线虫、兰氏毛首线虫、长柄血矛线虫、丝状网尾线虫、中华双腔吸虫，感染率也在 20~40，上述 15 种寄生虫均应作为今后防治工作的重点来抓，同时对棘球蚴、绵羊夏伯特线虫、羊仰口线虫等寄生虫病的防治亦不可忽视。

（3）有待说明的是：从《林周县山羊寄生虫调查统计表》（略）中不难看出，萨唐区山羊感染寄生虫的种类比较少，仅为 11 种；但该区域被调查的山羊数也少，只有 2 只，缺乏一定的代表性，尚待进一步研究证实。

（4）经林周县绵羊与山羊寄生虫的调查结果对比证实：山羊在感染寄生虫的种数和感染强度上，均较绵羊低。

参考文献（略）

亚东县周岁羊寄生虫区系调查

鲁西科，边　扎，小达瓦
(西藏自治区畜牧兽医队)

我区为全国绵山羊重要产区，每年平均新增羔羊300万只，历年来，一直存在周岁羊死亡率高的问题，其主要原因除高寒缺草、营养不良、管理不善外，寄生虫的危害也是重要原因之一。据许绥泰、梁经世及甘肃省有关单位经过多年的调查研究得出结论认为：当地春季大批羊只死亡的主因是营养不良和寄生虫病。为了摸清我区周岁羔羊寄生虫的感染程度和虫种，了解寄生虫因素在羊只春乏死亡中的作用，笔者于1986年5月对亚东县帕里区周岁羊的寄生虫感染情况进行了调查。

1　生态概况

亚东县位于西藏南部，帕里区位于该县东北，地理位置东经89°05′、北纬27°44′，为喜马拉雅山所环抱，海拔4 300m，出于受印度洋暖湿气候和高原寒冷气流的交叉侵袭，气候多变。属高寒半农半牧区，年平均气温1.7℃，年极端最高温度17.6℃，年极端最低温度-24.5℃。年平均降水量468.6mm，雨季多集中在7月，8月，9月，3个月。年平均蒸发量1 317mm，年平均相对湿度68.8%，年平均日照2 668.98h，年平均无霜期46.3天，终霜期在5月下旬，初霜期多在7月下旬。该区主要植被以禾本科、莎草科为主，次为菊科和少量豆科。因喜马拉雅山峰顶常年积雪，夏季融化而下形成较多的沟渠，泉水亦较多，草场水源条件较好。

2　调查方法

本次调查所选动物均从帕里区各牧场购来一岁绵羊15只，营养状况较差，采用寄生虫学剖检法，将羊只宰杀后，分别取出脏器，逐个检查，对肺脏和胃肠内容物用1%的食盐水反复冲洗沉淀，仔细检出全部虫体并计数登记。线虫用巴氏液固定保存，绦虫剪取成熟节片和头节压片后用70%酒精固定，进行详细鉴定。

3　调查结果

经这次初步调查鉴定，共发现周岁羊体内外寄生虫22种，其中，线虫18种，绦虫3种，蜘蛛1种，现将虫种和感染程度列表如下。

线虫纲　Nematoda

钩口科 Ancyiostomatidae

仰口属 *Bunostomum*

羊仰口线虫 *B. trigonocephalum*

寄生部位：小肠

感染率：1/15

感染强度：7

毛圆科 Trichostrongylidae

奥斯特属 *Ostertagia*

环纹奥斯特线虫/普通奥斯特线虫 *O. circumcincta*

寄生部位：皱胃

感染率：4/15

感染强度：18~57

三叉奥斯特线虫 *O. trifurcata*

寄生部位：皱胃

感染率：3/15

感染强度：4~44

西藏奥斯特线虫 *O. xizangensis*

寄生部位：皱胃

感染率：2/15

感染强度：3~12

念青唐古拉奥斯特线虫 *O. nianqingtangulaensis*

寄生部位：皱胃

感染率：4/15

感染强度：1~14

马歇尔属 *Marshllagia*

蒙古马歇尔线虫 *M. mongolica*

寄生部位：皱胃

感染率：14/15

感染强度：15~361

血矛属 *Haemonchus*

捻转血矛线虫 *H. contortus*

寄生部位：皱胃

感染率：2/15

感染强度：1~3

细颈属 *Nematodirus*

许氏细颈线虫 *N. hsui*

寄生部位：小结肠

感染率：1/15

感染强度：11

尖刺细颈线虫 *N. filicollis*

寄生部位：小肠

感染率：1/15

感染强度：9

网尾科 Dictyocaulus

网尾属 *Dictyocaulus*

丝状网尾线虫 *D. filaria*

寄生部位：支气管

感染率：10/15

感染强度：2~23

原圆科 Protostrongylidae

刺尾属 *Spiculocaulus*

邝氏刺尾线虫 *S. kwongi*

寄生部位：细支气管内

感染率：8/15

感染强度：1~20

尖尾科 Oxyuridae

斯氏线虫属/斯氏属 *Skrjabinema*

绵羊斯氏线虫 *S. ovis*

寄生部位：结肠

感染率：6/15

感染强度：1~320

毛首科 Trichocefohalidae

毛首属 *Trichocephalus*

斯氏毛首线虫 *T. skrjabini*

寄生部位：盲肠

感染率：10/15

感染强度：1~31

瞪羚毛首线虫 *T. gazellae*

寄生部位：盲肠

感染率：7/15

感染强度：1~23

兰氏毛首线虫 *T. lani*

寄生部位：盲肠

感染率：6/15

感染强度：7~28

印度毛首线虫 *T. indicus*

寄生部位：盲肠
感染率：2/15
感染强度：5
球形毛首线虫 *T. globulosa*
寄生部位：盲肠
感染率：1/15
感染强度：1
毛首线虫未定种 *Trichocephalus* sp
寄生部位：盲肠
感染率：2/15
感染强度：4~5
绦虫纲 Cestoidea
裸头科 Anopiocephalidae
莫尼茨属 *Moniezia*
贝氏莫尼茨绦虫 *M. benedeni*
寄生部位：小肠
感染率：1/15
感染强度：1
曲子宫属 *Helictometra*
盖氏曲子宫绦虫 *H. giardi*
寄生部位：小肠
感染率：1/15
感染强度：1
无卵黄腺属 *Avitellina*
中点无卵黄腺绦虫 *A. centripunctata*
寄生部位：小肠
感染率：1/15
感染强度：1~4
昆虫纲 Insecta
虱蝇科 Hippoboscidae
蜱蝇属 *Melophagus*
羊蜱蝇 *M. ovinus*
感染率：7/15
感染强度：未计

4 分析讨论

（1）亚东县帕里区海拔4 300m，属高寒牧区，生态环境基本上可代表我区大部分牧区。经此次调查证明，当地周岁羊寄生虫感染情况较为严重，其中，以马歇尔线虫、肺线虫、毛首线虫、斯氏线虫、奥斯特线虫为优势寄生虫。从种的方面看，以蒙古马歇尔线虫（*M. mongolica*）、丝状网尾线虫（*D. filaria*）、绵羊斯氏线虫（*S. ovis*）、斯氏毛首线虫（*T. skrjabini*）、邝氏刺尾线虫（*S. kwongi*）等感染率最高。周岁羊体内尚未发现肝片吸虫，而该虫在当地成年羊及牦牛体内感染率极严重。这可能是幼羊在断奶后虽已放牧，但夏季牧场多在高山，羔羊接触低湿沼泽草地的机会较少，感染锥实螺的机会亦少之故。

（2）关于寄生虫在春乏季节对羔羊的影响，国内一些学者做了大量的调查研究，原西北畜牧兽医学院许绶泰教授20世纪50年代初对宁夏盐池县春乏死羊调查的结果指出："营养不良和寄生虫害是引起盐池县春季大批羊只死亡的主因"。1955年，甘肃省兽医诊断室永昌县春乏羊只的死亡报告认为，引起该县春乏死羊的原因是由于营养不良，从而诱发夏伯特线虫病的流行造成的。以后甘肃省畜牧厅、省兽医防治队、省牧研所等单位，都曾多次前往甘南、环县、华池、碌曲等许多县进行过类似的调查，并得出了相同的结论。以后，为了进一步研究羊春乏死亡与线虫病的关系，甘肃省于1959—1960年在7个县进行了整一年时间的绵羊土源性蠕虫季节动态调查，调查结果显示：在甘肃省，无论在高山草原或半荒漠草原，放牧羊肺和胃肠主要线虫的感染季节动态，以春季荷虫量最高称为"春季高潮"。王奉光、刘文道、李志华、吴新民、吴尚文等学者对青海、黑龙江、内蒙古、新疆等地的调查也得出了相同的结论。本文作者前些年在西藏当雄、乃东等地的调查中亦有类似结论。因此，春乏期寄生虫的作用是不容忽视的。

（3）关于荷虫量的问题，许绶泰教授提出：夏伯特和食道口线虫各寄生100条，毛圆线虫寄生10 000条，血矛线虫500条，即可引起患羊的临床症状。苏尔斯氏的著作记载，未断奶的羔羊寄生毛圆线虫3 000~4 000条即可引起死亡，10个月龄羔羊的致死数为10 000~45 000条。周龄羔羊寄生食道口线虫80~90条，老年羊寄生200~300条能造成严重感染。笔者过去曾遇见每只羊体内寄生数万条虫的患羊，这次在亚东的调查，其中，61号羊皱胃内检出线虫909条，其他羊线虫也多在上百条以上，因此已足以引起严重感染。

（4）根据亚东帕里周岁羊寄生虫的优势虫种，目前使用的主要驱虫药左旋咪唑尚不够理想，因此药只对马歇尔、奥斯特、肺线虫等疗效较高，而对毛首线虫效果差。因此，建议选用广谱驱虫药丙硫苯咪唑并配合使用敌百虫或噻咪啶。

（5）根据"春季高潮"的特点，应大力推行春季治疗性驱虫，以减轻病状，减少死亡。在防治寄生虫病的同时，必须重视饲养管理，及时补饲，采取综合性的措施，才能减少春季节的死亡。

西藏林周县畜禽寄生虫调查报告综述

陈裕群，达瓦扎巴，刘建枝，杨德全，格桑白珍，群　拉，张永清
（西藏自治区畜科所）

据全区疫病普查表明，我区各地家畜寄生虫普遍严重、危害很大，给畜牧业生产造成巨大的经济损失。我区各有关部门早已把对寄生虫病的防治作为兽防工作的重点来抓，但由于过去在对畜禽寄生虫调查方面工作做得不够，全区各类牲畜的寄生虫种类、地理分布情况及其流行规律不清楚，使寄生虫病防治工作无据可循，收益不甚显著。为逐步查明我区畜禽寄生虫的种类、地理分布规律及其危害情况，给今后寄生虫病防治工作提供科学依据。为此，笔者首先选择了以海拔较高的半农半牧地区——拉萨市林周县为试点，于1986—1987年年底对该县的马、驴、骡、牦牛、黄牛、绵羊、山羊、猪、鸡、狗进行了寄生虫调查。

1　自然概况

林周县位于拉萨市北部，坐落在念青唐古拉山南麓，境内有热振河与旁多拉曲河汇入于拉萨河。它西与当雄县、北与嘉黎县、东与墨竹工卡县、达孜县（原澎波农场）、南与拉萨市城关区和堆龙德庆县接壤。地处东经90°83′~91°93′、北纬39°88′~30°50′。境内山峦起伏，地势高寒，平均海拔为4 300m以上。年温差大：最高温度为22.5℃、最低温度为-23.8℃，年平均温度为4.1℃。年降水量为450mm左右，主要集中在7月，8月，9月，3个月。无霜期短，仅为140天左右。山坡牧草茂盛，属亚高山草甸草场，牧草以禾本科为主，伴有极少量的豆科植物，适于放牧；沿河谷地带宜种植青稞、冬小麦等耐高寒农作物。

林周县所辖原5个区，25个乡，其中包括12个农业乡、10个半农半牧乡、3个牧业乡、123个自然村（含42个牧业村），计4 663户、27 000多人。总种植面积90 000余亩，主要种植青稞、冬小麦等经济作物。总草场面积为335万亩左右，以天然牧场为主，人工种植或改良草场甚少，基本上不分冬春草场。1986年年底全县牲畜总存栏数为201 066头、只、匹，以马、驴、骡、牦牛、黄牛、绵羊、山羊、猪等为主要饲养家畜，它们分别相应占全县牲畜总数的1.90%、0.81%、0.09%、28.53%、11.05%、30.72%、26.23%、0.76%。农牧民群众对牲畜的饲养方式为：马、驴、骡、黄牛、猪以舍饲半舍饲与放牧相结合；对牦牛、绵羊、山羊则都为放牧。

2 材料与方法

2.1 动物来源与选择

本次被调查的动物均系从林周县所辖的5个区内购入的。马、驴、骡是选择丧失使役能力的淘汰动物；牦牛、黄牛、绵羊、山羊、猪均是选择患寄生虫比较严重而未经驱虫或被淘汰的动物；鸡为随机购入；狗则为猎取无户主周游在外的野生家狗。各区调查的畜禽数详见表1。

表1 林周县各类动物（畜禽）剖检数汇总表

区域	马	驴	骡	牦牛	黄牛	绵羊	山羊	猪	鸡	狗	总计
唐古区	2			7	4	3	4			1	21
阿朗区	2			4	1	1	4		2	1	15
旁多区	1			7	3	4	8			8	31
黄中区	3		1	2	7	8	7	19	63	1	111
萨唐区	1	3		2	3	11	2		38		66
合　计	9	3	1	22	24	27	25	19	103	11	244

2.2 剖检方法与虫体采集

按兽医寄生虫学完全剖检法进行，各种不同脏器和内容物分别经0.9%的普通食盐水反复冲洗沉淀，用平皿逐个仔细检出收集虫体标本。对大动物马、驴、骡、牦牛、黄牛等视虫体多少，收集部分或全部标本，中小动物如绵羊、山羊、猪、鸡、狗则采集全部标本。

采集的线虫标本用0.9%的普通食盐洗净后，放入热巴氏液中固定保存；吸虫、绦虫、绦蚴收集放入0.9%普通食盐水中漂洗洁净后，绦蚴放入巴氏液中固定保存，吸虫、绦虫放入70%酒精中固定保存；采集的蜘蛛、昆虫类虫体则仔细除去毛、皮屑或内容物等杂质，放入70%酒精中固定保存。

将上述所采集的各种虫标本装入青、链霉素小瓶或250ml的疫苗瓶中，以胶布作标签，写明宿主、寄生部位及采集时间，分别封在标本瓶上，以便分类鉴别。

2.3 虫体鉴别

线虫用乳酸苯酚透明处理，视虫体大小确定透明时间的长短，在显微镜下逐条鉴别到种并计数；吸虫、绦虫抽取其中部分经明矾洋红染色，冬青油透明封制成片，逐条鉴别至种；蜘蛛、昆虫类在解剖镜下仔细观察鉴别到种。

3 调查结果

在本次调查被检的9匹马、驴3匹、骡1匹、牦牛22头、黄牛24头、绵羊27只、山羊25只、猪19头、鸡103羽、狗11只的畜禽中，共发现体内外寄生虫125种，归类为吸虫7种、绦虫6种、绦蚴3种、线虫95种、棘头虫1种，蜘蛛类2种、昆虫类10种、五口虫类1种，其中马为37种、驴为30种、骡为18种、牦牛为30种（含一古柏线虫新种）、黄牛39种、绵羊46种、山羊43种、猪8种、鸡3种（属）、狗3种（属）。它们隶属于4门、6纲、30科、59属。现按吴淑卿、孔繁瑶、齐普生等对禽畜寄生虫的分类方法，将该县发现的125种禽畜寄生虫名录、宿主、寄生部位和感染率见表2。

4 小结与分析

（1）本次进行的畜禽寄生虫调查较全面系统，这在我区还是首次，填补了我区马、驴、骡、牦牛、黄牛、猪等寄生虫调查项目的空白。初步摸清了林周县畜禽寄生虫的种类、地理分布与危害情况，详见林周县畜禽寄生虫分布图，为该县及相同类型地区的寄生虫病防治提供了可靠的科学依据，同时亦为今后开展全区畜禽寄生虫普查提供了经验。

（2）从调查结果看：林周县牲畜感染寄生虫比较严重，计为125种，不仅种类多，感染率高，且感染强度也很大，详见各种家畜的寄生虫调查统计表。各主要家畜对寄生虫的感染率除牦牛为95.55%外，其余的均为100%；8708号马感染寄生虫的总数竟高达65 000多条，数量是可观的。从虫种看，在被检的牲畜中除1头牦头和1头猪未发现虫体外，一头牲畜感染最少的为1种，最多的为30种。各类牲畜感染寄生虫的种数和平均感染总虫体数相应分别为：马属动物18.83种、13 851条，牦牛4.09种，187条，黄牛10.2种、1 277条，绵羊12.96种、635条，山羊8.68种、425条，猪3.36种、53条。该县主要家养牲畜寄生虫如此严重的主要原因：一方面该县日照时时间长，地表温度高，水源丰富，4—10月均有大小不同的降雨，草场潮湿，适于各种寄生虫的虫卵和幼虫发育以及某些寄生虫中间宿主的寄生造成有利的条件，同时又因大多数牲畜是采取放牧形式，牲畜流动性大，造成病原的传播和重复感染的机会较多；另一方面该县以往对马、驴、骡、牦牛及猪类等牲畜很少进行驱虫工作，同时对寄生虫的种类、分布情况、季节动态及其流行规律不清楚，无法选择优良的驱虫药和掌握适宜的驱虫季节，加之驱虫药单调，综合性防治措施不力，形成“年年驱虫、年年有虫”的被动局面。

在本次被调查的130羽鸡体内，仅有8羽发现虫体、鉴别为3种（属），感染率为7.77%，范围在1~4条。该县鸡感染寄生虫的种类、感染率和感染强度均偏低的原因：可能是该地区均为藏鸡，在藏鸡体内可能存在着某种抗寄生虫的生物因子；再就是由于鸡寄生虫的病原在高寒地区的气候条件下难以生存。

表 2 林周县畜禽寄生虫调查表

序号	虫名	宿主	寄生部位	感染率（%）
	扁形动物门 Platyhelminthes			
	吸虫纲 Trematoda			
	棘口科 Echinostomatidae			
	棘口属 *Echinostoma*			
1	*E.* sp.	鸡	小肠	0.97
	同盘科 Paramphistomatidae			
	同盘属 *Paramphistomum*			
2	鹿同盘吸虫 *P. cervi*	牦牛、黄牛、绵羊、山羊	瘤胃	12.50（其中黄牛 29.17）
	双腔科 Dicrocoeliidae			
	双腔属 *Dicrocoelium*			
3	矛形双腔吸虫 *D. lanceatum*	牦牛、黄牛、绵羊、山羊	肝脏、胆囊	48.98（其中绵羊 85.19）
4	中华双腔吸虫 *D. chinensis*	牦牛、绵羊、山羊	肝脏、胆囊	12.16（其中山羊 20.00）
5	扁体双腔吸虫 *D. platynosomum*	黄牛、绵羊	肝脏、胆囊	11.76（其中黄牛 12.50）
	片形科 Fasciolidae			
	片形属 *Fasciola*			
6	肝片吸虫 *F. hepatica*	牦牛、绵羊	肝脏	14.25（其中绵羊 22.22）
	短咽科 Brachylaimidae			
	斯氏属/斯孔属 *Skrjabinotrema*			
7	羊斯氏吸虫 *S. ovis*	牦牛、黄牛	小肠	4.35（其中牦牛 4.55）

（续表）

序号	虫名	宿主	寄生部位	感染率（%）
	绦虫纲　Cestodea			
	裸头科　Anoplocephalidae			
	莫尼茨属　*Moniezia*			
8	扩张莫尼茨绦虫　*M. expansa*	牦牛、绵羊、山羊	小肠	10.81（其中牦牛 18.18）
9	贝氏莫尼茨绦虫　*M. benedeni*	牦牛、黄牛、山羊	小肠	13.58（其中黄牛 25.00）
	曲子宫属　*Thysaniezia*			
10	盖氏曲子宫绦虫　*T. giardi*	黄牛、绵羊	小肠	9.80（其中黄牛 16.67）
	无卵黄腺属　*Avitellina*			
11	中点无卵黄腺绦虫　*A. centripunctata*	绵羊	小肠	44.44
	带科　Taeniidae			
	棘球属　*Echinococcus*			
12	兽形棘球蚴　*E. veterinarum*	马、牦牛、黄牛、绵羊、山羊、猪	肝、肺	11.54（其中猪 36.84）
	带吻属　*Taeniarhynchus*			
13	牛囊尾蚴　*Cysticercus bovis*	黄牛	咬肌、舌肌、心肌及肌肉等	29.17
	泡状属/泡尾属　*Hydatigera*			
14	*H.* sp	狗	小肠	63.63
	带属　*Taenia*			
16	细颈囊尾蚴　*Cysticercus tenuicollis*	绵羊、山羊、猪	肠系膜	42.25（其中绵羊 62.96）
	多头属　*Multiceps*			

（续表）

序号	虫名	宿主	寄生部位	感染率（%）
17	多头多头绦虫 *M. multiceps*	狗	小肠	27.27
	线形动物门 Nemathelminthes			
	线虫纲/线形纲 Nematoda			
	吸吮科 Thelaziidae			
	吸吮属 *Thelazia*			
18	罗氏吸吮线虫 *T. rhodesi*	黄牛	眼	4.17
	旋尾科 Spiruridae			
	斜环咽线虫属/蛔状属 *Ascarops*			
19	胃斜环咽线虫/圆形蛔状线虫 *A. strongylina*	猪	胃	52.63
	筒线科 Gongylonematidae			
	筒线属 *Gongylonema*			
20	美丽筒线虫 *G. pulchrum*	牦牛、黄牛	食道	8.70（其中牦牛13.64）
21	多瘤筒线虫 *G. verrucosum*	牦牛、黄牛、绵羊	食道	5.48（其中牦牛9.09）
	尖尾科 Oxyuridae			
	尖尾属 *Oxyuris*			
22	马尖尾线虫/马蛲虫 *O. equi*	马、驴	结肠、直肠、盲肠	46.15（其中驴66.67）
	斯氏属 *Skrjabinema*			
23	绵羊斯氏线虫 *S. ovis*	绵羊、山羊	结肠、盲肠	21.15（其中山羊32.00）
	蛔科 Ascarididae			
	蛔属 *Ascaris*			

（续表）

序号	虫名	宿主	寄生部位	感染率（%）
24	猪蛔虫 *A. suum*	猪	小肠	52.63
	禽蛔科 Ascaridiidae			
	禽蛔属 *Ascaridia*			
25	鸡蛔虫 *A. galli*	鸡	小肠	0.97
	圆形科 Strongylidae			
	圆线虫属/圆形属 *Strongylus*			
26	马圆线虫 *S. equinus*	马	结肠、盲肠	55.56
	阿福线虫属/阿尔夫属 *Alfortia*			
27	无齿阿福线虫 *A. edentatus*	马、骡、驴	结肠、盲肠	76.92（其中骡 100.00）
	代拉线虫属/戴拉风属 *Delafondia*			
28	普通代拉线虫 *D. vulgaris*	马、骡、驴	结肠、直肠、盲肠	84.62（其中骡、驴均为100.00）
	三齿线虫属/三齿属 *Triodontophorus*			
29	锯齿三齿线虫 *T. serratus*	马、骡、驴	结肠、直肠、盲肠	61.54（其中骡为 100.00）
30	短尾三齿线虫 *T. brevicauda*	马、驴	结肠、盲肠	15.32（其中驴为 33.33）
31	熊氏三齿线虫 *T. hsiungi* 同物异名：日本三齿线虫 *T. nipponicus*	驴	结肠	33.33
32	细颈三齿线虫 *T. tenuicollis*	马、驴	结肠、盲肠	58.33（其中驴为 66.67）
	夏伯特科 Chabertidae			
	夏伯特线虫属/夏伯特属 *Chabertia*			

（续表）

序号	虫名	宿主	寄生部位	感染率（%）
33	绵羊夏伯特线虫/羊夏伯特线虫 *C. ovina*	牦牛、黄牛、绵羊、山羊	结肠、盲肠	29.59（其中黄牛为66.67）
	食道口线虫属/食道口属 *Oesophagostomum*			
34	哥伦比亚食道口线虫 *O. columbianum*	牦牛、黄牛、绵羊、山羊	结肠、盲肠、直肠	21.43（其中黄牛为29.17）
35	粗纹食道口线虫 *O. asperum*	牦牛、黄牛、绵羊、山羊	结肠、盲肠	11.22（其中绵羊为25.93）
36	辐射食道口线虫 *O. radiatum*	牦牛、黄牛	结肠、盲肠	43.48（其中黄牛为70.83）
37	甘肃食道口线虫 *O. kansuensis*	绵羊、山羊	结肠、盲肠、直肠	36.54（其中山羊为52.00）
38	微管食道口线虫 *O. venulosum*	黄牛	结肠	25.00
	钩口科 Ancylostomatidae			
	仰口线虫属/仰口属 *Bunostomum*			
39	牛仰口线虫 *B. phlebotomum*	牦牛、黄牛	十二指肠、小肠	10.86（其中黄牛为16.67）
40	羊仰口线虫 *B. trigonocephalum*	绵羊、山羊	结肠、小肠、盲肠	15.38（其中山羊为16.00）
	毛线科 Trichonematidae 同物异名：盅口科 Cyathostomidae			
	毛线虫属 *Trichonema*			
41	长伞毛线线虫 *T. longibursatum*	马、骡、驴	结肠、直肠、盲肠	84.62（其中马、驴分别为88.89、100.00）
42	埃及毛线线虫 *T. aegyptiacum*	马	结肠、盲肠	33.33
43	卡提毛线线虫 *T. catinatum*	马、骡、驴	结肠、直肠、盲肠	84.62（其中马为88.89）
44	冠状毛线线虫 *T. coronatum*	马、驴	结肠、直肠、盲肠	69.23（其中马为77.78）

（续表）

序号	虫名	宿主	寄生部位	感染率（%）
45	双冠毛线线虫 *T. suhoronatum*	马、骡、驴	结肠、直肠、盲肠	53.85（其中马为55.56）
46	大唇片毛线线虫 *T. labiatum*	马、骡、驴	结肠、盲肠	53.85（其中驴为66.67）
47	小唇片毛线线虫 *T. labratum*	马、骡、驴	结肠、直肠、盲肠	61.54（其中驴为66.67）
48	间生毛线线虫 *T. hybridum*	马、驴	结肠、直肠、盲肠	41.67
49	花状毛线线虫 *T. calicatum*	马、骡、驴	结肠、直肠、盲肠	69.23（其中马为77.78）
50	曾氏毛线线虫 *T. tsengi*	马、骡、驴	结肠、盲肠	53.85
51	四隅毛线线虫 *C. tetracanthum*		盲肠	11.11
	环行线虫属 *Cylicocyclus*			
52	辐射环行线虫 *C. radiatum*	马、骡、驴	结肠、直肠、盲肠	69.23（其中马为77.78）
53	耳状环行线虫 *C. auriculatum*	驴	结肠、盲肠	33.33
54	长环行线虫 *C. elongatum*	马、驴	结肠、盲肠	25.00（其中驴为88.33）
55	金章环行线虫 *C. insigne*	马、骡	结肠、盲肠	20.00
56	鼻状环行线虫 *C. nassatum*	马、骡、驴	结肠、直肠、盲肠	76.92（其中马为88.89）
57	外射环行线虫 *C. ultrajectinum*	马、骡	结肠、直肠、盲肠	40.00
58	短襄环行线虫 *C. brevicapsulatum*	马、驴	结肠、直肠、盲肠	50.00
59	天山环行线虫 *C. tianshangenssis*	马、驴	直肠、盲肠	41.66
	圆齿线虫属 *Cylicodontophorus*			
60	双冠圆齿线虫 *C. bicoronatum*	马、驴	结肠、直肠、盲肠	66.67
61	碟状圆齿线虫 *C. pateratum*	马	结肠、盲肠	33.33
62	奥普圆齿线虫 *C. euproctus*	马	结肠、直肠、盲肠	44.44

（续表）

序号	虫名	宿主	寄生部位	感染率（%）
	彼杜洛线虫属/彼德洛夫属 *Petrovinema*			
63	杯状彼杜洛线虫 *P. poculatum*	马	结肠、盲肠	22.22
	杯口线虫属/杯口属 *Poteriostomum*			
64	不等齿杯口线虫 *P. imparidentatum*	马、驴	结肠、直肠、盲肠	41.67
	舒毛线虫属 *Schulzitrichonema*			
65	细口舒毛线虫 *S. leptostomum*	马、骡、驴	结肠、盲肠	23.08（其中驴为33.33）
66	高氏舒毛线虫 *S. goldi*	马、骡、驴	结肠、直肠、盲肠	92.31（其中马为100.00）
67	偏位舒毛线虫 *S. asymmetricum*	马、骡、驴	结肠、盲肠	53.83
	辐首线虫属/辐首属 *Gyalocephalus*			
68	头状辐首线虫 *G. capitatus* 同物异名：马辐首线虫 *G. equi*	马、驴	结肠、盲肠	75.00（其中马为88.89）
	毛圆科 Trichostrongylidae			
	毛圆线虫属/毛圆属 *Trichostrongylus*			
69	蛇形毛圆线虫 *T. colubriformis*	绵羊、山羊	十二指肠、小肠	57.69（其中绵羊为74.07）
70	斯氏毛圆线虫 *T. skrjabini*	绵羊、山羊	小肠	5.77（其中山羊为8.00）
	奥斯脱线虫属/奥斯特属 *Ostertagia*			
71	普通奥斯脱线虫 *O. circumcincta*	绵羊	四胃	7.41
72	奥氏奥斯脱线虫 *O. ostertagi*	绵羊、山羊	四胃	3.85
73	斯氏奥斯脱线虫 *O. skrjabini*	绵羊	四胃	3.70
74	西方奥斯脱线虫 *O. occidentalis*	山羊	四胃	12.00

（续表）

序号	虫名	宿主	寄生部位	感染率（%）
75	伏氏奥斯脱线虫　*O. volgaensis*	山羊	四胃	4.00
76	念青唐古拉奥斯脱线虫　*O. nianqingtangulaensis*	绵羊、山羊	四胃	7.69
77	西藏奥斯脱线虫　*O. xizangensis*	山羊	四胃	16.00
78	中华奥斯脱线虫　*O. sinensis*	绵羊、山羊	四胃、十二指肠、小肠	9.62（其中山羊为12.00）
	马歇尔线虫属/马歇尔属　*Marshllagia*			
79	拉萨马歇尔线虫　*M. lasaensis*	山羊	四胃	4.00
	古柏线虫属/古柏属　*Cooperia*			
80	栉状古柏线虫　*C. pectinata*	黄牛	小肠	75.00
81	肿孔古柏线虫　*C. oncophora*	牦牛、黄牛	小肠	8.70（其中黄牛为12.50）
82	等侧古柏线虫　*C. laterouniformis*	牦牛、黄牛	十二指肠、小肠	41.30（其中黄牛为58.33）
83	野牛古柏线虫　*C. bisonis*	牦牛、黄牛	小肠	10.87（其中黄牛为16.67）
84	卓拉古柏线虫/珠纳古柏线虫　*C. zurnabada*	牦牛	小肠	4.55
85	黑山古柏线虫　*C. hranktahensis*	牦牛、黄牛	小肠	13.04
86	古柏线虫未定名新种　*C.* sp.	牦牛	小肠	4.55
	血矛线虫属/血矛属　*Haemonchus*			
87	捻转血矛线虫　*H. contortus*	黄牛、绵羊、山羊	四胃、十二指肠	69.74（其中绵羊为85.19）
88	假血矛线虫/似血矛线虫　*H. similis*	山羊	四胃	4.00
89	长柄血矛线虫　*H. longistipes*	黄牛、绵羊、山羊	四胃、十二指肠	35.53（其中绵羊为55.56）
	细颈线虫属/细颈属　*Nematodirus*			

（续表）

序号	虫名	宿主	寄生部位	感染率（%）
90	细颈细颈线虫/尖交合刺细颈线虫 *N. filicollis*	牦牛、黄牛、绵羊	十二指肠、小肠	47.95（其中绵羊为74.07）
91	奥利春细颈线虫 *N. oiratianus*	绵羊、山羊	小肠	3.85
92	钝刺细颈线虫 *N. spathiger*	黄牛、绵羊、山羊	十二指肠、小肠	27.63（其中山羊为76.00）
93	许氏细颈线虫 *N. hsui*	黄牛	四胃	4.00
	似细颈线虫属/似细颈属 *Nematodirella*			
94	最长刺似细颈线虫 *N. longissimespiculata*	山羊	十二指肠	4.00
	网尾科 Dictyocaulidae			
	网尾线虫属/网尾属 *Dictyocaulus*			
95	胎生网尾线虫 *D. viviparus*	牦牛、黄牛	肺	50.00（其中黄牛为62.50）
96	安氏网尾线虫 *D. arnfieildi*	驴	肺	66.67
97	丝状网线虫 *D. filaria*	牦牛、绵羊、山羊	肺	35.12（其中绵羊为74.07）
	后圆线科/后圆科 Metastrongylidae			
	后圆线虫属/后圆属 *Metastrongylus*			
98	长后圆线虫/长刺后圆线虫 *M. elongatus*	猪	肺	26.32
	原圆科 Protostrongylidae			
	原圆线虫属/原圆属 *Protostrongylus*			
99	霍氏原圆线虫 *P. hobmaieri*	绵羊	肺	3.70
100	柯氏原圆线虫 *P. kochi* 同物异名：淡红原圆线虫 *P. rufescens*	绵羊	肺	7.41
	刺尾线虫属/刺尾属 *Spiculocaulus*			

（续表）

序号	虫名	宿主	寄生部位	感染率（%）
101	邝氏刺尾线虫 *S. kwongi*	绵羊	肺	3.70
	囊尾线虫属/囊尾属 *Cystocaulus*			
102	黑色囊尾线虫 *C. nigrescens* 同物异名：有鞘囊尾线虫 *C. ocreatus*	绵羊、山羊	肺	5.77（其中山羊为 8.00）
103	夫赛伏囊尾线虫 *C. vsevolodovi*	山羊	肺	8.00
	歧尾线虫属/变圆属 *Bicaulus/Varestrongylus*			
104	舒氏歧尾线虫 *B. schulzi* 舒氏变圆线虫 *V. schulzi*	绵羊、山羊	肺	15.38（其中绵羊为 22.22）
	毛首科 Trichocephalidae 同物异名：鞭虫科 Trichuridae			
	毛首属 *Trichocephalus* 同物异名：鞭虫属 *Trichuris/Mastigodes*			
105	羊毛首线虫 *T. ovis*	牦牛、黄牛、绵羊、山羊	结肠、盲肠	25.51（其中绵羊为 48.14）
106	同色毛首线虫 *T. concolor*	黄牛、绵羊、山羊	结肠、盲肠	15.79（其中绵羊为 22.22）
107	斯氏毛首线虫 *T. skrjabini*	黄牛、绵羊、山羊	结肠、盲肠	47.37（其中绵羊为 74.07）
108	球形毛首线虫 *T. globulosa*	牦牛、黄牛、绵羊、山羊	结肠、盲肠	19.39（其中绵羊为 32.00）
109	瞪羚毛首线虫 *T. gazellae*	山羊	直肠、盲肠	12.00
110	兰氏毛首线虫 *T. lani*	牦牛、黄牛、绵羊、山羊	结肠、盲肠	30.61（其中黄牛为 41.67）
111	长刺毛首线虫 *T. longispiculus*	牦牛	结肠、盲肠	13.64
112	猪毛首线虫 *T. suis*	猪	结肠、盲肠	26.32

（续表）

序号	虫名	宿主	寄生部位	感染率（%）
	棘头动物门　Acanthocephales			
	少棘科/少棘吻科　Oligacanthorhynchidae			
	巨吻属　*Macracanthorhynchus*			
113	蛭形巨吻棘头虫　*M. hirudinaceus*	猪	小肠	26.23
	节肢动物门　Arthropoda			
	蜘蛛纲　Arachnida			
	硬蜱科　Ixodidae			
	牛蜱属　*Boophilus*			
114	微小牛蜱　*B. microplus*	绵羊	体表	18.51
	软蜱科　Argasidae			
	钝缘蜱属　*Ornithodorus*			
115	拉合尔钝缘蜱　*O. lahorensis*	驴、牦牛、黄牛、绵羊	体表	27.63（其中绵羊为40.74）
	昆虫纲　Insecta			
	狂蝇科　Oestridae			
	狂蝇属　*Oestrus*			
116	羊狂蝇（蛆）　*O. ovis*	绵羊、山羊	鼻腔	45.28（其中绵羊为77.78）
	皮蝇科　Hypodermatidae			
	皮蝇属　*Hypoderma*			
117	牛皮蝇（蛆）　*H. bovis*	牦牛、黄牛	皮下	63.04（其中牦牛为86.36）

（续表）

序号	虫名	宿主	寄生部位	感染率（%）
	胃蝇科 Gasterophilidae			
	胃蝇属 *Gasterophilus*			
118	烦扰胃蝇（蛆） *G. veterinus*	马骡	胃	70.00
119	肠胃蝇（蛆） *G. intestinalis*	马	胃	55.56
120	黑腹胃蝇（蛆） *G. pecorum*	马	胃	33.33
	虱蝇科 Hippoboscidae			
	蜱蝇属 *Melophagus*			
121	羊蜱蝇 *M. ovinus*	绵羊、山羊	体表	86.54（其中绵羊为96.23）
	血虱科 Haematopinidae			
	血虱属 *Haematopinus*			
122	猪血虱 *H. suis*	猪	体表	94.74
	颚虱科 Linognathidae			
	颚虱属 *Linognathus*			
123	牛颚虱 *L.* vituli	黄牛	体表	20.83
	啮毛虱科 Trichodectidae			
	毛虱属 *Bovicola*			
124	牛毛虱 *B. bovis*	黄牛	体表	12.50
125	山羊牛毛虱 *B. caprae*	山羊	体表	12.00
	五口虫纲 Pentastomida			
	舌虫科 Linguatulidae			
	舌形虫属 *Linguatula*			
126	舌形虫 *L. serrata*	狗、黄牛、绵羊、山羊	鼻腔、肝脏	13.79（其中狗为72.73）

本次调查证实：该县狗感染寄生虫严重，感染率高达90.91%（10/11），在1条狗体内竟发现了239条绦虫，数量惊人。从虫种方面看，主要为泡状属绦虫和多头多头绦虫和舌形虫，它们的感染率相应分别为63.63%、27.27%和72.73%。众所周知，上述几种寄生虫，狗作为终宿主，将直接参与对人畜危害较大的寄生虫病病原的传播。建议今后必须加强对狗寄生虫病的防治。

（3）调查结果表明：该县寄生虫的优势虫种，马属动物为26种、牦牛为7种、黄牛为17种、绵羊为14种、山羊为15种，详见各种牲畜寄生虫调查报告单行材料。各种牲畜均以多种虫体混合感染为特征，以呼吸道、消化道的寄生蠕虫、三蝇（蛆）[即羊狂蝇（蛆）、牛皮蝇（蛆）、马胃蝇（蛆）]、体表的螨类、蜱类、虱等寄生虫对牲畜的危害最大。建议该县在制定防治方案时要首先弄清楚畜禽寄生虫的季节动态，加强宣传教育，提倡科学养畜，采取定期驱虫、粪便处理、划区轮牧、控制传播媒介、消灭中间宿主和加强卫生管理等综合性防治措施。

（4）关于肝片吸虫病的问题，据调查了解，该县近年来在肝片吸虫病防治方面取得了较好的效果，这与调查结果基本上是相吻合的。经调查牛、羊对肝片吸虫病的感染率并不高，牦牛为4.55%，绵羊为22.22%，黄牛、山羊均没有发现，但个别牲畜感染强度较大，如在旁多区达隆乡8720号牦牛的肝脏内竟发现有287条肝片吸虫，说明在该县某些地方肝片吸虫病的危害还相当严重，今后对肝片吸虫病的防治仍需继续加以重视。

西藏亚东县羊寄生虫区系调查*

鲁西科，边　扎，小达瓦
（西藏自治区农牧科学院畜牧兽医研究所）

我区为全国绵山羊重要产区，每年平均新增羔羊 300 万只，历年来，一直存在周岁羊死亡率高的问题，其主要原因除高寒缺草，营养不良，管理不善外，寄生虫的危害也是重要原因之一。据许绶泰、梁经世及甘肃省有关单位经过多年的调查研究得出结论认为：当地春季大批羊只死亡的主因是营养不良和寄生虫病。为了摸清我区周岁羔羊寄生虫的感染程度和虫种，了解寄生虫因素在羊只春乏死亡中的作用，笔者于 1986 年 5 月对亚东县帕里区周岁羊的寄生虫感染情况进行了调查。

1　生态概况

亚东县位于西藏南部，帕里区位于该县东北，地理位置东经 89°05′，北纬 27°44′，为喜马拉雅山环抱，海拔4 300m，由于受印度洋暖湿气候和高原寒冷气流的交叉侵袭，气候多变。属高寒半农半牧区，年平均气温 1. 7℃，年极端最高温度 17. 6℃，年极端最低温度-24. 5℃。降水量 468. 6mm，雨季多集中在 7—9 月。年平均蒸发量1 317mm，相对湿度 68. 8%，年均日照2 668. 98h，无霜期 46. 3 天，终霜期在 5 月下旬，初霜期多在 7 月下旬。该区主要植被以禾本科，莎草科为主，次为菊科和少量豆科。因喜马拉雅山峰顶常年积雪，夏季溶水而下形成较多的沟渠，泉水亦较多，草场水源条件较好。

2　调查方法

本次调查所选动物均系 1986 年 5 月在亚东帕里进行吡喹酮治疗脑包虫试验工作中，从该县帕里区各牧场购来 1 岁绵羊 15 只，营养状况较差，采用寄生虫学剖检法，将羊只宰杀后，分别取出脏器，逐个检查，对肺脏和胃肠内容物用 1%的食盐水反复冲洗沉淀，仔细检出全部虫体并计数登记。线虫用巴氏液固定保存，绦虫剪取成熟节片和头节压片后用 70%酒精固定，返队后在实验室进行详细鉴定。

3　调查结果

经这次初步调查鉴定，共发现周岁羊体内外寄生虫 22 种，其中，线虫 18 种，绦虫

---

* 刊于《畜牧兽医杂志》1991 年 2 期

3 种，蜘蛛 1 种，其虫种和感染程度见附录。

4 分析讨论

(1) 亚东县帕里区拔海4 300m、属高寒牧区，生态环境基本上可代表我区大部分牧区。经此次调查证明，当地周岁羊寄生虫感染情况较为严重，其中以马歇尔线虫、肺线虫、毛首线虫、烧虫子奥斯特线虫为优势寄生虫。从种的方面看，以蒙古马歇尔线虫、丝状网尾线虫、绵羊斯氏线虫、斯氏毛首线虫、邝氏刺尾线虫等感染率最高。周岁羊体内尚未发现肝片吸虫，而该虫在当地成年羊及牦牛体内感染率极严重。这可能与幼羊在断奶后虽已放收，但夏季牧场多在高山，羔羊接触低湿沼泽草地的机会较少，感染椎实螺的机会亦少之故。

(2) 关于寄生虫在春乏季节对羔羊的影响，国内一些学者做了大量的调查研究，原西北畜牧兽医学院许绶泰教授 20 世纪 50 年代初对宁夏盐池县春乏死羊调查的结果指“营养不良和寄生虫害是引起盐池县春大批羊只死亡的主因”。1955 年，甘肃省兽医诊断室永昌县春乏羊只的死亡报告认为，引起该县春乏死羊的原因是由于营养不良，从而诱发夏伯特线虫病的流行造成的。以后甘肃省畜牧厅、省兽医防治队、省牧研所等单位，都曾多次前往甘南、环县、华池、碌曲许多县进行过类似的调查，并得出了相同的结论。以后，为了进一步研究羊春乏死亡与线虫病的关系，甘肃省于 1959—1960 年在 7 个县进行了整一年时间的绵羊土源性蠕虫季节动态调查，调查结果表明：在甘肃省，无论在高山草原或半荒漠草原，放牧羊和胃肠主要线虫的感染季节动态，以春季荷虫量最高称“春季高潮”。王奉先、刘文道、李志华、吴新民、吴尚文等学者对青海、黑龙江、内蒙古、新疆等地的调查也得出了相同的结论。本文作者前些年在西藏当雄、乃东等地的调查中亦有类似结论。因此，春乏期寄生虫的作用是不容忽视的。

(3) 关于荷虫量的问题，许绶泰教授提出：夏伯特和食道口线虫各寄生 100 条，毛圆线虫寄生10 000条，血矛线虫 500 条，即可引起患羊的临床症状。苏尔斯氏的著作记载，未断奶的羔羊寄生毛圆线虫3 000~4 000条即可引起死亡，10 月龄羔羊的致死数为10 000~45 000条。周龄羔羊寄生食道口线虫 80~90 条，老年羊寄生 20~300 条就能造成严重感染。笔者过去曾遇见每只羊体内寄生数万条线虫的患羊，这次在亚东的调查，其中 61 号羊皱胃内检出线虫 909 条，其他羊线虫也多在百条以上，因此，已足以引起严重感染。

(4) 根据亚东帕里周龄羊寄生虫的优势虫种，目前使用的主要驱虫药左旋咪唑尚不够理想，因此药只对马歇尔、奥斯特、肺线虫等疗效较高，而对毛首线虫效果差。因此，建议选用广谱驱虫药为硫苯咪唑并配合使用敌百虫或噻咪啶。

(5) 根据“春季高潮”的特点，应大力推行春季治疗性驱虫，以减轻病状，减少死亡。在防制寄生虫病的同时，必须重视饲养管理，及时补饲，采取综合性的措施，才能减少春乏季节的死亡。

附录：帕里区周岁羊寄生虫名录

（1）羊仰口线虫 *Bunostomum trigonocephalum*
寄生部位：小肠
感染率：1/15
感染强度：7

（2）环纹奥斯特线虫 *Ostertagia circumcincta*
寄生部位：皱胃
感染率：4/15
感染强度：18~57

（3）三叉奥斯特线虫 *Ostertagia trifurcate*
寄生部位：皱胃
感染率：3/15
感染强度：4~44

（4）西藏奥斯特线虫 *Ostertagia xizangensis*
寄生部位：皱胃
感染率：2/15
感染强度：3~12

（5）念青唐古拉奥斯特线虫 *Ostertagia nianqingtangulaensis*
寄生部位：皱胃
感染率：4/15
感染强度：1~14

（6）蒙古马歇尔线虫 *Marshallagia mongolica*
寄生部位：皱胃
感染率：14/15
感染强度：15~361

（7）捻转血矛线虫 *Haemonchus contortus*
寄生部位：皱胃
感染率：2/15
感染强度：1~3

（8）许氏细颈线虫 *Nematodirus hsui*
寄生部位：小结肠
感染率：1/15
感染强度：11

（9）尖刺细颈线虫 *Nematodirus filicollis*
寄生部位：小肠
感染率：1/15
感染强度：9

（10）丝状网尾线虫 *Dictyocaulus filaria*
寄生部位：支气管
感染率：10/15
感染强度：2～23

（11）邝氏刺尾线虫 *Spiculocaulus kwongi*
寄生部位：细支气管
感染率：8/15
感染强度：1～20

（12）绵羊斯氏线虫 *Skrjabinema ovis*
寄生部位：结肠
感染率：6/15
感染强度：1～320

（13）斯氏毛首线虫 *Trichocephalus skrjabini*
寄生部位：盲肠
感染率：10/15
感染强度：1～31

（14）瞪羚毛首线虫 *Trichocephalus gazellae*
寄生部位：盲肠
感染率：7/15
感染强度：1～23

（15）兰氏毛首线虫 *Trichocephalus lani*
寄生部位：盲肠
感染率：6/15
感染强度：7～28

（16）印度毛首线虫 *Trichocephalus indicus*
寄生部位：盲肠
感染率：2/15
感染强度：5

（17）球形毛首线虫 *Trichocephalus globulosa*
寄生部位：盲肠
感染率：1/15
感染强度：1

（18）毛首线虫未定种 *Trichocephalus* sp.
寄生部位：盲肠
感染率：2/15
感染强度：4～5

（19）贝氏莫尼茨绦虫 *Moniezia benedeni*
寄生部位：小肠

感染率：1/13

感染强度：1

（20）盖氏曲子宫绦虫 *Helictometra giardi*

寄生部位：小肠

感染率：1/15

感染强度：1

（21）中点无卵黄腺绦虫 *Avitellina centripunctata*

寄生部位：小肠

感染率：5/15

感染强度：1~4

（22）羊蜱蝇 *Melophagus ovinus*

感染率：7/15

感染强度：未计

西藏申扎县家畜寄生虫区系调查报告*

张永清，杨德全，陈裕祥，刘建枝，达　扎，次仁玉珍
（西藏自治区畜牧兽医研究所）

西藏的畜禽寄生虫区系调查，除一些零散报道外，主要有陈裕祥等（1988、1990）报道过林周县及江孜县的畜禽寄生虫调查情况。西藏地域辽阔、自然条件、生态环境差异较大，为更有效地给家畜寄生虫病防治提供依据，笔者于 1990—1991 年在申扎县进行了家畜寄生虫调查工作。

1　自然概况

申扎县地处羌塘高原，东经 87°83′~89°48′，北纬 30°30′~31°52′，南北长约 139km，东西宽约 183km，总面积23 175km²，县所在地海拔4 672m。年平均降水量在 298. 6mm，年蒸发量 2 181. 1 mm，最高气温 21. 8℃，最低气温 -36. 8℃，年均气温 -0. 4℃，无绝对无霜期。申扎县的草场类型属高原宽谷草原草场，动物地理区划属古北界、羌塘高原亚区，羌塘高原小区。家畜数量以绵羊最多，依次为山羊、牦牛、马及少量犬。申扎县无家禽。与家畜寄生虫有关的野生动物有狼、狐、藏原羚、藏野驴、藏羚等。

2　材料与方法

在申扎县下属的 8 个乡和县牧场随机购买 20 头牦牛、30 只绵羊、31 只山羊、6 匹马、6 只犬，它们分别是：申扎乡 1 头牦牛、5 匹马、10 只山羊、6 只犬，卡乡绵羊 10 只，下过乡绵羊 10 只、牦牛 3 头、山羊 2 只，马跃乡绵羊 10 只，雄梅乡山羊 9 只，塔尔玛乡牦牛 5 头，巴扎乡牦牛 5 头，麦巴乡山羊 10 只、牦牛 3 头，县牧场牦牛 3 头、马 1 匹。对这些被调查家畜采用寄生虫学系统解剖法，收集其体内外寄生虫，逐条进行鉴定，统计其各种寄生虫感染情况。

3　调查结果

从本次调查中收集到的各家畜寄生虫，经鉴定共有 84 种，其中，线虫 63 种，绦虫 10 种，吸虫 5 种，节肢动物 6 种，它们分别隶属于 3 个门、6 个纲、9 个目、20 个科、

* 刊于《中国兽医科技》1994 年 3 期

38个属。其中寄生于绵羊的有30个种，分别隶属于3个门、3个纲、5个目、9个科、15个属。寄生于山羊的有39个种，分别隶属于3个门、5个纲、8个目、13个科、19个属。寄生于牦牛的有16个种，分别隶属于3个门、5个纲、5个目、9个科、10个属。寄生于马的有24种，分别隶属于2个门、2个纲、3个目、4个科、13个属。寄生于犬的有5个种，分别隶属于2个门、2个纲、2个目、2个科、4个属。

3.1 寄生于绵羊的寄生虫

3.1.1 毛圆科（Trichostrongylidae）

奥斯特属（*Ostertagia*）

西藏奥斯特线虫（*O. xizangensis*）：感染强度及感染率：1~126条，53.33%。

中华奥斯特线虫（*O. sinensis*）：感染强度及感染率：1条，3.33%。

普通奥斯特线虫（*O. circumcincta*）：感染强度及感染率：3条，3.33%。

马歇尔属（*Marshallagia*）

蒙古马歇尔线虫（*M. mongolica*）：感染强度及感染率：5~868条，96.67%。

许氏马歇尔线虫（*M. hsui*）：感染强度及感染率：1~19条，56.67%。

拉萨马歇尔线虫（*M. lasaensis*）：感染强度及感染率：1~24条，20%。

马氏马歇尔线虫（*M. marshalli*）：感染强度及感染率：1~44条，50%。

东方马歇尔线虫（*M. orientalis*）：感染强度及感染率：1~6条，6.67%。

细颈属（*Nematodirus*）

尖交合刺细颈线虫（*N. filicollis*）：感染强度及感染率：5~291条，86.67%。

奥利春细颈线虫（*N. oiratianus*）：感染强度及感染率：1~43条，43.33%。

钝刺细颈线虫（*N. spathiger*）：感染强度及感染率：1~2条，23.33%。

许氏细颈线虫（*N. hsui*）：感染强度及感染率：1~21条，20%。

似细颈线虫属（*Nematodirella*）

长刺似细颈线虫（*N. longispiculata*）：感染强度及感染率：1条，10%。

3.1.2 夏伯特科（Chabertidae）

食道口属（*Oesophagostomum*）

甘肃食道口线虫（*O. kansuensis*）：感染强度及感染率：1~2条，13.33%。

粗纹食道口线虫（*O. asperum*）：感染强度及感染率：1~32条，16.67%。

3.1.3 原圆科（Protostrongylidae）

刺尾属（*Spiculocaulus*）

邝氏刺尾线虫（*S. kwongi*）：感染强度及感染率：2条，3.33%。

3.1.4 尖尾科（Oxyuridae）

斯氏属（*Skrjabinema*）

绵羊斯氏线虫（*S. ovis*）：感染强度及感染率：1~2 853条，70%。

3.1.5 网尾科（Dictyocaulidae）

网尾属（*Dictyocaulus*）

丝状网尾线虫（*D. filaria*）：感染强度及感染率：2~13条，6.67%。

3.1.6 毛首科（Trichocephalidae）

毛首属（*Trichocephalus*）

斯氏毛首线虫（*T. skrjabini*）：感染强度及感染率：1~137条，70%。

瞪羚毛首线虫（*T. gazellae*）：感染强度及感染率：1~2条，13.33%。

同色毛首线虫（*T. concolor*）：感染强度及感染率：1~4条，16.67%。

兰氏毛首线虫（*T. lani*）：感染强度及感染率：1~3条，20%。

球鞘毛首线虫（*T. globulosa*）：感染强度及感染率：1条，3.33%。

3.1.7 裸头科（Anoplocephalidae）

莫尼茨属（*Moniezia*）

贝氏莫尼茨绦虫（*M. benedeni*）：感染强度及感染率：2条，3.33%。

扩展莫尼茨绦虫（*M. expansa*）：感染强度及感染率：1条，6.67%。

曲子宫属（*Thysaniezia*）

盖氏曲子宫绦虫（*T. giardi*）：感染强度及感染率：1条，13.33%。

无卵黄腺属（*Avitellina*）

中点无卵黄腺绦虫（*A. centripunctata*）：感染强度及感染率：1~7条，43.33%。

3.1.8 带科（Taeniidae）

棘球属（*Echinococcus*）

兽形棘球蚴（*E. veterinarum*）（同物异名：细粒棘球蚴 *Echinococcus cysticus*）：感染强度及感染率：1~2个，6.67%。

带属（*Taenia*）

细颈囊尾蚴（*Cysticercus tenuicollis*）：感染强度及感染率：1~7个，63.33%。

3.1.9 虱蝇科（Hippoboscidae）

蜱蝇属（*Melophagus*）

羊蜱蝇（*M. ovinus*）：感染强度及感染率：1~4只，16.67%。

3.2 寄生于山羊的寄生虫

3.2.1 毛圆科（Trichostrongylidae）

奥斯特属（*Ostertagia*）

西藏奥斯特线虫（*O. xizangensis*）：感染强度及感染率：1~347 条，70.96%。
普通奥斯特线虫（*O. circumcincta*）：感染强度及感染率：1~199 条，38.71%。
斯氏奥斯特线虫（*O. skrjabini*）：感染强度及感染率：1~30 条，12.9%。
三叉奥斯特线虫（*O. trifurcata*）：感染强度及感染率：2~6 条，12.9%。
中华奥斯特线虫（*O. sinensis*）：感染强度及感染率：3~400 条，22.58%。
阿洛夫奥斯特线虫（*O. orloffi*）：感染强度及感染率：2~5 条，12.9%。
布里亚特奥斯特线虫（*O. buriatica*）：感染强度及感染率：4~13 条，6.45%。
念青唐古拉奥斯特线虫（*O. nianqingtangulaensis*）：感染强度及感染率：3~4 条，6.45%。

马歇尔属（*Marshallagia*）

蒙古马歇尔线虫（*M. mongolica*）：感染强度及感染率：2~511 条，90.32%。
拉萨马歇尔线虫（*M. lasaensis*）：感染强度及感染率：1~88 条，54.83%。
马氏马歇尔线虫（*M. marshalli*）：感染强度及感染率：1~48 条，45.16%。
东方马歇尔线虫（*M. orientalis*）：感染强度及感染率：1~68 条，19.35%。
许氏马歇尔线虫（*M. hsui*）：感染强度及感染率：1~17 条，16.13%。
塔里木马歇尔线虫（*M. tarimanus*）：感染强度及感染率：8~16 条，6.45%。

细颈属（*Nematodirus*）

尖交合刺细颈线虫（*N. filicollis*）：感染强度及感染率：3~545 条，80.65%。
奥利春细颈线虫（*N. oiratianus*）：感染强度及感染率：2~107 条，38.71%。

似细颈线虫属（*Nematodirella*）

长刺似细颈线虫（*N. longispiculata*）：感染强度及感染率：6~17 条，9.68%。
瞪羚似细颈线虫（*N. gazelli*）：感染强度及感染率：8 条，3.23%。

3.2.2 夏伯特科（Chabertidae）

食道口属（*Oesophagostomum*）

哥伦比亚食道口线虫（*O. columbianum*）：感染强度及感染率：1~2 条，9.68%。
粗纹食道口线虫（*O. asperum*）：感染强度及感染率：1~26 条，45.16%。
甘肃食道口线虫（*O. kansuensis*）：感染强度及感染率：1 条，3.23%。

3.2.3 原圆科（Protostrongylidae）

刺尾属（*Spiculocaulus*）

邝氏刺尾线虫（*S. kwongi*）：感染强度及感染率：6 条，3.23%。

3.2.4 尖尾科（Oxyuridae）

斯氏属（*Skrjabinema*）

绵羊斯氏线虫（*S. ovis*）：感染强度及感染率：10~116 条，6.45%。

3.2.5 网尾科（Dictyocaulidae）

网尾属（*Dictyocaulus*）

丝状网尾线虫（*D. filaria*）：感染强度及感染率：2~40 条，22.58%。

3.2.6 毛首科（Trichocephalidae）

毛首属（*Trichocephalus*）

斯氏毛首线虫（*T. skrjabini*）：感染强度及感染率：1~39 条，25.81%。

瞪羚毛首线虫（*T. gazellae*）：感染强度及感染率：1~4 条，9.68%。

同色毛首线虫（*T. concolor*）：感染强度及感染率：1~8 条，6.45%。

兰氏毛首线虫（*T. lani*）：感染强度及感染率：1~2 条，6.45%。

3.2.7 双腔科（Dicrocoeliidae）

双腔属（*Dicrocoelium*）

矛形双腔吸虫（*D. lanceatum*）：感染强度及感染率：5~26 条，9.68%。

3.2.8 同盘科（Paramphistomatidae）

同盘属（*Paramphistomum*）

鹿同盘吸虫（*P. cervi*）：感染强度及感染率：17 条，3.23%。

3.2.9 裸头科（Anoplocephalidae）

莫尼茨属（*Moniezia*）

贝氏莫尼茨绦虫（*M. benedeni*）：感染强度及感染率：1 条，9.68%。

白色莫尼茨绦虫（*M. alba*）：感染强度及感染率：1 条，3.23%。

扩展莫尼茨绦虫（*M. expansa*）：感染强度及感染率：1 条，9.68%。

曲子宫属（*Thysaniezia*）

盖氏曲子宫绦虫（*T. giardi*）：感染强度及感染率：1 条，9.68%。

3.2.10 带科（Taeniidae）

棘球属（*Echinococcus*）

兽形棘球蚴（*E. veterinarum*）（同物异名：细粒棘球蚴 *Echinococcus cysticus*）：感染强度及感染率：1~8 条，6.4%。

带属（*Taenia*）

细颈囊尾蚴（*Cysticercus tenuicollis*）：感染强度及感染率：1~7 个，41.94%。

3.2.11 舌形虫科（Linguatulidae）

舌形属（*Linguatula*）

锯齿舌形虫（幼虫）（*L. serrata*）：感染强度及感染率：3 条，3.23%。

3.2.12 虱蝇科（Hippoboscidae）

蜱蝇属（*Melophagus*）

羊蜱蝇（*M. ovinus*）：感染强度及感染率：1 只，19.35%。

3.2.13 毛虱科（Trichodectidae）

毛虱属（*Bovicola*）

山羊毛虱（*B. caprae*）：感染率：64.52%。

3.3 寄生于牦牛的寄生虫

3.3.1 毛圆科（Trichostrongylidae）

古柏属（*Cooperia*）

和田古柏线虫（*C. hetianensis*）：感染强度及感染率：1~1526 条，35%。

栉状古柏线虫（*C. pectinata*）：感染强度及感染率：3~834 条，15%。

黑山古柏线虫（*C. hranktahensis*）：感染强度及感染率：3~378 条，35%。

等侧古柏线虫（*C. laterouniformis*）：感染强度及感染率：2 条，5%。

3.3.2 夏伯特科（Chabertidae）

食道口属（*Oesophagostomum*）

辐射食道口线虫（*O. radiatum*）：感染强度及感染率：2~169 条，75%。

甘肃食道口线虫（*O. kansuensis*）：感染强度及感染率：5~42 条，25%。

夏伯特属（*Chabertia*）

羊夏伯特线虫（*C. ovina*）：感染强度及感染率：1~5 条，45%。

3.3.3 网尾科（Dictyocaulidae）

网尾属（*Dictyocaulus*）

胎生网尾线虫（*D. viviparus*）：感染强度及感染率：1~85 条，35%。

3.3.4 片形科（Fasciolidae）

片形属（*Fasciola*）

肝片吸虫（*F. hepatica*）：感染强度及感染率：8 条，5%。

3.3.5 同盘科（Paramphistomatidae）

同盘属（*Paramphistomum*）

斯氏同盘吸虫（*P. skrjabini*）：感染强度及感染率：1 条，5%。

原羚同盘吸虫（*P. procaprum*）：感染强度及感染率：9~14 条，10%。

鹿同盘吸虫（*P. cervi*）：感染强度及感染率：30 条，5%。

3.3.6 带科（Taeniidae）

棘球属（*Echinococcus*）

兽形棘球蚴（*E. veterinarum*）（同物异名：细粒棘球蚴 *Echinococcus cysticus*）：感染强度及感染率：12 个，5%。

3.3.7 裸头科（Anoplocephalidae）

莫尼茨属（*Moniezia*）

贝氏莫尼茨绦虫（*M. benedeni*）：感染强度及感染率：1~3 条，15%。

3.3.8 皮蝇科（Hypodermatidae）

皮蝇属（*Hypoderma*）

牛皮蝇（蛆）（*H. bovis*）：感染强度及感染率 2~98 条，65%。

3.3.9 软蜱科（Argasidae）

钝缘蜱属（*Ornithodorus*）

拉合尔钝缘蜱（*O. lahorensis*）：感染强度及感染率：235 个，5%。

3.4 寄生于马的寄生虫

3.4.1 尖尾科（Oxyuridae）

尖尾属（*Oxyuris*）

马尖尾线虫（*O. equi*）：感染强度及感染率：24~150 条，33.33%。

3.4.2 圆形科（Strongylidae）

圆形属（*Strongylus*）

马圆形线虫（*S. equinus*）：感染强度及感染率：4~99 条，66.67%。

阿尔夫属（*Alfortia*）

无齿阿尔夫线虫（*A. edentatus*）（同物异名：无齿圆形线虫）：感染强度及感染率：20~1 260条，83.33%。

戴拉风属（*Delafondia*）

普通戴拉风线虫（*D. vulgaris*）：感染强度及感染率：1~310 条，83.33%。

三齿属（*Triodontophorus*）

锯齿状三齿线虫（*T. serratus*）：感染强度及感染率 1~32 条，50%。

短尾三齿线虫（*T. brevicauda*）：感染强度及感染率：4~125 条，66.67%。

3.4.3 盅口科（Cyathostomidae）

冠环属（*Coronocyclus*）

大唇片冠环线虫（*C. labiatus*）：感染强度及感染率：6~180 条，33.33%。

小唇片冠环线虫（*C. labratus*）：570 条，16.67%。

冠状冠环线虫（*C. coronatus*）：感染强度及感染率：21~1340 条，33.33%。

环齿属（*Cylicodontophorus*）

双冠环齿线虫（*C. bicoronatus*）：感染强度及感染率：30 条，16.67%。

盅口属（*Cyathostomum*）

碟状盅口线虫（*C. pateratum*）（同物异名：碟状环齿线虫、碟状双冠线虫 *Cylicodontophorus pateratus*，碟状环口线虫、圆饰盅口线虫 *Cylicostomum pateratum*）：感染强度及感染率：4 条，16.67%。

卡提盅口线虫（*C. catinatum*）：感染强度及感染率：135~21 900条，66.67%。

杯环属（*Cylicocyclus*）

辐射杯环线虫（*C. radiatus*）：感染强度及感染率：27~4 265条，50%。

鼻状杯环线虫（*C. nassatus*）：146~40 360条，66.67%。

外射杯环线虫（*C. ultrajectinus*）：感染强度及感染率：100~600 条，33.33%。

长形杯环线虫（*C. elongatus*）：感染强度及感染率：240 条，16.67%。

杯口属（*Poteriostomum*）

不等齿杯口线虫（*P. imparidentatum*）：感染强度及感染率：30 条，16.67%。

斯氏杯口线虫（*P. skrjabini*）：感染强度及感染率：24 条，16.67%。

杯冠属（*Cylicostephanus*）

高氏杯冠线虫（*C. goldi*）：感染强度及感染率：16~1 303条，50%。

微小杯冠线虫（*C. minutus*）：感染强度及感染率：50~3 210条，33.33%。

曾氏杯冠线虫（*C. tsengi*）：感染强度及感染率：17~2 502条，50%。

长伞杯冠线虫（*C. longibursatus*）：感染强度及感染率：24~18 360条，66.67%。

辐首属（*Gyalocephalus*）

头似辐首线虫（*G. capitatus*）：感染强度及感染率：270~525 条，33.33%。

3.4.4 胃蝇科（Gasterophilidae）

胃蝇属（*Gasterophilus*）

黑腹胃蝇（蛆）（*G. pecorum*）：感染强度及感染率：12~815 条，100%。

3.5 寄生于犬的寄生虫

3.5.1 弓首科（Toxocaridae）

弓首属（*Toxocara*）

犬弓首蛔虫（*T. canis*）：感染强度及感染率：3 条，16.67%。

3.5.2 带科（Taeniidae）

棘球属（*Echinococcus*）

多房棘球绦虫（*E. multilocularis*）：感染强度及感染率：4 条，16.67%。

细粒棘球绦虫（*E. granulosus*）：感染强度及感染率：42~342 条，33.33%。

多头属（*Multiceps*）

多头多头绦虫（*M. multiceps*）：感染强度及感染率：1 条，6.16%。

带属（*Taenia*）

泡状带绦虫（*T. hydatigena*）：感染强度及感染率：1~34 条，50%。

4 讨论与结论

（1）本次调查在申扎县的绵羊、山羊、牦牛、马、犬体内外共发现寄生虫 85 种。寄生于狗的锯齿舌形虫（*L. serrata*）、豆状带绦虫（*T. pisiformis*），寄生于绵羊的羊鼻蝇蛆（*O. ovis*）在本次调查中每月发现，这与该县每年的灭狗及本调查的剖解季节有关。从本次调查中得知，申扎县的绵羊体内外寄生虫 30 种，其中，线虫 23 种、绦虫 6 种、节肢动物 1 种。山羊有体内外寄生虫 38 种，其中，线虫 28 种、吸虫 2 种、绦虫 6 种、节肢动物 2 种。牦牛有体内外寄生虫 16 种，其中，线虫 8 种、吸虫 4 种、绦虫 2 种、节肢动物 2 种。马有体内外寄生虫 25 种，其中，线虫 24 种、节肢动物 1 种。犬有体内外寄生虫 5 种，其中，线虫 1 种、绦虫 4 种。

（2）从本次调查统计结果表明，寄生于绵羊的 30 种寄生虫中，以蒙古马歇尔线虫、尖交合刺细颈线虫、绵羊斯氏线虫、斯氏毛首线虫、中点无卵黄腺绦虫、细颈囊尾蚴等 6 种为优势种。寄生于山羊的 38 种寄生虫中，以西藏奥斯特线虫、蒙古马歇尔线虫、尖交合刺细颈线虫、粗纹食道口线虫、细颈囊尾蚴、山羊毛虱等 6 种为优势虫种。寄生于牦牛的 16 种寄生虫，以和田古柏线虫、辐射食道口线虫、胎生网尾线虫、牛皮蝇等 4 种为优势虫种。寄生于马的 25 种寄生虫中，以无齿阿尔夫线虫、长伞杯冠线虫、卡提盅口线虫、鼻状杯环线虫、黑腹胃蝇（蛆）等 5 种为优势虫种。寄生于犬的 5 种寄生虫中，以泡状带绦虫及细粒棘球绦虫这两种为优势虫种。

（3）目前西藏报道的马、牦牛、绵羊、山羊、犬的寄生虫共有 167 种，这次调查申扎县共有 85 种，占总数的 50.89%。其中各家畜的最高虫种感染数是马 21 种、牦牛 10 种、绵羊 20 种、山羊 19 种、犬 5 种。其中，最高荷虫种：马 96 009条、牦牛 2 033 条、绵羊 2 980条、山羊 977 条、犬 359 条。由此可以看出，寄生于各种家畜的寄生虫是造成家畜贫血、消瘦，甚至死亡的重要因素，它们不仅造成了畜牧业经济的直接损失，而且还严重威胁着广大人民群众的身体健康。申扎县是一个纯牧业县，其牧业收入占全县总收入的 89.9%，申扎的经济发展可以说完全依赖于畜牧业的发展，那么切实认真地搞好家畜寄生虫的预防及驱虫工作，将会取得更大的经济效益及社会效益。

江孜县牛羊寄生虫季节动态调查研究报告

陈裕祥[1]，杨德全[1]，巴桑旺堆[1]，达　扎[1]，刘建枝[1]，
张永青[1]，次仁玉珍[1]，王省华[1]，曲　杰[2]，石　达[2]
（1. 西藏自治区畜牧兽医研究所；2. 江孜县畜牧兽医技术推广中心站）

作者于1992—1995年历经4年的时间，先后采用粪便检查法、兽医蠕虫学剖检法和幼虫培养检查法，对江孜县牛、羊寄生虫幼虫、成虫在动物体内及虫卵在粪便中的消长规律首次进行了全面系统的调查。

经1992年4月至1994年3月连续24个月，对江孜县牦牛、黄牛、绵羊、山羊的粪便进行每月定期用不同粪检方法各检查100份粪样，共计调查了9 600份粪样，摸清了该县牛、羊各种寄生虫虫卵在粪便中的消长规律。调查结果为：牦牛各种寄生虫虫卵在粪便中出现的第一高潮期在4—5月，第二高潮期在8—10月；黄牛各种寄生虫虫卵在粪便中出现的第一高潮期在4—6月，第二高潮期在9—12月；绵羊各种寄生虫虫卵在粪便中出现的第一高潮期在4—5月，第二高潮期在7—10月；山羊各种寄生虫虫卵在粪便中出现的第一高潮期在3—6月，第二高潮期在9—11月。

经按兽医蠕虫学剖检法于1993年6月至1994年5月间对江孜县绵羊每月定期剖检5只，共计剖检55只绵羊，1994年7月至1995年6月对江孜县黄牛每月定期剖检2头，共计剖检23头黄牛，进行牛、羊寄生虫成虫的季节动态调查。经调查，摸清了该县牛羊寄生虫在动物体内的消长规律。结果为牛、羊体内各种寄生虫荷虫量均分为两个高潮期，黄牛体内寄生虫荷虫量第一高潮期在12月至次年4月，第二高潮期在7—9月；绵羊体内荷虫量第一高潮期在12月至次年3月，第二高潮期在8—10月。

采用幼虫培养检查法，将按兽医蠕虫学每月定期剖检牛、羊的肺支气管、细支气管、肠系膜淋巴结、消化道各部黏膜及其内容物沉淀物，置于40~42℃的恒温水浴箱中进行蚴虫培养检查鉴别。经调查摸清了牛、羊寄生虫幼虫在动物体内出现的第一高潮期在1月，第二高潮期在9月；绵羊寄生虫幼虫在动物体内出现的第一高潮期在1月，第二高潮期在6—7月。

综合牛、羊各种寄生虫幼虫→成虫在动物体内和虫卵在粪便中的消长规律为：黄牛各类寄生虫幼虫在动物体内出现的第一高潮期在1月，成虫出现第一高潮期在3—4月，虫卵在粪便中出现的第一高潮期在4—6月；幼虫在动物体内出现第二高潮期在11—12月，虫卵在粪便中出现的第二高潮期在11—12月。绵羊各类寄生虫幼虫在动物体内出现的第一高潮期在10月至翌年3月，以1月为高峰期，成虫出现的第一高潮期在12月至翌年4月，以12月至翌年1月为荷虫量高峰期，虫卵在粪便中出现的第一高潮期在

4—7月；幼虫在动物体内出现的第二高潮期在7—9月，虫卵在粪便中出现的第二高潮期在7—10月。

在弄清江孜县牛、羊寄生虫消长规律的基础上，对该县牛、羊危害严重的寄生虫进行了分析，指出了该县牛、羊寄生虫病防治工作中的重点防治对象是：牛以前后盘吸虫、棘球蚴、圆线科线虫、毛圆科线虫和胎生网尾线虫为主；羊以斯氏吸虫、细颈囊尾蚴、毛圆科线虫、毛首科线虫和丝状网尾线虫为主。科学地提出了江孜县牛、羊寄生虫病的防治措施，为该县如何开展牛、羊寄生虫病的防治工作提供了可靠的科学依据与建设性意见。

1 材料和方法

1.1 粪样的采集与动物的选购

1.1.1 粪样的采集

本次调查所用的粪便样本均系从江孜县境内采集。牦牛粪便在江孜县牦牛较集中的地方龙马乡的同一牛群中每月定期随机采集；黄牛粪便在江孜县城关镇固定的农户中每月定期随机采集；绵羊、山羊粪便在江孜县绵、山羊较集中的地方康卓乡的同一羊群中每月定期随机采集。上述各种动物的粪便样本，每月各采集100份，分别进行编号、登记，本次调查采集牦牛、黄牛、绵羊、山羊粪样各2 400份，共计9 600份。

1.1.2 动物的选购

本次调查所用的试验动物均系从江孜县境内购买。黄牛是从江孜县农业乡、镇的农户中购买；绵羊主要是从江孜县康卓乡购买，每月定期购买5只周岁羊。

1.2 粪检、动物剖检、虫体标本收集与鉴别方法

1.2.1 粪检方法

本次调查的粪检方法，是将采集的每份粪样用斯陶尔氏法、彻底洗净法与改良的贝尔曼氏法3种方法进行各类寄生虫虫卵与肺线虫幼虫的检查。

1.2.2 动物的剖检方法

将购买的试验动物按兽医蠕虫学剖检法进行剖检，对皮下、肌肉、胸腔、腹腔、肺脏、肝脏、肾脏、食道、胃、消化道、肠系膜等各部进行认真细致的检查，收集寄生虫标本。

1.2.3 寄生虫标本的收集

将肝脏、肺脏用直尖剪刀沿肝胆管、肺支气管、细支气管剖开，取出所见虫体，尔

后揉碎，经0.9%的普通食盐水反复冲洗洁净后，收集虫体标本，将消化道各部的内容物分别经0.9%的普通食盐水反复冲洗沉淀至粪渣液体清晰时，用平皿逐碟仔细检出收集全部虫体标本（对个别牛因虫体及粪渣量多而收集其中部分）。

将收集到的吸虫、绦虫、绦蚴、线虫标本，经用0.9%的普通食盐水洗净后，吸虫、绦虫置于70%的酒精中固定保存；线虫置于热巴氏液中固定保存；绦蚴置于巴氏液中固定保存。

将收集到的各类寄生虫标本分别装入青、链霉素瓶或250ml的疫苗瓶中，以胶布作标签，标明宿主名称、编号、寄生部位及采集时间，分别封帖在标本瓶上，以便于分类鉴别。

1.2.4 虫体鉴别

将调查收集到的寄生虫标本，按常规方法分别进行处理，逐条鉴别至种。

线虫用乳酸苯酚透明液进行透明，透明时间的长短视虫体的大小而定，在显微镜下逐条鉴别至种并计数。

吸虫抽取部分或全部样本，经硼砂洋红染色、冬青油透明封制成片，在显微镜下逐条鉴别至种。

绦虫抽取部分或全部样本，置于玻璃上再加盖玻璃，滴加乳酸，视虫体大小施加一定的重量，将虫体压薄，并视虫体大小掌握透明时间的长短，以达到最佳透明效果在显微镜下鉴别至种。

1.3 幼虫培养检查方法

被检动物剖检后，收集其培养物：肺支气管、细支气管、肠系膜淋巴结、消化道各部黏膜及其内容物沉淀物。

将肺支气管、细支气管和肠系膜淋巴结用剪刀剪碎，刮取四胃、小肠、大肠、盲肠各部的黏膜，收集四胃、小肠、大肠、盲肠各部的内容物沉淀物，分别用纱布包好，置于自制的大平皿内的幼虫培养架上，加入0.9%的普通食盐水，置于40~42℃的恒温水浴箱中培养5~8h，取出培养物，将培养液倒入烧杯中，自然沉淀20min后，倾去上层液体，再加入0.9%的普通食盐水沉淀20min后，倾去上清液，吸取全部沉淀物于载玻片上，加盖盖玻片，在显微镜下进行幼虫检查鉴别。

2 调查结果

2.1 各类动物粪便中寄生虫虫卵的调查结果

2.1.1 牦牛粪便中寄生虫虫卵的调查结果

经1992年4月至1994年3月连续24个月，每月定期采用斯陶尔氏法、彻底洗净法和改良的贝尔曼氏法3种粪检方法，进行100份的粪样检查。结果表明，江孜县牦牛粪检共计发现11种（属）寄生虫虫卵。从虫卵检出结果看，对江孜县牦牛危害较大的寄生虫病是食道口线虫、古柏线虫、毛首线虫、胎生网尾线虫、肝片吸虫、前后盘吸虫、双腔吸虫；其次是细颈线虫和奥氏线虫。粪便中各种寄生虫虫卵出现的高潮期为：食道口线虫在4—6月和8—10月分别出现两个高潮期；古柏线虫在6—9月出现高潮期；毛首线虫在3—5月和10月出现高潮期；胎生网尾线虫在5—10月出现高潮期，以6月为高峰期；肝片吸虫和前后盘吸虫都在4—5月和8—10月分别出现两个高潮期；双腔吸虫在4—6月和8—10月分别出现两个高潮期；细颈线虫和奥氏线虫未能发现明显的排卵高潮期。粪便中各种寄生虫虫卵的消长规律及感染率、感染强度、平均感染强度详见表1。

2.1.2 黄牛粪便中寄生虫虫卵调查结果

经1992年4月至1994年3月连续24个月，每月定期采用斯陶尔氏法、彻底洗净法和改良的贝尔曼氏法3种粪检方法，进行100份的粪样检查。结果表明，江孜县黄牛粪检共计发现11种（属）的寄生虫虫卵。从虫卵检出结果看，对江孜县黄牛危害较大的寄生虫病是食道口线虫、古柏线虫、胎生网尾线虫，其次是双腔吸虫、奥氏线虫，再次是前后盘吸虫、肝片吸虫、细颈线虫、仰口线虫、夏伯特线虫、毛首线虫。粪便中各种寄生虫虫卵出现的高潮期为：食道口线虫在6月、10月分别出现两个高潮期；古柏线虫在1月与7月分别出现两个高潮期；胎生网尾线虫在5—8月出现高潮期，以6月为高峰期；双腔吸虫在5月出现高潮期；奥氏线虫在8—9月出现高潮期。粪便中各种寄生虫虫卵的消长规律及感染率、感染强度、平均感染强度详见表2。

2.1.3 绵羊粪便中寄生虫虫卵的调查结果

经1992年4月至1994年3月连续24个月，每月定期采用斯陶尔氏法、彻底洗净法和改良的贝尔曼氏法3种粪检方法，进行100份的粪样检查。结果表明，江孜县绵羊粪检共计发现11种（属）的寄生虫虫卵，从虫卵检出结果看，对江孜县绵羊危害较大的寄生虫病是丝状网尾线虫、毛首线虫、双腔吸虫，其次是肝片吸虫、食道口线虫、细颈线虫与马歇尔线虫，再次是前后盘吸虫、奥氏线虫、仰口线虫和夏伯特线虫。粪便中各种寄生虫虫卵出现的高潮期为：丝状网尾线虫在5—8月出现高潮期，以5—6月为高峰期；毛首线虫在3—5月创新高潮期；双腔吸虫在4月出现高潮期，肝片吸虫与前后盘吸虫在春季和秋季出现两个高潮期；马歇尔线虫在7—8月和12月至翌年的3月出现两个高潮期；其他寄生虫尚未发现明显的排卵高峰期。粪便中各种寄生虫虫卵的消长规律及感染率、感染强度、平均感染强度详见表3。

表 1　江孜县牦牛粪便中寄生虫虫卵感染情况调查统计

检查时间	肝片吸虫卵			前后盘吸虫卵			双腔吸虫卵			古柏线虫卵			仰口线虫卵			食道口线虫卵			夏伯特线虫卵			毛首线虫卵			肺线虫幼虫		
	感染率（%）	感染强度	平均感染强度	感染率（%）	感染强度	平均感染强度	感染率（%）	感染强度	平均感染强度	感染率（%）	感染强度	平均感染强度	感染率（%）	感染强度	平均感染强度	感染率（%）	感染强度	平均感染强度	感染率（%）	感染强度	平均感染强度	感染率（%）	感染强度	平均感染强度	感染率（%）	感染强度	平均感染强度
1992. 4. 29	5	8～200	83. 2	19	8～200	83. 15	6	8～100	38. 67	—	—	—	—	—	—	57	8～300	61. 28	—	—	—	1	8	8	—	—	—
1992. 5. 30	6	8～16	15. 0	3	8～100	69. 33	—	—	—	—	—	—	4	8～16	10	41	8～300	113. 08	16	8～100	10	1	100	100	8	0. 2～16	5. 075
1992. 6. 30	—	—	—	—	—	—	2	8	8	8	8～100	65. 5	—	—	—	25	8～200	46. 4	—	—	—	—	—	—	15	0. 5～8	1. 49
1992. 7. 30	—	—	—	—	—	—	—	—	—	3	8	8	—	—	—	6	8～16	9. 15	—	—	—	—	—	—	2	1. 2～100	50. 6
1992. 8. 30	1	8	8	1	8	8	3	8～100	38. 67	7	8～100	73. 57	1	200	100	9	8～100	64. 45	—	—	—	—	—	—	—	—	—
1992. 9. 29	—	—	—	—	—	—	—	—	—	7	8～200	48. 57	1	8	8	16	8～200	28. 75	1	8	8	2	8	8	6	0. 2～1. 8	0. 76
1992. 10. 30	3	8～100	38. 67	1	8	8	—	—	—	1	8	8	—	—	—	15	8～200	54. 91	—	—	—	—	—	—	3	0. 2～0. 4	0. 333
1992. 11. 28	—	—	—	1	100	100	—	—	—	1	8	8	—	—	—	—	—	—	—	—	—	—	—	—	—	—	—
1992. 12. 30	—	—	—	—	—	—	1	100	100	—	—	—	—	—	—	—	—	—	—	—	—	—	—	—	—	—	—
1993. 1. 30	—	—	—	—	—	—	—	—	—	1	100	100	—	—	—	2	8	8	—	—	—	1	100	100	—	—	—
1993. 3. 2	—	—	—	—	—	—	—	—	—	—	—	—	—	—	—	—	—	—	—	—	—	—	—	—	—	—	—
1993. 3. 25	—	—	—	—	—	—	—	—	—	—	—	—	—	—	—	1	100	100	—	—	—	—	—	—	—	—	—

（续表）

检查时间	肝片吸虫卵			前后盘吸虫卵			双腔吸虫卵			古柏线虫卵			仰口线虫卵			食道口线虫卵			夏伯特线虫卵			毛首线虫卵			肺线虫幼虫		
	感染率（%）	感染强度	平均感染强度	感染率（%）	感染强度	平均感染强度	感染率（%）	感染强度	平均感染强度	感染率（%）	感染强度	平均感染强度	感染率（%）	感染强度	平均感染强度	感染率（%）	感染强度	平均感染强度	感染率（%）	感染强度	平均感染强度	感染率（%）	感染强度	平均感染强度	感染率（%）	感染强度	平均感染强度
1993.4.25	—	—	—	—	—	—	—	—	—	—	—	—	—	—	—	—	—	—	—	—	—	—	—	—	—	—	—
1993.5.25	—	—	—	—	—	—	—	—	—	—	—	—	—	—	—	2	8~100	54	—	—	—	—	—	—	2	0.2~0.6	0.4
1993.6.26	—	—	—	—	—	—	—	—	—	—	—	—	—	—	—	5	8~100	28	—	—	—	—	—	—	—	—	—
1993.7.25	—	—	—	—	—	—	—	—	—	—	—	—	—	—	—	4	8~100	33	—	—	—	—	—	—	6	0.2~100	33.5
1993.8.25	—	—	—	—	—	—	—	—	—	1	8	8	—	—	—	—	—	—	—	—	—	—	—	—	—	—	—
1993.9.29	—	—	—	1	100	100	2	8~100	54	1	8	8	—	—	—	2	100~200	150	—	—	—	—	—	—	1	6.6	6.6
1993.10.25	—	—	—	—	—	—	—	—	—	3	8	8	—	—	—	1	100	100	—	—	—	1	100	100	—	—	—
1993.11.25	—	—	—	—	—	—	—	—	—	—	—	—	—	—	—	—	—	—	—	—	—	—	—	—	—	—	—
1993.12.26	1	100	100	—	—	—	—	—	—	—	—	—	—	—	—	1	100	100	—	—	—	—	—	—	—	—	—
1994.1.25	—	—	—	—	—	—	—	—	—	—	—	—	—	—	—	—	—	—	—	—	—	—	—	—	—	—	—
1994.3.25	—	—	—	—	—	—	—	—	—	1	8	8	—	—	—	—	—	—	—	—	—	—	—	—	—	—	—

表 2　江孜县黄牛粪便中寄生虫虫卵感染情况调查统计

检查时间	双腔吸虫卵			奥氏线虫卵			细颈线虫卵			古柏线虫卵			食道口线虫卵			夏伯特线虫卵			毛首线虫卵			肺线虫幼虫		
	感染率（%）	感染强度	平均感染强度	感染率（%）	感染强度	平均感染强度	感染率（%）	感染强度	平均感染强度	感染率（%）	感染强度	平均感染强度	感染率（%）	感染强度	平均感染强度	感染率（%）	感染强度	平均感染强度	感染率（%）	感染强度	平均感染强度	感染率（%）	感染强度	平均感染强度
1992. 5. 3	11	8～200	67. 27	3	8～100	38. 67	—	—	—	1	100	100	28	8～200	82	2	100	100	1	8	8	—	—	—
1992. 6. 3	1	200	200	—	—	—	1	8	8	—	—	—	39	8～400	83. 87	17	8～200	51. 65	—	—	—	4	0. 2～200	50. 18
1992. 7. 1	3	8～100	38. 67	—	—	—	3	8～100	69. 33	1	8	8	29	8～100	37. 17	1	8	8	—	—	—	3	0. 2	0. 2
1992. 8. 1	—	—	—	1	8	8	—	—	—	—	—	—	10	1～16	8. 9	—	—	—	—	—	—	2	0. 2～8	4. 1
1992. 8. 31	—	—	—	2	8	8	1	8	8	1	8	8	2	8～100	54	—	—	—	—	—	—	1	5. 2	5. 2
1992. 9. 30	—	—	—	—	—	—	—	—	—	3	16～200	105. 33	2	8～100	54	—	—	—	—	—	—	3	0. 2～8	2. 93
1992. 10. 27	—	—	—	—	—	—	3	8	8	—	—	—	20	8～16	8. 9	6	8～16	9. 33	—	—	—	—	—	—
1992. 12. 1	—	—	—	—	—	—	—	—	—	5	8～300	128	8	8～100	44. 8	—	—	—	1	8	8	—	—	—
1992. 12. 28	—	—	—	—	—	—	—	—	—	2	8	8	1	8	8	—	—	—	1	8	8	—	—	—
1993. 1. 29	—	—	—	—	—	—	1	8	8	—	—	—	1	8	8	—	—	—	—	—	—	—	—	—
1993. 2. 27	—	—	—	—	—	—	—	—	—	2	100	100	—	—	—	—	—	—	—	—	—	—	—	—
1993. 3. 28	—	—	—	—	—	—	—	—	—	1	100	100	—	—	—	—	—	—	—	—	—	—	—	—

（续表）

检查时间	双腔吸虫卵			奥氏线虫卵			细颈线虫卵			古柏线虫卵			食道口线虫卵			夏伯特线虫卵			毛首线虫卵			肺线虫幼虫		
	感染率（%）	感染强度	平均感染强度	感染率（%）	感染强度	平均感染强度	感染率（%）	感染强度	平均感染强度	感染率（%）	感染强度	平均感染强度	感染率（%）	感染强度	平均感染强度	感染率（%）	感染强度	平均感染强度	感染率（%）	感染强度	平均感染强度	感染率（%）	感染强度	平均感染强度
1993.4.28	—	—	—	—	—	—	—	—	—	—	—	—	3	8	8	—	—	—	—	—	—	—	—	—
1993.5.28	5	8~200	101.6	—	—	—	—	—	—	3	8~100	38.67	5	8~100	26.4	—	—	—	—	—	—	2	0.6~16	8.3
1993.6.29	2	8~100	54	—	—	—	—	—	—	4	8~100	54	4	8	8	—	—	—	—	—	—	14	0.2~12.2	2.36
1993.7.28	1	8	8	—	—	—	—	—	—	11	8~100	42.91	14	8~200	32.86	—	—	—	1	100	100	12	0.2~7.6	1.15
1993.8.26	—	—	—	2	8~100	54	—	—	—	3	8	8	5	8~100	26.4	—	—	—	—	—	—	14	0.2~20	2.46
1993.9.28	—	—	—	4	8~100	31	—	—	—	1	100	100	—	—	—	—	—	—	—	—	—	8	0.2~61.8	11.03
1993.10.28	—	—	—	—	—	—	—	—	—	3	100	100	—	—	—	—	—	—	—	—	—	—	—	—
1993.11.28	—	—	—	—	—	—	—	—	—	—	—	—	—	—	—	—	—	—	—	—	—	—	—	—
1993.12.28	—	—	—	—	—	—	—	—	—	—	—	—	—	—	—	—	—	—	—	—	—	—	—	—
1994.1.28	—	—	—	—	—	—	—	—	—	—	—	—	—	—	—	—	—	—	—	—	—	—	—	—
1994.2.28	—	—	—	—	—	—	—	—	—	—	—	—	—	—	—	—	—	—	—	—	—	—	—	—
1994.3.27	—	—	—	—	—	—	—	—	—	—	—	—	—	—	—	—	—	—	—	—	—	—	—	—

表3 江孜县绵羊粪便中寄生虫虫卵感染情况调查统计

检查时间	肝片吸虫卵			前后盘吸虫卵			双腔吸虫卵			细颈线虫卵		
	感染率（%）	感染强度	平均感染强度	感染率（%）	感染强度	平均感染强度	感染率（%）	感染强度	平均感染强度	感染率（%）	感染强度	平均感染强度
1992. 4. 26	1	148. 15	148. 15	14	10～100	23. 84	39	10～1 400	117. 83	—	—	—
1992. 5. 27	1	250. 0	250. 0	—	—	—	—	—	—	—	—	—
1992. 6. 27	—	—	—	—	—	—	1	800	800	—	—	—
1992. 7. 26	—	—	—	—	—	—	—	—	—	—	—	—
1992. 8. 27	—	—	—	3	14. 29～307. 69	140. 66	—	—	—	—	—	—
1992. 9. 25	1	10. 26	10. 26	—	—	—	—	—	—	—	—	—
1992. 10. 27	—	—	—	—	—	—	—	—	—	—	—	—
1992. 11. 29	—	—	—	1	307. 69	307. 69	—	—	—	—	—	—
1992. 12. 26	2	11. 76～285. 71	148. 74	—	—	—	3	133. 33～250	197. 95	1	100	100
1993. 1. 28	—	—	—	—	—	—	3	15. 39～28. 57	22. 97	—	—	—
1993. 2. 28	2	100～200	150	—	—	—	4	10～133. 33	72. 5	2	100	100
1993. 3. 26	—	—	—	—	—	—	—	—	—	1	13. 33	13. 33
1993. 4. 25	—	—	—	—	—	—	—	—	—	—	—	—
1993. 5. 26	—	—	—	—	—	—	2	25～133. 33	79. 17	—	—	—
1993. 6. 27	—	—	—	—	—	—	4	10～40	20. 5	—	—	—
1993. 7. 26	—	—	—	—	—	—	—	—	—	—	—	—
1993. 8. 26	—	—	—	1	10	10	—	—	—	—	—	—
1993. 9. 25	—	—	—	1	10	10	2	100～117. 65	108. 33	—	—	—
1993. 10. 21	—	—	—	1	1	1	—	—	—	—	—	—
1993. 11. 26	—	—	—	—	—	—	—	—	—	1	20	20
1993. 12. 25	—	—	—		—	—	—	—	—	—	—	—
1994. 1. 25	—	—	—	1	—	—	—	—	—	—	—	—
1994. 2. 25	—	—	—	—	—	—	—	—	—	—	—	—
1994. 3. 28	1	8	8	—	—	—	—	—	—	—	—	—

续表

检查时间	马歇尔线虫卵			食道口线虫卵			毛首线虫卵			肺线虫幼虫		
	感染率（%）	感染强度	平均感染强度	感染率（%）	感染强度	平均感染强度	感染率（%）	感染强度	平均感染强度	感染率（%）	感染强度	平均感染强度
1992.4.26	—	—	—	4	10~266.67	108.45	48	10~1 090.89	129.21	54	1~999.99	135.21
1992.5.27	—	—	—	—	—	—	57	4~4 000	189.65	92	1~2 000	253.85
1992.6.27	—	—	—	2	26.67~137.93	82	1	10	10	1	15.35	15.35
1992.7.26	2	16.67~100	58.34	4	10~125	63.28	5	100~142.86	109.62	34	1~400	87.31
1992.8.27	1	21.05	21.05	—	—	—	4	10~100	38.77	85	1~533.32	69.85
1992.9.25	—	—	—	4	11.76~500	194.8	1	26.66	26.66	6	2~137.93	44.03
1992.10.27	—	—	—	4	10~400	148.06	7	30.72~800	256.01	9	1~133.33	27.96
1992.11.29	—	—	—	—	—	—	1	153.85	153.85	4	3~400	234.68
1992.12.26	1	160	160	—	—	—	2	13.33~114.28	63.81	12	1~266.67	56.59
1993.1.28	—	—	—	—	—	—	—	—	—	17	1~400	114.85
1993.2.28	1	13.33	13.33	—	—	—	3	13.33~133.33	55.55	25	1~200	57.2
1993.3.26	—	—	—	—	—	—	4	10~100	55	26	1~400	48.69
1993.4.25	—	—	—	—	—	—	3	16~148.15	61.38	32	3~1058.85	66.64
1993.5.26	—	—	—	—	—	—	2	2~400	201	17	1~40	8.51
1993.6.27	—	—	—	—	—	—	—	—	—	65	1~800	19.76
1993.7.26	—	—	—	—	—	—	—	—	—	46	1~160	13.17
1993.8.26	—	—	—	—	—	—	—	—	—	19	1~424.24	33.96
1993.9.25	1	10	10	—	—	—	1	10	10	17	1~30	4.88
1993.10.21	1	1	1	—	—	—	—	—	—	8	1~186.69	167.17

（续表）

检查时间	马歇尔线虫卵			食道口线虫卵			毛首线虫卵			肺线虫幼虫		
	感染率（%）	感染强度	平均感染强度	感染率（%）	感染强度	平均感染强度	感染率（%）	感染强度	平均感染强度	感染率（%）	感染强度	平均感染强度
1993.11.26	—	—	—	—	—	—	—	—	—	2	26.67~235.29	130.98
1993.12.25	—	—	—	—	—	—	—	—	—	1	133.33	133.33
1994.1.25	—	—	—	—	—	—	—	—	—	—	—	—
1994.2.25	—	—	—	—	—	—	—	—	—	—	—	—
1994.3.28	2	8~100	54	—	—	—	1	8	8	14	0.2~100	13.47

2.1.4　山羊粪便中寄生虫虫卵的调查结果

经1992年4月至1994年3月连续24个月，每月定期采用斯陶尔氏法、彻底洗净法和改良的贝尔曼氏法3种粪检方法，进行100份的粪样检查。结果表明，江孜县山羊粪检共计发现12种（属）的寄生虫虫卵。从虫卵检出结果看，对江孜县山羊危害较大的寄生虫病是丝状网尾线虫、毛首线虫、双腔吸虫，其次是肝片吸虫、食道口线虫、奥氏线虫、细颈线虫，再次是前后盘吸虫、莫尼茨绦虫、马歇尔线虫、仰口线虫、夏伯特线虫。粪便中各种寄生虫虫卵出现的高潮期为丝状网尾线虫在3—8月出现高潮期，以6月出现高峰期；毛首线虫卵在3—6月出现高潮期；双腔吸虫卵在4月、8月分别出现两个高潮期；其他寄生虫的排卵情况均未发现明显的高潮期。粪便中各种寄生虫虫卵的消长规律及其感染率、感染强度、平均感染强度详见表4。

2.2　牛羊体内寄生虫幼虫消长规律调查结果

2.2.1　黄牛体内寄生虫幼虫消长规律调查结果

经1994年7月至1995年6月连续12个月一个年度，将江孜县23头黄牛的肺支气管、细支气管、肠系膜淋巴结、消化道各部黏膜及内容物沉淀物，置于40~42℃的恒温水浴箱中，经5~8h的幼虫培养检查鉴别。结果表明，江孜县23头黄牛体内寄生虫幼虫培养检查鉴别，共计发现13种（属）的寄生虫幼虫。从幼虫检查结果看，对江孜县黄牛危害较大的寄生虫病为：胎生网尾线虫、食道口线虫、古柏线虫、马歇尔线虫、细颈线虫、奥氏线虫、舌形虫童虫等。各种寄生虫幼虫在体内发育移行的高潮期为：胎生网尾线虫幼虫在1—2月、6月、9—10月分别出现3个高潮期，以1月为高峰期；食道口线虫幼虫在2—6月出现高潮期；古柏线虫幼虫在3—5月出现高潮期；马歇尔线虫幼虫在1月、8—9月分别出现两个高潮期；细颈线虫幼虫在1月、6—7月分别出现两个高潮期；奥氏线虫幼虫在12月至翌年的2月和9月分别出现两个高潮期；舌形虫童虫在2月和7月分别出现两个高潮期。黄牛的各种寄生虫幼虫在体内发育移行的高潮期主要出现在12月至翌年的上半年，且以1月为高峰期，其次在9月。黄牛各种寄生虫幼虫的消长规律详见表5。

表 4　江孜县山羊粪便中寄生虫虫卵感染情况调查统计

检查时间	双腔吸虫卵			奥氏线虫卵			细颈线虫卵			食道口线虫卵			毛首线虫卵			肺线虫幼虫		
	感染率（%）	感染强度	平均感染强度	感染率（%）	感染强度	平均感染强度	感染率（%）	感染强度	平均感染强度	感染率（%）	感染强度	平均感染强度	感染率（%）	感染强度	平均感染强度	感染率（%）	感染强度	平均感染强度
1992. 4. 26	7	40～800	318. 6	—	—	—	—	—	—	—	—	—	8	40～444. 45	165. 55	7	1～364	127
1992. 5. 25	—	—	—	—	—	—	—	—	—	—	—	—	2	364～444	404	24	1～3 273	338
1992. 6. 28	1	148. 15	148. 15	1	26	26	—	—	—	4	10～25	15	20	10～400	68	51	10～1 120	165
1992. 7. 27	1	138	138	—	—	—	—	—	—	—	—	—	—	—	—	2	14～111	63
1992. 8. 28	7	10～333	138	—	—	—	—	—	—	—	—	—	—	—	—	25	1～364	28
1992. 9. 26	—	—	—	—	—	—	—	—	—	2	100～205	152. 5	1	1333	133	—	—	—
1992. 10. 29	—	—	—	—	—	—	—	—	—	—	—	—	—	—	—	—	—	—
1992. 11. 28	1	400	400	—	—	—	—	—	—	1	267	267	—	—	—	3	1～2	1. 33
1992. 12. 27	—	—	—	—	—	—	—	—	—	—	—	—	—	—	—	—	—	—
1993. 1. 27	2	29～333	181	—	—	—	—	—	—	—	—	—	1	200	200	—	—	—
1993. 3. 1	—	—	—	—	—	—	2	1～133	67	—	—	—	1	267	267	15	1～615	82
1993. 3. 29	—	—	—	—	—	—	1	1	1	—	—	—	1	267	267	11	1～615. 38	92. 7

（续表）

检查时间	双腔吸虫卵			奥氏线虫卵			细颈线虫卵			食道口线虫卵			毛首线虫卵			肺线虫幼虫		
	感染率（%）	感染强度	平均感染强度	感染率（%）	感染强度	平均感染强度	感染率（%）	感染强度	平均感染强度	感染率（%）	感染强度	平均感染强度	感染率（%）	感染强度	平均感染强度	感染率（%）	感染强度	平均感染强度
1993. 4. 27	—	—	—	—	—	—	—	—	—	1	235	235	3	18～615	218	2	24～182	103
1993. 5. 27	—	—	—	—	—	—	—	—	—	—	—	—	—	—	—	1	3	3
1993. 6. 28	—	—	—	—	—	—	—	—	—	—	—	—	—	—	—	31	1～800	50
1993. 7. 27	—	—	—	—	—	—	—	—	—	—	—	—	—	—	—	29	1～5	2
1993. 8. 27	1	200	200	3	11～33	20	—	—	—	—	—	—	—	—	—	3	10～160	101
1993. 9. 26	1	40	40	1	18	18	—	—	—	—	—	—	—	—	—	—	—	—
1993. 10. 26	—	—	—	—	—	—	1	200	200	—	—	—	—	—	—	1	1	1
1993. 11. 27	—	—	—	—	—	—	—	—	—	—	—	—	—	—	—	—	—	—
1993. 12. 26	—	—	—	—	—	—	—	—	—	—	—	—	—	—	—	—	—	—
1994. 1. 26	—	—	—	1	—	—	—	—	—	—	—	—	—	—	—	—	—	—
1994. 2. 26	—	—	—	—	—	—	—	—	—	—	—	—	—	—	—	—	—	—
1994. 3. 26	—	—	—	—	—	—	2	100	100	—	—	—	—	—	—	—	—	—

表 5　江孜县黄牛体内寄生虫幼虫调查统计表

检查时间	编号	东毕吸虫	毛圆线虫幼虫	马歇尔线虫幼虫	奥氏线虫幼虫	细颈线虫幼虫	古柏线虫幼虫	血矛线虫幼虫	仰口线虫幼虫	食道口线虫幼虫	夏柏特线虫幼虫	毛首线虫幼虫	肺线虫幼虫	舌形虫童虫
1994. 7	940728	—	—	—	—	—	—	10	—	—	—	—	—	—
	940729	—	—	—	—	—	—	—	—	—	—	—	—	206
1994. 8	940817	—	—	2	—	—	—	—	—	—	—	—	—	13
	940824	—	—	—	—	—	—	—	—	—	—	—	—	1
1994. 9	940907	—	—	—	—	1	—	—	—	—	—	—	3	17
	940923	—	—	2	3	1	—	—	—	—	—	—	1	—
1994. 10	941010	—	—	—	—	—	—	—	—	—	—	—	—	2
	941017	—	—	—	—	—	—	—	—	—	—	—	2	—
1994. 11	941117	—	—	—	—	—	—	25	—	—	—	—	—	—
	941122	—	—	—	3	—	—	—	—	—	—	—	—	—
1994. 12	941213	—	—	—	—	—	—	—	—	—	—	—	—	—
	941216	—	—	—	4	—	2	5	—	—	—	—	—	—
1995. 1	950117	—	—	45	1	7	—	—	1	—	—	—	80	—
	950123	—	—	5	1	1	—	—	—	—	—	—	7	—
1995. 2	950221	—	—	—	3	—	—	—	—	2	—	—	—	—
	950227	—	—	—	—	2	—	—	—	—	—	—	9	249
1995. 3	950403	—	—	6	5	—	7	—	—	—	—	—	—	2
	950404	—	—	—	—	—	3	—	—	3	1	—	—	—
1995. 4	950418	—	1	—	7	—	—	—	—	—	—	—	—	—
	950427	—	—	—	—	—	—	—	—	2	—	—	—	3
1995. 5	950522	—	—	—	—	—	11	—	—	—	—	—	—	71
1995. 6	950607	—	—	—	33	6	1	—	—	—	—	1	—	5
	950620	1	—	—	—	—	—	—	—	1	—	—	25	—

2. 2. 2　绵羊体内寄生虫幼虫消长规律调查结果

经 1993 年 6 月至 1994 年 5 月连续 12 个月一个年度，每月检查 5 只绵羊，共计将江孜县 54 只绵羊的肺支气管、细支气管、肠系膜淋巴结、消化道各部黏膜及内容物沉淀物，置于 40~42℃的恒温水浴箱中，经 5~8h 的幼虫培养检查鉴别。结果表明，江孜县 54 只绵羊体内寄生虫幼虫培养检查鉴别，共计发现 12 种（属）的寄生虫幼虫。从幼虫检查结果看，对江孜县绵羊危害较大的寄生虫病为：丝状网尾线虫、马歇尔线虫、细颈线虫、奥氏线虫、斯氏吸虫、舌形虫童虫等。各种寄生虫幼虫在绵羊体内发育移行的高潮期为：丝状网尾线虫幼虫在1—3月和6—9月分别出现两个高潮期；马歇尔线虫幼虫在10月至翌年的2月和6—7月分别出现里两个高潮期；细颈线虫幼虫在1月和7月分别出现两个高潮期；奥氏线虫幼虫在7—10月出现高潮期；斯氏吸虫幼虫在1月和6月分别出现两个高潮期；舌形虫童虫在4月和7月分别出现两个高潮期；各种寄生虫幼虫在体内发育移行的高潮期主要集中在1月和6—7月出现。绵羊各种寄生虫幼虫的消长规律详见表6。

表6 江孜县绵羊体内寄生虫幼虫调查统计表

检查时间	编号	双腔吸虫童虫	斯氏吸虫童虫	毛圆线虫幼虫	奥氏线虫幼虫	指形长刺线虫幼虫	细颈线虫幼虫	马歇尔线虫幼虫	食道口线虫幼虫	夏柏特线虫幼虫	铁线虫幼虫	肺线虫幼虫	舌形虫童虫
1993.6	930601	—	—	1	—	—	—	3	1	2	—	22	—
	930602	—	—	2	—	—		—	—	1	—	390	—
	930603	—	若干	—	—	1	—	1	—	—	—	26	—
	930604	—	—	1	—	—	—	—	—	—	1	—	—
	930605	—	—	—	—	—	—	19	—	5	—	10	—
1993.7	930705	—	—	—	1	—	1	1	—	—	—	2	1
	930706	—	—	—	—	—	—	1	—	—	—	2	—
	930707	—	—	—	1	—	—	2	—	—	—	7	2
	930708	—	—	—	4	—	1		—	—	—	84	—
	930709	—	—	—	1	—	—	2	—	—	—	13	—
1993.8	930804	—	—	1	—	—	—	—	—	—	—	1	—
	930805	—	—	—	—	—	2	—	—	—	—	26	—
	930806	—	—	—	—	—	—	—	—	—	—	24	—
	930807	—	—	—	—	—	—	—	—	—	—	3	—
	930809	—	—	3	—	—	—	—	—	—	—	—	—
1993.9	930901	—	—	—	—	—	1	—	—	—	—	1	—
	930902	—	—	—	—	—	—	—	—	—	—	6	—
	930903	—	—	—	7	—	—	—	—	—	—	1	—
	930904	—	—	—	—	—	—	—	—	—	—	3	—
	930905	—	2	—	2	—	—	—	—	—	—	1	—

（续表）

检查时间	编号	双腔吸虫童虫	斯氏吸虫童虫	毛圆线虫幼虫	奥氏线虫幼虫	指形长刺线虫幼虫	细颈线虫幼虫	马歇尔线虫幼虫	食道口线虫幼虫	夏柏特线虫幼虫	铁线虫幼虫	肺线虫幼虫	舌形虫童虫
1993.10	931005	—	—	—	2	—	—	2	—	—	—	—	—
	931006	—	—	—	1	—	9	—	—	—	—	—	—
	931007	—	—	—	—	—	—	1	—	—	—	2	—
	931011	—	—	—	—	—	—	1	—	—	—	—	—
	931013	—	—	—	—	—	—	—	—	—	—	1	—
1993.11	9311002	—	—	—	—	—	—	—	—	—	—	—	—
	9311003	—	—	—	—	—	—	—	—	—	—	1	—
	9311004	—	—	—	—	—	—	4	—	—	—	—	—
	9311005	—	—	—	—	—	—	1	—	—	—	—	—
	9311006	—	—	—	—	—	—	3	—	—	—	—	—
1993.12	9312006	—	—	—	—	—	—	—	—	—	—	—	—
	9312007	—	—	—	—	—	—	2	—	—	—	—	—
	9312008	—	4	—	—	—	3	—	—	—	—	1	—
	9312009	—	—	—	—	—	—	—	—	—	—	—	—
1994.1	940104	—	57	—	—	—	5	—	—	—	—	—	—
	940105	—	—	—	—	—	12	3	—	—	—	2	—
	940107	—	—	—	—	—	1	—	—	—	—	9	—
	940108	—	1	—	—	1	—	—	—	—	—	11	—
	940110	—	—	—	—	—	13	2	—	—	—	2	—
	940131	—	—	—	—	—	10	2	—	—	—	15	—
1994.2	940201	—	—	—	—	—	—	—	—	—	—	39	—
	940202	—	—	—	—	—	—	—	—	—	—	—	—
	940203	—	—	—	—	—	—	—	—	—	—	57	—
1994.3	940307	—	—	—	—	—	—	1	—	—	—	45	—
	940308	—	—	—	—	—	—	—	—	—	—	—	—
	940309	—	—	—	—	—	—	—	—	—	—	6	—
	940310	—	—	—	—	—	—	—	—	—	—	29	—
	940311	—	—	—	—	—	—	—	—	—	—	13	—

（续表）

检查时间	编号	双腔吸虫童虫	斯氏吸虫童虫	毛圆线虫幼虫	奥氏线虫幼虫	指形长刺线虫幼虫	细颈线虫幼虫	马歇尔线虫幼虫	食道口线虫幼虫	夏柏特线虫幼虫	铁线虫幼虫	肺线虫幼虫	舌形虫童虫
1994. 4	940404	—	—	—	—	—	—	2	—	—	—	4	35
	940405	—	—	—	—	—	—	—	—	—	—	—	29
1994. 5	940506	—	—	—	—	—	—	—	—	—	—	—	—
	940504	—	—	—	—	—	—	—	—	—	—	2	3
	940505	—	—	—	—	—	—	—	—	—	—	—	—
	940506	—	—	—	—	—	—	—	—	—	—	—	—

2.3 牛羊寄生虫成虫消长规律调查结果

2.3.1 黄牛寄生虫成虫消长规律的调查结果

经1994年7月至1995年6月连续12个月一个年度，对江孜县黄牛按兽医蠕虫学剖检法进行每月剖检两头，共计调查了23头黄牛。结果表明，在调查的23头黄牛体内，共计发现16种（属）寄生虫。从调查结果看，对江孜县黄牛危害较大的寄生虫病为：前后盘吸虫、棘球蚴、食道口线虫、古柏线虫等。他们在动物体内的消长规律为：前后盘吸虫以7—8月和11—12月在动物体内为最高荷虫量阶段，棘球蚴以6—7月和10月在动物体内为最高荷虫量阶段；食道口线虫以8—9月在动物体内为最高荷虫量阶段，古柏线虫以1月、4月、7月在动物体内为最高荷虫量阶段。各种寄生虫成虫在动物体内的消长规律及其感染情况详见表7。

2.3.2 绵羊寄生虫成虫消长规律的调查结果

经1993年6月至1994年5月连续12个月一个年度，对江孜县绵羊按兽医蠕虫学剖检法，每月剖检5只，共计调查了55只周岁绵羊。结果表明，在调查的55只绵羊体内，共计发现12种（属）寄生虫。从调查结果看，对江孜县绵羊危害较大的寄生虫病为：斯氏吸虫、细颈囊尾蚴、无卵黄腺绦虫、马歇尔线虫、奥氏线虫、丝状网尾线虫和毛首线虫等。它们在动物体内的消长规律为：斯氏吸虫以3月、6月、8—10月在动物体内为最高荷虫量阶段；细颈囊尾蚴以7—12月在动物体内为最高荷虫量阶段；无卵黄腺绦虫以1—2月和6月在动物体内为最高荷虫量阶段；马歇尔线虫以8月至翌年4月在动物体内为最高荷虫量阶段，尤以12月为荷虫量高峰，平均感染强度高达177条；奥氏线虫以8—10月在动物体内为最高荷虫量阶段；丝状网尾线虫以6月在动物体内为最高荷虫量阶段；毛首线虫以12月至翌年3月在动物体内为最高荷虫量阶段。各种寄生虫在绵羊体内的消长规律及其感染情况详见表8。

表 7 江孜县黄牛寄生虫季节动态调查统计表

检查时间	编号	前后盘吸虫	肝片吸虫	东毕吸虫	无卵黄腺绦虫	细颈囊尾蚴	棘球蚴	奥氏线虫	细颈线虫	古柏线虫	血矛线虫	仰口线虫	食道口线虫幼虫	夏伯特线虫幼虫	毛首线虫	胎生网尾线虫	牛皮蝇蛆
1994.7	940728	—	—	—	—	—	—	—	—	10	71	—	1	—	—	—	—
	940729	122	—	—	—	—	较多	2	—	—	—	1	—	—	—	3	—
1994.8	940817	—	—	—	—	—	—	—	—	—	—	—	27	—	—	—	—
	940824	238	23	—	—	—	—	—	—	—	—	—	—	—	—	—	—
1994.9	940817	—	—	—	—	—	—	—	21	—	9	—	42	—	—	—	—
	940817	—	—	—	—	—	—	—	—	—	—	—	—	—	—	—	—
1994.10	941010	—	—	4	—	39	—	—	—	—	—	—	—	—	—	—	—
		—	—	—	3	—	—	—	—	—	—	—	—	—	—	—	—
1994.11	941117	—	—	—	—	—	—	—	—	—	—	—	—	—	—	—	—
	941122	87	—	—	—	—	1	—	—	—	—	3	—	—	—	—	—
1994.12	941213	79	—	—	—	—	5	—	—	—	—	—	3	—	—	—	—
	941216	1	—	—	—	—	—	—	—	2	—	—	2	—	72	—	—
1995.1	950117	—	—	—	—	—	—	—	—	17	—	—	2	—	—	—	—
	950123	—	—	—	—	—	—	—	12	—	—	—	6	—	—	—	—

（续表）

检查时间	编号	前后盘吸虫	肝片吸虫	东毕吸虫	无卵黄腺绦虫	细颈囊尾蚴	棘球蚴	奥氏线虫	细颈线虫	古柏线虫	血矛线虫	仰口线虫	食道口线虫幼虫	夏伯特线虫幼虫	毛首线虫	胎生网尾线虫	牛皮蝇蛆
1995.2	950221	—	—	—	—	—	—	—	—	—	—	—	—	—	—	—	—
	950227	—	—	—	—	—	—	—	—	—	—	—	—	—	—	—	—
1995.3	950403	—	—	—	—	—	—	—	—	—	—	6	16	—	—	—	3
	950404	—	—	43	—	—	1	—	—	—	—	—	8	—	—	—	—
1995.4	950418	6	—	—	1	6	—	—	34	7	—	—	—	—	—	—	有病灶
	950427	—	—	—	—	—	—	—	—	11	—	—	1	2	—	—	—
1995.5	950522	—	—	—	—	—	—	—	—	—	—	—	47	—	—	4	1
1995.6	950607	—	—	—	—	—	15	—	—	4	—	—	—	—	—	—	—
	950620	—	—	—	—	—	—	—	—	—	3	—	—	—	—	—	—

表8 江孜县绵羊体内寄生虫季节动态调查统计表

检查时间	编号	斯氏吸虫	棘球蚴	细颈囊尾蚴	羊囊尾蚴	无卵黄腺绦虫	绵羊斯氏吸虫	奥氏线虫	马歇尔线虫	细颈线虫	捻转血矛线虫	毛首线虫	丝状网尾线虫
1993. 6	930601	—	—	—	—	—	—	2	7	8	—	14	17
	930602	120	2	4	—	—	—	4	14	4	—	11	142
	930603	86	—	—	—	4	—	—	—	—	—	—	—
	930604	—	—	—	—	—	—	—	—	—	—	—	—
	930605	—	—	1	—	1	—	4	31	8	—	4	4
1993. 7	930705	—	—	4	—	1	—	—	7	—	—	144	—
	930706	—	—	2	—	1	—	—	1	—	—	—	—
	930707	—	—	3	—	—	—	457	65	—	—	5	1
	930708	—	—	2	—	—	—	—	—	—	—	3	—
	930709	—	—	—	—	—	—	1	1	—	—	—	—
1993. 8	930804	—	—	2	—	—	—	14	15	1	—	—	1
	930805	—	—	2	—	—	—	176	35	—	—	5	1
	930806	—	—	2	—	—	2	4	6	—	—	1	1
	930807	829	1	1	—	—	—	183	45	—	—	—	—
	930809	—	—	1	—	—	—	9	15	—	—	—	—
1993. 9	930901	—	—	2	—	1	—	16	13	4	—	2	—
	930902	—	—	4	—	—	—	—	8	—	—	—	—
	930903	—	—	1	—	—	—	15	10	4	—	3	—
	930904	—	—	1	—	—	—	15	8	3	—	—	—
	930905	3 611	—	4	—	—	—	15	3	16	—	1	—
1993. 10	931005	—	—	6	—	—	—	9	22	—	—	—	—
	931006	—	—	1	—	3	—	40	120	—	—	9	—
	931007	3 104	—	—	4	—	—	345	257	—	—	—	—
	931011	—	—	8	—	—	—	7	108	—	—	—	—
	931013	—	—	2	—	—	—	67	77	—	—	1	—

（续表）

检查时间	编号	斯氏吸虫	棘球蚴	细颈囊尾蚴	羊囊尾蚴	无卵黄腺绦虫	绵羊斯氏吸虫	奥氏线虫	马歇尔线虫	细颈线虫	捻转血矛线虫	毛首线虫	丝状网尾线虫
1993.11	931102	—	—	2	—	—	—	8	55	—	—	—	—
	931103	—	—	—	—	—	—	6	120	6	—	12	—
	931104	—	—	1	—	—	—	3	28	—	—	—	—
	931105	—	—	—	—	3	—	—	—	—	—	5	—
	931106	—	—	—	—	—	—	34	108	—	—	9	—
1993.12	931202	—	—	7	—	1	—	20	130	156	—	22	—
	931206	—	—	2	—	1	—	1	249	2	—	33	—
	931207	—	—	1	—	3	—	1	53	—	—	29	—
	931208	—	1	1	—	—	—	—	206	—	—	12	—
	931209	—	—	—	—	1	—	—	247	11	—	29	—
1994.1	940104	—	—	—	—	—	—	1	4	—	—	25	—
	940105	少许	—	1	—	4	—	1	223	—	—	102	—
	940107	—	—	2	—	—	—	28	111	—	—	21	—
	940108	—	—	—	—	—	—	—	60	11	—	81	—
	940110	—	—	1	—	—	—	—	82	2	—	18	—
1994.2	940131	—	—	1	—	—	—	68	148	25	—	96	—
	940201	少许	—	1	—	5	—	11	117	—	—	25	—
	940202	—	—	1	—	1	—	—	6	1	—	97	—
	940203	—	—	1	—	—	—	—	192	1	—	99	—
1994.3	940307	大量	—	—	—	—	—	3	32	14	—	105	—
	940308	少许	—	1	—	—	—	—	22	—	—	4	—
	940309	少许	—	1	—	3	—	—	121	48	—	40	—
	940310	916	—	—	—	—	—	14	91	17	—	47	—
	940311	少许	—	2	—	2	—	—	112	34	—	38	—
1994.4	940404	—	—	—	—	—	—	17	36	141	—	2	—
	940405	—	—	1	—	—	—	5	118	2	22	—	—
	940406	—	—	—	—	—	—	—	171	4	—	—	—

（续表）

检查时间	编号	斯氏吸虫	棘球蚴	细颈囊尾蚴	羊囊尾蚴	无卵黄腺绦虫	绵羊斯氏吸虫	奥氏线虫	马歇尔线虫	细颈线虫	捻转血矛线虫	毛首线虫	丝状网尾线虫
	940504	—	—	—	—	—	—	—	51	53	—	8	—
1994.5	940505	—	—	—	—	—	—	6	16	9	—	4	—
	940506	—	—	—	—	—	—	—	5	1	—	21	—

3 小结与建议

（1）本次进行的江孜县牛羊寄生虫季节动态调查，是我区首次集牛羊寄生虫虫卵、幼虫、成虫于一体的较为全面系统的寄生虫季节动态调查。本次调查，基本摸清了江孜县牛、羊粪便中寄生虫虫卵、幼虫、成虫在动物体内的消长规律，查明了该县牛、羊危害严重的寄生虫病。为该县及相同生境地区开展寄生虫病的防治工作提供了可靠的科学依据。同时亦为开展牛羊寄生虫病综合防治措施的研究工作提供了意见和积累了资料。

（2）本次调查表明：①通过1992年4月至1994年3月，对江孜县牦牛、黄牛、绵羊、山羊的分别采取每月定期用不同粪检方法各进行100份粪样的检查，摸清了该县牛、羊各种寄生虫虫卵在粪便中的消长规律。分别为：牦牛各种寄生虫虫卵在粪便中出现的第一高潮期在4—5月，第二高潮期在8—10月；黄牛各种寄生虫虫卵在粪便中出现的第一高潮期在4—6月，第二高潮期在9—12月；绵羊各种寄生虫虫卵在粪便中出现的第一高潮期在4—5月，第二高潮期在7—10月；山羊各种寄生虫虫卵在粪便中出现的第一高潮期在3—6月，第二高潮期在9—11月。②通过1993年6月至1995年6月先后对江孜县23头黄牛、55只绵羊进行每月定期剖检调查，摸清了该县牛、羊寄生虫成虫在动物体内的消长规律。牛、羊体内各种寄生虫荷虫量第一高潮期在12月至翌年的4月，第二高潮期在7—9月；绵羊体内寄生虫荷虫量第一高潮期在12月至翌年的3月，第二高潮期在8—10月。③采取幼虫培养检查法，将兽医蠕虫学剖检法每月定期剖检牛、羊的肺支气管、细支气管、肠系膜淋巴结、消化道黏膜及其内容物沉淀物，置于40~42℃的恒温水浴箱中，经5~8h的幼虫培养检查鉴别，摸清了牛、羊寄生虫幼虫在动物体内出现的消长规律。黄牛寄生虫幼虫在动物体内出现的第一高潮期在1月，第二高潮期在9月；绵羊寄生虫幼虫在动物体内出现的第一高潮期在1月，第二高潮期在6—7月。④综合牛、羊各种寄生虫幼虫→成虫在动物体内和虫卵在粪便中的消长规律为：黄牛各种寄生虫幼虫在动物体内出现的第一高潮期在1月，成虫出现的第一高潮期在3—4月，虫卵在粪便中出现的第一高潮期在4—6月；幼虫在动物体内出现的第二高潮期在9月，成虫出现的第二高潮期在11—12月。绵羊各种寄生虫幼虫在动物体内出现的第一高潮期在10月至翌年的3月，以1月为高峰期，成虫出现的第一高潮期在12月至翌年4月，以12月、1月为荷虫高峰期，虫卵在粪便中出现的第一高潮期在4—7

月；幼虫在动物体内出现的第二高潮期在6—7月，成虫出现的第二高潮期在7—9月，虫卵在粪便中出现的第二高潮期在7—10月。

（3）在摸清该县牛羊寄生虫消长规律的基础上，分析指出了该县牛、羊危害较大的寄生虫病为：牛以前后盘吸虫、棘球蚴、圆线科线虫、毛圆科线虫和胎生网尾线虫为主，羊以斯氏吸虫、细颈囊尾蚴、毛圆科线虫、毛首科线虫和丝状网尾线虫为主，今后该县在牛、羊寄生虫病防治工作中，应将这些寄生虫病列为重点防治对象。

（4）本次调查与1988—1989年笔者对江孜县畜禽寄生虫区系调查相比，从牛、羊寄生虫种类及对牛、羊危害较大的寄生虫病方面看，其结果是一致的。那么，为什么经几年的驱虫防治工作，其结果仍然相同呢？究其原因，笔者认为：一是江孜县过去对家畜寄生虫病的防治工作抓得比较好，控制和消灭了一些寄生虫病，剩下来的是难以控制和消灭的寄生虫虫种；二是对这些难以控制和消灭的寄生虫生活史、季节动态不清楚，没有能够掌握适时的驱虫时间；三是驱虫药品单一，对驱某些寄生虫的剂量不够，驱虫密度低，综合防治措施不力；四是该县日照时间长，地表温度高，水源丰富，草场潮湿，有利于各种寄生虫虫卵、幼虫的生长发育及某些寄生虫中间宿主的生存；五是该县大部分牲畜是采取天然放牧，牲畜流动性大，造成病原传播和牲畜重复感染的机会多，从而导致年年驱虫、年年有虫的局面。

（5）本次绵羊寄生虫幼虫的调查结果与青海省牧科院刘文道先生报道的结果是一致的。鉴于江孜县牛、羊寄生虫幼虫在动物体内出现的第一高潮期在1月，绵羊成虫在动物体内的荷虫量高峰期亦在1月，建议该县今后在寄生虫病防治工作中，改变过去春秋两次驱虫的习惯，实行冬季1月一次性驱虫，同时注意增加药物驱虫剂量，采取药物交叉使用或多种药物并用的方法，加大驱虫密度，以达到事半功倍，提高驱虫效果的目的。

（6）建议该县今后在牲畜寄生虫病防治工作中，要进一步加强领导、强化管理、开展群防群治。各级领导要及时解决驱虫防病工作中出现的困难和问题，在牧民群众中继续完善加强生产责任制，推行兽医技术承包责任制，广泛开展科普宣传工作，提倡科学养畜。要通过不同形式宣传家畜寄生虫病的危害性、传播途径及其防治知识。开展以预防性驱虫为主和治疗性驱虫为辅的驱虫防治工作，要积极创造条件，逐步开展家畜寄生虫病的综合防治措施。

西藏亚东地区蜱类调查报告*

许荣满，郭天宇，阎绳让，陈云苗，杜 勇，吴小明，张启恩

（军事医学科学院微生物学流行病学研究所）

摘 要：于 1992 年 5—7 月在西藏亚东地区进行了蜱类调查，采用在灌丛挥摆或拖拉布旗及牛体检查，获蜱 3 属 5 种，其中阿坝革蜱为西藏新记录蜱种；对蜱在不同生境的分布、牛体寄生情况及卵形硬蜱的季节消长做了分析。

关键词：西藏；蜱类；生境；分布

亚东县位于中印边境中段，北部为海拔4 300m 以上的高原，南部为不丹和锡金之间的北南向长条形的河谷地带，山体覆盖森林，河谷有少量旱作农田和果园。当地气候属喜马拉雅山谷类型，谷地冬无严寒夏无酷暑，夏季谷地下雨，3 900m 以上山体积雪。为配合该地区的自然疫源性疾病调查，进行了蜱类的生态学研究工作。

1 调查点的设置及调查方法

根据植被类型于两类生境选择了 3 个调查点（表 1），进行组成和数量变化调查。

1.1 针阔叶混交林带

在阿桑村和下司马镇设两个点。前者位于我国境内亚东沟底部，临近印度，调查范围为海拔2 600~2 700m 的山坡森林地面；后者调查范围为海2 900~3 000m 的山地。两地谷地和山坡平坦处有小块农田，种植青稞、油菜、马铃薯和苹果。

该混交林主要乔木为云南铁杉（*Tsuga dumosa*）和藏高山栎（*Quercus semecarppifolia*），混生有长尾槭（*Acer caudatun*）、泡花树（*Meliosma dilleniifolia*）、高山松（*Pinus densata*）等；林下灌木层以箭竹和多种杜鹃（*Rhododendron* spp.）为主；地表以多种蕨类和草莓为主，郁闭度约为 0.5~0.6。蜱类调查地区高大乔木已砍伐，灌木丛生，郁闭度很小。

1.2 针叶林带

在江孜电站设点，该点位于亚东河小支流旁，山坡为森林，谷地为灌丛草地，除小块部队菜地外，没有农田。调查活动在海拔3 100~3 400m 灌丛和森林地表进行。

该针叶林带以喜马拉雅冷杉（*Abies spectabilis*）、亚东冷杉（*A. densa*）为主，灌丛

* 刊于《军事医学科学院院刊》1995 年 2 期

以杜鹃、箭竹为主，但较低海拔处的矮小，此林带郁闭度为 0.5。蜱类的栖息地主要为稀疏林地的灌丛，不郁闭。

寄生蜱是于傍晚或早晨在农牧民家附近，检查牦牛和黄牛体表所获，做组成分析。

游离蜱调查采用布旗法，布旗为 90cm×60cm 的棉白布，一头窄边固定在竹竿上。季节变化调查是在下司马镇一小河沟两侧山坡灌丛进行的，沿人行小径和牛路拖或挥摆布旗，于晴天上午 9：00~10：00，两人各执一旗，每拖 10 多步检查一次布旗两面附着的蜱，当发现蜱时，开始计时，操作 0.5h 后，把两人所获的蜱的总数作为人工小时密度。

调查地区的温湿度记录来自简易的观察室，温、湿度计和最高、最低温度计悬挂在墙上，每天记录。

2 结果与讨论

通过 5—7 月的调查，共采到 3 属 5 种成蜱，即：阿坝革蜱（*Dermacentor abaensis*）、长须血蜱（*Haemaphysalis aponommoides*）、西藏血蜱（*H. tibetensis*）、卵形硬蜱（*Ixodes ovatus*）、拟蓖硬蜱（*I. nuttallianus*）。

阿坝革蜱为西藏首次发现，长须血蜱为亚东地区首次记录。

上述西藏血蜱、卵形硬蜱、拟蓖硬蜱为当地常见种，长须血蜱和阿坝革蜱为稀有种，阿坝革蜱仅从牦牛体表捕获，长须血蜱在黄牛体表和森林地表均有捕获。

从表 1 可见，两类生境蜱类数量组成无明显差异，均以卵形硬蜱为优势种。但可看出拟蓖硬蜱的分布随海拔高度升高比例减少。从表 2 可见，牦牛体表寄生西藏血蜱比例较高（44.7%），黄牛体表寄生西藏血蜱比例较低（3.9%~12.3%）。由表 1 和表 2 可看出高海拔处西藏血蜱成分有增大趋势，由于取样不够，尚不能做深入分析，有待进一步调查。

表 1 亚东地区不同地点蜱类组成

地点	海拔高度（m）	植被类型	蜱总数（只）	卵形硬蜱（只）	拟蓖硬蜱（只）	西藏血蜱（只）	其他蜱种（只）
阿桑村	2 600~2 700	针阔混交林	162	98（60.5%）	31（19.1%）	33（20.4%）	0（0%）
下司马镇	2 900~3 000	针阔混交林	164	104（63.4%）	26（15.9%）	34（20.7%）	0（0%）
江孜电站	3 100~3 400	针叶林	81	56（69.1%）	5（6.2%）	18（22.2%）	2（2.5%）

表 2 亚东地区牛体外寄生蜱类组成

地点	宿主	蜱总数（只）	卵形硬蜱（只）	拟蓖硬蜱（只）	西藏血蜱（只）	其他蜱种（只）
阿桑村	黄牛	187	89（47.6%）	72（38.5%）	23（12.3%）	3（1.6%）
下司马镇	黄牛	26	10（38.5%）	15（57.7%）	1（3.8%）	0（0%）
江孜电站	牦牛	76	11（14.5%）	29（38.2%）	34（44.7%）	2（2.6%）

根据在亚东县下司马镇山坡定点用布旗调查游离蜱的结果（表3），大致可看出5—7月是卵形硬蜱的活动季节，5月下旬至6月上旬是该蜱种出现数量高峰的季节，7月以后数量减少，这与日本长野县亚高山森林地区卵形硬蜱的活动规律大致一致。日本长野县的卵形硬蜱在8月下旬有第二个活动高峰，本次亚东地区调查虽然在8月未进行，但据气象资料，8月下旬亚东天气已转冷，估计不会出现第二个峰值。另据笔者4月底的选点踏查，2人2旗在山坡边走边采，3h采到32只卵形硬蜱，表明至少在4月下旬蜱已开始活动，虽然那时雨季尚未开始（6—11月为雨季），天气尚冷，但春季已来临，杜鹃有的已开花，有的含苞待放，是当地居民上山采摘蕨菜季节。

表3　每人工小时摆旗获卵形硬蜱数（只）

	5月						6月		7月		合计
	3日	11日	14日	18日	25日	30日	12日	30日	3日	25日	
雌蜱	2	4	0	4	25	17	5	5	1	2	65
雄蜱	0	4	6	4	20	10	8	1	2	0	55
合计	2	8	6	8	45	27	13	6	3	2	120
最高温度（℃）			16.5	19.0	17.0	20.5	19.0	20.0	19.0	21.0	
最低温度（℃）			10.5	11.0	11.0	13.0	14.0	15.0	16.0	16.0	

在拖蜱采集过程中，笔者还观察到森林地表存在大量西藏血蜱的幼蜱和稚蜱，因幼蜱和稚蜱主要侵袭小动物，且在牛体外未检出，也未发现攻击人，故未做深入调查和数量统计。卵形硬蜱的幼、稚蜱在拖蜱中未发现，与Uchikawa在日本的调查结果一致。

参考文献（略）

西藏昌都地区蚤、蜱调查报告*

美郎江村[1]，加永桑丁[1]，其美泽仁[1]，马立名[2]
（1. 西藏昌都地区卫生防疫站；2. 吉林省地方病第一防治所）

近年昌都地区卫生防疫站采集一些蚤和蜱，并结合历年来外地工作队调查结果，整理出本地区蚤类45种，蜱类2种。

1 蚤

1.1 人蚤 *Pulex irritans*

同物异名：致痒蚤。
分布：察雅。
寄主：喜马拉雅旱獭、犬。

1.2 鼠兔角头蚤 *Echidnophaga ochotoma*

分布：察雅、察隅。
寄主：格氏鼠兔、大耳鼠兔。

1.3 冰武蚤宽指亚种 *Hoplopsyllus glacialis profugus*

分布：察隅。
寄主：灰尾兔。

1.4 同鬃蚤 *Chaetopsylla homoea*

分布：察雅。
寄主：喜马拉雅旱獭、狐、艾鼬、獾、犬。

1.5 中间鬃蚤 *Chaetopsylla homoea*

分布：芒康。
寄主：麝。

* 刊于《中国媒介生物学及控制杂志》1996年3期

1.6 似花蠕形蚤中亚亚种 *Vermipsylla perplexa centrolasia*

分布：洛隆。

寄主：马、山羊、绵羊、青羊。

1.7 平行蠕形蚤 *Vermipsylla parallela*

分布：波密。

寄主：牦牛、黄牛。

1.8 不齐蠕形蚤 *Vermipsylla asymmetrica*

分布：类乌齐、芒康。

寄主：麝。

1.9 喜马拉雅狭蚤 *Stenoponia himalayana*

分布：芒康。

寄主：白尾松田鼠、藏仓鼠、高山仓鼠。

1.10 斯氏新蚤 *Neopsylla stevensi*

分布：察隅、波密。

寄主：社鼠、高原高山鼾、白尾松田鼠、大足鼠、黑家鼠。

1.11 特新蚤贵州亚种 *Neopsylla specialis kweichowensis*

分布：察隅、波密。

寄主：白尾松田鼠。

1.12 特新蚤川藏亚种 *Neopsylla specialis sichuanxizangensis*

分布：察隅、波密。

寄主：白尾松田鼠。

1.13 长鬃继新蚤 *Genoneopsylla longisetosa*

分布：洛隆、丁青、芒康。

寄主：达乌尔鼠兔、黑唇鼠兔、高原鼠兔、白腹鼠、社鼠、藏仓鼠。

1.14 奇异狭臀蚤 *Stenischia mirabilis*

分布：波密、芒康。

寄主：?

1.15 腹窦纤蚤深广亚种 *Rhadinopsylla li ventricosa*

分布：丁青、察雅、芒康、昌都。
寄主：喜马拉雅旱獭。

1.16 五侧纤蚤邻近亚种 *Rhadinopsylla dahurica vicina*

分布：昌都。
寄主：达乌尔鼠兔、黑唇鼠兔、白尾松田鼠、长尾仓鼠、高原高山䶄、小毛足鼠、喜马拉雅旱獭。

1.17 内曲古蚤 *Palaeopsylla incurua*

分布：察隅、波密。
寄主：锡金长尾鼩、褐家鼠。

1.18 海伦古蚤 *Ischnopsyllus indicus*

分布：波密。
寄主：鼩鼱。

1.19 印度蝠蚤 *Ischnopsyllus indicus*

分布：察隅、波密。
寄主：蝙蝠。

1.20 巨跗米蚤 *Mitchella megatarsalia*

分布：波密。
寄主：蝙蝠。

1.21 广窦米蚤 *Mitchella laxisinuata*

分布：波密。
寄主：蝙蝠。

1.22 截棘米蚤 *Mitchella truncata*

分布：波密。
寄主：蝙蝠。

1.23 棕形额蚤指名亚种 *Frontopsylla spadix spadix*

分布：昌都、洛隆、波密、察隅。
寄主：社鼠、大足鼠、白腰雪雀。

1.24 迪庆额蚤 *Frontopsylla diqingensis*

分布：察隅、芒康。

寄主：?

1.25 绒鼠怪蚤 *Paradoxopsyllus custodis*

分布：察隅、芒康。

寄主：黑唇鼠兔、大耳鼠兔、藏仓鼠、黑家鼠。

1.26 介中怪蚤 *Paradoxopsyllus intermedius*

分布：昌都。

寄主：大耳鼠兔。

1.27 纳伦怪蚤 *Paradoxopsyllus naryni*

分布：洛隆、丁青。

寄主：藏仓鼠、川西鼠兔、黑唇鼠兔、社鼠。

1.28 金沙江怪蚤 *Paradoxopsyllus jinshajiangensis*

分布：芒康。

寄主：?

1.29 微刺怪蚤 *Paradoxopsyllus aculeolatus*

分布：波密。

寄主：林姬鼠。

1.30 长方怪蚤 *Paradoxopsyllus longiquadratus*

分布：波密。

寄主：白腹巨鼠。

1.31 镜铁山双蚤 *Amphipsylla jingtieshanensis*

分布：洛隆。

寄主：藏仓鼠、根田鼠、红耳鼠兔、香鼬。

1.32 原双蚤指名亚种 *Amphipsylla primaris primaris*

分布：江达。

寄主：白尾松田鼠、高原高山䶄、喜马拉雅旱獭、达乌尔鼠兔。

1.33 直缘双蚤指名亚种 *Amphipsylla tuta tuta*

分布：察隅。
寄主：田鼠。

1.34 方指双蚤 *Amphipsylla quadratedigita*

分布：丁青、类乌齐。
寄主：白尾松田鼠、高原高山鼾、喜马拉雅旱獭。

1.35 无值大锥蚤 *Macrostylophora euteles*

分布：察隅。
寄主：?

1.36 卷带倍蚤指名亚种 *Amphalius spirataenius spirataenius*

分布：芒康。
寄主：大耳鼠兔、藏仓鼠。

1.37 哗倍蚤指名亚种 *Amphalius clarus clarus*

分布：芒康。
寄主：黑唇鼠兔、大耳鼠兔、社鼠、白尾松田鼠。

1.38 谢氏山蚤 *Oropsylla silantiewi*

分布：丁青、昌都、江达。
寄主：喜马拉雅旱獭、黑唇鼠兔。

1.39 察隅病蚤 *Nosopsyllus chayuensis*

分布：察隅。
寄主：?

1.40 斧形盖蚤 *Callopsylla dolabris*

分布：丁青、察雅。
寄主：喜马拉雅旱獭、香鼬、狐、犬。

1.41 昌都盖蚤 *Callopsylla changduensis*

分布：昌都。
寄主：黑唇鼠兔、大耳鼠兔、社鼠、喜马拉雅旱獭。

1.42 端圆盖蚤 *Callopsylla kozlovi*

分布：波密。
寄主：黑唇鼠兔、社鼠、白尾松田鼠、短尾仓鼠、高原高山䶄。

1.43 西藏盖蚤 *Callopsylla xizangensis*

分布：江达。
寄主：红耳鼠兔。

1.44 不等单蚤 *Monopsyllus anisus*

分布：察隅、波密。
寄主：社鼠。

1.45 曲扎角叶蚤 *Ceratophyllus chutsaensis*

分布：八宿、察雅、丁青。
寄主：喜马拉雅旱獭、黑唇鼠兔。

2 蜱

2.1 草原硬蜱 *Ixodes crenulatus*

分布：察雅。
寄主：喜马拉雅旱獭。

2.2 西藏革蜱 *Dermacentor everestianus*

分布：察雅。
寄主：喜马拉雅旱獭。

西藏林芝地区牦牛寄生虫区系调查*

佘永新[1]，杨晓梅[2]
（1. 西藏农牧学院畜牧兽医系；
2. 西藏农牧学院林学系）

摘　要：对林芝地区鲁朗、林芝、米林等县牦牛寄生虫进行了系统的调查，结果发现本地区牦牛寄生虫14种，其中，吸虫4种，绦虫3种，线虫6种，昆虫1种。优势虫种为前后盘吸虫、肝片吸虫和捻转血矛线虫。并对本地区牦牛寄生虫防治提出了科学的建议。

关键词：西藏；牦牛；寄生虫；调查

西藏高原是我国牦牛分布最广的地区，占全国牦牛数量的90%以上，其中，林芝地区是藏东南山地牦牛集中产区，牦牛在其畜牧业生产中具有独特的经济地位。近年来，该地区牦牛生产性能、繁殖性能以及抗病力逐渐下降。为了搞清其原因，笔者首次对林芝地区牦牛进行了寄生虫种类、分布、流行规律和危害情况的调查，并提出了相应的措施。

1　材料与方法

1.1　动物来源

高山草甸草原牦牛6头（2岁公牦牛4头，成年公、母牦牛各1头）；山地草甸草原牦牛4头；高山灌丛草原牦牛3头。部分牦牛均在半年前不同时期进行过驱虫。

1.2　调查方法

按寄生虫调查常规剖检法进行。对头、皮张、消化系统、呼吸系统和膈肌等，采取全量和1/4量；用直观、反复沉淀和镜检，将虫体用70%酒精固定保存进行虫体鉴定。

2　调查结果

此次调查共发现寄生虫14种。其中吸虫4种、绦虫3种、线虫6种、蜱蝇1种。见表1。

* 刊于《畜牧与兽医》2002年7期

表1 西藏林芝地区牦牛寄生虫感染情况调查结果

寄生虫种类		感染率（%）	感染强度（条）	主要寄生部位	寄生虫种类		感染率（%）	感染强度（条）	主要寄生部位
吸虫	前后盘吸虫	100	20~50	瘤胃壁	线虫	捻转血矛线虫	100	20~80	真胃
	肝片吸虫	100	10~30	肝、胆管		牛仰口线虫	90	1~30	小肠
	矛形双腔吸虫	90	5~15	胆囊		毛首线虫	35	1~10	大肠
	鹿同盘吸虫	95	10~15	瘤胃壁		食道口线虫	65	0~15	大肠
绦虫	扩展莫尼茨绦虫	30	1~18	小肠		夏伯特线虫	86	10~15	大肠
	细粒棘球蚴	40	1~20	肝、小肠		胎生网尾线虫	95	1~30	支气管
	脑多头蚴	10	0~10	脑部	昆虫	牛皮蝇蛆	45	1~12	

3 讨论

从调查结果可见，林芝地区牦牛寄生虫以前后盘吸虫、肝片吸虫、捻转血矛线虫为该区优势虫种，其感染率和感染强度都比较高。这可能是林芝地区牦牛生长发育迟缓、消瘦、抵抗力下降和病死率高的主要原因之一，也是当地牦牛春乏死亡的虫性根源。此结果与笔者平时解剖病死牦牛收集的材料一致。虽然部分县牦牛进行了硝氯粉和丙硫苯咪唑驱虫，但由于虫体种类多、驱虫季节不当、用量不足以及缺乏科学的防治程序，从而导致该区牦牛寄生虫发病率较高。在调查中发现，棘球蚴和脑多头蚴的感染率分别为40%和10%，较其他地区感染率低，而这2种绦虫蚴的成虫均寄生在狗、狼、狐等动物的小肠中。据了解该地区的野狗数量相对少于其他地区，且草地保护工作开展较好，其感染率低可能与此有关。另外，肝片吸虫病在本区流行严重，每年都导致大批的牛、羊死亡。这与当地温暖、潮湿、水源丰富、雨量多的生态环境有关。如林芝、米林等地的水滩，锥实螺感染肝片吸虫幼虫甚为严重，感染率达到90%~96%，给寄生虫病的流行提供了充分的条件。

通过此次调查，大致总结出该地区冬季牦牛体内幼虫占优势；暖季成虫占优势。10月至1月寄生阶段幼虫荷量陆续升高，并先后达到高峰，形成明显的冬季幼虫寄生高潮。3—8月幼虫下降，成虫升高并出现春季高潮，因此，牦牛春乏死亡与春季成虫高潮有关。

4 防治

首先对牦牛寄生虫的种类、流行病学等进行详细的调查和系统的分析，摸清牦牛寄生虫病流行规律。在此基础上结合高原地区实际情况，建立切实可行的防治措施。为了有效控制和降低寄生虫对牦牛的危害情况，一方面，有条件的地方可进行粪便生物处理、药物灭螺、消灭中间畜主、定期轮换草场，切断传播途径，制止反复感染。另一方面，依据虫体的寄生动态及自然消长规律，应选定每年1—2月实施1次计划性驱虫。通过对牛群的疗效和安全性观察，选用目前使用较广的丙硫咪唑为首选药物，用量适当。牛皮蝇的防治可选用有机磷杀虫剂如敌百虫、倍硫磷等，使用中应防止蓄积性中毒。一般来说9—10月是防治牛皮蝇的最佳时期。另外，要求广大的兽医科技工作者，经常深入基层，宣传和传授现有的科技知识，提高基层兽医的素质。同时结合高原牦牛生产的特点，不断研究探索出适合本地区的疾病快速检测技术、有效疫苗和新型驱虫药物，从而更好地解决牦牛因寄生虫侵袭危害造成的春乏死亡的难题。

西藏易贡蜱类的初步调查*

张有植[1]，李　江[1]，李晋川[2]，胡小兵[1]，梁登富[3]，安得寿[1]
（1. 成都军区疾病预防控制中心；2. 成都医学院病原生物学教研室；
3. 西藏军区后勤部卫生处）

西藏波密县易贡茶场，位于北纬30°，东经95°附近，属高山峡谷地形，谷地海拔2 250m左右。谷地两侧山坡以针叶林为主，间有成片阔叶林。在易贡茶场，种植以茶树为主的经济作物，也种植玉米、青稞和小麦等农作物。在易贡河两岸的丛林草地，常可见到放牧的牛群和马群。蜱类是对人和畜都有严重危害的体表寄生虫。蜱类不仅刺叮吸血，造成血液损失，引起宿主皮肤的炎症反应。更严重的是它能感染和传播病毒、立克次体、细菌、螺旋体等病原体，从而引起许多传染性疾病。所以，蜱类是人畜共患疾病的重要传播媒介和贮存宿主。因此，开展蜱类的调查，对于蜱类及蜱媒性疾病的防治研究，具有十分重要的意义。笔者等1991年在西藏易贡开展重要吸血双翅目昆虫调查工作期间，对该地的蜱类也进行了初步的调查，现将蜱类调查资料整理报道如下。

1　调查方法

1.1　定时调查采蜱

定时动物宿主体采蜱：在当地养牛户人员的协助下，从5月下旬至9月下旬，每旬定时检查养牛户放牧的4头黄牛，从其身上采集蜱类，并做详细记录。定时人诱采蜱：每旬定时人诱采蜱一次，每次2人，每次人诱时间为1h。2名人诱采蜱者，身穿白色“五紧”防护服，在放牧家畜地点的丛林草地缓步行走，每步行15~20步即稍停留，调查者相互检查是否有蜱爬上身。当发现有蜱时，立即采取并放入标本采集瓶中。

1.2　广泛调查采蜱

除定时调查采蜱外，还不定时地对当地的牛、马、犬和猪（室外放养）等动物进行检查，广泛的采集寄生在这些动物身上的蜱类。

1.3　标本的保存和鉴定

在现场调查时，把采集的活蜱放入采集瓶，然后滴入氯仿数滴，并塞紧瓶盖，待蜱被麻醉死亡后取出，将其浸泡在75%酒精中保存备用。对采集标本的地点、生境、寄

* 刊于《西南国防医药》2007年4期

生宿主以及采集时间等均做详细记录。同时，在每一浸泡蜱类标本中，放置标明标本来源的小标签。对野外采集的标本，带回现场实验工作室做进一步处理后，在解剖显微镜下进行分类鉴定和计数。

1.4 气象资料

从当地气象部门收集当年5—9月的气温、降水量等气象资料。同时，在现场实验工作室内放置最高至最低温度计和毛发湿度计，逐日记录每天的温、湿度。

2 结果

2.1 蜱的种类组成

在该地共采集蜱类标本5 569只，经鉴定有3属4种。蜱种名录如下。

牛蜱属：*Boophilus*

微小牛蜱 *B. microplus*

血蜱属：*Haemaphysalis*

长角血蜱 *H. longicornis*

硬蜱属：*Ixodes*

锐跗硬蜱 *I. acutiarsus*

卵形硬蜱 *I. ovatus*

2.2 蜱的种类和数量与宿主的关系

本次在西藏易贡，人诱采蜱32人·次；检查动物宿主黄牛75头、犬26只和猪25只。从不同宿主采获的蜱种类与数量（表1）。

表1 从不同宿主采获的蜱种类与数量（只）

蜱种类	人	黄牛	犬	猪	合计	占总数（%）
锐跗硬蜱	56	0	1	0	57	1.0
卵形硬蜱	3	0	0	0	3	0.1
长角血蜱	5	230	209	7	451	8.1
微小牛蜱	0	5 058	0	0	5 058	90.8
合计	64	5 288	210	7	5 569	100.0

2.3 微小牛蜱的季节消长

微小牛蜱数量在5—9月的动态变化见表2。

表 2　捕获微小牛蜱数量的动态变化

项目	5月	6月			7月			8月			9月		
	下旬	上旬	中旬	下旬	上旬	中旬	下旬	上旬	中旬	下旬	上旬	中旬	下旬
平均温度（℃）	16.3	18.0	17.3	20.0	19.4	20.1	22.0	19.3	18.5	18.4	18.4	17.2	15.8
降水量（mm）	17.2	76.3	37.9	85.0	125	67.7	41.2	39.8	50.9	21.2	30.2	26.2	88.9
微小牛蜱（只）	396	271	685	327	245	410	362	148	87	28	65	38	30

3　讨论

本次在西藏易贡，共采获 4 种蜱，其中，以微小牛蜱数量最多，是当地的优势蜱种，占采获蜱总数的 90.8%，而长角血蜱、锐跗硬蜱和卵形硬蜱数量较少。现场调查发现，长角血蜱的宿主为牛、犬和猪，也侵袭人体；锐跗硬蜱主要在丛林和草地人诱时采获。在西藏易贡，林区工人常常遭受锐跗硬蜱的侵袭，该蜱是当地侵袭人群的主要蜱种。

从 5—9 月，均可从宿主黄牛身上采到微小牛蜱，但以 5—7 月蜱的数量较多，在 6 月中旬，出现一个数量高峰，以后，数量逐渐下降，到 9 月，寄生蜱的数量已很少。微小牛蜱的数量季节动态变化，可能与该蜱的生物学特性以及当地的自然地理气候等因素有关。

张薇芬等从长角血蜱分离出莱姆病螺旋体，并证实长角血蜱是北京地区莱姆病的主要传播媒介。笔者将采获的长角血蜱，在解剖镜下取蜱中肠加生理盐水涂片直接镜检，共检查 108 只蜱，未检出莱姆病螺旋体。郭从厚等 1964 年从采自西藏易贡的硬蜱标本分离出 2 株土拉弗氏菌，该蜱先被定名为宽大硬蜱，但经该作者等进一步鉴定后订正为锐跗硬蜱。该蜱能携带土拉弗氏菌病原体，又是当地侵袭人群的主要蜱种，应当引起高度重视。微小牛蜱是蜱媒病重要传播媒介之一，能够携带和传播多种病毒、立克次体、无形体、螺旋体和寄生虫病等。笔者应用分子生物学技术，对采自西藏易贡的微小牛蜱进行检测，检出边缘无形体和类查菲埃立克体新种——西藏埃立克体。显然，西藏易贡存在土拉菌病自然疫源地和埃立克体自然疫源地。笔者认为，对于西藏易贡微小牛蜱和锐跗硬蜱与动物宿主之间的关系以及它们在自然疫源地中的作用，值得进一步研究。

参考文献（略）

西藏林芝部分地区猪旋毛虫感染情况调查*

白玛央宗，李家奎，达瓦卓玛，商　鹏，杨　涛，刘金凤，强巴央宗
（西藏大学农牧学院）

摘　要： 为了解林芝地区猪旋毛虫感染情况，从2009年8月至2010年1月，笔者在林芝地区采集261份血清样（105份有对应的膈肌肉样）进行检测。调查结果显示，所采集的样本血清学阳性率为0.76%。同时，对血清ELISA检测阳性猪的膈肌脚肉样，进行旋毛虫压片镜检和消化法检测，结果均未发现旋毛虫体。

关键词： 旋毛虫病；猪；调查；西藏

旋毛虫病是由旋毛虫的成虫和幼虫引起的人畜共患的寄生虫病，被列为三大人畜共患寄生虫病之首。早在1822年，有人首先在人体内发现具有包囊的旋毛虫的幼虫，1946年有人在猪的肌肉中检出了旋毛虫的幼虫。

我国于1881年在福建厦门发现猪感染旋毛虫病。西藏畜牧业生产方式特殊，动物和人感染旋毛虫病时有报道，2007—2009年仅仅2年时间内，西藏林芝地区工布江达县发生2起人体旋毛虫病。

笔者于2009年8月至2010年1月，从林芝地区定点屠宰场、农牧学院实习牧场、工布江达县及察隅县部分乡镇，总共采集261头猪的血清及膈肌肉样，采用血清学、目检法、消化法和压片镜检法进行检测，调查林芝地区旋毛虫感染情况。

1　材料与方法

1.1　材料

猪用旋毛虫检测试剂盒购自河南百奥生物工程有限公司，批号20090413。

消化液。1%胃蛋白酶、1%盐酸（密度为1.19）按肉样与消化液比例为1∶20现用现配。

采集林芝地区定点屠宰场、西藏农牧学院实习牧场、工布江达县措高乡和朱拉乡及察隅县5个行政村（松古村、萨马村、夏尼村、沙琼村、县察隅镇定点屠宰场）共261头猪血液及部分膈肌肉样。具体见表1。

---

* 刊于《养殖技术顾问》2010年8期

表 1 采样样本的种类及来源

采样地点	样品
林芝地区定点屠宰场	长白猪膈肌及血清各 42 份；藏猪膈肌及血清各 3 份
农牧学院实习牧场	藏猪 8 份血样和 2 份膈肌
工布江达县	藏猪 133 份血清（50 份有对应的膈肌肉样）
察隅县	68 份藏猪血清（3 份有对应的膈肌），长白猪血清及膈肌各 5 份

1.2 方法

酶联免疫吸附试验（ELISA）操作程序严格按试剂盒使用说明书操作。结果判断，用肉眼观察，出现 2 条红色线为阳性；反之为阴性。

所采的膈肌肉样先撕开肌膜，用肉眼视其各面有无旋毛虫病灶，然后在各份肉样的不同部位上，剪取麦粒大小的肉粒 24 个，在显微镜下逐个进行压片镜检。

将所采的膈肌进行消化，首先，肉样采集取每头猪膈肌肉，去除脂肪、肌膜或腱膜后取 5g。绞碎肉样即将肉样放入组织捣碎机内加入适量的蒸馏水捣碎 1min，使肉样成絮状并悬浮于液体中。

将已绞碎的肉样放入置有 37℃ 消化液的烧杯中，肉样与消化液的比例为 1∶20，置烧杯于加热磁力搅拌器上，液温控制在 37℃，消化 2h。

消化物过 80 目铜筛弃去残渣。滤液装入分液漏斗中，并用少量的水冲洗大烧杯，洗液并入分液漏斗中，将装有滤液的分液漏斗静止 2h，待底部出现沉淀时，迅速将沉淀物放入烧杯中，小心倾去部分上清液，用生理盐水反复洗涤滤液直至液体澄清为止。

将从澄清的沉淀物中取 0.2ml 滤液，置显微镜下调节好光源，在镜下捕捉虫体、计数等，并记录结果。

2 结果

用 ELISA 方法检测林芝地区猪旋毛虫感染，结果见表 2。采用压片镜检、消化法检测结果表明，261 份采集样本中，未检出阳性样本。

表 2 林芝地区猪旋毛虫血清 ELISA 检测结果

采样地	总数	阳性数	阳性率（%）
林芝地区定点屠宰场	42	—	—
农牧学院实习牧场	8	—	—
工布江达县错高乡	130	2	1.5
工布江达县珠拉乡	3	—	—
察隅县萨马村	16	—	—
察隅县夏尼村	10	—	—

（续表）

采样地	总数	阳性数	阳性率（%）
察隅县松古村	12	—	—
察隅县沙琼村	34	—	—
下察隅镇定点屠宰场	5	—	—
合计	261	2	0.76

3 讨论

旋毛虫是重要的食源性人畜共患病，人食生或半生感染旋毛虫包囊的肉类就可能感染此病。目前，我国已发现12种动物可以感染旋毛虫病，分别为猪、犬、牛、猫、羊、鼠、狐狸、黄鼠、狼、貂、貉、熊及鹿。其中，猪与鼠相互感染是引起人群旋毛虫病流行的主要原因。如果猪吞食含旋毛虫幼虫的囊包、肉屑或鼠类（包括尸体）后即可感染旋毛虫，成为旋毛虫病的主要传染源。

2001—2009年发生在西藏地区拉萨市达孜县，林芝地区米林县、工布江达县的6起150例旋毛虫病，除1例食感染旋毛虫的羊肉所致外，其余均因食生或半生感染旋毛虫幼虫的猪肉所致。

据报道，我国人体旋毛虫病多发于西藏自治区、云南、广西等地，可能与当地居民饮食习惯和家畜饲养方式有关。林芝地区农牧民饲养的生猪以传统方式散养，从而大大增加生猪感染旋毛虫的概率。藏族有生食或半生食牛肉、羊肉、猪肉的饮食习惯，以及青藏高原海拔高、气压低，肉类食物不宜煮熟。

据报道，超声波诊断旋毛虫病19例，是因进藏的汉族同志食未煮熟的猪肉而暴发。随着我国经济的迅速发展与国家对边缘地区一系列特殊政策的出台，林芝地区有关部门加大以旋毛虫为首食源性寄生虫病预防工作的投入，农牧民的养殖方式从传统的散养开始转化为现代的集中养殖，经过综合防治，林芝地区猪旋毛虫感染率已经大大降低。

本次调查，通过运用血清酶联免疫吸附试验、压片镜检和消化法共检测261份。结果显示，血清学阳性率为0.76%，但对2份血清ELISA检测阳性对应的肉样直接压片镜检和消化法检测，均未检出旋毛虫体。说明ELISA检测方法的灵敏度明显高于集样消化法，特别是对轻度感染旋毛虫的猪检测敏感性提高。因此，ELISA法可用于基层猪旋毛虫的大面积普查和发病前诊断。

本次调查在某种程度上，采集的样本数量偏少、多数采样地为集约化养殖场；据报道，最佳采样部为2侧膈肌脚，因为轻度感染时只寄生在1侧膈肌脚，而本次调查中只采用了1侧膈肌。

本次调查存在以上的不足，为此还需在今后的调查工作中，尽量克服以上缺点，以完善本次检测调查的不足。

参考文献（略）

西藏猪主要生产区旋毛虫病调研报告*

姚海潮，色　珠，曾江勇，次仁多吉，夏晨阳，拉巴次旦，杨德全，
刘建枝，吴金措姆，董禄德，巴桑次仁，佘永新，次　央，四朗玉珍
（西藏自治区农科院畜牧兽医研究所）

摘　要：在西藏猪主要生产区（林芝工布江达县错高乡、那曲地区嘉黎县忠玉乡）分别开展了猪旋毛虫病的检测调查，检测了 2 257 头份，阳性检出率为 1.02%，并初步提出了合理的综合防治措施以及对策与建议。通过本次调查研究，基本摸清了旋毛虫病在我区主要西藏猪生产区的流行基数，为彻底控制、消灭我区旋毛虫病的发生奠定了基础。

关键词：西藏猪；生产区；旋毛虫病；检测；调查

旋毛虫病是一种严重的人畜共患寄生虫病，其危害十分严重，该病是由毛形科毛形属的旋毛形线虫寄生于人畜体内所引起的疾病。它可在人和多种哺乳动物之间广泛传播，使养殖业、肉食品经营和外贸出口等蒙受巨大的经济损失，同时，还直接威胁人类的身体健康和生命安全，旋毛虫病猪是人体旋毛虫的主要感染源。该病在世界各国均有报道，尤以美国、阿根廷、格陵兰岛最为常见。我国最早发现人旋毛虫病是 1921 年 Faust 在北京协和医院。

1　基本情况

针对当前西藏旋毛虫发病现状、感染率、流行动态、流行病学特点，为进一步加强对旋毛虫病的控制和净化我区市场，保证人畜健康，笔者对林芝工布江达县错高乡和那曲嘉黎县忠玉乡的西藏猪进行了旋毛虫病的调查。

错高乡基本情况：主要农作物有冬小麦、冬青稞、春小麦等。家畜种类主要有牦牛、黄牛、藏猪、马以及少量的绵羊和山羊，其中，藏猪的数量占家畜总头数的 23.6%，仅次于牦牛。该乡土地总面积为 11 220.3 km^2。全乡有 6 个行政村，423 户 2 191人，人均纯收入 4 196.9元（全县人均纯收入为 3 681元），其中，现金收入 2 788 元（全县人均收入为 2 143元）；牲畜总头数37 445头（只），其中，牦牛 4 965头，藏猪 25 313头，藏鸡 1 346只。

忠玉乡基本情况：该乡位于嘉黎县东南部，夏季受印度洋暖气流的确良影响，年平均气温 8℃，气候温暖、雨水充沛、空气湿润，素有“世外桃源”“藏北江南”之美称。忠玉乡是嘉黎县唯一的一个半农半牧乡，全乡 15 个行政村，共 324 户 1 807人，全

* 刊于《西藏科技》2010 年 8 期

乡总面积1 200km^2，森林覆盖率60%，海拔为3 100m。2007年年底，牲畜总数为10 922头（只、匹），其中，牦牛2 146头，山羊138只，黄牛1 852头，犏牛2 222头，马878匹，藏猪3 686头，全乡人均收入3 729.5元，其中现金收入2 803.2元。

截至2008年7月底，工布江达县错高乡共计408户藏猪养殖户，饲养藏猪24 508头，嘉黎县忠玉乡有324户藏猪养殖户，饲养藏猪3 686头，项目区两乡藏猪总计28 194头。

据初步调查了解，错高乡有牛羊常见病和疑难病的存在：如2003年在结巴村发生过藏猪的五号病，2005年，在木巴村、罗池村曾零星性发生过牛出败、牛犊腹泻病、胃道寄生虫病、脑包虫病、猪瘟、猪囊虫（病例）、仔猪副伤寒、仔猪痢疾、鸡瘟、鸡马立克、犬瘟热等病。在忠玉乡曾发生过猪瘟和牛出败，从1995年首次发现猪瘟后，该乡每年8月都有此病发生。

据调查，当地农牧民喜欢生食猪肉的习惯，除感染棘球蚴外，还有感染绦虫等寄生虫的可能。这些人畜共患寄生虫病不仅危害家畜，更重要的是威胁人体的健康，因此，必须引起足够的重视，加强预防措施。

2 材料与方法

2.1 材料

所用旋毛虫快速诊断试纸条（由河南省农业科学院生物研究所研制提供），具有特异、敏感、快速、简单、易存、实惠等优点，是国家“863”课题，获得了实用新型专利，专利号：ZL02202021.7；针头；5ml的瓶子；配制75%酒精棉球；5%碘酒；手术刀；剪刀；玻璃器皿；塑料袋等。

2.2 方法

2.2.1 采样

①组织样：取待检肌肉（一般取膈肌、背最长肌、臀肌）组织约1g，放入加有2~3ml生理盐水或自来水的适当容器（如24孔板、青霉素瓶等）内，研磨或充分剪碎，静置待检；②全血：取全血一滴，加2~3ml生理盐水或自来水稀释待检；③血清：取血清样品一滴，加约5ml生理盐水或自来水稀释待检。④肉尸浸出液（主要对昆虫）：将昆虫放入加有5ml生理盐水或自来水的容器内捣碎，静置待检。

2.2.2 检测

从冰箱内取出试纸，恢复到室温：手拿试纸的手柄端，将测试端Max线以下的部分插入待检测样品（组织样、全血、血清、浸出液样品可任选一种）中，当NC膜吸满液体时，取出试纸平放（使用24孔板时可不取出），数分钟内观察结果。

2.2.3 结果判定

①试纸条出现两条棕红色“‖”线时，判为阳性。强阳性时靠近手柄端的对照线颜色较淡；②试纸条靠近手柄端出现一条棕红色“|”对照线时，判为阴性；③试纸条没出现任何一条棕红色线，表明操作有误或试纸条失效。

3 结果

2007 年、2008 年和 2009 年课题组分别到我区藏猪特色主要产区开展抽样检测 534 户，共检测2 780头（错高乡1 513份、忠义乡1 267份），发现阳性病例 29 例（错高乡 15 例、忠义乡 14 例），阳性率分别为 0.99%、1.11%（详细抽样检测数据见表 1 至表 5）。

表 1　2007 年 11 月 7—11 日林芝地区工布江达县错高乡

时间	地点	户数	抽样数	阳性
2007 年 11 月 7 日	错久村	7	53	0
	小集镇	2	40	2
	木巴村	19	159	4
2007 年 11 月 8 日	木巴村	17	120	0
2007 年 11 月 9 日	木巴村	31	191	0
2007 年 11 月 11 日	布如村	6	166	0
合计	6	82	729	6

表 2　2008 年 3 月 30 日至 4 月 1 日林芝地区工布江达县错高乡

时间	地点	户数	抽样数	阳性
2008 年 3 月 30 日	木巴村	35	200	3
	小集镇	1	22	1
2008 年 3 月 31 日	木巴村	27	202	3
2008 年 4 月 1 日	错高村	44	95	0
合计	4	107	519	7

表 3　2008 年 7 月 10—12 日那曲地区嘉黎县忠玉乡

时间	地点	户数	抽样数	阳性
2008 年 7 月 10 日	1 村	21	105	0
2008 年 7 月 10 日	2 村	21	146	3

（续表）

时间	地点	户数	抽样数	阳性
2008年7月11日	3村	22	149	2
2008年7月11日	4村	17	119	0
2008年7月11日	5村	11	54	0
2008年7月11日	6村	11	100	1
2008年7月12日	7村	19	127	4
2008年7月12日	8村	11	116	0
2008年7月12日	9村	9	93	0
合计	9	142	1 009	10

表4 2009年5月18—21日林芝地区工布江达县错高乡

时间	地点	户数	抽样数	阳性
2009年5月18日	3	28	87	0
2009年5月19日	1	17	55	2
2009年5月20日	1	31	96	0
2009年5月21日	1	6	27	0
合计	6	82	265	2

表5 2009年5月26—30日那曲地区嘉黎县忠玉乡

时间	地点	户数	抽样数	阳性
2009年5月26日	2	29	67	0
2009年5月27日	2	30	69	0
2009年5月28日	2	23	54	0
2009年5月29日	2	26	49	1
2009年5月30日	1	9	19	0
合计	9	117	258	1

通过调查研究，基本掌握了我区藏猪特色产业旋毛虫病的流行基数，该病在项目区属于散发性状态，为彻底控制项目区以及全区旋毛虫病的发生和尽量减少该病对我区藏猪特色产业造成的危害，有关部门应给予高度重视，便于开展更深层次的研究，最终达到在我区完全消灭猪旋毛虫病。制定出以治灭源、防治结合、切断感染途径、杀灭贮藏宿主、定期驱虫、严格检疫、无害化处理的综合防制措施，为项目区减少经济损失，增加农牧民收入，保障人畜健康，防止资源浪费，促进藏猪产业的发展具有重要意义，具

有广阔应用前景。

通过此次检测证明，应用先进技术，快速诊断，对提高和确保内销与外销藏猪肉的安全性与品质，使项目区及外地广大群众吃上放心肉，增加了农牧民的现金收入，从而有利于改善和保持高产、优质特色畜牧业生态体系可持续发展。同时也促进藏猪养殖的健康发展，提高藏猪肉的消费与产品的附加值，其经济意义重大。通过防治消灭旋毛虫病，保障人民身体健康，构建和谐社会，增强国民素质，具有重大的社会意义。同时防止资源浪费，保护生态，改善环境，将产生巨大的生态效益。

4 经验与体会

旋毛虫病是完全可以控制和消灭的，它和细菌性、病毒性疾病不同，不会通过空气和体液在动物间传播；而且它与其他寄生虫病也不同，成虫和幼虫寄生于同一宿主体内，同一动物既是它的中间宿主，也是它的终末宿主。动物感染后不能通过自然界向外界散布病原，再感染的唯一途径是食入了患有旋毛虫病的猪肉、血等，而且与人的活动密切相关。

西藏是旋毛虫病的严重感染区，经过多年的防治、灭源，发病率明显下降，有效控制了该病，这说明旋毛虫是完全可以控制和最终消灭的。据西藏年鉴2007年统计：2006年全区猪存栏32万头，其中藏猪大约10万余头，按调查结论发病率0.99%、1.11%计算，预计有284余头病猪，每头按现行市场平均价1 000元/头计算，每年可损失28.4多万元以及由此而带来的藏猪消费市场信用危机，为此降低了藏猪销售价格，若每头猪的损失以1 000元计，以年销售2 000头计，其损失在200万元左右。若人感染旋毛虫病后不及时治疗，极易导致死亡，人感染该病后治疗期长，由于驱虫药物对人体肝、肾等组织器官损伤较大，同时需给予器官保护等辅助药物治疗，因此，人感染旋毛虫病后所需要的治疗费用昂贵，因而每年因旋毛虫病造成的经济损失较为巨大。通过笔者监测、防治，可有效控制该病，大大减少了该病对人的感染概率。同时，也保护了当地特色产业的健康发展，繁荣并丰富了藏猪消费市场，增加了农牧民收入。

4.1 以治灭源

（1）由于感染旋毛虫的猪是人旋毛虫病的主要来源，所以控制猪旋毛虫是消灭旋毛虫病原体的根本，因此必须将其纳入生猪产地检疫的必检内容。

（2）以治灭源的方法：用旋毛虫病快速诊断试纸对出栏前或屠宰前1~2个月的猪进行检测，对检出的阳性猪采用丙硫咪唑，按60~90mg/kg体重连喂2周，即可杀灭猪体内的全部旋毛虫的方法进行药物治疗；也可按0.01%~0.02%剂量作为饲料添加剂，饲喂30天，驱虫效果有待观察，统计工作将于2010年开展。这样，不仅提高肉品质量，减少经济损失，而且还可以杜绝屠宰后病原的传播，从而可以控制、消灭旋毛虫病。

4.2 切断旋毛虫感染途径，杀灭贮藏宿主

饲喂不含旋毛虫病原体的饲料，如废肉屑、洗肉水和含有生肉屑的垃圾等，对猪圈舍严格执行卫生管理制度，对藏猪采取定期驱虫等措施。

（1）加强生猪的饲养管理，定期驱虫和卫生消毒，养猪上圈，提高生猪的抵抗力和免疫力，改变饲养方式，定期开展旋毛虫监测。严禁生活垃圾乱堆乱放，对污物、肉渣废料、下脚料严格无害化处理。特别是动物定点屠宰场的血、毛、废肉屑、废水等必须严格进行无害化处理。

（2）利用各种宣传、培训渠道，广泛开展宣传教育，改变群众不良生活习惯，不生食或半熟食猪肉和其他动物肉及其制品（特别是牛羊猪肉串），生熟刀案要分开，生熟食品分开存放，避免交叉污染，从而切断旋毛虫病传播途径。

（3）农户、饲养场、屠宰场和垃圾场要做好灭鼠工作，农户对宰后收集的血水、废肉屑、废水必须煮熟和煮沸后再喂猪，减少生猪感染概率，禁止将生猪肉直接饲喂猪、猫、狗等动物，以杀灭感染源和贮藏宿主。

（4）加强卫生管理，改变饲养方式，改变农牧区散养放牧的习惯，改变三废：废污物、废肉渣、废下脚料血水等作为饲料来源，严禁生活垃圾乱堆乱放，对三废料严格按无害化处理。特别是动物定点屠宰场的血、毛、废肉屑、废水等，必须严格按规定处理，屠宰场要强制建立污水处理设施。

4.3 强化检疫，以检堵漏

加强动物防疫监督力度，把活猪旋毛虫检测纳入藏猪产地检疫的必检内容，把屠宰场检疫与市场监督分离，充分发挥防疫监督职能。

严格屠宰检疫，检出的阳性旋毛虫病猪一律按“GB 16548—1996 规程”进行无害化处理（包括头蹄内脏），对于钙化、有机化或是有囊无虫、虫体逸出包囊的、线头状肌旋毛虫、残留的虫体碎片等都要进行无害化处理。在做好生猪定点屠宰的基础上，加强犬、猫的监督管理和犬的定点检疫工作。

参考文献（略）

2012—2013 年青藏高原地区牦牛弓形虫血清检测报告*

李　坤[1]，姜文腾[1]，韩照清[1]，李家奎[1,2]
（1. 华中农业大学；2. 西藏大学农牧学院）

摘　要：应用间接血凝试验（Indirect hemagglutination test，IHA）对 2012—2013 年采自青藏高原地区的 905 份和 736 份牦牛血清进行弓形虫血清学检测。结果显示：2012 年检出阳性血清 196 份，阳性率为 21.66%；2013 年检出阳性血清 214 份，阳性率为 29.08%。统计数据表明，青藏高原牦牛群中存在弓形虫的感染。该研究旨在摸清青藏高原牦牛群中弓形虫感染情况，为制定该病的防治提供理论依据。

关键词：青藏高原；牦牛；弓形虫；IHA

弓形虫病（Toxoplasmosis）又称弓形体病，是一种由刚地弓形虫（*Toxoplasma gondii*）引起的感染多种动物的人畜共患寄生虫病，很多国家和地区都有该病的报道。弓形虫是一种有核细胞内机会性致病原虫。免疫功能正常的宿主感染弓形虫后多呈隐性带虫状态，但免疫功能受损或先天感染者常会导致严重的后果，尤其是艾滋病患者和器官移植者。1908 年，弓形虫首次发现于突尼斯的龚第梳趾鼠中。1955 年，国内于恩庶在猫、兔体内检获虫体；1964 年，谢天华报道了人体内弓形虫病例。此外，1977 年，上海农科院报道了猪的群发病例。弓形虫感染不仅给畜牧业带来重大的经济损失，更潜在威胁人类健康。动物感染弓形虫往往发生流产、不孕、死胎，而人同样对弓形虫易感，尤其是免疫缺陷或低下者、癌症患者、孕妇及幼儿等。孕妇感染弓形虫除可导致流产、早产、畸胎、死胎、弱智儿外，其妊娠中毒症、产后出血及子宫内膜炎的发生率均可见升高。牛弓形虫病主要表现出共济失调和神经症状，常见呼吸困难、咳嗽、打喷嚏及发热。先天性感染弓形虫病的犊牛可出现发热、咳嗽、打喷嚏、鼻腔分泌物增多、痉挛性抽搐、惊厥、磨齿、头颈震颤及呼吸困难等症状。目前，有关青藏高原牦牛弓形虫感染情况的系统调查研究还很少。为摸清青藏高原牦牛群的弓形虫感染情况，笔者于 2014 年 1 月应用间接血凝法对青藏高原地区牦牛进行了弓形虫血清学检测。

1　材料与方法

1.1　血　清

2012—2013 年，在青藏高原牦牛群中随机采集血清 905 份和 736 份（具体见表 1、

* 刊于《中国奶牛》2015 年 8 期

表2），-20℃保存，检测前在室温下自然解冻。

表1　2012年青藏高原牦牛弓形虫血清检测结果

地区		检测血清（份）	阳性血清（份）	阳性率（%）
西藏	日喀则	30	12	40.00
	拉萨	79	6	7.59
	林芝	91	7	7.69
	昌都	171	50	29.24
	那曲	33	4	12.12
	阿里	30	5	16.67
	合计	434	84	19.35
青海	杂多县	29	5	17.24
	囊谦县	41	8	19.51
	治多县	30	7	23.33
	称多县	36	14	38.89
	天峻县	45	14	31.11
	祁连县	30	8	26.67
	海晏县	48	2	4.17
	合计	259	58	22.39
四川	红原	212	54	25.47
总计		905	196	21.66

表2　2013年青藏高原牦牛弓形虫血清检测结果

地区		检测血清（份）	阳性血清（份）	阳性率（%）
西藏	日喀则	99	43	43.43
	拉萨	80	8	10.00
	林芝	51	11	21.57
	合计	230	62	26.96
青海	杂多县	36	8	22.22
	囊谦县	39	8	20.51
	治多县	52	16	30.77
	称多县	45	20	44.44
	祁连县	42	12	28.57
	海晏县	37	3	8.11
	合计	254	67	26.38
四川	红原	252	85	33.73
总计		736	214	29.08

1.2 试剂与方法

牛弓形虫间接血凝检测试剂盒及弓形虫抗原均购自中国农业科学院兰州兽医研究所。检测步骤按照弓形虫间接血凝诊断试剂盒说明书进行。

2 结果与分析

表1、表2结果表明，2012年青藏高原地区牦牛弓形虫阳性率为21.66%，其中，西藏、青海、四川红原牦牛弓形虫阳性率分别为19.35%、22.39%、25.4%；青海地区牦牛弓形虫血清阳性率略高于西藏地区、略低于四川红原地区。2013年，青藏高原地区牦牛弓形虫血清阳性率为29.08%，其中，西藏、青海、红原牦牛弓形虫血清阳性率分别为26.96%、26.38%、33.73%；四川红原地区牦牛弓形虫血清阳性率略高于西藏和青海地区。2013年，3个地区牦牛弓形虫阳性率与2012年相近，表明青藏高原地区牦牛确实存在弓形虫感染，且感染率呈增加趋势。

3 讨论

弓形虫病是一种危害严重的人畜共患寄生虫病。自20世纪70年代以来，我国兽医工作者逐渐加大了对弓形虫病的重视。随着弓形虫病调查研究的深入，不同动物感染弓形虫的情况不断被报道，牛感染弓形虫的病例也屡见不鲜。2005年，顾有方等应用间接血凝的方法检测光明乳业集团奶牛场的200份奶牛血清，结果阳性率为11.50%；2007年米晓云等和2008年Liu等通过间接血凝的方法检测新疆地区牛弓形虫和青海部分地区牦牛弓形虫感染情况，结果阳性率分别为31.94%和11.8%；2011年，赵全邦等采用间接血凝的方法检测青海省德令哈地区牛血清97份，发现阳性13份，阳性率为13.4%；同年，Liu等调查发现中国西北部牦牛群中弓形虫抗体阳性率为35.08%。本次调查中2012年和2013年青藏高原牦牛弓形虫阳性率分别为21.66%和29.08%，说明在青藏高原地区牦牛弓形虫感染较严重，应引起足够的重视。

由于多种动物对弓形虫都有一定的免疫力，感染后往往不表现临床症状，弓形虫可在组织内形成包囊后而转为隐性感染。包囊是弓形虫在中间宿主体内的最终形式，存活时间可达数月乃至终生。因此，某些地区家畜弓形虫感染率虽然比较高，但急性发病却不多。所以，即使牛场没有弓形虫的病史，仍然不可忽视对该病的防治工作。目前牦牛弓形虫的防治措施主要有：科学养牛，制定有效的驱虫措施；加强检疫，定期对牦牛进行寄生虫病检测，一经发现，应立即采取相应措施；购牛引种时，购进牛要进行隔离检疫和寄生虫检查，结果正常且隔离饲养半个月以上才能混群等。

弓形虫病属于二类动物疫病，多种动物都有弓形虫感染，但牛，尤其是牦牛弓形虫病未受到足够重视。青藏高原地区海拔高、气候环境复杂、草场广阔、牦牛数量众多。

但由于地理环境和试验条件等因素的限制，有关青藏高原牦牛弓形虫的调查研究很少。所以，为进一步完善青藏高原牦牛弓形虫血清学检测，笔者将在今后加大样本采集数量，扩大样本采集范围，为全面掌握青藏高原牦牛弓形虫感染情况和综合防治提供参考依据。

参考文献（略）

西藏林芝地区察隅县按蚊种群调查*

王洪举[1]，胡松林[1]，李松凌[2]，顾政诚[3]，陈建设[4]，朱国鼎[5]，黄　芳[3]*
(1. 西藏自治区林芝地区疾病预防控制中心；2. 西藏自治区察隅县疾病预防控制中心；3. 中国疾病预防控制中心寄生虫病预防控制所；4. 河南省疾病预防控制中心；5. 江苏省寄生虫病防治研究所)

摘　要：确定西藏林芝地区察隅县主要按蚊蚊种。2010 年 7—8 月在察隅县选择 4 个自然村，采用通宵/半通宵室内、外人饵帐诱捕法和通宵诱蚊灯诱捕法捕蚊，对捕获的按蚊进行形态学鉴定。共捕获按蚊2 991只，其中，带足按蚊2 284只（占 76.36%），多斑按蚊种团 667 只（占 22.30%），其他按蚊 40 只（占 1.34%）；带足按蚊室内、外半通宵平均密度分别为 56.2 只/夜和 4 只/夜，多斑按蚊种团室内、外半通宵平均密度分别为 17.8 只/夜和 17.9 只/夜；带足按蚊室内、外全通宵室内叮人率分别为 28.1 只/（人·夜）和 2 只/（人·夜），多斑按蚊种团全通宵室内、外叮人率为 8.9 只/（人·夜）。带足按蚊和多斑按蚊为察隅县优势蚊种，是可能的疟疾传播媒介。

关键词：疟疾；媒介；带足按蚊；多斑按蚊种团；林芝地区

林芝地区是西藏自治区唯一有疟疾发生与流行的地区，传染病疫情网络直报系统显示，该地区疟疾病例 99% 以上集中在墨脱县和察隅县。墨脱县传疟媒介已初步明确，然而察隅县传疟媒介一直未见相关报道。为确定察隅县疟疾传播媒介，为该县在消除疟疾时期制定防治策略和措施提供科学依据，于 2010 年 7—8 月分别在该县上、下察隅镇等 4 个有代表性的调查点进行了媒介调查。

1　内容与方法

1.1　调查点选择

按照海拔高低不同，分别在上、下察隅镇选择米谷、日玛、洞冲和塔玛 4 个自然村为调查点，其中上察隅镇米谷村属于高海拔地区（海拔2 000m），下察隅镇日玛、洞冲和塔玛村属于中、低海拔地区（海拔约1 500m）。

1.2　按蚊种调查

所有现场捕获的蚊虫均按照《中国动物志》按蚊分种检索表进行形态鉴定。

---

* 刊于《中国血吸虫病防治杂志》2012 年 3 期

1.3 按蚊密度调查

采用半通宵室内、外人饵帐诱法、诱蚊灯灯诱法捕捉按蚊，分别计算按蚊成蚊密度；采用全通宵室内、外人饵帐诱法捕捉按蚊，分别计算1人1晚受到按蚊叮咬的频率，即叮人率。

1.4 生态习性调查

1.4.1 季节消长

选取固定的点，采用上述按蚊密度调查方法，每旬进行1次，记录按蚊密度。

1.4.2 夜间吸血规律

7—8月每旬1次，自日落开始，采用上述全通宵室内、外人饵帐诱法捕捉按蚊，分小时记录捕捉按蚊数量。

1.4.3 经产卵蚊比例

解剖观察前述方法捕捉到的按蚊卵巢表面气管枝末梢的形状，或卵泡管上有无结节，区别是已产卵蚊（经产卵蚊）还是未产卵蚊。

2 结果

2.1 按蚊种群组成

4个调查点中，上察隅镇米谷村未能捕获按蚊，其他3个调查点共捕获按蚊2 991只，共发现多斑按蚊种团、带足按蚊、须荫按蚊、可赫按蚊4种按蚊。其中带足按蚊2 284只，占76.36%；多斑按蚊种团667只，占22.30%；其他按蚊40只，占1.34%。结果显示，带足按蚊和多斑按蚊种团为当地的优势蚊种（表1）。

表1 察隅县按蚊种群组成

地点	捕蚊数	其中捕获按蚊种类		
		带足按蚊数	多斑按蚊数	其他*
上察隅镇米古村	0	0	0	0
下察隅镇日玛村	2 916	2 251	625	40
下察隅镇洞冲村	27	5	22	0
下察隅镇塔玛村	48	28	20	0
合计	2 991	2 284	667	40

* 其他包括须荫按蚊、可赫按蚊等

2.2 种群密度

采用室内、外半通宵人饵帐诱法，共进行 15 次密度调查。室内通宵人饵帐诱法显示，带足按蚊通宵平均密度为 56.2 只/夜，多斑按蚊种团平均密度为 17.8 只/夜，前者是后者的 3.2 倍；室外通宵人饵诱捕法显示，多斑按蚊种团平均密度为 17.9 只/夜，带足按蚊为 4 只/夜，前者是后者的 4.5 倍。结果表明，带足按蚊室内平均密度远远高于室外，多斑按蚊种团室内、外平均密度相当。

2.3 叮人率

采用室内、外全通宵人饵帐诱捕法观察叮人率，多斑按蚊种团和带足按蚊室外平均叮人率分别为 8.9 只/（人·夜）和 2 只/（人·夜）；室内平均叮人率分别为 8.9 只/（人·夜）和 28.1 只/（人·夜），表明带足按蚊室内叮人率远远高于室外，多斑按蚊种团室内外叮人率相当。

2.4 按蚊生态习性

2.4.1 季节消长

7 月下旬至 8 月中旬，对室内、外全通宵人饵帐诱（定时、定点、定人）捕获的按蚊分析其旬密度，结果显示，带足按蚊密度在室内、外均逐步升高，8 月中旬达到最高峰，多斑按蚊种团 8 月中旬在室内密度开始下降，室外达到高峰。

2.4.2 夜间吸血活动规律

带足按蚊、多斑按蚊种团整夜均有吸血活动，室内人饵帐诱显示带足按蚊吸血高峰在 24：00 以前，多斑按蚊吸血高峰在 22：00—24：00 和 4：00—5：00；室外人饵帐诱显示多斑按蚊种团吸血高峰在 23：00—24：00 和 2：00—3：00。

2.4.3 经产蚊比率

分别解剖不同时段室内、外人饵帐诱法捕获的未吸血带足按蚊、多斑按蚊种团各 104 只，其经产蚊数分别为 80 只（占 76.92%）和 71 只（占 68.27%）。

3 讨论

察隅县地处西藏东南部，东临云南省，南面与缅甸和印度接壤，西与墨脱县毗邻。本次调查的上察隅镇位于察隅县西南部，最高海拔 6 882m，最低海拔 1 850m，平均海拔 1 900m，属温带气候，有察隅河支流阿扎河；下察隅镇位于察隅县南部，平均海拔 1 200m，属亚热带季风湿润气候。本次调查显示，尽管上、下察隅镇相邻，但平均海拔不同，按蚊分布存在明显差异。在上察隅镇未能捕获按蚊，表明同一地理区域内海拔影响按蚊分布；海拔达到一定高度，按蚊就不会出现，亦不会出现疟疾传播流行。既往资料显示，察隅县本地疟疾病例均集中在下察隅镇、察瓦龙乡等低海拔地区，与按蚊分布吻合。但是由于西藏地区独特的地形地貌，有必要在高海拔地区适当扩大媒介调查范围，以排除由于小气候形成而存在按蚊分布的现象。

中华按蚊、嗜人按蚊、微小按蚊和大劣按蚊一直被公认为是我国主要传疟媒介；但潘嘉云等在西藏墨脱县疟疾流行区媒介调查发现多斑按蚊种团中的伪威氏按蚊是当地的绝对优势蚊种，在 3 个调查点捕获的 5 345 只按蚊中，伪威氏按蚊有 5 062 只（占 94.71%），带足按蚊为 155 只（占 2.90%）。据国内文献记载，西藏曾发现有巨型按蚊贝氏亚种（*An. gigasbaileyi*）、巨型按蚊希姆拉亚种（*An. gigassimlensis*），林氏按蚊（*An. lindesayi*）、多斑按蚊（*An. maculatus*）、中华按蚊（*An. sinensis*）和斯氏按蚊（*An. stephensi*）6 种按蚊，而本次调查首次在察隅县发现高密度的带足按蚊，并且发现室内人房带足按蚊的种群密度和叮人率均远高于室外，同时也高于室内人房多斑按蚊种团。一种按蚊能否成为某一地区疟疾的传播媒介，它必须具备吸食人血、种群数量大、分布广泛、寿命至少长于疟原虫的孢子增殖期和自然腺子孢子感染阳性等条件。尽管由于本次研究中未能获得带足按蚊的嗜血习性和腺子孢子感染率等指标，因而不能最终确定带足按蚊是否为该县的主要传疟媒介，但从种群数量及其他生态习性来看，带足按蚊都似乎更具备作为该县主要疟疾传播媒介的条件。察隅县和墨脱县同为西藏林芝地区，但是按蚊分布存在明显差异，这可能也与西藏地区不同于内地的特殊自然环境有关。此外，察隅县当地居民有将牛、马等大牲畜野外放养的习惯，由于缺少了生物屏障，有可能使人房附近原本喜吸动物血的按蚊改变吸血习性，转而进入人房寻找吸血对象。本次调查中发现带足按蚊和多斑按蚊种团均有整夜吸血活动，增加了当地居民感染疟疾的可能性。

尽管西藏林芝地区的疟疾病例绝大多数集中在墨脱县，察隅县的疟疾疫情相对较低，但由于该县交通极为不便，加上疾病控制基础设施薄弱，疟防专业队伍不完善，当地居民就医困难，一旦发生本地疟疾感染病例或有输入性疟疾病例，当地又存在高密度的传疟媒介，极易造成疟疾暴发流行，需引起高度重视。根据本次调查结果，察隅县须按照因地制宜、分类指导的原则，加强对媒介按蚊的监测，进一步延长媒介调查时间，获得完整的按蚊季节消长数据，以便于指导在当地适时开展杀虫剂室内滞留喷洒及杀虫剂浸泡蚊帐等媒介控制措施；并加强对当地居民的健康教育，提高防蚊灭蚊意识；同时加强发热病人血检和输入性病例处置，及时发现传染源，阻断继发传播，为察隅县顺利实现消除疟疾目标提供保障。

参考文献（略）

西藏当雄牦牛牛皮蝇蛆病血清流行病学调查*

刘建枝[1]，色 珠[1]，关贵全[2]，夏晨阳[1]，次仁多吉[1]，拉巴次旦[1]，
巴桑旺堆[1]，罗建勋[2]，殷 宏[2]，佘永新[1]，鲁志平[1]，姚海潮[1]，
曾江勇[1]，杨德全[1]，吴金措姆[1]，四郎玉珍[1]

（1. 西藏自治区农牧科学院畜牧兽医研究所，拉萨；
2. 中国农业科学院兰州兽医研究所家畜疫病病原生物学
国家重点实验室，甘肃省动物寄生虫病重点实验室）

摘 要：为了摸清当雄牛皮蝇蛆病的流行现状及流行动态，2010—2011年从当雄6个乡镇13个行政村每月采集血样，共采集1 175份牦牛血清，采用牛皮蝇蛆病诊断技术（ELISA方法，GB/T 22329-2008）进行检测及阳性血清进行年抗体动态变化研究。结果表明，当雄牦牛牛皮蝇蛆病血清阳性率为73.6%~100%，1年中11、12、1月抗体水平较高，从10月开始升高，表明当地预防性驱虫的时间应为11月。

关键词：西藏；牦牛；牛皮蝇蛆病；阳性率；血清流行病学

牛皮蝇是双翅目、皮蝇科（Hypodermatidae）、皮蝇属（*Hypoderma*）的昆虫，以幼虫阶段寄生于牛体内（最后阶段移行至皮下）引起疾病。该虫偶尔也能寄生于马、驴和野生动物的背部皮下组织，而且可寄生于人，是一种国际性的人畜共患寄生虫病。其主要危害是皮张穿孔，利用率下降；产肉、产奶、产绒毛量下降且质量下降；家畜贫血、消瘦、生长发育受阻等。皮蝇蛆病流行范围广，在北纬18°~60°的55个国家都有本病的流行。在我国西藏、甘肃、新疆、青海、内蒙古等五大牧区流行严重。本研究旨在摸清西藏当雄牦牛牛皮蝇蛆病的流行现状及流行规律，为本病的防治提供科学依据。

1 自然概况

当雄为拉萨市的纯牧业县，位于西藏中部，藏南与藏北的交界地带，拉萨市北部，距拉萨市170km。地理坐标为东经90°45′~91°31′，北纬29°31′~31°04′。北部与班戈县、那曲县接壤，南与林周县、堆龙德庆县交界，东部一隅与嘉黎相连，西南与尼木县毗邻，青藏公路（国道109线）由东向西横贯全境。以饲养牦牛、绵羊、山羊、马为主，2010年年底全县各类牲畜存栏56.77万头（匹、只），大牲畜23.64万头只，牦牛总数约为17.96万头，占存栏总数的31.62%，牦牛常年以群放牧，长期以来牦牛养殖业受各种因素的制约，生产水平低下，其中牛皮蝇蛆病的危害是主要因素之一。

---

* 刊于《西南农业学报》2012年3期

2 材料与方法

2.1 供试材料

调查动物为西藏当雄县公塘乡、龙仁乡、乌玛塘乡、羊八井乡、宁中乡、当曲镇6个乡镇的13个行政村牦牛1 175头。其中，2岁以下牦牛619头，2~4岁牦牛244头，4岁以上牦牛312头。

仪器、试剂及材料：酶标仪：Multiskan MK3，Thermo Scientific；洗板机：Well wash 4 Mk3，Thermo Scientific；标准抗原、标准阳性血清、标准阴性血清、酶标记二抗均由中国农业科学院兰州兽医研究所提供；明胶购于SIGMA公司；其余化学试剂均为国产分析纯；96孔酶标板购于丹麦Nunc公司。

2.2 试验方法

由颈静脉采集血液5ml，分离血清，采用牛皮蝇蛆病早期诊断技术——酶联免疫吸附试验（GB/T 22329—2008），对采集的1 175份牦牛血清进行检测；计算出血清阳性率，另外计算出阳性血清的月平均抗体比例，由此数值绘出阳性动物抗体消长曲线图，评定出进行血清流行病学调查的最佳时机及预防驱虫的最佳时机。

3 结果与分析

3.1 西藏当雄牦牛牛皮蝇蛆病血清阳性率

由表1可看出，西藏当雄县牦牛牛皮蝇蛆病血清阳性率为73.6%~100%。

表1 西藏当雄牦牛牛皮蝇蛆病检测结果

地点	畜种	检测数量	阳性数	阳性率（%）
当雄公塘乡	牦牛	251	251	100
当雄龙仁乡	牦牛	152	130	85.5
当雄乌玛塘乡	牦牛	481	375	78.0
当雄羊八井乡	牦牛	53	39	73.6
当雄宁中乡	牦牛	54	51	94.4
当雄当曲镇	牦牛	184	184	100

3.2 当雄牦牛牛皮蝇抗体动态

在西藏拉萨市当雄县公塘乡、龙仁乡、乌玛塘乡、羊八井乡、宁中乡、当曲镇6个乡镇每月定期采集不少于50份血样，共计采集1 175头牦牛血样。

从图1西藏当雄自然感染牦牛的年平均抗体动态曲线图看，一年中11月至翌年的

1 月抗体水平较高，从 10 月开始升高，所以笔者认为 11 月进行预防性驱虫较佳，因这时皮蝇幼虫进入机体，并且蜕变为一、二期幼虫；若用 ELISA 方法开展血清流行病学调查时，最好在 11 月至翌年的 1 月进行。

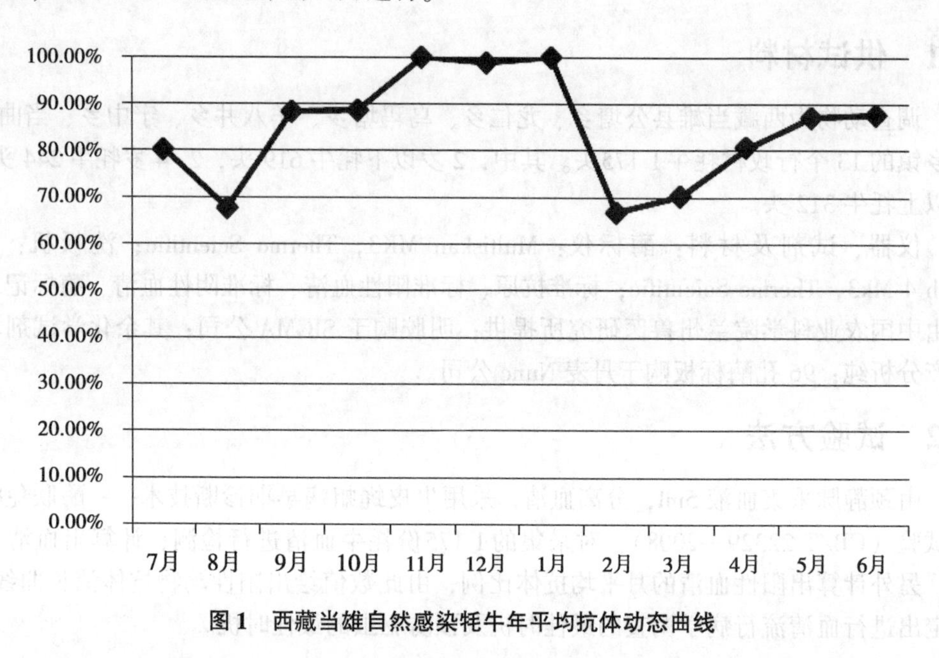

图 1　西藏当雄自然感染牦牛年平均抗体动态曲线

4　讨论与小结

迄今为止西藏对牛皮蝇蛆病的诊断仍采用传统的费事费力的春夏季牛背部摸瘤包方法，此方法虽已获得调查数据，但为时已晚，皮蝇的一个世代对牛所造成的损失已无法挽回；许多畜牧业发达国家都将 ELISA 方法用于大规模的牛皮蝇蛆病血清流行病学调查，如波兰、德国、法国、加拿大、英国等。时至今日，ELISA 已在全世界范围内被作为检测牛皮蝇蛆病的可靠方法。本试验采用了中华人民共和国国家标准的牛皮蝇蛆病诊断方法（ELISA 技术，GB/T 22329—2008），对西藏当雄牦牛牛皮蝇蛆病进行了大面积的血清流行病学调查。西藏当雄牦牛牛皮蝇蛆病的血清阳性率为 73.6%~100%，表明当雄牛皮蝇蛆病仍处于高感染强度时期，究其原因主要是当地药物缺乏，不能满足预防性驱虫的需要，变预防性驱虫为治疗性驱虫，药物只给幼畜、弱畜或认为有寄生虫感染的牦牛驱虫，其次是驱虫的时机不当，有些是春季驱虫，有些是冬季 12 至 2 月驱虫，降低了驱虫效果，另外牧民群众对牛皮蝇蛆病重视程度、危害性认识不够。

综上所述，要使当雄牦牛牛皮蝇蛆病得到可持续控制，必须重视预防性驱虫工作，最好在 11 月进行，保证驱虫的质量和密度，加强对牛皮蝇蛆病危害及防治技术的宣传力度，真正做到群防群治。

参考文献（略）

西藏当雄县无浆体分子流行病学调查*

孙彩琴[1]，刘建枝[2]，黄　磊[1]，罗布顿珠[3]，汪月凤[1]，
刘志杰[1]，罗建勋[1]，殷　宏[1]
（1. 中国农业科学院兰州兽医研究所，家畜疫病病原生物学国家重点实验室，
甘肃省动物寄生虫病重点实验室；2. 西藏自治区农牧科学院
畜牧兽医研究所；3. 西藏大学农牧学院）

摘　要：牦牛主产于中国，主要生活在青藏高原地区，因其能适应高寒的生态条件及耐粗、耐劳等特性，被誉为“高原之舟”。寄生虫病是牦牛常见的疾病，严重危害着牦牛的健康。作者从中国牦牛主要寄生虫病的流行现状及防控策略进行了综述，以期为牦牛寄生虫病防制提供参考。为了调查我国西藏地区无浆体的分布和流行情况，2011 年 5 月从西藏当雄县采集蜱样 511 份，其中西藏革蜱（*Dermacentor everestianus*）66 份、银盾革蜱（*Dermacentor niveus*）445 份，以 16S rRNA 基因为检测目标，采用无浆体属特异性引物 EE1/EE2 对蜱的全基因组进行 PCR 扩增，对 PCR 阳性样本进行随机克隆、测序，经过序列比对和系统发育分析，结果发现这些阳性样品均为一种无浆体病原——羊无浆体（*Anaplasma ovis*）感染，且它们与在甘肃发现的无浆体具有较近的亲缘关系。PCR 结果显示，这些蜱的总感染率为 6.7%（34/511）。

关键词：羊无浆体；16S rRNA；西藏革蜱；银盾革蜱

无浆体病（Anaplasmosis）（旧称边虫病）是经蜱传播的细胞内专性寄生的一类立克次体目无浆体科无浆体属的无浆体引起的疾病。该病多发于牛、羊、鹿等反刍动物，菌体寄生于宿主红细胞内。病程常呈慢性经过，临床症状为高热、贫血、黄疸和渐进性消瘦，急性发病时可导致动物死亡。目前研究最多的动物无浆体有 3 种，即边缘无浆体（*A. marginale*）、中央无浆体（*A. centrale*）和羊无浆体（*A. ovis*）。硬蜱是羊无浆体的主要传播媒介。我国西北广大养羊区羊无浆体的媒介蜱有 3 种，它们分别为分布在甘肃和宁夏的草原革蜱（*Dermacentor nuttalli*）、内蒙古西部地区的亚东璃眼蜱（*Hyalomma asiaticum*）和短小扇头蜱（*Rhipicephalus pumilio*），并证明这 3 种蜱对羊无浆体的传播方式都是间歇性吸血传播。

无浆体的常规诊断主要是根据流行史、临床症状、尸体剖检和血涂片检查等进行综合诊断。但常规检测难以发现早期感染，亦不利于大规模的流行病学调查，分子生物学诊断方法可弥补常规检测方法的不足。分子生物学诊断方法主要有核酸探针检测法、反向线状印迹杂交技术（RLB）和聚合酶链式反应（PCR）。PCR 技术已被用在大多数无浆体病原的检测上，由于边缘无浆体、中央无浆体和羊无浆体的 MSP5 基因和 MSP2 基

* 刊于《动物医学进展》2012 年 10 期

因之间的同源性较高，已成为属特异性 PCR 检测的主要目标基因。另外，主要抗原蛋白 1（MAP1）和 16S rRNA 基因也是常用的靶基因。16S rRNA 基因是目前常用于细菌分类鉴定的基因之一，尤其适用于不能培养的病原菌的分类鉴定，该基因在无浆体病原分类鉴别上已经有了广泛的应用。

无浆体病多发于夏秋季，与媒介蜱的活动季节相一致，在 3—6 月出现，8—10 月达高峰，11 月尚有个别病例。银盾革蜱（*Dermacentor niveus* Neumann，1987）与西藏革蜱（*D. everestianus* Hirst，1926）是我国西部省区常见的蜱种。它们都是高原蜱种，2—6 月是其活动高峰期，*D. niveus* 分布于陕西、青海、甘肃、新疆和西藏，*D. everestianus* 分布于高原灌丛草原，多在海拔 4 000m 以上。当雄（藏语意为"挑选的草场"），位于西藏自治区中部，可利用草场面积 70 万 hm^2，该县是个牧业生产县，其中绵羊 22.46 万只，占家畜存栏总数的 42.55%。无浆体病的分布对当地的养羊业构成了潜在的威胁。本研究采用无浆体属特异性引物从蜱的全基因组中扩增 16S rRNA 基因的部分片段，对西藏当雄地区蜱无浆体感染率及种类进行分子流行病学调查和遗传进化分析，为该地无浆体病的诊断和防控提供流行病学资料。

1　材料与方法

1.1　材料

1.1.1　样品来源

2011 年 5 月从西藏当雄县 3 个地区即当雄县城地区、乌玛乡和龙仁乡的绵羊身上采集未叮咬的成蜱样品。样品保存在 750ml/L 的乙醇中，带回实验室后由专业人员根据形态学对蜱进行种类和性别鉴定。

1.1.2　主要仪器和试剂

基因组提取试剂盒：QIAamp DNA Mini Kit（QIAGEN，Hilden，Germany）；PCR 仪：My cycler thermal cycler（BIORAD），DNA Engine peltier Thermal Cycler（BIORAD）；DYY-Ⅱ型电泳仪，北京六一仪器厂生产；JS-680B 全自动凝胶成像分析仪，上海培清科技有限公司生产；DNA 凝胶回收试剂盒，LA *Taq* DNA 聚合酶和 dNTP，10×PCR buffer，克隆载体 pGEM-T Easy，大肠埃希菌 JM109，均为宝生物工程（大连）有限公司产品。

1.2　方法

1.2.1　引物设计与合成

引物 EE1/EE2 可扩增无浆体 16S rRNA 基因，具有无浆体属特异性，预扩增的目的片段长度为1 430bp，由宝生物工程（大连）有限公司合成，序列如下：

EE1：5′-TCCTGGCTCAGAACGAACGCTGGCGGC-3′

EE2：5′-AGTCACTGACCCAACCTTAAATGGCTG-3′

1.2.2 样品 DNA 提取及 PCR 扩增

样品 DNA 的提取方法参照 QIAamp DNA Mini Kit 说明书进行。首先用双蒸水润洗 10min，置于吸水纸上，晾干后放入 1.5ml 的 EP 管中（每管 1 只）；每管中加入 50ml PBS（pH 值 7.2）缓冲溶液，利用消毒好的剪刀和镊子将其尽量剪碎；各管中加入 180μl ATL 溶液，20μl 蛋白酶 K，涡旋混匀，置于 56℃加热器中 3h 使得组织充分裂解；短暂离心后，加入 200μl AL 溶液，脉冲式涡旋 15s，70℃孵育 10min；短暂离心后，加入 200μl 无水乙醇，同上进行涡旋；将 QIAamp 层析柱安装到 2ml 收集管中，把上一步骤中得到的混合物转入层析柱中，静置 1min 后，8 000r/min 离心 1min；弃去收集管，将层析柱安装在新的收集管上，加入 500μl AW1 溶液，8 000r/min 离心 1min；换上新的收集管后，加入 500μl AW2 溶液，14 000r/min 离心 3min；再高速空离 1min，将层析柱安装在 1.5ml EP 管上，加入 50μl AE 溶液，室温孵育 5min，8 000r/min 离心 1min。随机挑选提取的基因组，用 Nanodrop 2000 紫外分光光度计对其纯度和浓度进行测定，基因组 DNA 样品置-20℃保存备用。

引物合成后用灭菌双蒸水将其稀释成 10μmol/L，PCR 反应体系为 25μl。在 PCR 反应管中加入以下成分：LA *Taq* 酶 0.25μl；10×LA PCR buffer 2.5μl，dNTPS 4μl，EE1 1μl，EE2 1μl，DNA 模板 1μl，dd H_2O 15.25μl。每组反应设阴性对照，以蒸馏水代替基因组 DNA。PCR 反应条件为 94℃ 5min；94℃ 30s，55℃ 30s，72℃ 30s，35 个循环；72℃ 10min，12℃结束反应。扩增产物通过 10g/L 琼脂糖凝胶电泳检测并拍照。

1.2.3 PCR 产物连接、克隆及鉴定

PCR 阳性产物，利用 DNA 凝胶回收试剂盒回收纯化目的条带，而后进行连接。连接反应体系为 10μl，包括纯化的产物 3μl，pGEM-T Easy 载体 1μl，连接酶 buffer 5μl，T_4DNA 连接酶 1μl，充分混匀后 16℃水浴连接过夜。取 10μl 连接产物转化进大肠埃希菌 JM109 感受态细胞，加入 IPTG（100mmol/L）4μl，X-gal（20mg/ml）16μl，混匀后涂布于含有氨苄青霉素的 LB 平板上，37℃倒置培养 16~18h。从平板上挑取单个白色菌落接种于 4ml LB 培养液，37℃振荡培养 6h。PCR 检测为阳性的菌液样品送至上海生工生物工程技术服务有限公司测序。应用 DNA STAR 分子生物学软件处理获得的序列，并在 http：//blast. ncbi. nlm. nih. gov/Blast. cgi 网站上进行比对分析。

1.2.4 相似性比较及系统进化分析

从 NCBI 中下载相关物种的 16S rRNA 基因序列，将犬埃里克体（*Ehrlichia canis*）（EF011111）作为外群，选择羊无浆体 3 株，分别是 *A. ovis* isolate Yuzhong [AJ633050]，*A. ovis* isolate Jingtai [AJ633049] 和 *A. ovis* isolate OVI from South Africa [AF414870]；边缘无浆体 4 株，分别是 *A. marginale* strain Veld [AF414873]，*A. marginale* strain Florida [AF309867]，*A. marginale* strain St. Maries [AY048816] 和

A. marginale strain South Idaho [AF309868]；中央无浆体 2 株，分别为 *A. centrale strain* vaccine from Australia [AF414868] 和 *A. centrale* strain Israel vaccine [AF309869]；另外还有 *A. bovis* isolate R7 [AY969014] 和本研究中测序获得的 2 个克隆，*A. ovis* isolate XG34 和 LYG106，共 14 条序列。采用 Mega Align 4.0 数据软件处理序列，用邻近法 (NJ) 构建 16S rRNA 基因系统进化树，并进行多序列的同源性比较。

2 结果

2.1 各地区蜱的分类及无浆体 16S rRNA 基因扩增结果

采集的 511 份饥饿成蜱，经形态学鉴定为 2 个种，即西藏革蜱（*D. everestianus*）和银盾革蜱（*D. niveus*）。以提取的蜱基因组 DNA 为模板，采用无浆体属 16S rRNA 基因特异性引物对 EE1/EE2 进行 PCR 扩增，结果在 1 400bp 附近扩增出一条特异性的条带，与预测的目的片段大小一致（图 1）。这批样品中，共检出阳性样品 34 份，总体感染率为 6.7%（34/511）（表 1）。将部分阳性样品中的目的片段进行回收、连接和克隆，将菌液 PCR 鉴定为阳性的菌液送出测序，得知扩增产物为 1 430bp，BLAST 结果显示与羊无浆体同源性较高。

2.2 16S rRNA 基因序列同源性比较及系统发育分析结果

通过 PCR 方法共检出阳性样品 34 份，但由于其中 3 个样品扩增出来的目的产物含量较低，导致连接失败，最终只获得 31 条序列。将这些序列进行比对后，发现同源性范围为 99.6%～100%。提示笔者检测到的无浆体是单一种，在 NCBI 中 BLAST 分析后，证实与羊无浆体关系最近。

表 1 西藏蜱样中羊无浆体的感染率情况

地区与蜱的种类	当雄县				龙仁乡		物玛乡	
	银盾革蜱		西藏革蜱		银盾革蜱		银盾革蜱	
蜱的性别	雌	雄	雌	雄	雌	雄	雌	雄
感染率%	0 (0/13)	7.5 (4/53)	7.1 (1/14)	0 (0/8)	4.4 (5/113)	4.1 (10/242)	0 (0/6)	23 (14/62)
合计/%	5.7 (5/88)				4.2 (15/355)		20.6 (14/68)	

再将本试验测序获得的 2 个克隆序列 XG34 和 LYG106 的 16S rRNA 基因序列与 GenBank 收录的 *A. ovis* [AJ633050、AJ633049 和 AF414870]，*A. marginale* strain Veld [AF414873、AF309867、AY048816 和 AF309868]，另外还有 *A. bovis* [JN558828]，*A. phagocytophilum* [AY969014] 等序列进行同源性分析，显示本试验获得的克隆与 *A. ovis* 同源性最高，为 99.7%～99.8%；与 *A. marginale* 和 *A. centrale* 的同源性为 99.1%～99.4%；与 *A. bovis* 和 *A. phagocytophilum* 同源性为 95.9%、96.2%。

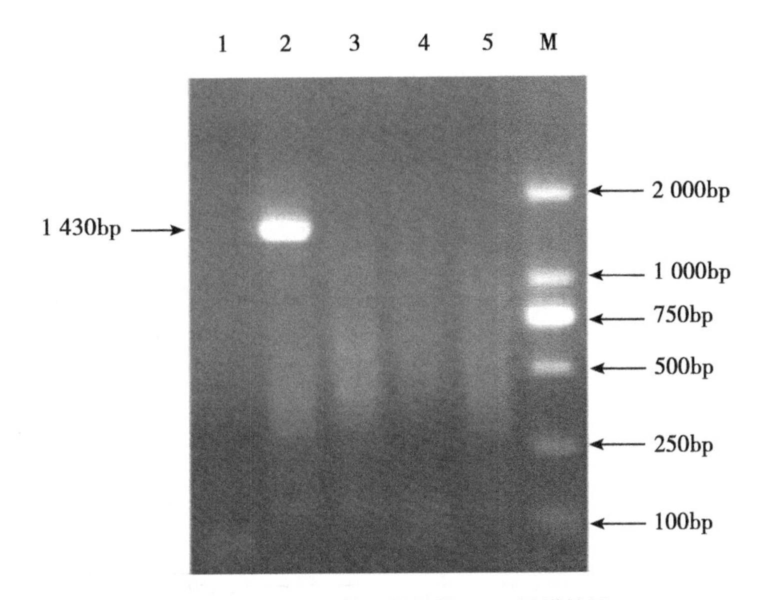

图1　16S rRNA 基因片段的 PCR 扩增结果

M. DNA 标准 DL2000；1~4. 野外样品 DNA；5. 洁净蜱 DNA 阴性对照

用上述 14 条 16S rRNA 基因序列构建进化树，结果显示 XG34 和 LYG106 分离株的 16S rRNA 基因序列与 *A. ovis*（AJ633049、AJ633050 和 AF414870）位于同一分支上。*A. marginale*、*A. centrale*、*A. bovis* 和 *A. phagocytophilum* 分别位于不同的分支上（图 2）。以上数据一致表明，本研究中检测到的病原是羊无浆体。

3　讨论

无浆体病是一类重要的自然疫源性疫病。主要病原有嗜吞噬粒细胞无浆体（*A. phagocytophilum*）、边缘无浆体、中央无浆体、牛无浆体（*A. bovis*）和羊无浆体。该病病原的传播媒介为硬蜱，研究已证实微小牛蜱（*Boophilus microplus*）、亚东璃眼蜱（*Hyalomma asiaticum*）、篦子硬蜱（*Ixodes ricirus*）和有纹革蜱（*Dermacentor pictus*）可传播边缘无浆体，草原革蜱（*D. nuttalli*）、银盾革蜱（*D. niveus*）、亚东璃眼蜱（*H. asiaticum*）和短小扇头蜱（*Rhipicephalus purmilio*）可传播羊无浆体，长角血蜱（*Haemaphysalis longicornis*）和巨棘血蜱（*H. megaspinosa*）可传播牛无浆体，全沟硬蜱（*Ixodes persulcatus*）可传播嗜吞噬细胞无浆体。羊无浆体广泛分布于世界各地，尽管致病性不是很强，但会影响养羊业的可持续发展。本研究应用常规 PCR 方法对西藏当雄地区的蜱样进行了检测，发现呈单一无浆体，即羊无浆体感染，感染率为 6.7%。西藏革蜱和银盾革蜱的感染率分别为 6.1%和 6.7%，不同蜱种的感染率差异不显著。从西藏革蜱和银盾革蜱的基因组中分别扩增到了羊无浆体 16S rRNA 基因，证明这两种蜱是该地区羊无浆体病的潜在传播媒介。对不同地区蜱感染无浆体结果分析显示，不同地区感染率有较大区别，其中乌玛乡最高，为 20.6%（14/68），当雄县城地区与龙仁乡样

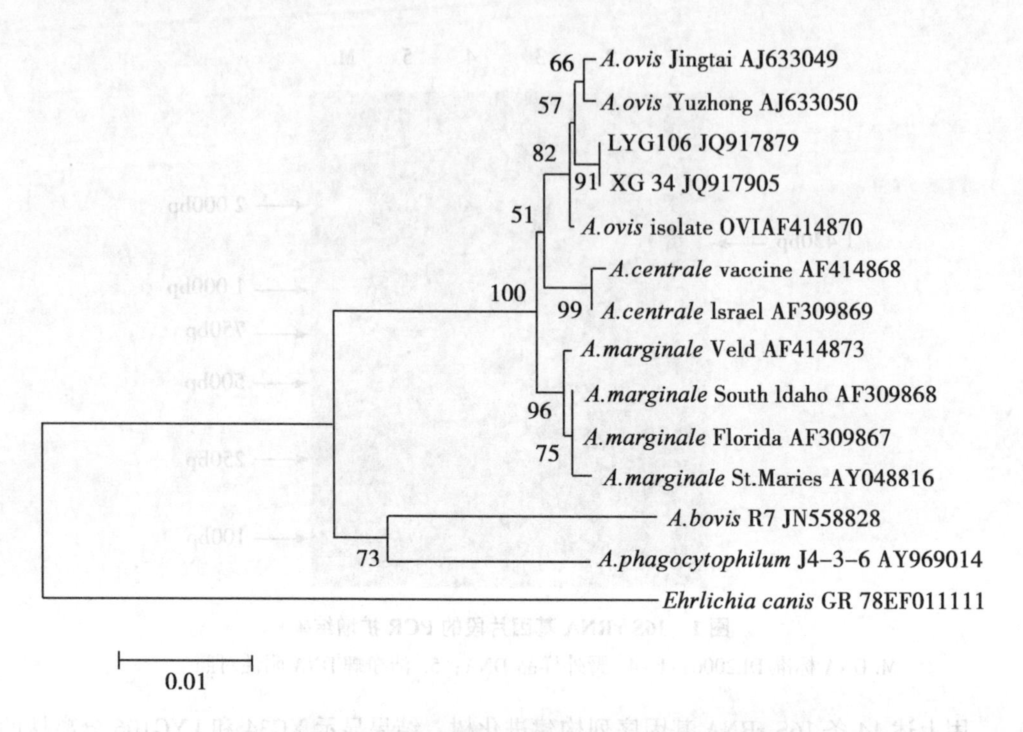

图 2　利用 16S rRNA 基因序列构建的无浆体系统发育树

品的阳性率较低，分别为 5.7%（5/88）和 4.2%（15/355）。已知羊无浆体对山羊和绵羊危害较为严重，而当雄县局部地区蜱绵羊无浆体感染率较高应引起当地兽医工作者的重视。

无浆体传统的检测方法有镜检和体外培养，但体外培养不易进行，尽管近年来边缘无浆体的体外培养取得了一定的进展，但至今尚未有羊无浆体体外培养的报道。镜检虽然比较省时省力，易于操作，但对于一些泰勒虫和巴贝斯虫混合感染病例，镜检较难有效地对病原进行区分。由于缺乏体外培养系统，缺乏合适的实验动物模型，也较难用显微镜镜检地方法准确的区分病原，把 16S rRNA 基因引入到了羊无浆体的分类学研究之中能较好的弥补传统分类学的缺陷。有研究以 16S rRNA 基因序列合成通用引物，对边缘无浆体进行了扩增，并提出了用这种方法对边缘无浆体系统发生关系研究的可能性，为无浆体病的分子分类学研究提供了依据。本试验就是基于这种方法，扩增出了大小为 1 430bp的特异性片段，将测序获得的 2 个克隆 XG34 和 LYG106 的 16S rRNA 基因序列作为代表序列与国内外报道的 11 株菌株的 16S rRNA 基因序列进行同源性及系统进化分析。从进化树上看出，从西藏地区检测到的羊无浆体与国内报道的 2 株羊无浆体和南非分离到的 *A. ovis* isolate OVI 分到了一个大的分支上，并且可区分边缘无浆体和中央无浆体，这些结果不但再次证明了该分类标准的应用价值和意义，也证明了 16S rRNA 在无浆体种内的高度保守性。这与周作勇获得的结果一致。

该病呈世界性流行，已报道的国家有伊朗、叙利亚、伊拉克、哈萨克斯坦、土库曼、乌兹别克斯坦和美国等。在我国新疆和布克塞耳蒙古自治县也发现有绵羊无浆体病。应用补体结合试验和病原检测相结合的方法对甘肃绵羊无浆体病的分布进行了调查，在陕西、甘肃、宁夏和青海四省（区）23个县的绵羊和山羊中发现绵羊无浆体病。近年来河南、山东、四川和广东发现有该病，给疫区的养羊业造成了威胁。本研究丰富了我国绵羊无浆体病的流行病学资料，提示西藏地区也有此病的分布。但本次采样地点集中在当雄县，不能代表整个西藏地区，在西藏地区开展更大规模的流行病学调查是在该地区开展本病研究的当务之急。

参考文献（略）

Rickettsia raoultii-like Bacteria in *Dermacentor* spp. Ticks, Tibet, China*

WANG Yuefeng[1], LIU Zhijie[1], YANG Jifei[1], CHEN Ze[1], LIU Jianzhi[2], LI Youquan[1], LUO Jianxun[1], YIN Hong[1]

(1. Author affi liations: Lanzhou Veterinary Research Institute, Lanzhou, Gansu, China; 2. Tibet Livestock Research Institute, Lhasa, Tibet, China)

To the Editor: *Rickettsia raoultii* is an obligate intracellular gram-negative bacterium belonging to the spotted fever group (SFG) of the genus *Rickettsia*. Genotypes RpA4, DnS14, and DnS28, originally isolated from ticks from Russia in 1999 (1), were designated as *Rickettsia raoultii* sp. nov. on the basis of phylogenetic analysis (2). *R. raoultii* has been found mainly in *Dermacentor* spp. ticks in several countries in Europe (3). It was detected in a *Dermacentor marginatus* tick from the scalp of a patient with tick-borne lymphadenitis in France (2), which suggests that it might be a zoonotic pathogen. We determined the prevalence of *R. raoultii*-like bacteria in *Dermacentor* spp. in highland regions in Tibet.

Ticks from sheep (*Ovis aries*) near Namuco Lake (a popular tourist destination 4 718m above sea level) were collected and identified morphologically as *D. everestianus* and *D. niveus* ticks (4). Genomic DNA was extracted from individual specimens by using the QIAamp DNA Mini Kit (QIAGEN, Hilden, Germany). All DNA samples were amplified by using PCRs specific for the citrate synthase (*glt*A, 770bp) gene (5) and the outer membrane protein A (*omp*A, 629bp) gene (6). Some samples were amplified by using a PCR specific for the *omp*B (2 479bp) gene (7).

Randomly selected amplicons for *gltA* ($n = 27$), *ompA* ($n = 31$), and *ompB* ($n = 7$) were cloned into the pGEM-T Easy vector (Promega, Shanghai, China) and subjected to bidirectional sequencing (Sangon Biotech, Shanghai, China). Sequences obtained were deposited in GenBank under accession nos. JQ792101-JQ792105, JQ792107, and JQ792108-JQ792166. Phylogenetic analysis was conducted for sequences we identified and sequences of recognized SFG rickettsial species available in Genbank by using the MegAlign program (DNASTAR, Inc., Madison, WI, USA) and MEGA 4.0 (8).

Of 874 tick specimens, 86 were *D. everestianus* ticks (13 male and 73 female), and 788 were *D. niveus* ticks (133 male and 655 female). Samples positive for *gltA* and *ompA* were

* 刊于《Emerging Infectious Diseases》2012 年 9 期

considered SFG rickettsial species. Using this criterion, we found that 739 tick specimens (84.6%) were positive for *Rickettsia* spp. Of 86 *D. everestianus* ticks, 85 (98.8%) were positive for *Rickettsia* spp. and of 788 *D. niveus* ticks, 654 (83.0%) were positive. Infection rates for male and female *D. niveus* ticks were 87.9% and 82.1%, respectively. We found an overall prevalence of 84.6% for *R. raoultii*-like bacteria in *Dermacentor* spp. in the highland regions in Tibet.

Nucleotide sequence identities ranged from 99.2% to 100% (except for isolate WYG55, which had an identity of 98.6%) for the *omp A* gene and from 99.2% to 99.9% (except for isolate XG86, which had an identity of 98.5%) for the *omp B* gene. These results indicated that homology levels of most isolates were within species thresholds (*omp A* ≈98.8% and *omp B* ≈99.2%) (9). Isolate WYG55 showed the lowest identity (98.2%) among *gltA* gene sequences and the lowest identity (98.6%) among *omp A* gene sequences. Isolate XG86 showed lowest identity (98.5%) among *omp B* gene sequences. These results suggest that other *Rickettsia* spp. were among the investigated samples.

A BLASTn search (www.ncbi.nlm.nih.gov/) for the obtained sequences was conducted. The best matches (highest identities) detected were with sequences of *R. raoultii*. However, comparison of our sequences with corresponding sequences of *R. raoultii* in GenBank showed identity ranging from 98.0% to 99.0% for *omp A* and from 98.1% to 99.0% for *omp B*, which did not meet the threshold (9) for *R. raoultii*. We compared the new sequences with corresponding reference sequences of universally recognized SFG group *Rickettsia* spp. in Genbank and constructed 2 phylogenetic trees (Figure). The new sequences were placed into separate branches, which were closely related to *R. raoultii* branches.

Prevalence of *R. slovaca* and *R. raoultii* was 6.5% and 4.5% in *D. silvarum* ticks in Xinjiang Uygur Autonomous Region of China (10). In contrast, we found that the overall prevalence of *R. raoultii*-like bacteria might be ≤84.6% in *D. everestianus* and *D. niveus* ticks in Dangxiong County in Tibet.

Our findings suggest that *D. everestianus* and *D. niveus* ticks are potential vectors of *R. raoultii*-like bacteria and indicate that spread of *R. raoultii*-like bacteria encompasses a large area in China. In the study sites, yak and Tibetan sheep are the major domestic animals, and rodents are the major wild animals. Rodents are also the major hosts of *Dermacentor* spp. ticks, which can transmit *R. raoultii* transstadially and transovarially (2). Animals bitten by infected ticks can acquire the pathogen and serve as natural reservoirs.

On the basis of phylogenetic analysis, we found that the *Rickettsia* spp. in ticks investigated represents a novel species, which can be designated *Candidatus* Rickettsia tibetani. However, additional phylogenetic studies are needed to obtain more information on the molecular biology of these bacteria.

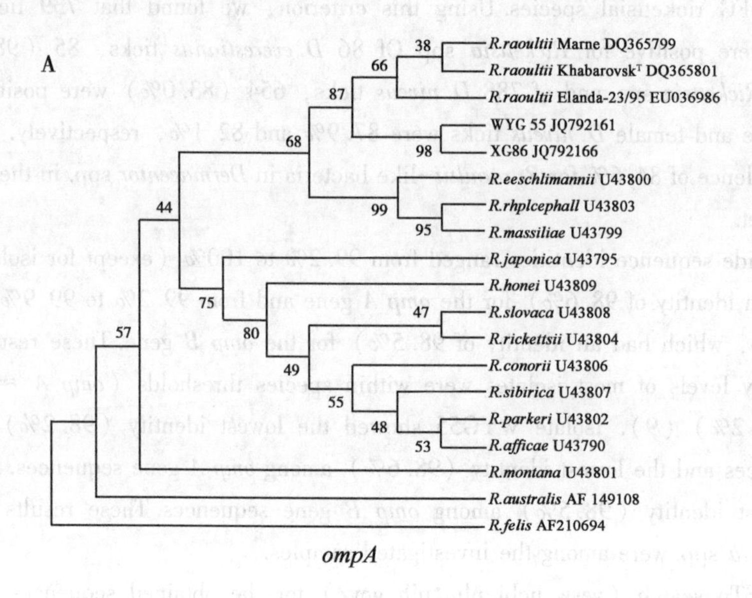

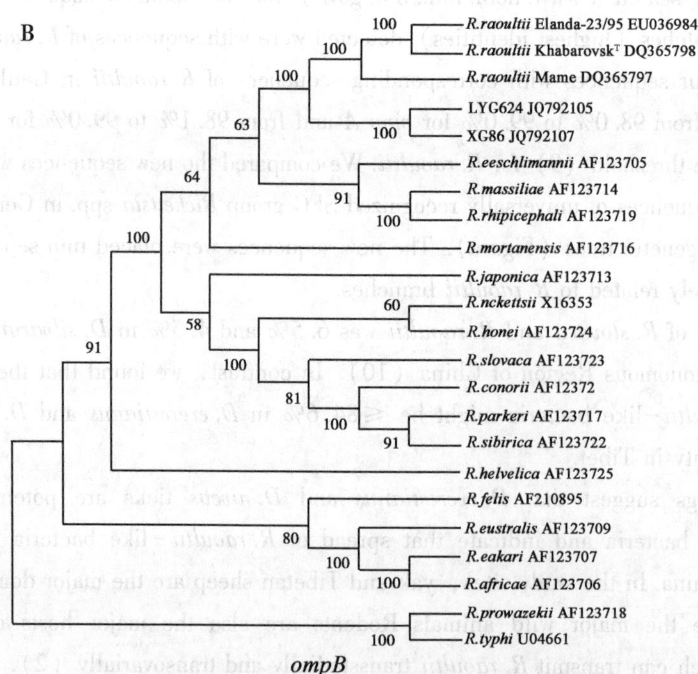

Figure Unrooted phylogenetic trees inferred from comparison of A) outer membrane protein A (*ompA*) and B) *ompB* gene sequences of rickettsial species by using the neighbor－joining method. Sequences in boldface were obtained during this study. Numbers at nodes are the proportion of 100 bootstrap resamplings that support the topology shown.

Acknowledgments

We thank Robin B. Gasser for providing comments and revising the manuscript.

This study was supported by the 973 Program (2010CB530206), the Key Project of Gansu Province (1002NKDA035 and 0801NKDA033), the National Science Foundation of China (30800820, 30972182, 31072130, and 31001061), the 948 Program (2012-S04), the National Beef Cattle Industrial Technology System, Ministry of Agriculture (CARS-38), the Network for Excellence for Epizootic Disease Diagnosis and Control (FOODCT-2006-016236), and the Improvement of Current and Development of New Vaccines for Theileriosis and Babesiosis of Small Ruminants (PIROVAC) Project (KBBE-3-245145) of the European Commission, Brussels, Belgium.

西藏部分地区藏猪弓形虫血清学调查研究*

贡　嘎[1]，普　琼[2]，落桑阿旺[1]，米　玛[1]，索朗斯珠[1]
（1. 西藏农牧学院；2. 西藏日喀则地区中等职业技术学校）

摘　要：为了掌握藏猪弓形虫感染情况，本试验应用间接血凝试验（IHA）、酶联免疫吸附试验法（ELISA）及弓形虫胶体金检测卡，对西藏部分地区藏猪血清进行了弓形虫抗体检测。结果表明：在检测的 195 份藏猪血清样品中 IHA 检出率为 3.1%，ELISA 检出率为 5.1%，胶体金检测卡检出率为 1%。说明西藏部分地区藏猪群中存在不同程度的弓形虫感染。

关键词：藏猪；弓形虫；血清学调查

弓形虫病是由刚地弓形虫引起的一种人兽共患性寄生虫病，该病在全世界广泛流行。西方国家人群平均感染率高达 15%左右，我国人体平均感染率达 8%。此病主要引发母猪死胎、流产，仔猪发热、呼吸困难、衰竭等症状，导致生产性能下降或死亡，当与免疫抑制性病原共同感染时，将会造成更为严重的经济损失。为了摸清西藏地区藏猪弓形虫感染情况，作者于 2011—2012 年初步对西藏拉萨、林芝部分地区藏猪进行猪弓形虫病血清学检测。

1　材料与方法

1.1　材料

1.1.1　样品采集

从西藏拉萨市堆龙县、墨竹工卡县、林周县、达孜县、尼木县、曲水县，林芝地区米林县、林芝县等地个体养猪户共采集藏猪血样 195 份，分离血清待检。

1.1.2　检测试剂

弓形虫间接血凝试验（IHA）试剂盒购自中国农业科学院兰州兽医研究所，IHA 抗原批号是 120301，阳性对照血清批号是 110925，阴性对照血清批号是 110925，稀释液批号是 2030；猪弓形虫抗体（IgG）诊断试剂盒（酶联免疫法）、弓形虫胶体金检测卡

* 刊于《中国畜牧兽医文摘》2013 年 2 期

均购自深圳市绿诗源生物技术有限公司。

1.1.3 仪器

酶标分析仪，型号：RT-6100，恒温培养箱等。

1.2 检测方法

1.2.1 间接血凝试验（IHA）

按照中华人民共和国农业行业标准 NY/T573-2002 的规定，在 96（12×8）孔 110°V 型有机玻璃板上进行检测，弓形虫 IHA 诊断制剂按瓶上标示毫升数加入灭菌蒸馏水稀释摇匀，15 000r/min 离心 5~10min，弃上清液，加等量的稀释液摇匀，置 4℃ 静置 24h 后使用。

1.2.1.1 操作方法

在 96 孔 110°V 型反应板中每孔加入 75μl 稀释液。在反应板的第 1 孔加待检血清、阳性对照血清、阴性对照血清各 25μl。稀释至第 3 孔，第 4 孔为稀释液对照。将诊断液摇匀，每孔加 25μl 诊断液后置微型振荡器上振荡 2min，盖上玻璃于 37℃ 作用 2h 后观察结果。

1.2.1.2 判定标准

在阳性对照血清效价不低于 1：1 024，阴性对照血清除第 1 孔允许有前滞现象“+”外、其余各孔均为“-”，稀释对照为“-”的前提下，对待检血清进行判定，否则重做。待检血清效价≥1：64，判为阳性，反之为阴性。

1.2.2 酶联免疫吸附试验（ELISA）

1.2.2.1 操作方法

加样：设阴性对照、阳性对照各 2 孔，分别加入不稀释的阴、阳性对照血清 100μl 于相应孔中。其余为样本孔，每孔加 100μl 样本稀释液，再分别加入样本 1μl。温育：加好样后振荡 10s，充分混匀，置 37℃ 温育 30min。洗板：甩去孔内液体，用洗涤液注满反应板孔，洗涤 5 次，每次停留 1min，最后一次洗后晾干。加酶：每孔加酶标记物 100μl。温育：置 37℃ 温育 30min。洗板：同上。显色：每孔加显色剂 A、显色剂 B 各 50μl，振荡混匀，37℃ 避光反应 15min。终止：每孔加终止液 50μl，振荡 10s，充分混匀。终止后 5~30min 内读数。

1.2.2.2 结果判定

临界值（CO.）= 0. 15。样本 A 值（S）/临界值（CO.）≥1，判定为 TOX-IgG 阳性；S/CO. <1，判定为 TOX-IgG 阴性。阴性对照血清 A 值应小于 0. 10，阳性对照 A 值应大于 0. 70，否则试验不成立，需重新做。

1.2.3 弓形虫胶体金检测卡

1.2.3.1 操作方法

在检测卡的加样孔内加入 2 滴（100μl）待检血清样品。将检测卡平放于桌面上，在室温下静置 5~20min 判定结果。超过 20min 的结果只能作为参考。

1.2.3.2 结果判定

阳性：在观察孔内，检测线区（T）及对照线区（C）同时出现紫红色线。弓形虫抗体滴度越高，检测线（T）颜色越深。弱阳性：在观察孔内，检测线区（T）及对照线区（C）同时出现紫红色线。阴性：在观察孔内，只有对照线区（C）出现一条紫红色线。失效：在观察孔内，对照线区（C）和检测线区（T）都不出现红色线；或仅检测线区（T）出现红色线。

2 结果

血清学检测结果详见表 1。

2.1 IHA 法检测结果

从个体养猪户收集猪血清 195 份，IHA 方法检测到 6 份为抗体阳性，抗体阳性率为 3.1%。

2.2 酶联免疫法检测结果

从个体养猪户收集猪血清 195 份，ELISA 方法检测到 10 份为抗体阳性，抗体阳性率为 5.1%。

2.3 胶体金检测结果

从个体养猪户收集猪血清 195 份，胶体金检测卡检测到 2 份为抗体阳性，抗体阳性率为 1%。

表 1 血清学检测结果

项目	血清数	阳性数	阳性率（%）
IHA	195	6	3.1
ELISA	195	10	5.1
胶体金	195	2	1

表 2 西藏部分地区藏猪弓形虫感染率与国内部分地区的比较

地区	阳性率（%）
新疆	66.4

（续表）

地区	阳性率（%）
海南	39.3
河北	35.7
河南	13.2
青海	12.0
北京	11.8
天津	26.1
广东	1.6
深圳	39.3
西藏	5.1

3 讨论

3.1 感染区域比较

弓形虫是一种呈世界性分布的人兽共患寄生虫病，该病的流行程度因当地的风俗文化、卫生设施和状况、地理位置及民族饮食习惯等诸多因素的不同而有所差异。而有关西藏地区弓形虫血清学调查文献报道甚少，故只能通过与其他省份进行比较和讨论。从表2可以看出，本次调查结果与国内某些省份相比较低。但西藏猪弓形虫病的流行情况及其危害性与其他地区相比是高还是低，需要更多方面的统计数据，有待进一步分析。

3.2 检测方法比较

3.2.1 间接血凝试验（IHA）

该方法简便、快速，主要应用于基层临床检查。但IHA方法存在与犬新孢子虫的交叉反应、重复性差、抗原不稳定的缺点。

3.2.2 酶联免疫吸附试验（ELISA）

本次实验结果表明，酶联免疫吸附试验比其他血清学反应的敏感性和特异性高，检出率为5.1%，较其他2种方法检出率高。但此方法实验条件要求较高，基层难以采用。

胶体金法检测具有简便、快速无需特殊设备及结果易于判断的优势，但胶体金法敏感度、特异性偏低，本次实验此法检出率为1%，较IHA法和ELISA法的检出率低，因此，此法主要用于初筛。

参考文献（略）

西藏部分地区黄牛弓形虫血清检测报告*

李　坤，韩照清，高建峰，刘梦媛，张　鼎，李家奎
（华中农业大学动物医学院）

摘　要：应用间接血凝试验（Indirect hemagglutination test，IHA）对在 2013 年间采自西藏的 116 份黄牛血清进行弓形虫血清学检测。结果检出阳性血清 14 份，阳性率为 12.07%。统计数据表明西藏黄牛群中存在弓形虫的感染。本研究旨在摸清西藏黄牛群中弓形虫感染情况，为该病的防治提供理论依据。

关键词：西藏；黄牛；弓形虫；IHA

弓形虫病（Toxoplasmosis）是一种由刚地弓形虫（*Toxoplasma gondii*）引起的感染人、畜、鸟类等多种动物的人畜共患病，该病呈世界性分布。弓形虫是一种广泛存在于细胞内的机会性致病原虫，免疫功能正常的宿主感染后多呈无症状带虫状态，但免疫功能受损及先天感染者常导致严重的后果。弓形虫最早是在 1908 年于突尼斯的龚第梳趾鼠体内发现，1923 年首次发现于人体。1955 年，我国学者于恩庶在猫、兔体内检获虫体；1964 年，谢天华在江西报道了人体内病例。此外，1977 年上海市农科院报道了猪的群发病例。弓形虫感染不仅给畜牧业带来重大的经济损失，更潜在威胁人的健康。动物感染弓形虫往往发生流产、不孕、死胎；而人同样对弓形虫易感，尤其是免疫缺陷或低下者、癌症患者、孕妇及幼儿等。孕妇感染弓形虫往往引发流产、早产、畸胎、死胎、弱智儿等一系列疾病；艾滋病患者感染常可导致严重的并发症，甚至死亡。牛弓形虫病主要表现出共济失调和神经症状，常见呼吸困难、咳嗽、打喷嚏及发热；先天性感染弓形虫病的犊牛和羊羔的症状为发热、咳嗽、打喷嚏、鼻腔多分泌物、痉挛性抽搐、惊厥、磨齿、头颈战颤及呼吸困难。怀孕的牛感染弓形虫后常常出现流产，多产死胎、弱胎。目前，有关西藏地区黄牛弓形虫感染情况的系统调查研究还很少。为摸清西藏黄牛的弓形虫感染情况，笔者于 2014 年 1 月应用间接血凝法对西藏部分地区黄牛进行了弓形虫血清学检测。

1　材料与方法

1.1　血清制备

2013 年 10 月，在西藏地区黄牛群中随机采集血清 116 份，其中，江达县 31 份、朗

* 刊于《中国奶牛》2014 年 18 期

县37份、米林县48份。血清-20℃保存，检测前在室温下自然解冻。

1.2　试剂

牛弓形虫间接血凝检测试剂盒及弓形虫抗原均购自中国农业科学院兰州兽医研究所。

1.3　试验方法

检测步骤按照弓形虫间接血凝诊断试剂盒说明书进行。将IHA抗原按瓶签所标毫升数用灭菌蒸馏水稀释摇匀，1 500~2 000r/min离心5~10min，弃上清液，加等量稀释液摇匀，置4℃保存，24h后使用。稀释后的诊断液，10d内效价不变。检测在96（12×8）孔110°V型有机玻璃（聚苯乙烯）微型反应板上进行。设置阴性、阳性及稀释液对照。

1.3.1　加稀释液

每孔加0.075ml稀释液。

1.3.2　加样品、阳性及阴性对照血清

第一孔加相应血清0.025ml。

1.3.3　稀释

血清样品稀释至第3孔，阴、阳性对照血清稀释至第7孔。阴、阳性对照血清的第8孔及血清样品的第4孔为稀释液对照。

1.3.4　加诊断液（抗原）

将诊断液摇匀，每孔加入0.025ml加完后将微量反应板放在微量振荡器上振荡1~2min，直至诊断液中的血细胞分布均匀。从振荡器上取下反应板，盖上一块与反应板大小相近的玻璃片或干净的纸，以防灰尘落入，于22~37℃放置2~3h后观察结果。

1.4　判断标准

在阳性对照血清滴度不低于1∶1 024、阴性对照血清除第1孔允许存在前滞现象（+）外，在其余各孔均为（-），稀释液对照为（-）的前提下，对被检血清进行判定，否则应检查：①操作是否正确无误；②反应板、稀释棒等是否洗涤干净；③稀释液、诊断液、对照血清是否有效；④其他原因。

待检血清效价达到或超过1∶64为阳性。“++”为阳性终点。

2 检测结果

表 1 西藏部分地区黄牛弓形虫血清检测结果

地区	检测血清数（份）	阳性血清数（份）	阳性率（%）
江达县	31	4	12.90
朗县	37	2	5.41
米林县	48	8	16.67
总计	116	14	12.07

由表 1 可知，西藏部分地区黄牛群弓形虫阳性率为 12.07%。具体为：江达县 12.90%，朗县 5.41%，米林县 16.67%。米林县弓形虫血清阳性率较江达县、朗县血清阳性率高。朗县弓形虫阳性率最低，而江达县、米林县弓形虫阳性率均高于平均水平。

3 讨论

弓形虫是一种对人畜危害较严重的机会性感染原虫。1959 年，我国首次检测出弓形虫病，20 世纪 70 年代后期我国兽医工作者加大了对弓形虫病的重视。弓形虫病的调查研究逐渐深入，不同动物感染弓形虫不断被报道。其中，关于牛感染弓形虫的报道有：2007 年，米晓云等采用间接血凝的方法检测新疆地区牛血清 72 份，阳性 23 份，阳性率 31.94%。2008 年，陈才英通过间接血凝的方法检测青海省大通县牦牛血清 49 份，阳性 29 份，阳性率为 67.4%。2011 年，赵全邦等采用间接血凝的方法检测青海省德令哈地区牛血清 97 份，阳性 13 份，阳性率为 13.4%，其中黄牛血清 47 份，阳性 3 份，阳性率为 6.38%。本调查中西藏黄牛的血清检测结果高于赵全邦等报道的青海德令哈地区黄牛血清阳性率，但低于其他地区所报道的牛血清阳性率。本次检测表明，西藏地区黄牛弓形虫感染较严重，应引起足够重视。

弓形虫可经饮食（生牛奶、未煮熟的肉等）、污染的水源、接触感染禽畜、胎盘、输血等途径传播，并有家庭聚集现象。弓形虫感染会造成家畜生长缓慢、饲料利用率下降、生产性能低下，并且长期带虫，严重时死亡；还可导致动物繁殖生产异常、流产、死胎等。总之，弓形虫感染不仅会给畜牧业带来重大经济损失，也威胁人体健康。防治弓形虫的关键是加强家畜的弓形虫检测，早发现、早处理。不仅可以减少畜牧养殖业的经济损失，也是维护人类健康的一种公共卫生措施。

多种动物对弓形虫都有一定的免疫力，感染后往往不表现临床症状，弓形虫可在组织内形成包囊后而转为隐性感染。包囊是弓形虫在中间宿主体内的最终形式，可存活数月甚至终生。因此某些地区家畜弓形虫感染率虽然比较高，但急性发病却不多。所以即使牛场等没有弓形虫的病史，仍然不可忽视对该病的防治工作。目前牛弓形虫的防治措施主要有：成牛与犊牛分开饲养，圈舍保持清洁，定期消毒；防止猫及其排泄物污染牛舍、饲料、饮水；做好流产胎儿及其排泄物的消毒处理。

弓形虫病属于二类动物疫病，多种动物都有感染弓形虫发病的报道，但牛弓形虫病尚未受到足够的重视。西藏是我国五大牧区之一，海拔高、气候环境复杂、草场广阔，家养牛种主要有牦牛、黄牛等，总数600万头以上，其中黄牛近100万头。但由于地理环境和实验条件等因素的限制，有关西藏地区黄牛弓形虫的调查研究很少。所以，为进一步完善西藏地区黄牛弓形虫血清学检测，笔者所在实验室将在今后加大样本采集数量，扩大样本采集范围，为全面掌握西藏地区黄牛弓形虫感染情况和综合防治提供参考依据。

参考文献（略）

西藏部分地区黄牛犬新孢子虫流行病学调查*

李　坤[1]，高建峰[1]，韩照清[1]，刘梦媛[1]，张　鼎[1]，李家奎[1,2]
（1. 华中农业大学动物医学院；2. 西藏农牧学院动物科学学院）

摘　要：应用酶联免疫吸附法（Enzyme linked immunosorbent assay，ELISA）对在2013年间采自西藏的197份黄牛血清进行犬新孢子虫血清学检测。结果检出阳性血清14份，阳性率为7.11%。数据表明，西藏黄牛群中存在犬新孢子虫的感染。该研究旨在摸清西藏黄牛群中犬新孢子虫感染情况，为制定该病的防治措施提供理论依据。

关键词：西藏；黄牛；犬新孢子虫；酶联免疫吸附法

犬新孢子虫（*Neospora caninum*）于1984年由挪威兽医学家在患脑炎和肌炎的幼犬体内首次发现，1988年Dubey博士将其命名为新孢子虫。新孢子虫病（Neosporiasis）是由犬新孢子虫寄生在犬、牛、马、羊等多种宿主动物细胞内引起的一种原虫病。犬为其终末宿主，中间宿主范围较广，如牛、羊、马、鹿、猪、鼠、猫和兔等。虽然新孢子虫病是多种家畜共患的一种原虫病，但它对牛的危害尤为严重。感染新孢子虫的动物临床主要表现为母畜流产、产死胎以及新生儿的运动障碍和神经系统疾病。新孢子虫可以垂直传播和水平传播，而牛群中的主要传播途径是垂直传播，母牛可以将新孢子虫经胎盘传染给子代牛，在其随后的妊娠过程中，反复发生上述情况。此外，新孢子虫病还会造成母畜乳量下降和繁殖能力降低等。不同地区新孢子虫病感染程度不同，差异性较大。

迄今为止，还没有防治新孢子虫病的有效药物和疫苗，淘汰病牛是当前仅有的该病防治方法。新孢子虫病呈世界性分布，英国、美国、澳大利亚、新西兰、南非、韩国等30多个国家都有发生。在美国，42.5%的牛流产是由新孢子虫病引起的，英国为12.5%，韩国为19.5%。目前，有关西藏地区黄牛新孢子虫感染情况的系统调查研究还很少，为摸清西藏黄牛的新孢子虫感染情况，笔者于2014年2月应用酶联免疫吸附法（ELISA）对西藏部分地区黄牛的血清进行了新孢子虫血清学检测，为制定该病的防治措施提供理论依据。

1　材料与方法

1.1　血清样品

2013年10月，在西藏地区黄牛群中随机采集血清197份，其中江达县51份、朗县

* 刊于《中国奶牛》2014年14期

49 份、米林县 97 份，血清-20℃保存，检测前在室温下自然解冻。

1.2 试剂

犬新孢子虫抗体 ELISA 检测试剂盒，购自 IDEXX 公司。

1.3 抗体检测

按犬新孢子虫抗体 ELISA 检测试剂盒说明书进行检测。

1.4 判断标准

阳性对照平均值减去阴性对照平均值的差必须大于或者等于 0.150；阴性对照平均值必须小于或者等于 0.200，试验结果才有效。

检测样品的阳性比值（RATIO）大于或者等于 0.50，认为是犬新孢子虫抗体阳性，反之为阴性。

2 结果

表 1 黄牛犬新孢子虫血清抗体检测结果

地区	检测血清数（份）	阳性血清数（份）	阳性率（%）
江达县	51	3	5.88
朗县	49	1	2.04
米林县	97	10	10.31
总计	197	14	7.11

由表 1 可知，西藏部分地区黄牛群新孢子虫平均阳性率为 7.11%，其中，江达县 5.88%、朗县 2.04%、米林县 10.31%。米林县新孢子虫血清阳性率较江达县、朗县血清阳性率高。朗县新孢子虫阳性率最低，江达县和朗县新孢子虫血清阳性率均低于平均水平。

3 讨论

自 2002 年徐雪平等首次在国内报道犬新孢子虫病，我国对犬新孢子虫的研究不断加深，不同地区都有过犬新孢子虫病的报道。2006 年，丁德等应用 ELISA 方法对吉林省部分地区黄牛进行新孢子虫病检测，梅河、舒兰、珲春、双阳地区黄牛的新孢子虫阳性率分别为 4.55%、7.14%、10.53%、16.67%。2006 年蔡光烈等采用间接荧光抗体试验（IFAT）方法，对吉林省 7 个地区的1 091份牛血清进行牛新孢子虫病的流行病学调查，检出阳性血清 189 份，阳性率为 17.32%。2010 年，加娜尔·阿布扎里汗等应用重组间接 ELISA 方法对北疆部分地区流产奶牛进行新孢子虫调查，检测出阳性血清 27 份，阳性率为 14.9%（27/181）。2011 年，石东梅等通过对河南省豫东、豫西、豫南、豫北和郑州市五地区 27 家奶牛小区的 468 头奶牛进行新孢子虫检测，发现阳性血清 79 份，阳性率为 16.88%。2013 年张焕容等采用间接 ELISA 法对川西北牦牛进行新孢子虫血清学调查，检测出阳性血清 65 份，阳性率为 6.1%（65/1070）。本次对西藏黄牛的新孢子虫血清检测结果与其他地区牛群检测结果相近，但由于采样等差异，难以比较。检测结果表明西藏地区黄牛群确实存在犬新孢子虫感染，应引起重视。

目前，国内外对新孢子病的防治研究多数仍处于动物试验阶段，尚无治疗新孢子虫病的特效药，并且临床报告较少，结论多不一致，主要以预防为主。所以，新孢子虫病有待于进一步研究。对于黄牛群的新孢子虫血清学检测，可以为防治该病提供一定的依据和参考。同时，需要扩大血清采集范围，增加样本采集数量。

参考文献（略）

西藏家畜三种绦虫蚴病感染情况的调查*

夏晨阳[1]，刘建枝，次仁多吉[1]，元振杰[1]，
格桑卓嘎[1]，班　旦[1]，冯　静[1]宋天增[1]，边　吉[2]
（1. 西藏自治区农牧科学院畜牧兽医研究所；2. 尼木县农牧局兽医站）

摘　要：采用剖检法检查西藏5县147只山羊、118只绵羊、114头牦牛、88头黄牛内脏器官、网膜、肠系膜、脑等组织器官，采集寄生虫幼虫，调查西藏家畜主要带科中绦期幼虫（细颈囊尾蚴、棘球蚴、多头蚴）的感染情况和危害程度。结果显示，山羊细颈囊尾蚴、棘球蚴、多头蚴总体感染率分别为46.94%、4.08%、0，绵羊分别为62.77%、13.83%、4.26%；牦牛棘球蚴、多头蚴感染率分别为15.79%、2.63%，黄牛的感染率分别为4.55%、0，说明绵羊更易感脑多头蚴；截至目前暂未在西藏发现山羊感染多头蚴；牦牛感染率幼畜与成年畜间差异极显著（$P<0.01$），说明幼畜更易感。结果表明，西藏家畜这3种绦蚴病感染强度仍很高，需开展深入研究，加强寄生虫病防控工作。

关键词：西藏；家畜；细颈囊尾蚴；棘球蚴；脑多头蚴

脑包虫病（Coenurosis）由脑多头蚴（*Coenurus cerebralis*）（又称脑包虫/脑共尾蚴）引起，脑多头蚴是多头带绦虫（*Taenia multiceps*）或称多头多头绦虫（*Multiceps multiceps*）的中绦期幼虫。脑多头蚴寄生于牛、羊、骆驼等动物的大脑内，有时能在延脑或脊髓中发现，人也能偶尔感染。它是危害羔羊与犊牛的严重的寄生虫病病原。成虫寄生于犬、狼、狐狸的小肠中。

棘球蚴病（echinococcosis）又名包虫病（hydatidosis），由棘球蚴（Hydatid cyst）（又称包虫）引起，是棘球绦虫的中绦期幼虫。棘球蚴寄生于牛、羊、猪、马、骆驼等家畜及野生动物和人的肝、肺及其他器官中。由于棘球蚴生长力强、体积大，不仅压迫周围组织使之萎缩和功能障碍，还易造成继发感染，如果棘球蚴囊壁破裂可引起过敏反应，甚至死亡，是重要的人兽共患寄生虫病。在各种动物中，该病对绵羊和骆驼的危害最为严重。棘球绦虫寄生于犬、狼、狐狸等动物的小肠中。棘球绦虫世界公认有4种，我国有2种，多见细粒棘球蚴（*Echinococcus granulosus*）。西北地区、内蒙古、西藏和四川流行严重，其中，以新疆最为严重。绵羊感染率最高，受威胁最大。

细颈囊尾蚴（*Cysticercus tenuicollis*）是泡状带绦虫（*Taenia hydatigena*）的中绦期幼虫，寄生于绵羊、山羊、猪，偶见于牛及其他野生反刍动物的肝浆膜、大网膜、肠系膜及其他器官中。分布极其广泛，在我国各省、区、市均有报道。对幼年动物有一定的危害。成虫寄生于犬、狼和狐狸等动物的小肠内。

---

* 刊于《中国兽医科学》2014年11期

带科绦虫幼虫的感染，不仅危害公共卫生安全，还因肉产品、内脏器官受污染造成重大经济损失。患畜生产性能降低，如果感染强度高的情况下可导致家畜死亡。

2012年，西藏主要家畜牛625万头、羊1 352万只，数量占西藏家畜总量的96.16%，主要以家庭式分散饲养。在西藏广大的农牧区，无屠宰加工厂，屠宰多在农户家、草地上进行，使得野犬及其他食肉动物极易吃到家畜屠宰后含带科绦虫幼虫的废弃物。犬作为上述3种寄生虫病重要的终末宿主，在这些寄生虫病中的传播过程中发挥重要作用。西藏家畜寄生虫类型丰富，共有249种，寄生虫病普遍严重，危害大，给西藏畜牧业生产造成巨大经济损失。张永清等的调查研究结果显示，西藏申扎县绵羊棘球蚴、细颈囊尾蚴感染率分别为6.67%、63.33%，山羊棘球蚴、细颈囊尾蚴感染率分别为6.4%、41.94%，牦牛棘球蚴感染率为5.00%。

自20世纪70年代以来，西藏兽医科研人员开展了大量的寄生虫病研究，通过动物剖检法，详细记录不同地区家畜体内带科中绦期幼虫感染情况。

1 材料与方法

1.1 调查范围和家畜

调查区域包括西藏日喀则地区康马县、江孜县以及拉萨市墨竹工卡县、林周县、当雄县。接受调查的家畜种类包括绵羊、山羊、牦牛、黄牛。在上述5县，随机抽取牦牛114头、黄牛88头、绵羊118只、山羊147只。

1.2 检查方法

采用剖解检查法，主要检查家畜动物肠系膜、大网膜、腹膜、肝浆膜、脾表面及胸腔、颅腔等部位，记录数量及寄生部位。

1.3 数据分析

采用χ^2检验，分析家畜中绦期多头蚴幼虫感染率在种属间差异性。

2 结果

2.1 感染情况

经χ^2检验分析，绵羊与山羊多头蚴的感染率（表1、表2）差异显著（$P<0.05$），说明绵羊更易感，截至目前暂无在西藏发现山羊感染多头蚴；牦牛感染率幼畜与成年畜间差异极显著（$P<0.01$），说明幼畜更易感。

表 1　不同性别、年龄山羊、绵羊带科中绦期幼虫的感染率

疾病	山羊					绵羊				
	公	母	幼畜	成年	合计	公	母	幼畜	成年	合计
细颈囊尾蚴（%）	52.63% 30/57	43.33% 39/90	29.41% 15/51	56.25% 54/96	46.94% 69/147	64.29% 54/84	61.54% 64/104	62.07% 36/58	63.08% 82/130	62.77% 118/188
棘球蚴（%）	10.53% 6/57	0.00% 0/90	5.88% 3/51	3.13% 3/96	4.08% 6/147	4.76% 4/84	21.15% 22/104	10.34% 6/58	15.38% 20/130	13.83% 26/188
多头蚴（%）	0.00% 0/57	0.00% 0/90	0.00% 0/51	0.00% 0/96	0.00%[a] 0/147	4.76% 4/84	3.85% 4/104	0.00% 0/58	6.15% 8/130	4.26%[b] 8/188

注：同一行中右上角标有不同小写字母的数据之间差异显著（$P<0.05$），标有不同大写字母的数据之间差异极其显著（$P<0.01$），下表同

表 2　不同性别、年龄牦牛、黄牛棘球蚴和多头蚴的感染率

疾病	牦牛					黄牛				
	公	母	幼畜	成年	合计	公	母	幼畜	成年	合计
棘球蚴（%）	10.53% 6/57	21.05% 12/57	0.00% 0/9	17.14% 18/105	15.79% 18/114	0.00% 0/56	12.50% 4/32	0.00% 0/64	16.67% 4/24	4.55% 4/88
多头蚴（%）	5.26% 3/57	0.00% 0/57	33.33%[A] 3/9	0.00%[B] 0/105	2.63% 3/114	0.00% 0/56	0.00% 0/32	0.00% 0/64	0.00% 0/24	0.00% 0/88

2.2　寄生部位及病理变化

细颈囊尾蚴主要寄生于肠系膜、大网膜、腹膜、盆腔，少数寄生于脾脏的表面；棘球蚴主要寄生于肝脏、肺脏；多头蚴主要寄生于脑部（图 1）。

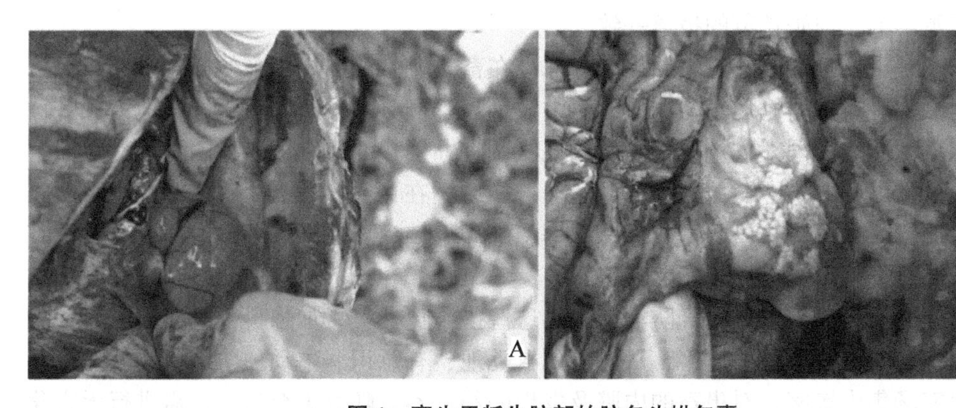

图 1　寄生于牦牛脑部的脑多头蚴包囊

注：A. 乳白色的脑多头蚴包囊；B. 包囊内清晰可见的原头蚴

细颈囊尾蚴患畜：肝脏浆膜、肠系膜、大网膜上具有数量不等、大小不一的虫体泡囊，严重者在肺和胸腔处发现虫体。对羔羊、仔猪危害较为严重，在肝中移行的幼虫，有时数量很多，破坏肝实质和微血管，穿成孔道，导致出血性肝炎。此时病畜表现不

安、流涎、不食、腹泻与腹痛等症状，可能以死亡告终。

棘球蚴患病家畜：肝、肺表面凹凸不平，肝、肺明显肿大，有大小不等的灰白色、半透明的包囊组织；直径最大可达 7cm，而小的仅有米粒大小。

脑多头蚴患病家畜：头骨萎缩，变薄，脑受包囊压迫坏死，脑充血、颅腔积液。

3 讨论

本研究结果显示，西藏山羊、绵羊公畜细颈囊尾蚴发病率较母畜高，与 Oryan 等报道相符；感染率比 Oryan 等报道的高；与张永清等报道相比绵羊略低，山羊略高。山羊、绵羊高感染率的根本原因在于饲养管理粗放。

本研究结果显示，西藏山羊、绵羊、黄牛棘球蚴病感染率与 Oryan 等报道相比均低；与 Dalimi 等报道的相比也低；与张永清等的报道相比绵羊较高，山羊略低；与赵玉敏等的报道相比，西藏牦牛感染率较高。

本研究结果显示，山羊脑多头蚴感染率与戴荣四等的报道相比，西藏山羊多头蚴感染率极低，暂未发现山羊感染多头蚴。牦牛脑多头蚴感染率与沈秀英等的报道相比，西藏家畜感染率较低。未见报道西藏黄牛感染多头蚴。

西藏畜牧业生产方式、自然环境决定了家畜寄生虫病的现状。西藏农牧区家畜屠宰无固定的场所，没有无害化处理设备或措施，加之科普宣传工作不到位，农牧民不知道这些寄生虫病的危害及传播途径，屠宰时含寄生虫的脏器随意丢弃，野犬食之，造成广泛流行。牧区野犬较多是造成该病流行的主要原因。陈裕祥等的调查研究显示，西藏拉萨市林周犬类多头绦虫感染率达高 27.27%，由此可见，犬作为终末宿主，其感染率的高低决定了当地家畜养殖业的质量，尤其是以棘球蚴为代表的重要人畜共患病。

本调查研究显示，肝浆膜、肠系膜、大网膜、肝实质的感染率较高，这对家畜的生长带来严重影响，与张长英的报道一致。

棘球蚴是重要的人兽共患病，控制棘球蚴在畜牧业生产中有更多的社会意义与经济意义。西藏人感染棘球蚴病较为严重，王洪波等、李群英等报道了西藏不同地区肝棘球蚴病人感染情况。全国人体重要寄生虫病现状调查办公室的研究显示，四川、西藏两省（区）的带绦虫感染率上升幅度最为明显，棘球蚴病在西部地区流行仍较严重，农村、牧区广为流行，农民、牧民的寄生虫感染率、患病率较高，并导致一定的病死率，尤其对女性和儿童。

控制绦虫幼虫必须采取综合防治措施，这些措施包括：①加强科普宣传力度，让农牧民了解该病的感染途径及危害，从而做到自觉地、有意识、主动预防绦虫蚴病；②建立定点屠宰场集中屠宰，对患畜的内脏及发现的幼虫不得随意丢弃喂犬，需进行无害化处理；③在野犬多的放牧场所，扑杀野犬，家犬最好圈养或拴养，定期驱虫，每年 8 次，采用吡喹酮 30mg/kg 驱虫，粪便集中处理；④治疗：丙硫苯咪唑，剂量 90mg/kg 体重，服用 3 次，每次间隔 7d；吡喹酮，25~30mg/kg 体重，服用 3 次，每次间隔 7d。

参考文献（略）

西藏察隅县营区蚊虫的组成及分布特征*

余　静[1]，石清明[1]，陈锚锚[1]，张富强[1]，郑　颖[1]，胡小兵[1]，胡挺松[1]，
郭　平[1]，古良其[1]，李　明[1]，何　彪[2]，王茂吉[3]，范泉水[1]
（1. 成都军区疾病预防控制中心；2. 军事医学科学院军事兽医研究所，
吉林省人兽共患病防控重点实验室；3. 西藏军区疾病预防控制中心）

摘　要：调查察隅县营区室内外蚊虫的组成及其空间分布情况。采用二氧化碳诱蚊灯法和帐诱法，对院落、畜圈外周和野外林地3种栖息环境内的蚊虫进行调查取样、分类鉴定和计数，所获资料分别应用数量和分布型进行统计分析。本次调查共捕获蚊类2亚科4属6种共822只，其中，伪杂鳞库蚊数量最多，占捕获总数的86.25%；其次是多斑按蚊和骚扰阿蚊，分别占5.47%和5.23%；在不同栖息环境捕获次数中，人房中最高是伪杂鳞库蚊，占分布类型0.476，畜圈周围较高的是带足按蚊、多斑按蚊和骚扰阿蚊，占分布类型0.750、0.818和0.615，刺扰伊蚊仅在林地捕获。伪杂鳞库蚊不仅在数量上占优势，并偏好入室活动；提示在防治时室内采取滞留喷洒，室外重点进行滋生地治理；带足按蚊和多斑按蚊偏向于在畜圈活动，畜圈应是该两种蚊虫的重点防治区域。

关键词：蚊虫；群落结构；西藏

林芝地区是西藏自治区唯一有疟疾发生与流行的地区，又以墨脱和察隅县为集中发病区域，2005年前，当地疟疾一直处于低发状态，2005年墨脱县发生暴发流行，当年和次年该县疟疾发病率分别为568.48/10万和694.08/10万，此后，疟疾流行区的疫情不稳定，2010年发病率已位于全国第2位。当地疟疾的预防控制主要采取室内滞留喷洒杀灭媒介蚊虫的方法。但是，由于当地县级疾病防治专业机构条件简陋，疟防专业人员缺乏，致使传疟媒介的相关资料缺乏，影响媒介控制效果，疟疾一直是影响当地居民健康的重要疾病。

蚊虫局部控制是疟疾防治的一种非常重要、有效的方法，能够代替传统疟疾防治方法。疟疾的传播不仅有时间动态，还有空间结构的变化，这种两维度的变化与传播媒介疟蚊的时间分布和空间组成密切相关。蚊虫局部控制在有效的范围内考虑了疟蚊的时间变化和空间组成，做到有的放矢，各个击破，蚊虫控制效果好。林芝地区疟疾蚊虫种群的时间分布资料多年来已经用于指导当地蚊虫的防治，例如，指导选择合适的时间实施室内滞留喷洒。然而至今，当地疟蚊分布的空间资料却未见报道。林芝地区疟疾蚊虫的调查仅关注室内叮咬蚊虫，这是因为疟疾的传播大部分发生在室内，也因为室外叮咬蚊虫密度调查有困难。事实上，室外蚊虫对疟疾的传播更具有重要意义。室外蚊虫受室内滞留喷洒的影响小，室外的蚊虫逐渐成为室内蚊虫重要部分，增加了疟疾发生概率。只

* 刊于《中国媒介生物学及控制杂志》2014年5期

有掌握疟疾传播媒介种群分布的动态机制，对指导室内滞留喷洒和室外杀虫剂喷洒才更具意义。诱蚊灯和帐诱法同以房屋取样的技术相比，可以做到严格一致的空间取样结构，是有效的室外蚊虫密度调查方法。本研究采用这两种方法调查察隅县下察隅镇室外蚊虫的种群空间分布结构，同时使用电动吸蚊器调查室内栖息蚊虫的种类和数量，为指导当地疟疾的局部控制技术实施提供依据。

1 材料与方法

1.1 调查区自然概况

察隅县位于西藏自治区东南部，全县总面积31 659km^2，东西长250km，南北宽约180km，全县总体地势西北高，东南低，海拔高差可达3 600m，属于典型高山峡谷和山地河谷地貌。依地势气温自东南向西北逐渐下降，水平距离仅数十公里的范围内，可出现从热带、亚热带到温带、寒温带和寒带气候的垂直变化。由于特有的地貌特征，全县形成了不同的小气候区，不同的地区气候各异。下察隅镇海拔低，属于亚热带山地季风湿润气候，温和多雨，日照时间长，年平均气温15~20℃，年平均无霜期达200d以上，年平均降水量为800mm，降水集中在4—6月，雨热同季。

1.2 研究方法

1.2.1 调查的空间范围

本次调查时间为2013年6月，选择察隅县南部的下察隅镇3个营区作为蚊虫采集点，它们分别是位于下察隅镇的西藏军区某边防团（海拔2 200m）、西藏军区某边防团卫生队（海拔2 000m）和某边防连（海拔1 600m）。蚊虫采集地生境分为人房内、院落、动物畜圈和野外林地。

1.2.2 调查方法

CO_2诱蚊灯（MT-1型，军事医学科学院微生物流行病研究所，北京隆冠科技发展有限公司）用于室外蚊虫的收集。选择人房外院落、畜圈周围作为挂灯点，不同环境布放1个诱蚊灯。诱蚊灯分时段挂放，分别于07:30—11:00和19:00—22:00进行蚊虫诱集。CO_2诱蚊灯距离地面高度约1.5m，蚊虫诱捕设置的CO_2流量为0.2~0.3L/min。

白色纱网方顶蚊帐（规格：顶80cm×80cm，高1.5m）用于野外林地蚊虫采集。选择开阔的林地边缘悬挂蚊帐，上下四角撑开用带固定，帐下缘距地面30~40cm。1人立于帐内，手持电动吸蚊器捕捉进入帐内的蚊虫。帐诱时间为07:30—11:00和14:00—17:00，15min为一计量单位，然后将蚊虫标本带至实验室分类鉴定计数。

室内栖息蚊虫采集：电筒和手持式电动吸蚊器用于捕捉人房内的蚊虫。每个调查点选择3间人房（约15m^2），于08:30，3名采集者分别进入3间房间，捕捉停留于房内的全部蚊虫。其中沙马乡某边防一连距离猪场约800m处有修路民工居住的简易板房，周围当地农民散养有牛群，笔者也采集了3间民工宿舍内的全部蚊虫，采集时间为09: 00。

1.3 标本处理

每个调查点捕获的蚊虫当场用氯仿杀死，计数；部分蚊虫做成针插标本，装盒，带回实验室后进行种类鉴定。非按蚊的鉴定主要参考陆宝麟等检索表进行，按蚊的鉴定按照《中国动物志》按蚊分种检索表进行形态鉴定，其中多斑按蚊（*Anopheles maculatus*）鉴定到种团。

1.4 统计分析

首先统计3个调查点采集的蚊虫种类和数量，计算种类构成比。此外，用同一生境捕获的蚊虫数量虽然能够反映出一定的蚊虫生境偏好，但是会存在因异常天气或环境变化的年份而产生偏差。而分布型可以更全面表现蚊虫分布环境类型，消除偏差，对指导疟疾预防和杀虫工作更具有意义。因此，本研究还计算了蚊虫分布类型百分比，参考吴家荣的方法，即某种蚊虫在某个类型采样点只要采到蚊虫，不计数量多少，记为1次，然后将3个调查点同种蚊虫相同类型采到的次数相加，表示该蚊虫的分布类型，再计算百分比。

2 结果

2.1 蚊类组成

共捕获蚊虫4属6种822只，即带足按蚊（*An. peditaeniatus*）、多斑按蚊种团（*An. maculatus* spp.）、棕头库蚊（*Culex fuscocephalus*）、伪杂鳞库蚊（*Cx. pseudovishnui*）、骚扰阿蚊（*Armigeres subalatus*）和刺扰伊蚊（*Aedes vexans*）。其中，以伪杂鳞库蚊为主要蚊种，占捕蚊总数的86.25%；其次是多斑按蚊种团，占5.47%；骚扰阿蚊和带足按蚊分别占5.23%和1.46%；棕头库蚊和刺扰伊蚊数量很少，仅占0.73%和0.85%。

2.2 不同生境蚊虫组成

由表1可见，人房内捕获伪杂鳞库蚊和棕头库蚊2种，伪杂鳞库蚊占优势，约占人房内蚊虫数量的96.85%，棕头库蚊仅占3.15%。人房外捕获蚊虫5种，即4种和1个按蚊种团，其中，伪杂鳞库蚊为室外环境的优势蚊种，占室外蚊虫的86.56%，且全部在人房外和畜圈周围捕获，林地未捕获；其次是骚扰阿蚊，在畜圈周围和野外林地均有分布，占室外蚊虫的6.19%；此外，多斑按蚊种团和带足按蚊仅在人房外及畜圈周围捕获，两者共占室外蚊虫的8.20%；刺扰伊蚊仅在野外林地捕获，占室外蚊虫的1.00%。

表 1 西藏察隅县营区室内外蚊虫群落组成

生境	蚊种	捕获数量（只）	构成比（%）
人房内	伪杂鳞库蚊	123	14.96
	棕头库蚊	4	0.49
人房外及畜圈周围	带足按蚊	12	1.46
	多斑按蚊种团	45	5.48
	伪杂鳞库蚊	586	71.29
	棕头库蚊	2	0.24
	骚扰阿蚊	32	3.89
野外林地	刺扰伊蚊	7	0.85
	骚扰阿蚊	11	1.34
合计		822	100.00

2.3 蚊虫分布类型

伪杂鳞库蚊在人房内、人房外院落和畜圈周围都有捕获，而以人房内捕获次数最多(10 次)，占所有捕获次数的 0.476；人房外院落和畜圈周围捕获数量次之，分别为 5 次和 6 次，捕获比例分别为 0.238 和 0.286，野外林地未捕获。其他蚊虫生境分布情况见表 2。

表 2 西藏察隅县营区蚊虫生境分布

蚊种	捕获次数/比例				
	人房内	人房外院落	畜圈周围	野外林地	合计
伪杂鳞库蚊	10/0.476	5/0.238	6/0.286	0/0.000	21/1
棕头库蚊	2/0.667	1/0.333	0/0.000	0/0.000	3/1
带足按蚊	0/0.000	2/0.250	6/0.750	0/0.000	8/1
多斑按蚊种团	0/0.000	2/0.182	9/0.818	0/0.000	11/1
骚扰阿蚊	0/0.000	0/0.000	8/0.615	5/0.385	13/1
刺扰伊蚊	0/0.000	0/0.000	0/0.000	1/1.000	1/1

3 讨论

本次在察隅调查点采集到带足按蚊和多斑按蚊种团蚊虫。多斑按蚊种团包括 9 种按蚊，在我国发现 5 种，即多斑按蚊、威氏按蚊（*An. willmori*）、伪威氏按蚊

(*An. pseudowillmori*)、塞沃按蚊(*An. sawadwongporni*)和达罗毗按蚊(*An. dravidicus*)。据西藏的研究报道，在林芝地区墨脱县疟疾流行区多斑按蚊复合体由伪威氏按蚊和威氏按蚊构成，而察隅县多斑按蚊种团具体包括的种型目前还没有资料可查。多斑按蚊种团的蚊虫从形态上难以区分，目前鉴定主要依靠分子生物学技术，由于本次采集数量较少，进行分子生物学鉴定有困难。但是可以明确的是，与疟疾传播相关的带足按蚊和多斑按蚊种团的蚊虫在察隅县都有分布，这 2 种（类）蚊虫在室外人居环境周围和动物畜圈周围均有采集。根据生境分布类型结果看，2 种按蚊在动物畜圈周围采集次数多于人居环境周围，表明这 2 种（类）蚊虫更偏向于在动物区活动。分析本次调查结果：这 2 种蚊虫习惯在人、畜之间进行交叉活动，而其生态习性又以在动物区活动为主，提示察隅县疟疾的发生和流行可能与室外传疟蚊虫的种群构成、密度变化更为密切相关，仅采取室内滞留喷洒降低室内蚊虫密度防控疟疾发生还不够，还需配合室外以畜圈和动物放养区为重点治理区域的媒介防治策略。

此外，本次在察隅县捕获的蚊虫数量最多的是伪杂鳞库蚊，与 20 世纪 80 年代末期张有植等的调查结果一致，该地区优势蚊种在过去近 30 年中未发生变化。伪杂鳞库蚊具有自然感染流行性乙型脑炎（乙脑）病毒的能力。而据最近的研究报道，墨脱地区采集的三带喙库蚊中分离到乙脑病毒，从病原学角度明确了西藏林芝地区存在乙脑。察隅和墨脱是相邻县，综合地理位置和上述媒介、病原学的调查结果，认为察隅地区存在乙脑的可能性较大，且伪杂鳞库蚊应是重点关注的媒介。防治措施上，尽管该蚊虫在人房外院落和畜圈周围捕获数量更多，但捕获的次数少于在人房内的捕获次数，表明伪杂鳞库蚊更偏好入室活动（寻找血缘、交配等），因此提示应采取室内滞留喷洒，室外重点进行滋生地治理，以降低室外蚊虫密度，减少入室吸血蚊虫数量，降低疾病传播的风险。

参考文献（略）

西藏尼木县山羊球虫感染情况及种类调查*

夏晨阳[1]，刘建枝，宋天增[1]，冯　静[1]，元振杰[1]，
班　旦[1]，马兴斌[1]，格桑卓嘎[1]，边　吉[2]
（1. 西藏自治区农牧科学院畜牧兽医研究所；
2. 西藏拉萨市尼木县农牧局兽医站）

摘　要：采用饱和食盐水漂浮法检查尼木县1 200份粪便样本，剖检48只山羊，调查西藏尼木县山羊球虫感染率、球虫种类及危害。结果显示，西藏尼木县山羊球虫年平均感染率91.16%，1 094例阳性病例中混合感染率达100%；1岁龄以下山羊球虫感染强度最高，1岁羊与其他年龄山羊球虫感染强度相比差异极显著（$P<0.01$）；经鉴定，感染9种艾美耳球虫（*Eimeria*），分别为艾丽艾美耳球虫（*E. alijevi*）7.24%，雅氏艾美耳球虫（*E. ninakohlyakimovae*）16.74%，家山羊艾美耳球虫（*E. hirci*）2.49%，阿氏艾美耳球虫（*E. arloingi*）22.17%，约奇艾美耳球虫（*E. jolchijevi*）15.84%，柯氏艾美耳球虫（*E. christenseni*）1.13%，阿普艾美耳球虫（*E. aspheronica*）1.58%，山羊艾美耳球虫（*E. caprina*）20.36%，羊艾美耳球虫（*E. caprovina*）12.44%；剖检发现羊只消瘦，被毛粗乱，小肠黏膜上有淡白色卵圆形结节、成簇分布，十二指肠和空肠点状、带状出血。

关键词：山羊；球虫；种类；调查

羊球虫病（Coccidiosis）是由艾美耳属（*Eimeria*）球虫寄生于绵羊或山羊肠道引起的下痢、消瘦、贫血、发育不良为特征的疾病。羊球虫病呈世界性分布，山羊球虫有15种，其中雅氏艾美耳球虫（*E. ninakohlyakimovae*）对山羊的致病力强，阿氏艾美耳球虫（*E. arloingi*）等对山羊有中等或一定的致病力。各种品种的山羊均有易感性，羔羊极易感染，时有死亡。成年羊都是带虫者。本病多发于春、夏、秋三季，温暖潮湿的环境易造成本病的流行。冬季气温低时，不利于球虫卵囊的发育，发病率较低。

国内外不少学者对山羊球虫种类、分布及感染情况进行了不同程度的研究，但目前国内外学者对西藏山羊球虫病尚缺乏研究，2012年西藏山羊存栏量511万只，占西藏家畜总量的24.85%，为了解西藏尼木县山羊球虫感染情况和危害程度，笔者于2013年5月至2014年4月对西藏尼木县山羊球虫的感染情况及球虫种类进行了调查研究。

1　材料与方法

1.1　材料

以西藏拉萨市尼木县续迈乡安岗村为调查点，每月采集山羊粪便100份，每份10g

* 刊于《动物医学进展》2015年9期

左右，置于干净自封袋内，编号记录山羊年龄、性别等，4℃冷藏保存。

1.2 方法

1.2.1 卵囊的检查与计数

采用饱和食盐水漂浮法对粪便样本进行检查，采用改良麦克马斯特计数法测定每克粪便中卵囊数（OPG）。

1.2.2 卵囊收集与培养

根据 Eckert J 等的方法进行球虫卵囊收集与培养。

1.2.3 种类鉴定

于光学显微镜下观察孢子化卵囊大小、颜色、形态结构等特征，根据卵囊孢子化时间及卵囊指数等，参照文献进行球虫虫种鉴定。

1.2.4 剖检

2013 年 5 月至 2014 年 4 月，共计解剖 48 只山羊，检查球虫病病理变化情况。

1.2.5 数据分析

所有数据采用 SPSS11.5 软件 One-Way ANOVA 进行方差分析和 LSD 法多重比较，结果用平均数±标准差表示，检验误差为 5%和 1%。

2 结果

2.1 不同月份山羊球虫感染情况

对西藏尼木县续迈乡进行了为期 1 年的山羊球虫感染情况调查，共收集 1 200份粪便样本。调查结果显示（图 1），山羊球虫年平均感染率为 91.16%，2 月、4 月、9 月、10 月、11 月、12 月感染率达 100%，1 月、3 月、5 月、6 月、7 月、8 月感染率分别为 90.00%、96.67%、75.60%、86.67%、70.00%和 75.00%。

调查结果显示（图 2），全年山羊球虫感染强度均较低，最大 OPG 值出现在 9 月，平均值为1 761.67，4 月出现次高峰，9 月出现高峰，8 月至 9 月极速升高，10 月开始逐渐降低，12 月时接近年初 1 月水平。

2.2 不同年龄段山羊球虫感染情况

调查结果显示（图 3），1 岁龄以下山羊球虫感染强度最高，平均感染率达1 579.44 个，最高可达10 600个，随年龄升高，感染强度逐渐降低，在检测的 7 岁龄山羊中，平均感染强度仅为 70 个。1 岁与其他年龄组山羊球虫感染强度相比差异极显著

($P<0.01$)，其他各年龄组之间相比差异不显著($P>0.05$)(表1)。

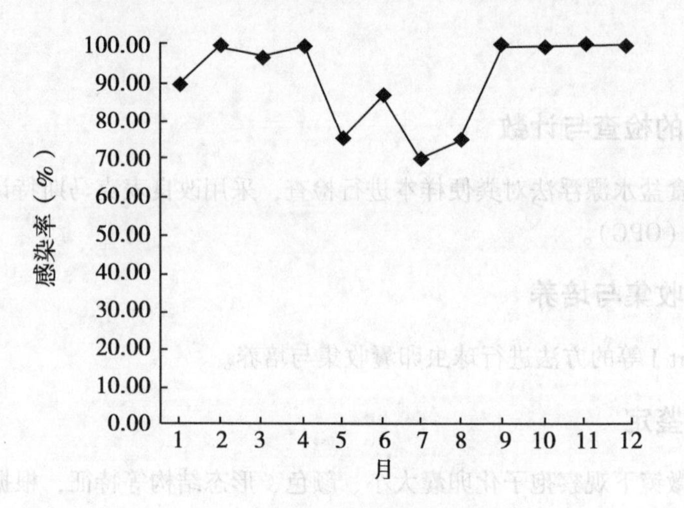

图1　不同月份山羊球虫感染率

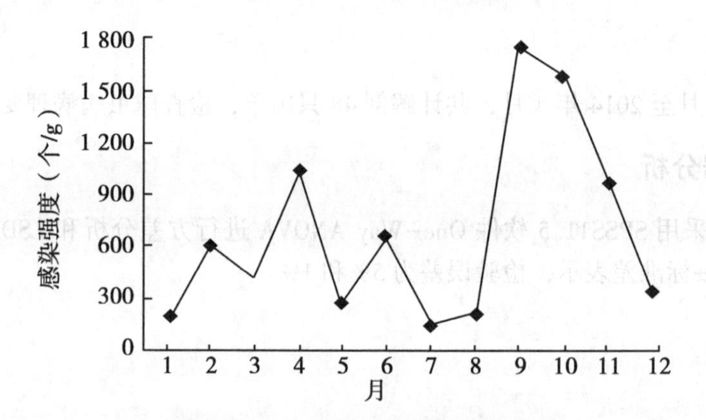

图2　不同月份山羊球虫感染强度

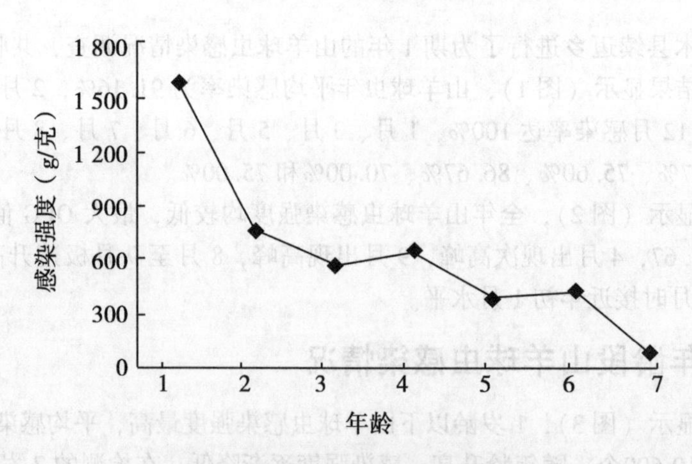

图3　不同年龄山羊球虫感染强度

表 1 不同年龄山羊球虫感染强度差异性比较

年龄（岁）	感染强度（个/g）
1	1 579.44±2 494.78[A]
2	757.94±1 287.18[B]
3	566.63±1 168.55[B]
4	661.97±1 409.23[B]
5	379.18±743.45[B]
6	432.06±1 152.00[B]
7	70.00±107.39[B]

注：同一列中右上角标有不同大写字母的数据之间差异极其显著（$P<0.01$），相同大写字母的数据之间差异不显著（$P>0.05$）。

调查结果还显示（图 4），随着年龄增加，山羊球虫感染率有逐渐降低趋势，但感染率仍较高。

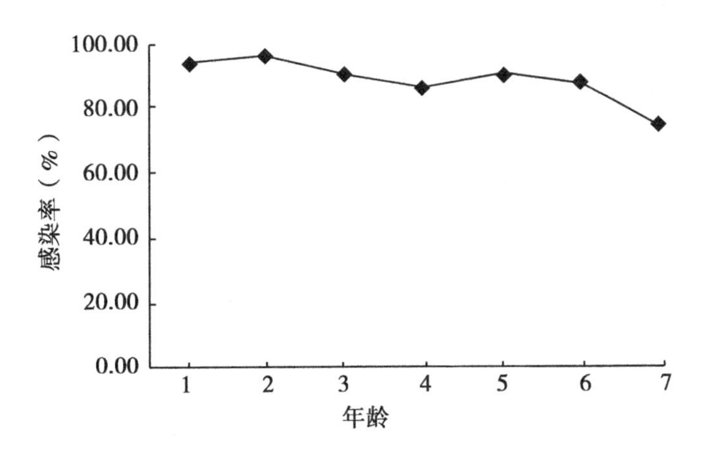

图 4 不同年龄山羊球虫感染率

2.3 球虫种类及各种球虫感染率

经鉴定，尼木县山羊共感染 9 种艾美耳球虫，分别为艾丽艾美耳球虫（*E. alijevi*）7.24%，雅氏艾美耳球虫（*E. ninakohlyakimovae*）16.74%，家山羊艾美耳球虫（*E. hirci*）2.49%，阿氏艾美耳球虫（*E. arloingi*）22.17%，约奇艾美耳球虫（*E. jolchijevi*）15.84%，柯氏艾美耳球虫（*E. christenseni*）1.13%，阿普艾美耳球虫（*E. aspheronica*）1.58%，山羊艾美耳球虫（*E. caprina*）20.36%，羊艾美耳球虫（*E. caprovina*）12.44%（表 2）。

表2 西藏尼木县山羊感染艾美耳球虫种类

球虫种类	感染率（%）
艾丽艾美耳球虫 *E. alijevi*	7.24
雅氏艾美耳球虫 *E. ninakohlyakimovae*	16.74
家山羊艾美耳球虫 *E. hirci*	2.49
阿洛艾美耳球虫 *E. arloingi*	22.17
约奇艾美耳球虫 *E. jolchijevi*	15.84
克里氏艾美耳球虫 *E. christenseni*	1.13
阿普艾美耳球虫 *E. apsheronica*	1.58
山羊艾美耳球虫 *E. caprina*	20.36
羊艾美耳球虫 *E. caprovina*	12.44

2.4 山羊球虫混合感染情况

鉴定的1 094份阳性粪便样本中有1 094份感染2种以上球虫，混合感染率100.00%，最多可混合感染8种球虫，多数为3~5种；感染3种、4种和5种球虫的羊占球虫阳性羊的比例分别为25.00%、43.75%和18.75%；感染6种、8种球虫的羊占球虫阳性羊的比例分别为6.25%、6.25%。

2.5 剖检情况

剖检发现，山羊小肠黏膜上有淡白色卵圆形结节（图5），成簇分布，小肠点状、带状出血，质脆易断。

3 讨论

3.1 山羊球虫感染种类及混合感染率

陶立等报道广西圈养山羊鉴定出10种球虫，优势虫种为阿氏、艾丽和雅氏艾美耳球虫；鲍鸣等报道安徽凤台县山羊鉴定出10种艾美耳球虫，优势虫种为雅氏、阿氏、浮氏和小型艾美耳球虫；卫九健等报道河南及重庆、安徽部分地区山羊共鉴定出12种艾美耳球虫，优势虫种为阿氏、艾丽、家山羊和克氏艾美耳，混合感染率为78.7%；本次鉴定出9种艾美耳球虫，优势虫种为阿氏、山羊、雅氏、约奇、羊和艾丽艾美耳球虫；调查发现不同地区山羊球虫感染虫种存在差异性，阳性病例混合感染率100%，与上述报道相比最高，应与山羊集中放养有关，环境中球虫种类多，易于交叉感染，各地山羊感染的球虫优势虫种不一，是否与其生活环境相关环境因素及其自身环境适应性有关有待深入研究。

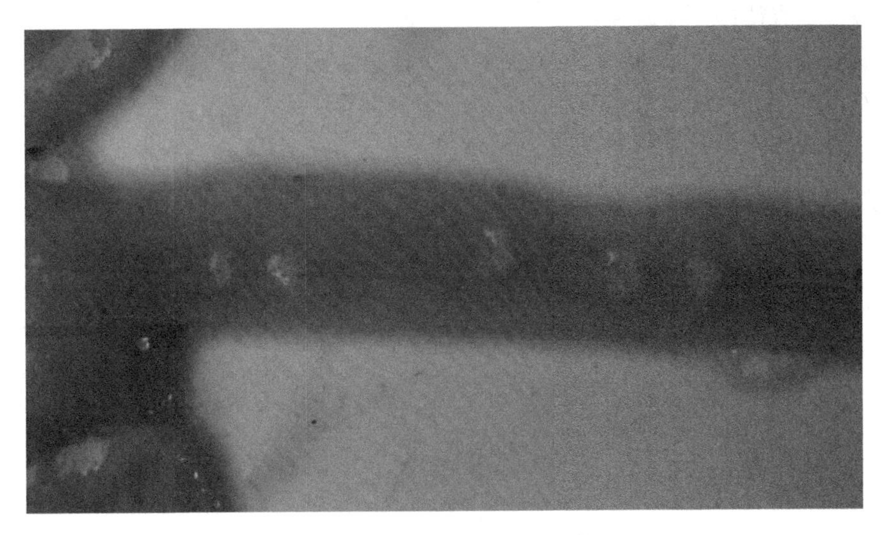

图 5 小肠淡白色卵圆形结节

3.2 山羊球虫感染率及感染强度

本次调查显示西藏尼木县山羊球虫年平均感染率为 91.16%，感染率存在季节性，夏季感染率低（70.00%~86.67%），春秋冬季感染率高（90.00%~100%）；不同年龄阶段山羊感染率及感染强度也不同，主要表现为成年羊感染率（75%~91.01%），羔羊感染率（94.44%~97.06%），1 岁以下球虫感染强度大，最大 OPG 值为 10 600，平均 OPG 值为 1 579.44，1 岁山羊球虫感染强度与其他年龄山羊相比差异性极其显著，且随年龄升高，感染强度逐渐降低。与 Balicka-Ramisz A 等报道相比感染率略低，羔羊感染率、感染强度高于成年羊的情况一致；与卫九健等、鲍鸣等报道相比，西藏山羊球虫感染率略低；与陶立等报道相比略高，与张玲等报道相比较高，山羊球虫不同年龄感染率趋势一致，与卫九健报道相比，感染强度极低，可能与西藏气候条件有关，日照强烈、自然环境干燥，不利于球虫的孵育、传播和感染，各年龄段山羊球虫感染率均较高，可能与圈舍环境污染有关；但此次调查发现，9 月山羊球虫感染强度最大，与尼木县 9 月环境最为适宜有关，山羊圈舍粪尿长期混积，在适宜的湿度、温度下，给球虫的孵育创造了良好的条件，较高的成活率，为球虫的传播提供了必要的条件。

3.3 山羊球虫的致病性

山羊球虫感染后主要表现为精神不振，食欲减退，体重下降，被毛粗乱，腹泻等症状，小肠病变明显，肠黏膜上有淡白色卵圆形结节，如粟粒至豌豆大，成簇分布，十二指肠和回肠卡他性炎症，有点状、带状出血。

此次调查发现西藏山羊膘情差，被毛粗乱，但无腹泻等症状；球虫对幼畜危害最为严重，剖检发现，十二指肠和回肠卡他性炎症，有点状、带状出血，其中一只 1 岁羔羊最为严重，发现肠黏膜上有淡白色卵圆形结节，成簇分布。西藏尼木县山羊球虫病具有高感染率、低感染强度的特点，剖检发现肠黏膜表现出卡他性炎症，对于本地流行的球虫其致病力也有待进一步研究。

西藏尼木县每年驱虫药物仅为盐酸左旋咪唑、苯硫苯咪唑，此类药物不具有防治球虫的疗效，从未进行过球虫病的治疗工作，圈舍饲养环境条件差，集中放养，是西藏尼木山羊球虫高感染率的重要原因。

参考文献（略）

2013年西藏和四川红原地区牦牛犬新孢子虫感染血清学调查*

李　坤[1]，韩照清[1]，兰彦芳[1]，张　辉[1]，罗后强[1]，
邱　刚[1]，高建峰[1]，李家奎[1,2]
（1. 华中农业大学动物医学院；
2. 西藏大学农牧学院动物科学学院）

新孢子虫病呈世界性分布，英国、美国、澳大利亚、新西兰、南非、韩国等30多个国家都有发生。在美国，42.5%的牛流产是由新孢子虫病引起的，英国12.5%的牛流产是由该病引起的，韩国19.5%的牛流产是由该病引起的。新孢子虫病给畜牧业造成较为严重的经济损失，严重危及到养殖业的发展。殷铭阳等（2014）将犬新孢子虫列为牦牛的主要寄生虫，笔者于2014年2月应用酶联免疫吸附法（ELISA），对西藏和四川红原地区牦牛进行了新孢子虫血清学检测。检测结果表明，西藏和四川红原地区牦牛存在一定程度的感染。

1　材料与方法

1.1　血清制备

2013年，在西藏和四川红原地区牦牛群中随机采集血清552份，其中，西藏地区294份（日喀则102份、拉萨76份、林芝64份、昌都52份），四川红原258份，血清置-20℃保存，检测前室温下自然解冻。

1.2　试剂

犬新孢子虫抗体检测试剂盒购自IDEXX公司。

1.3　试验方法

检测步骤采用犬新孢子虫抗体检测试剂盒说明书进行。

1.4　判断标准

阳性对照平均值减去阴性对照平均值的差必须大于或者等于0.150；阴性对照平均值必须小于或者等于0.200，实验结果才有效。

* 刊于《畜牧与兽医》2016年3期

样品的阴性与阳性的比值大于或者等于 0.50，认为是犬新孢子虫抗体阳性，反之为阴性。

2 检测结果

四川红原地区牦牛新孢子虫血清阳性率较西藏牦牛血清阳性率高。在西藏牦牛群中，日喀则和昌都地区牦牛新孢子虫血清阳性率较高，见表 1。

表 1　2013 年西藏和四川红原地区牦牛新孢子虫血清检测结果

地区		检测血清数（份）	阳性血清数（份）	阳性率（%）
西藏	日喀则	102	6	5.88
	拉萨	76	3	3.95
	林芝	64	3	4.69
	昌都	52	3	5.77
	总计	294	15	5.10
四川	红原	258	19	7.36
	总计	552	34	6.16

3 结论

2002 年徐雪平等首次在国内报道犬新孢子虫病之后，犬新孢子虫的相关研究不断加深，多地区都有过犬新孢子虫病的相关报道。本次对西藏和四川红原牦牛的新孢子虫血清学检测结果，与其他地区牛群检测结果相近，但由于采样地区等差异，难以比较。结果表明西藏地区牦牛群确实存在犬新孢子虫感染，应引起足够的重视和采取相应的措施。

2015年西藏措美县野外棘球绦虫犬粪污染调查*

牛彦麟[1]，伍卫平[1]，官亚宜[1]，王立英[1]，韩　帅[1]，贡桑曲珍[2]，刚　珠[3]，
次仁旺旦[3]，益西旦增[4]，次仁曲珍[5]，格桑次仁[4]，吉米曲珠[5]
（1. 中国疾病预防控制中心寄生虫病预防控制所/世界卫生组织热带病合作中心/科技部国家级热带病国际联合中心/卫生部寄生虫病原与媒介生物学重点实验室；2. 西藏自治区疾病预防控制中心寄生虫病预防控制所；3. 西藏自治区山南地区疾病预防控制中心；4. 西藏自治区山南地区措美县疾病预防控制中心；5. 西藏自治区山南地区措美县卫生局）

摘　要：了解西藏山南地区野外棘球绦虫犬粪污染情况，为制定相关的防治策略提供依据。于2017年5月在西藏山南地区措美县哲古镇哲古村周边按机械抽样法选取调查点，记录调查点坐标、犬粪数量、营地类型、牧场类型、地形分类、植被类型、地表覆盖类型、有无生活垃圾等信息，并计算调查点距村中心直线距离。采集调查点内犬粪样并应用粪抗原ELISA检测粪便的感染情况，应用χ^2检验、Eisher确切概率检验法、Kruskal-Wallis秩和检验和Nemenyi多重比较法分析粪便污染分布特征。共选取79个调查点，有粪便分布的37个，共采集犬粪226份。ELISA检测结果显示，犬粪抗原阳性率为23.9%（54/226），粪便密度和阳性粪便密度均数分别为0.317 9个/100m^{2}和0.075 9个/100m^2，最大值分别为2.555 6个/100m^{2}和0.555 6个/100m^2。夏营地的粪便密度和阳性粪便密度分别为0.601 9个/100m^{2}和0.157 4个/100m^2，均高于非营地（0.170 2个/100m^{2}和0.033 1个/100m^2）（χ^2= 18.248 4，P<0.01；χ^2= 15.274 3，P<0.01）；有生活垃圾的调查点的粪便密度和阳性粪便密度分别为0.679 0个/100m^{2}和0.177 0个/100m^2，高于无生活垃圾的调查点（0.130 3个/100m^{2}和0.023 5个/100m^2）（χ^2= 34.634 7，P<0.01；χ^2= 26.109 1，P<0.01）；距村中心直线距离/10km的调查点的粪便密度和阳性粪便密度分别为0.403 7个/100m^{2}和0.107 4个/100m^2，高于距村中心直线距离<10km的调查点（0.265 3个/100m^{2}和0.056 7个/100m^2）（χ^2= 4.432 7，P<0.05；χ^2= 4.045 5，P<0.05）。西藏山南地区措美县野外棘球绦虫阳性犬粪污染严重。夏营地、有生活垃圾的区域、距村中心直线距离≥10km的区域可作为今后棘球蚴病的防治重点范围。

关键词：西藏；棘球绦虫；犬；粪便污染；粪抗原

棘球蚴病（echinococcosis），俗称包虫病（Hydatidosis），是棘球绦虫的幼虫（棘球蚴）所致的人兽共患寄生虫病，主要分为由细粒棘球绦虫（*Echinococcus granulosus*）引起的囊型棘球蚴病（cystic echinococcosis）和由多房棘球绦虫（*E. multilocularis*）引起的泡型棘球蚴病（alveolar echinococcosis）。我国青藏高原地区是棘球蚴病的主要流行区，相关调查显示，2012年青藏高原地区人群棘球蚴病患病率最高的为西藏自治区。

---

* 刊于《中国寄生虫学与寄生虫病杂志》2016年2期

该病严重影响人类身体健康和生命安全，并带来沉重的经济负担，是导致我国西部农牧区群众因病致贫、因病返贫的主要原因之一。

棘球绦虫成虫主要寄生于犬和狐狸等终宿主体内，其虫卵随宿主粪便排出，污染环境中的水源、食物等，人或动物食入虫卵导致患病。了解棘球绦虫终宿主粪便污染情况及分布特征，是评估棘球蚴病高危区域的重要部分和控制疾病传播的关键环节，日本、欧洲等国家和地区利用相关研究成果制定防控措施，已取得一定成效。

措美县地处西藏南部、喜马拉雅山北麓，属西藏南山原湖盆区的高原湖谷区，以高原温带半干旱季风气候为主。全县地势东北高、西南低，平均海拔 4 500m。经济以畜牧业为主，兼有种植业，是山南地区主要牧业县之一。总面积 4 549 km^2，草场面积达 4 207 km^2，主要饲养山羊、绵羊、牦牛、黄牛、马、驴等。措美县为棘球蚴病的严重流行区，2009 年被纳入棘球蚴病防治工作项目县，2012 年调研结果显示，该县棘球蚴病发病率较高，其所辖哲古镇哲古村发病率高达 15.9%，2015 年该县开展“西藏自治区包虫病防治模式试点”工作。为了解西藏山南地区野外棘球绦虫犬粪污染情况，于 2015 年 5 月对山南地区境内的措美县开展野外棘球绦虫犬粪污染状况调查。

1 调查内容与方法

1.1 调查点

沿措美县哲古镇哲古村周边野外放牧路线，按机械抽样法每隔约 1km 抽取 30m×30m 的矩形区域，设为一个调查点。调查点可适当调整，使其尽量远离其他地貌类型的区域，减少相邻不同地貌类型区域对调查点内研究对象的影响。以 Garmin GPS 76 记录调查点中心坐标。

1.2 犬粪收集与实验室检测

观察记录调查点内犬粪数量；使用一次性筷子对每处粪便适量取样，保存于 50ml 离心管中并编号。对于计数且采样过的粪便进行明显标记，以免重复记录。调查中根据粪便的形态、颜色、气味等特征鉴别是否为犬粪，对于来源不明确的粪便由随行的当地村民判断。粪便样品于-80℃保存 1 周以灭活棘球绦虫虫卵。

以双抗体夹心 HIJK4 检测犬粪棘球绦虫粪抗原，试剂盒采用珠海海泰生物制药公司生产的犬细粒棘球绦虫抗原检测试剂盒（生产批号为 20150503）。

1.3 环境资料收集

观察并记录调查点的营地类型、牧场类型、地形分类、植被类型、地表覆盖类型、有无生活垃圾等。调查现场拍照并编号，留作后期复核备用。

牧场类型分为夏季牧场和冬季牧场，夏季牧场是当地牧民每年 5—10 月游牧的主要场所，多位于距村庄较远的草原；冬季牧场是当地牧民每年 11 月至翌年 4 月游牧的主要场所，多位于距村庄较近的草原，以保证人和牲畜能够安全度过当地自然条件恶劣的冬季。依据调查点是否有简易住所或帐篷判断是否为营地，并根据牧场类型将营地相应地分为夏营地和冬营地，故营地类型分为非营地、夏营地、冬营地。实际调查中结合当地村民的介绍作出判断。

1.4 资料处理

应用 Map Source 6.5 将 GPS 数据导入计算机，并根据现场记录的村庄中心坐标计算调查点距村庄中心位置的直线距离，应用 Epi Data 3.1 软件对犬粪实验室检测结果和其他现场调查资料进行录入，汇总全部资料，建立 Excel 数据库。计算调查点粪便密度、阳性粪便密度和粪便阳性率，并应用 Arcgis 10.1 绘制相关地图。计算公式如下：

点粪便密度（个/100m^2）= 调查点内粪便数/调查点面积

点阳性粪便密度（个/100m^2）= 调查点内阳性粪便数/调查点面积

点粪便阳性率（%）= 调查点内阳性粪便数/调查点内粪便总数×100%

1.5 统计学分析

使用 SPSS 21.0 分析软件，对数据的总体情况进行描述性分析，粪便阳性情况为二分类计数资料，粪便密度和阳性粪便密度为计量资料。计数资料采用百分比的形式进行描述，不符合正态分布的计量资料采用中位数和算术均数进行描述。采用 Kolmogorov-Smirnov 法和 Shapiro-Wilk 法检验数据的正态性，统计量分别为 D 和 W；不同组间率的比较采用χ^2检验，统计量为χ^2，若理论数<1，选用 Fisher's 确切概率检验法；对于不符合正态分布的计量资料，不同组间均数的比较采用多个独立样本的 Kruskal-Wallis 秩和检验，统计量为χ^2，两两比较采用 Nemenyi 法，统计量为χ^2。正态性检验的检验水平为$\alpha=0.10$，其他统计分析的检验水平为$\alpha=0.05$。

2 结果

2.1 粪便污染基本情况

共调查 79 个调查点，其中 37 个有粪便分布。共收集犬粪样 226 份，经 ELISA 检测犬粪棘球绦虫粪抗原阳性率为 23.9%（54/226），有阳性粪便分布的调查点 23 个，其中犬粪 ELISA 阳性率最高为 2/2，最低为 1/15（图 1）。阳性粪便中，ELISA 吸光度值呈偏峰分布，平均水平（中位数）为 0.502 2，最大值为 2.845 5，最小值为 0.149 6。粪便密度（$D=0.269\ 4$，$P<0.10$；$W=0.580\ 7$，$P<0.10$）均不符合正态分布，中位数为 0，均数分别为 0.317 9个/100m^{2}和 0.075 9个/100m^2，最大值分别为 2.555 6个/100m^{2}和 0.555 6个/100m^2。

2.2 粪便污染分布特征

分别按照营地类型、牧场类型、地形分类、植被类型、地表覆盖类型、有无生活垃

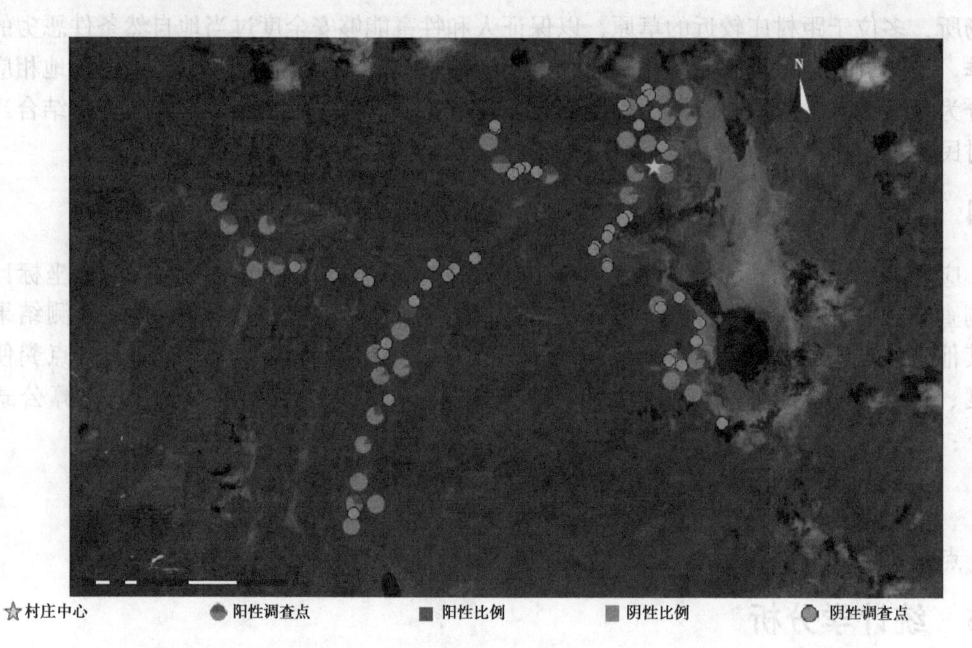

☆村庄中心 ● 阳性调查点 ■ 阳性比例 ■ 阴性比例 ● 阴性调查点

图 1 2015 年措美县哲古村调查点与犬粪抗原 ELISA 阳性率空间分布图

圾、调查点距村庄中心位置的直线距离进行分组，统计各组粪便污染情况。在夏营地、平坝、高寒草原、高寒草甸、有生活垃圾、距村中心直线距离≥10km 调查点的犬粪抗原 ELISA 阳性率可达 26.1%（43/165）~30.0%（9/30），砾质荒漠、裸岩、有生活垃圾调查点的粪便密度高达 0.679 个/100m^2，有生活垃圾的调查点的阳性粪便密度最高，为 0.177 0个/100m^2；山顶、河滩的犬粪 ELISA 阳性率和阳性粪便密度极低，均为 0，粪便密度仅为 0.055 6个/100m^2、0.022 2个/100m^2（表 1）。

表 1 2015 年措美县哲古村不同类型调查点的犬粪抗原 ELISA 阳性率、粪便密度和阳性粪便密度

分组变量	调查点类型	调查点数	犬粪数	阳性犬粪数	犬粪抗原 ELISA 阳性率（%）	粪便密度（个/100m^2）	阳性粪便密度（个/100m^2）
营地类型	非营地	47	72	14	19.4	0.170 2	0.033 1
	夏营地	24	130	34	26.2	0.601 9	0.157 4
	冬营地	8	24	6	25.0	0.333 3	0.083 3
牧场类型	夏季牧场	44	142	35	24.7	0.358 6	0.088 4
	冬季牧场	35	84	19	22.6	0.266 7	0.060 3

（续表）

分组变量	调查点类型	调查点数	犬粪数	阳性犬粪数	犬粪抗原ELISA阳性率（%）	粪便密度（个/100m²）	阳性粪便密度（个/100m²）
地形分类	平坝	47	165	46	27.9	0.390 1	0.108 7
	山麓	10	21	1	4.8	0.233 3	0.011 1
	山坡	15	38	7	18.4	0.281 5	0.051 9
	山顶	2	1	0	0	0.055 6	0
	河滩	5	1	0	0	0.022 2	0
植被类型	高寒草原	30	93	26	28.0	0.344 4	0.096 3
	高寒草甸	18	30	9	30.0	0.185 2	0.055 6
	沙质荒漠草原	1	0	0	—	0	0
	砾质荒漠草原	18	49	9	18.4	0.302 5	0.055 6
	沙质荒漠	2	3	0	0	0.166 7	0
	砾质荒漠	4	30	5	16.7	0.833 3	0.138 9
	退化高寒草原	6	21	5	23.8	0.388 9	0.092 6
地表覆盖类型	草地	70	182	47	25.8	0.288 9	0.074 6
	裸土	5	14	2	14.3	0.311 1	0.044 4
	裸岩	4	30	5	16.7	0.833 3	0.138 9
有无生活垃圾	无 No	52	61	11	18.0	0.130 3	0.023 5
	有 Yes	27	165	43	26.1	0.679 0	0.177 0
距村庄中心位置的直线距离	<10km	49	117	25	21.4	0.265 3	0.056 7
	≥10km	30	109	29	26.6	0.403 7	0.107 4
合计	—	—	226	54	23.9	0.317 9	0.075 9

各组间比较结果显示，在 $\alpha=0.05$ 的检验水准下，犬粪抗原 ELISA 阳性率在不同分组中差异均无统计学意义（$P>0.05$）；粪便密度和阳性粪便密度在不同营地类型（$\chi^2=18.4919$，$P<0.01$；$\chi^2=15.4863$，$P<0.01$）、有无生活垃圾（$\chi^2=34.6347$，$P<0.01$；$\chi^2=26.1091$，$P<0.01$）、调查点距村庄中心位置的直线距离（$\chi^2=4.4327$，$P<0.05$；$\chi^2=4.0455$，$P<0.05$）分组中差异均有统计学意义（$P<0.05$），地形分类中仅阳性粪便密度的各组差异有统计学意义（$\chi^2=9.9940$，$P<0.05$），其他分组差异均无统计学意义（$P>0.05$）。有生活垃圾调查点的粪便密度、阳性粪便密度远高于无生活垃圾调查点（$\chi^2=34.6347$，$P<0.01$；$\chi^2=26.1091$，$P<0.01$），在距村庄中心位置的直线距离≥10km 的调查点远高于<10km 的调查点（$\chi^2=4.4327$，$P<0.05$；$\chi^2=4.0455$，$P<$

0.05）（表2）。

表 2　2015 年措美县哲古村犬粪抗原 ELISA 阳性率、粪便密度、阳性粪便密度组间比较

分组变量	犬粪抗原 ELISA 阳性率[a]			粪便密度[b]			阳性粪便密度[b]		
	DOF	χ^2	P	DOF	χ^2	P	DOF	χ^2	P
营地类型	2	1.165 1	0.558 5	2	18.491 9	<0.000 1	2	15.486 3	0.000 4
牧场类型	1	0.119 5	0.729 6	1	1.363 7	0.2429	1	0.959 4	0.327 3
地形分类	—	—	0.088 8[c]	4	8.381 7	0.078 6	4	9.994 0	0.040 5
植被类型	—	—	0.614 9[c]	6	7.102 8	0.311 4	6	4.141 2	0.657 6
地表覆盖类型	—	—	0.470 5[c]	2	2.978 7	0.225 5	2	0.196 8	0.906 3
有无生活垃圾	1	0.484 4	0.486 4	1	34.634 7	<0.000 1	1	26.109 1	<0.000 1
距村庄中心位置的直线距离	1	0.851 4	0.356 2	1	4.432 7	0.035 3	1	4.045 5	0.044 3

注：a. χ^2检验；b. Kruskal-Wallis 秩和检验；c. Fisher 精确概率。

表 3　2015 年措美县哲古村不同地形和营地类型的犬粪抗原 ELISA 阳性率、粪便密度和阳性粪便密度组间两两比较

对比指标	对比组	粪便密度		阳性粪便密度	
		χ^2	P	χ^2	P
地形分类	平坝 *vs.* 山麓	—	—	4.464 5	0.107 3
	平坝 *vs.* 山坡	—	—	3.927 2	0.140 4
	平坝 *vs.* 山顶	—	—	1.586 7	0.452 3
	平坝 *vs.* 河滩	—	—	3.738 0	0.154 3
	山麓 *vs.* 山坡	—	—	0.131 7	0.936 3
	山麓 *vs.* 山顶	—	—	0.050 3	0.975 2
	山麓 *vs.* 河滩	—	—	0.100 5	0.951 0
	山坡 *vs.* 山顶	—	—	0.182 7	0.912 7
	山坡 *vs.* 河滩	—	—	0.388 3	0.823 5
	山顶 *vs.* 河滩	—	—	0.000 0	1.000 0
营地类型	非营地 *vs.* 夏营地	18.248 4	0.000 1	15.274 3	0.000 5
	非营地 *vs.* 冬营地	1.942 4	0.378 6	1.857 9	0.395 0
	夏营地 *vs.* 冬营地	1.741 2	0.418 7	1.265 2	0.531 2

对组间有统计学差异的多分类变量，进行组间两两比较。地形分类组间两两比较，各组间阳性粪便密度差异均无统计学意义（P>0.05）；营地类型组间两两比较，粪便密

度、阳性粪便密度在非营地与夏营地比较中差异均有统计学意义（χ^2 = 18.248 4，P<0.01；χ^2 = 15.274 3，P<0.01），均为夏营地高于非营地（表3）。

3 讨论

犬在棘球蚴病的传播中具有重要作用，因此控制犬的棘球绦虫感染率是棘球蚴病预防控制中的关键。建立合理的防治项目，首先需要进行流行病学基线调查以预测评价项目的实施效果，因而选择适宜的调查工具和应用方法十分重要。对野外收集的终宿主粪便进行粪抗原水平检测，可为较大区域内野外宿主感染状况的流行病学监测提供实用性方法，同时提供感染粪便环境污染的空间分布指征。粪抗原检测方法安全、便捷，对宿主种群无影响，可用于潜伏期晚期和感染早期，并且具有满足要求的灵敏度和特异度。本调查采用双抗体夹心 ELISA 粪抗原检测方法，可快速、安全地确定棘球绦虫终宿主的感染状况及粪便污染情况，初步确定该方法可推广应用至其他区域或更大范围的流行病学调查。

本调查结果显示，犬粪抗原阳性率为23.9%（54/226），因西藏地区犬棘球绦虫感染率流行病学资料不足，只能与临近地区四川、青海等地的犬棘球绦虫感染率进行比较。据报道，2011 年四川省甘孜州犬粪抗原阳性率为 21.9%（3 532/16 099），2008 年四川省阿坝州犬粪抗原阳性率为 17.01%（989/ 5 814），青海省玉树藏族自治州犬粪抗原阳性率为 8.53%（54/633）。本次调查结果与以上数据比较，是相邻地区中犬粪抗原阳性率最高的区域。措美县自 2009 年被纳入棘球蚴病防治工作项目县，2015 年开展“西藏自治区包虫病防治模式试点”工作，当地政府及各单位在上级部门技术和经费的支持下，积极采取控制传染源为主的科学防治策略，实施犬犬投药、月月驱虫、无主犬控制等措施。但由于当地贫穷落后，自然环境恶劣，社会影响因素复杂，防治工作难度大，犬（尤其是无主犬）的管理和控制仍然是棘球蚴病防治工作中的关键问题。当地专业人员缺乏，而犬驱虫任务量和工作难度大，工作目标和效果难以保证，可能是犬粪抗原阳性率居高不下的主要原因，因此加强专业人员队伍建设和建立驱虫工作责任机制对此类流行区下一步开展犬驱虫工作可能有所帮助。另外，本次调查集中于村庄周边的野外区域，是犬驱虫工作落实难度更大的区域，之前长期的防治措施可能未对野外终宿主粪便污染的控制起到明显作用，造成本次调查犬粪抗原阳性率较高。调查区域较高的犬粪抗原阳性率与当地人群棘球蚴病发病率相一致，由于宗教习俗和传统的生产生活方式，当地居民和犬有着极为亲密的关系，空间近距离接触较多，可能为增加人群患病风险的主要原因。

本研究中，村庄东部调查点略显集中，是由于村庄东部地形以陡峭山地为主，不适宜放牧，人员活动少，调查意义小；其他调查点沿野外放牧路线开展，主要针对牧民活动较频繁的区域，具有代表性。ELISA 阳性粪便多分布于村庄西部、西南部。统计分析结果显示，阳性粪便密度在不同地形分类中差异有统计学意义，但组间两两比较差异均无统计学意义。分析原因可能为本次调查样本量过少，导致组间两两对比时组间差异被掩盖，建议扩大样本量后进一步对不同地形分类中的粪便污染情况进行分析。夏营地中粪便密度、阳性粪便密度均高于非营地。营地是牧民游牧过程中最主要的生活地点，其周边也是犬的主要活动区域。棘球绦虫中间宿主青海田鼠和高原鼠兔在草场上数量巨大，且多分布于牧民定居点或帐篷附近，与犬（包括无主犬）的主要活动区域重合，增加了棘球绦虫终宿主和中间宿主的接触概率，犬捕食棘球绦虫中间宿主并排出粪便，造成较高的粪便密度和阳性粪便密度，可能对棘球蚴病的传播循环有一定的影响，因此夏营地应作为棘球绦虫犬粪污染监测和控制的重点区域。在有生活垃圾的调查点中的粪便密度、阳性粪便密度远高于无生活垃圾的调查点。调查区域无主犬数量巨大，生活垃圾是其主要食物来源之一。有研究表明，狐狸粪便的分布与其觅食行为相关，可能依赖于该地区食物资源的可获得性。犬与狐狸均属犬科动物，习性相似，推测犬粪可能多分布于食物资源可获得性更高的地点，比如有生活垃圾的地点，则该地可能成为棘球蚴病传播的高危区域。粪便密度、阳性粪便密度在距村庄中心位置的直线距离≥10km 的调查点远高于<10km 的调查点。Robardet 等得出相同结论，即调查点的距离越远所收集的粪便数量越多，但未对此作出解释，本次调查也未能对此作出合理解释，需继续收集其他影响因素做进一步综合分析。

本次调查由于人力和时间的限制，调查区域和样本量相对较小，使得研究结论的外推具有一定的局限，但仍可确定本调查方法可以较为准确、全面地反映野外棘球绦虫终宿主粪便污染情况，可为其他棘球蚴病流行区棘球绦虫终宿主粪便污染研究提供一定参考。下一步建议完善调查方法和粪便检测方法：在条件允许的情况下扩大研究区域和增大样本量，以提高调查结果统计学分析的准确性；虽然双抗体夹心 ELISA 粪抗原检测方法可满足粪便污染研究的基本要求，但近年来新兴的粪 DNA-PCR、环介导等温扩增技术（LAMP）等检测方法具有更高的敏感性和特异性，可提供更加精确的粪便感染结果。此外，多项研究表明，棘球绦虫终宿主粪便污染具有季节性变化规律，且不同地点粪便污染季节分布并不一致，此次调查时间相对集中，为完整、准确地反映当地粪便污染状况，应进一步扩大调查时间跨度。

参考文献（略）

西藏部分地区藏猪弓形虫血清检测报告*

高文勋[1]，李　坤[1]，韩照清[1]，汪小强[1]，王　蕾[1]，
张　辉[1]，兰彦芳[1]，刘鑫宇[1]，李家奎[1,2]
（1. 华中农业大学动物医学院；2. 西藏农牧学院动物科学学院）

摘　要：应用酶联免疫吸附试验（enzyme linked immunosorbent assay，ELISA）对2014—2015年间采集于西藏部分地区的454份藏猪血清进行了弓形虫血清学检测。结果显示，2015年检测出阳性血清116份，阳性率为25.6%。统计数据表明，西藏地区藏猪猪群中存在弓形虫感染。该研究旨在掌握西藏地区藏猪群中弓形虫感染的情况，为制定该病的预防及防治提供参考依据。

关键词：西藏；藏猪；弓形虫；ELISA

弓形虫病（Toxoplasmosis）又称弓形体病，是由刚地弓形虫（*Toxoplasma gondii*）所引起的人畜共患病，该病呈世界性分布。据统计，全球约有1/3人口感染弓形虫，各地流行情况从10%~70%不等，并且温暖潮湿地区的流行率较其他地区稍高。在不同地区，弓形虫还表现出明显的遗传多样性，亦有报道证实在我国同样存在高度的弓形虫基因多样性。我国人群弓形虫感染率低于世界平均水平，但呈现逐年上升趋势。在动物中，猪的感染率为3.32%~66.39%，牛的感染率为2.41%~67.46%，羊的感染率为27.50%~33.33%，犬的感染率为0.66%~40.00%，猫的感染率为14.06%~78.00%。目前，弓形虫病调查、诊断的方法有病原学方法、免疫学方法、分子生物学方法，但免疫学方法仍是进行弓形虫感染调查、弓形虫病诊断的常用方法。动物感染弓形虫往往发生流产、不孕、死胎，而人同样对弓形虫易感，尤其是免疫缺陷或低下者、癌症患者、孕妇及幼儿等。孕妇感染弓形虫除可导致流产、早产、畸胎、死胎、弱智儿外，其妊娠中毒症、产后出血及子宫内膜炎的发生率均可见升高。为摸清西藏藏猪群的弓形虫感染情况，笔者于2015年2月应用酶联免疫吸附试验（enzyme linked immunosorbent assay，ELISA）方法对西藏地区藏猪进行了弓形虫血清学检测。

1　材料与方法

1.1　被检血清

本研究从2014年11月至2015年1月在西藏林芝地区的林芝县、米林县、工布江

* 刊于《湖北畜牧兽医》2016年3期

达县的屠宰场采集藏猪血液454份，室温血液自然凝固20min，在3 000r/min的离心条件下离心20min。收集血清，于-20℃冰箱中保存，备用。

1.2 试剂及试验方法

猪弓形虫间接ELISA检测试剂盒购自中国农业科学院兰州兽医研究所。检测步骤按照猪弓形虫间接ELISA检测试剂盒说明书进行。

2 结果与分析

表1结果表明，2014年西藏地区藏猪弓形虫阳性率为25.6%，其中林芝县、工布江达县、米林县藏猪弓形虫阳性率分别为21.8%、29.7%、25.4%；米林县藏猪弓形虫血清阳性率略高于林芝县，略低于工布江达县，表明西藏地区藏猪确实存在弓形虫感染，且感染程度不低。

表1 西藏部分地区藏猪弓形虫检测结果

地区	检测血清数（份）	阳性血清数（份）	阳性率（%）
林芝县	133	29	21.8
工布江达县	128	38	29.7
米林县	193	49	25.4
总计	454	116	25.6

表2结果表明，2014年西藏地区公猪弓形虫阳性率为25.1%，母猪阳性率为27.8%，未知藏猪弓形虫阳性率为6.3%，由此说明西藏地区藏猪公猪与母猪弓形虫感染率相近，弓形虫感染与藏猪性别没有明显关系。

表2 西藏部分地区不同性别藏猪弓形虫检测结果

性别	检测血清数（份）	阳性血清数（份）	阳性率（%）
公猪	251	63	25.1
母猪	187	52	27.8
未知	16	1	6.3

3 讨论

弓形虫是一种危害性严重的人畜共患病。1908年，Nicolle和Manceaux在北非突尼斯一种仓鼠样啮齿类动物刚地梳趾鼠（*Ctenoductylus gondii*）的肝脾单核细胞中，首次发现并描述了弓形虫。1959年我国首次检测出弓形虫病后，随着后来越来越多的动物被报道感染弓形虫，我国兽医工作者也加大了对弓形虫病的重视。近20年来世界各地陆续发现和报告了大量临床及隐性感染的猪弓形虫病，2008年，陈永军等通过间接血凝的方法检测上海市猪血清822份，阳性71份，阳性率为8.63%；2010年，洪尼宁等通过间接血凝的方法检测贵州省9个市（州、地）猪血清2 906份，最终通过IHA检测177份猪弓形虫血清，阳性49份，阳性率为27.68%。本次调查中西藏藏猪的血清检测结果高于陈永军等报道的上海市猪血清阳性率，但略低于洪尼宁等报道的贵州省猪血清阳性率。本次检测结果表明西藏地区藏猪弓形虫感染较为严重，应该引起我国动物医学研究足够的重视。

弓形虫病是一种危害严重的人畜共患病。它可以通过多种传染源进行传染，污染过的土壤、饲料、饲草、饮水等，患病和带虫动物的唾液、痰、粪便、乳汁、蛋、腹腔液、眼分泌物、肉、内脏淋巴结、流产胎儿体内、胎盘和流产物中以及急性病例的血液中都可能含有滋养体。弓形虫可通过消化道吞食含有包囊或滋养体的肉类和被感染性卵囊污染的食物、饲料、饲草、饮水而感染；滋养体还可经口腔、鼻腔、呼吸道黏膜、眼结膜和皮肤感染，母体胎儿还可通过胎盘感染。许多昆虫（食粪甲虫、蟑螂、污蝇等）可以机械地传播卵囊，吸血昆虫和蜱类可通过吸血传播病原。一般来说，弓形虫病流行没有严格的季节性，但秋冬季和早春发病率最高，可能与动物机体抵抗力降低有关。饲养管理条件可影响动物弓形虫感染率。多种动物对弓形虫都有一定的免疫力，感染后往往不表现临床症状，弓形虫可在组织内形成包囊后而转为隐性感染。包囊是弓形虫在中间宿主体内的最终形式，可存活数月甚至终生。因此某些地区家畜弓形虫感染率虽然比较高，但急性发病却不多。所以即使猪场等没有弓形虫的病史，仍然不可忽视对该病的防治工作。弓形虫防治的根本手段是使用方便的疫苗，但由于其生活史复杂，感染传播途径繁多，还可以形成包囊避免宿主的免疫攻击，因此，研制弓形虫的疫苗较为困难。所以，对于弓形虫病最佳的防治办法还是预防。

弓形虫病属于二类动物疫病，牛、羊、猫等多种动物被报道感染弓形虫病，但对于藏猪的弓形虫病却未受到足够的重视和防治。西藏自治区位于青藏高原西南部，平均海拔在4 000m以上，草原面积辽阔，气候条件复杂多变，藏猪的数量众多。但由于地理环境及试验条件等因素的影响，有关藏猪弓形虫病的调查研究少之又少。所以，为了进一步加强西藏藏猪弓形虫血清学检测，笔者将在今后扩大样本采集的范围，增加样本采集的数量，为更加全面了解西藏藏猪弓形虫感染情况和防治提供参考依据。

参考文献（略）

西藏林芝地区藏猪消化道寄生虫流行情况调查*

罗厚强[1,2]，汪小强[1]，张　辉[1]，兰彦芳[1]，
邱　刚[1,3]，李家奎[3*]，强巴央宗[3*]
（1. 华中农业大学动物医学院；2. 温州科技职业学院动科系；
3. 西藏大学农牧学院）

摘　要：为掌握西藏林芝地区藏猪消化道寄生虫病流行情况，采用寄生虫学完全剖检法、粪便虫卵检查法，对 2014 年 12 月至 2015 年 1 月在西藏林芝地区 112 头屠宰藏猪、73 份粪便进行寄生虫病流行情况调查。结果显示：共检测出寄生虫 11 种，隶属于 5 门、6 纲、9 目、10 科、10 属，其中线虫 5 种，绦虫蚴 2 种，原虫 2 种，吸虫 1 种，棘头虫 1 种。优势虫种和感染率为细颈囊尾蚴（42.9%）、野猪后圆线虫（38.4%）、棘球蚴（33.0%）、蛔虫（30.4%）、肝片吸虫（26.8%）、食道口线虫（18.8%）、毛首线虫（15.2%）、球虫（15.1%）、结肠小袋纤毛虫（6.8%）、蛭形巨吻棘头虫（5.6%）、六翼泡首线虫（2.7%）。结果表明：林芝地区藏猪胃肠道寄生虫感染普遍，感染率较高。

关键词：林芝地区；藏猪；胃肠道寄生虫；调查

藏猪是西藏高原生态环境特有的高原型原始猪种，主要分布于高海拔（2 900~4 100m）、严寒、低氧等气候条件恶劣的雅鲁藏布江中游河谷和藏东三江流域。藏猪是林芝地区牧民饲养的主要畜种之一。林芝地区地处西藏自治区东南部雅鲁藏布江中下游，其西部和西南部分别与拉萨、山南两地市相连，东部和北部分别与昌都市、那曲地区相连，南部与印度、缅甸两国接壤。林芝平均海拔 3 100m，属亚热带、温带及亚寒带多种气候，年平均日照 2 022.2h，年均温度 8.7℃，年降水量 650mm，无霜期为 180d。

由于藏猪长期生存在恶劣环境下，使藏猪具有耐低温、脂肪沉积少、瘦肉率高、营养价值高、皮薄、鬃毛粗等特点，使藏猪成为当地牧民的重要经济来源之一。藏猪多为散养，依赖天然牧场放牧，易受到寄生虫病的侵袭。猪消化道寄生虫对猪的生长发育危害极大，可以引起猪贫血、消瘦、发育不良、营养障碍，移行时造成的机械损伤还会导致肠管阻塞、穿孔、腹膜炎、肺炎等疾病，严重影响藏猪的生长和发育，直接降低猪的生产性能和经济效益，甚至引发人畜共患病，严重威胁人类的健康。近年来，西藏地区兽医工作者对部分地区藏猪寄生虫的感染情况进行了调查，各地区具有不同程度的感染。

为了掌握西藏林芝地区藏猪消化道寄生虫病的流行情况，本课题组于 2014 年 12 月至 2015 年 1 月进行了相关调查，进而更好地为当地防治藏猪寄生虫病提供

---

* 刊于《中国兽医学报》2016 年 9 期

依据。

1 材料与方法

1.1 调查动物

2014年12月至2015年1月在西藏林芝地区林芝县、米林县当地指定屠宰场，随机选择1~2岁藏猪112头采用寄生虫学完全剖检法进行寄生虫检查；随机从藏猪直肠采集新鲜粪便不少于15g，装于自封袋中，编号，送至实验室待检。若不能及时检测，样品4℃保存至检测，共采集73份。

1.2 调查方法

完全剖检法检查：心脏、肺脏、肝脏、食管，再将胃、小肠、大肠内容物用生理盐水冲洗，再用生理盐水反复沉淀，挑出虫体，置于70%酒精中保存，在显微镜下进行形态学分类。

粪便虫卵检查：取10g被检粪便，加清水100ml，搅匀，经40目铜筛过滤到400ml烧杯中，静置20~40min，倾去上层液体，保留沉渣。再加水混匀，再沉淀，反复进行2~3次，直至上清液清亮为止，吸取沉渣涂片，于显微镜下观察。若发现虫卵或卵囊则判为阳性。肠小袋纤毛虫只要发现滋养体或包囊均判为阳性。

1.3 虫种、虫卵鉴定

对获得的虫体、虫卵、幼虫在Olympus IX71显微镜下观察、拍片、测量和分类计数。根据各种虫卵形态和大小，依据文献的方法确定虫种。

1.4 数据处理

根据文献方法，按照下列公式进行计算：感染率（%）=感染动物数/检查动物数×100；感染强度=检出虫体数/检查动物数；单体荷虫数=虫体总数/被检数。

2 结果

2.1 藏猪消化道寄生虫感染情况

本次共调查剖检藏猪112头，共计检测出寄生虫11种，其中线虫5种、绦虫蚴2种、原虫2种、吸虫1种、棘头虫1种。优势虫种为细颈囊尾蚴、野猪后圆线虫、棘球蚴、蛔虫、肝片吸虫、食道口线虫、球虫、毛首线虫、结肠小袋纤毛虫、蛭形巨吻棘头虫、六翼泡首线虫。感染率及感染强度等见表1。

表 1　林芝地区藏猪肠道寄生虫感染情况

寄生虫种名	寄生部位	感染率/%	方法	感染强度
六翼泡首线虫	胃	2.7（3/112）	完全剖检法	9.6（4~23）
毛首线虫	盲肠	15.2（17/112）	完全剖检法	52.7（33~76）
食道口线虫	结肠	18.8（21/112）	完全剖检法	77.8（34~119）
蛔虫	小肠	30.4（34/112）	完全剖检法	15.8（8~24）
野猪后圆线虫	支气管	38.4（43/112）	完全剖检法	93.3（67~123）
蛭形巨吻棘头虫	小肠	5.6（6/112）	完全剖检法	3.5（2~4）
棘球蚴	肝、肺	33.0（37/112）	完全剖检法	23.3（3~53）
细颈囊尾蚴	肠系膜、大网膜	42.9（48/112）	完全剖检法	42.3（20~57）
肝片吸虫	肝脏、胆管	26.8（30/112）	完全剖检法	15.1（8~26）
球虫		15.1（11/73）	粪便虫卵检查法	
肠小袋纤毛虫		6.8（5/73）	粪便虫卵检查法	

注：感染率一列括号内为感染头数/调查头数；感染强度一列括号内为感染范围

2.2　藏猪消化道寄生虫形态特征

2.2.1　线虫

本次调查发现野猪后圆线虫感染率最高为 38.4%，感染强度最高；后圆线虫寄生于猪的支气管和细支气管，虫体细长，雄虫长 11~25mm，虫体呈乳白色或灰色，交合刺呈丝状，无引器（图 1A）；蛔虫感染率为 30.4%，其活虫呈淡红色或淡黄色，圆柱形，两端稍细（图 1B）。食道口线虫感染率为 18.8%，其虫体为白色圆形小线虫（图 1C），寄生在猪的大肠。毛首线虫感染率为 15.2%，虫体呈鞭状，体前部较细，体后部较粗。六翼泡首线虫感染率为 2.7%，圆形蛔状线虫，虫体纤细淡，红色（图 1D）。

2.2.2　绦虫蚴

本次调查共检查出绦虫蚴 2 种，细颈囊尾蚴感染率最高，达到 42.9%，感染强度较高，细颈囊尾蚴是 1 个大小不一的囊泡，囊内充满透明液，有不透明的乳白色头节（图 1E）；棘球蚴感染率为 33.0%，棘球蚴为囊状结构，内含囊液（图 1F）。

2.2.3　吸虫

本次调查共检查出吸虫 1 种：肝片吸虫，感染率为 26.8%，虫体背腹扁平，外观呈树叶状，新鲜时呈棕红色（图 1G）。

2.2.4　原虫

共检出原虫 2 种。其中球虫感染率最高，达到 15.1%，未孢子化的艾美耳球虫有较清晰的两层壁，无色，卵囊为卵圆形（图 1H）；肠小袋纤毛虫的感染率为 6.8%，其虫

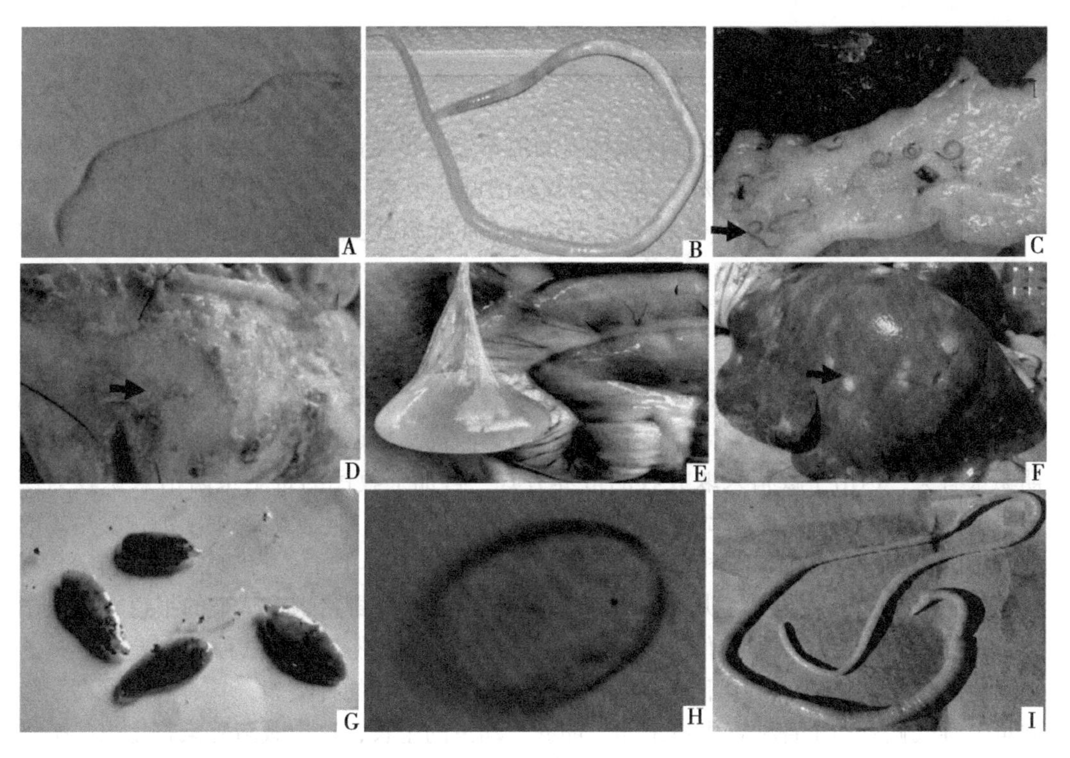

图 1　藏猪检查的寄生虫及虫卵

A. 野猪后圆线虫；B. 蛔虫；C. 食道口线虫（结肠）；D. 六翼泡首线虫（胃）；E. 细颈囊尾蚴（肠系膜）；F. 棘球蚴（肝脏）；G. 肝片吸虫；H. 球虫卵（400×）；I. 蛭形巨吻棘头虫

卵呈包囊圆形，双层囊壁厚，透明。

2.2.5　棘头虫

共检出原虫 1 种：蛭形巨吻棘头虫（15.1%），其虫体呈长圆柱形，乳白色或淡红色，前部较粗，向后有小钩（图 1I）。

2.3　寄生虫的混合感染率

本次调查发现林芝地区藏猪寄生虫混合感染情况比较严重，混合感染的种类多达 3 种，2 种寄生虫混合感染率最高，达 41.1%，其中以蛔虫和食道口线虫混合感染占主要；3 种寄生虫混合感染情况主要为蛔虫、食道口线虫、其他线虫之间的混合感染（表 2）。

表 2　藏猪肠道寄生虫混合感染情况

采样地点	样品数	1 种	2 种	3 种	其他
林芝县	67	19.4%（13/67）	41.8%（28/67）	13.4%（9/67）	25.4%（17/67）
米林县	45	11.1%（5/45）	40.0%（18/45）	13.3（6/45）	35.6%（16/45）
总计	112	16.1%	41.1%	13.4%	29.5%

3 讨论

本次调查结果显示，林芝地区藏猪胃肠道寄生虫感染普遍，混合感染率较高（2种寄生虫混合感染率高达41.1%）。感染率较高的肝片吸虫、毛首线虫等与米玛顿珠等对藏猪寄生虫调查以及Senlik等对土耳其Bursa省野猪线虫感染的报道结果有很大的区别。

米玛顿珠等对西藏工布江达县措高乡藏猪寄生虫调查中发现吸虫1种，绦虫3种，线虫9种共计13种寄生虫。本次调查显示，林芝地区藏猪寄生虫感染虫种较多，与米玛顿珠等调查结果比较，虽然野猪后圆线虫、棘球蚴、肝片吸虫、食道口线虫、毛首线虫，感染率均呈现下降趋势，但感染率仍然普遍较高。据调查，近年来当地政府进行定期驱虫有关，但由于藏猪采取放牧的散养方式，再加上牧民的寄生虫防治意识较为薄弱，这可能是导致当地藏猪寄生虫感染率较高的主要因素。本次调查中，细颈囊尾蚴的感染率为42.9%，明显高于相关文献报道（感染率为7%~14.3%）；蛔虫在藏猪中具有较高的感染率和感染强度，明显高于De-la-Muela等有关野猪蛔虫感染的报道（感染率为2%）。地理位置、气候条件、饮食习惯等因素使藏猪感染寄生虫种类有差异。林芝地区主要位于雅鲁藏布江中下游，草场资源丰富，野生动物种类多，具有温湿度高、降雨量大等气候有利于各种寄生虫虫卵、卵囊、幼虫的生长，这为藏猪感染寄生虫病提供了必要的条件。此外该地区属于藏族等少数民族为主，农牧民有食用生肉的习惯，加大了人感染人畜共患寄生虫病的风险。

在林芝地区进行藏猪原虫感染情况调查，共检出球虫、肠小袋纤毛虫2种，感染率分别为15.1%、6.8%。这与胡罕等有关秦岭北坡野猪肠道寄生虫感染调查情况结果一致。当地藏猪主要采取放牧形式，在山区草场自由采食，很可能将外界环境中虫卵或卵囊带入圈舍导致感染。此外，据调查，该地区防治寄生虫药物主要为伊维菌素、阿苯达唑，这2种药物都不具备抗球虫的作用，这也有可能是导致藏猪的球虫感染率较高的因素之一。

藏猪与其他猪种相比，其抗病能力相对较强，而对于寄生虫病的感染，不会导致藏猪大规模死亡，因此当地农牧民对于藏猪寄生虫病的防治重视不够。本次调查采取寄生虫完全剖检法和粪便虫卵检查法相结合，在一定程度上反映了林芝地区藏猪肠道寄生虫的感染现状。通过本次调查结果表明，藏猪肠道寄生虫感染种类较多，感染率较高，应予以重视。由于藏猪的活动范围广，不能有效地进行管理和驱虫工作，首先应该对该地区其他动物进行定期驱虫，减少寄生虫的中间宿主数量，以期达到减少污染的目的。此外，交替使用牧场，切断传播途径，防止动物间的交叉感染。另外，通过加强兽医卫生防治措施，定期培训基层兽医工作者和广大农牧民，宣传和培训相关寄生虫病的科学防治知识，提高寄生虫病的防治意识，从而减少人畜共患寄生虫病的发生。

参考文献（略）

西藏尼木县山羊蠕虫感染情况调查*

刘建枝，夏晨阳，冯　静，宋天增，马兴斌，唐文强

（西藏自治区农牧科学院畜牧兽医研究所）

摘　要：于2013年5月至2014年4月在西藏尼木县采用系统剖检法剖检99只山羊，并收集寄生虫虫体，依据形态学特征进行种类鉴定，并分析山羊感染情况。尼木县山羊蠕虫感染率为100%，均为混合感染，共鉴定寄生虫9科15属21种。胃肠道寄生线虫优势种为鞭虫属（36.4%），吸虫优势种为鹿同盘吸虫（60.6%）和后藤同盘吸虫（60.6%）；绦虫/绦虫蚴优势种为细颈囊尾蚴（52.5%）；门静脉系统主要寄生土耳其斯坦东毕吸虫（69.7%）。

关键词：西藏；尼木县；山羊；蠕虫

西藏是中国五大牧区之一，主要饲养的家畜有牦牛、黄牛、绵羊、山羊、藏猪和藏鸡等，其中山羊2014年存栏量441万只，占西藏家畜总量的23.70%，位居第三，是西藏的优势畜种之一。2014年末尼木县牲畜存栏11.68万头（只、匹），其中羊为7.12万只。由于养殖业落后、原始，主要以家庭式分散饲养为主，经营管理粗放、生产力水平较低，家畜寄生虫病更是给牧区带来巨大的经济损失。目前西藏在山羊寄生虫方面研究很少，研究深度也较其他省份滞后，因此有必要在西藏开展寄生虫病的调查研究，掌握优势虫种，为今后防治工作提供科学依据，为此笔者开展了尼木县山羊寄生虫区系调查，现将调查结果报告如下。

1　材料与方法

1.1　虫体来源

2013年5月至2014年4月在西藏尼木县续迈乡安岗村剖解山羊，1—10月每月剖解4只山羊（共40只），11—12月为屠宰季节共剖解山羊59只，合计99只山羊。

山羊屠宰后，检查脑、肺、肝、瘤胃、真胃、小肠、盲肠和肌肉等组织器官，取内容物，置于盛有生理盐水容器内，反复淘洗，胃肠道黏膜外翻，检查虫体，用挑虫针将虫体置于盛有生理盐水的平皿内，备用。

1.2　虫体的保存

将采集的新鲜虫体置于生理盐水中，充分振荡洗净，移入70 ℃的70%~75%酒精

* 刊于《中国寄生虫学与寄生虫病杂志》2016年1期

中，待冷却后，移入甘油乙醇中（含 5%丙三醇和 80%乙醇），编号保存。详细记录虫体标本宿主的年龄、性别、寄生部位和采集时间等信息。

1.3 虫体的鉴定方法

将虫体置于带盖透明瓶中透明 48h，于光学显微镜下镜检，参照文献进行虫种鉴定。

2 结果

2.1 总体感染情况

99 只山羊年龄为 1~7 岁，均有寄生虫感染，总感染率为 100%。感染的主要虫种有：吸虫为土耳其斯坦东毕吸虫（*Orientobilharzia turkestanicum*），感染率最高达 69.7%，感染强度高达29 500条/只；绦虫为细颈囊尾蚴（*Cysticercus tenuicollis*），感染率最高达 52.5%，感染强度高达 12 个/只；线虫感染率最高为鞭虫属（*Trichuris*），感染率最高达 36.4%；共感染蠕虫 9 科 15 属 21 种（表 1）。

表 1 山羊不同蠕虫感染率

科	属	种	感染率（%）	感染强度（条/头）
鞭虫科 Trichuridae	鞭虫属 *Trichuris*	兰氏鞭虫 *T. lani*	36.4	1~11
		斯氏鞭虫 *T. skrjabini*		
		球鞘鞭虫 *T. globulosa*		
毛圆科 Tricho-strongylidae	血矛属 *Haemonchus*	捻转血矛线虫 *H. contortus*	16.2	1~20
	背带属 *Teladorsagia*	*T. boreoarcticus*	7.1	5~56
	马歇尔属 *Marshllagia*	蒙古马歇尔线虫 *M. mongolica*	6.7	2~5
		拉萨马歇尔线虫 *M. lasaensis*		
	细颈属 *Nematodirus*	尖刺细颈线虫 *N. filicollis*	6.1	3~9
		畸形细颈线虫 *N. abnormalis*		
		奥利春细颈线虫 *N. oriatianus*		
尖尾科 Oxyuridae	斯氏属 *Skrjabinema*	绵羊斯克里亚宾线虫 *S. ovis*	6.1	10~460
网尾科 Dictyocauli-dae	网尾属 *Dictyocaulus*	丝状网冒线虫 *D. filaria*	5.1	1~3

（续表）

科	属	种	感染率（%）	感染强度（条/头）
同盘科 Paramphistomatidae	同盘属 *Paramphistomum*	鹿同盘吸虫 *P. cervi*	60.6	10~5 000
		后藤同盘吸虫 *P. gotoi*		
片形科 Fasciolidae	片形属 *Fasciola*	*Fasciola* sp.	17.2	3~5
分体科 Schistosomatidae	东毕属 *Orientobilharzia*	土耳其斯坦东毕吸虫 *O. turkestanicum*	69.7	10~29 500
裸头科 Anoplocephalidae	莫尼茨属 *Moniezia*	扩展莫尼茨绦虫 *M. expansa*	26.3	1~3
	曲子宫属 *Thysaniezia*	盖氏曲子宫绦虫 T. *giardi*		
	无卵黄腺属 *Avitellina*	中点无卵黄腺绦虫 *A. centripunctata*		
带科 Taeniidae	带属 *Taenia*	细颈囊尾蚴 *Cysticercus tenuicollis*	52.5	1~12
	棘球属 *Echinococcus*	细粒棘球蚴 *E. cysticus*	3.0	1~3

2.2 线虫感染情况

99只山羊共感染4科7属12种线虫。鞭虫科鞭虫属3种，感染率36.4%，感染强度1~11条/只；毛圆科4属7种，其中，捻转血矛线虫（*Haemonchus contortus*）感染率最高，为16.2%，感染强度最高达56条/只；尖尾科斯氏属1种，感染率为6.1%，感染强度最高达460条/只；网尾科网尾属1种，感染率最低5.1%，感染强度1~3条/只。

2.3 吸虫感染情况

99只山羊共感染3科3属4种吸虫。同盘科同盘属2种，感染率为60.6%，感染强度10~5 000条/只，在2只山羊的小肠中检出前后盘吸虫的童虫（图1A）；片形科片形属1种，感染率17.2%，感染强度3~5条/头；分体科东毕属1种，感染率最高达69.7%，感染强度最高达29 500条/头，主要寄生于肠系膜后动脉（图1B），感染严重者在肝脏表面可见黄色虫卵结节（图1C），压片镜检可见大量虫卵；感染率最高为土耳其斯坦东毕吸虫（*O. turkestanicum*），且感染强度也最高。

2.4 绦虫感染情况

99只山羊共感染2科5属5种绦虫/幼虫。裸头科3属3种，感染率为26.3%，感染强度为1~3条/只；带科2属2种，其中，细颈囊尾蚴感染率最高，达52.5%，感染强度

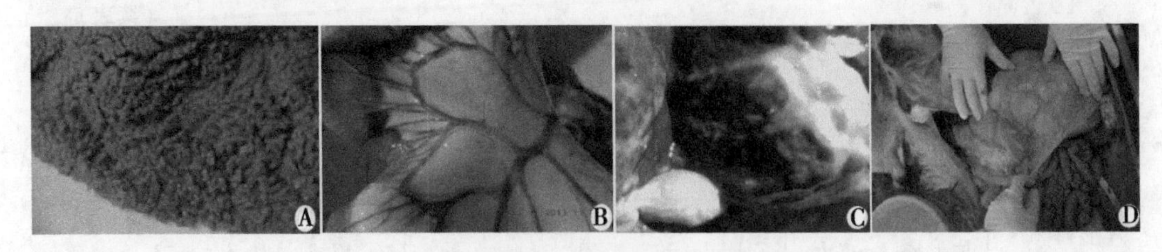

图 1　山羊寄生虫

A：寄生于瘤胃的同盘吸虫；B：东毕吸虫成虫；C：东毕吸虫虫卵；D：大网膜上寄生的细颈囊尾蚴

最高 12 个/只（图 1D）；棘球属感染率最低，为 3.03%，感染强度最低 1~3 个/只。

3　讨论

本调查结果显示，西藏尼木县山羊蠕虫共计感染 21 种，其中，线虫纲 4 科 7 属 12 种、吸虫纲 3 科 3 属 4 种、绦虫纲 2 科 5 属 5 种，感染率高达 100%，均为混合感染；胃肠道寄生线虫优势种为鞭虫属（36.4%），吸虫优势种为鹿同盘吸虫（60.6%）和后藤同盘吸虫（60.6%）；绦虫/绦虫蚴优势种为细颈囊尾蚴（52.5%）；门静脉系统主要寄生土耳其斯坦东毕吸虫（69.7%）。

本调查首次在西藏山羊体内发现土耳其斯坦东毕吸虫，究其原因，尼木县为半农半牧区，牧场内多沼泽，分布大量耳萝卜螺（*Radix auricularia*），造成山羊东毕吸虫感染严重，感染率高达 69.7%，感染强度最高可达 30 000余条/只，建议每年 11 月至次年 1 月当螺体内尾蚴消失后采用吡喹酮对山羊进行驱虫，连续多年给药可有效降低其感染率。同时在西藏发现背带属线虫 *T. boreoarcticus*（暂无中文译名）也属首次，该虫主要寄生于真胃幽门部或小肠黏膜下。

山羊绦虫蚴（细颈囊尾蚴）感染率高主要是西藏畜牧业生产方式落后、加之家畜屠宰无固定的场所、没有无害化处理设备或措施、科普宣传工作不到位，农牧民对寄生虫病危害、传播途径等知识不甚了解，屠宰季节时将含寄生虫的脏器随意丢弃，野狗食之，造成绦虫蚴危害严重。

国内外先后有诸多研究者对山羊寄生虫种类及感染强度进行了深入研究，在地域、生态环境、饲养模式、寄生虫病防治基础条件和山羊品种等多种因素的作用下，不同地区家畜感染寄生虫的种类及其优势虫种不同，内生态与外生态决定寄生适宜的虫种，因此，系统调查当地家畜寄生虫区系对当地家畜寄生虫病的防治具有重要指导意义。把握优势虫种和预防性驱虫最佳时机，可对寄生虫病防治工作起到事半功倍的效果。同时加强科普宣传力度，对被绦虫蚴污染的动物脏器进行无害化处理或深埋，不得丢弃喂狗；编写通俗易懂的藏汉文《家畜寄生虫病危害及防治技术》培训手册，让农牧民了解寄生虫病的危害及防治知识，做到群防群治。加强乡村兽医的培训，建立高素质的基层防疫队伍。

参考文献（略）

西藏樟木口岸2012—2014年蜱传病原体调查分析*

韩　辉，杨　宇，谭克为，宋亚京，徐宝梁
（中国检验检疫科学研究院）

摘　要：了解西藏樟木口岸蜱及蜱传病原体情况并进行风险评估，为有效地监测蜱和预防控制蜱传疾病提供科学依据。于2012—2014年在西藏樟木口岸采用人工布旗法采集游离蜱，对蜱进行分类鉴定并利用实时荧光PCR鉴定病原体。共采集蜱1 779只，送检232份，共检出3类病原微生物，即巴尔通体、立克次体和伯氏疏螺旋体；首次在西藏地区发现巴尔通体，是蜱传疾病的主要病原体。西藏樟木口岸地区存在蜱及蜱传病原体，因此，西藏樟木地区应注意蜱传疾病的风险，防范其跨境传播。

关键词：樟木口岸；蜱传疾病；病原体；风险分析

蜱作为重要的媒介节肢动物之一，其刺叮宿主、吸食血液，不仅造成血液损失，在刺伤处形成溃疡，引发过敏反应和毒素伤害，并可传播人兽共患疾病，蜱传疾病已成为全球关注的重要公共卫生问题。目前，我国的蜱类已有2科10属117种，在西藏地区分布2科9属41种。西藏自治区作为与尼泊尔接壤的边境地区，随着中国与周边国家的商贸往来日益频繁，存在蜱传疾病的传播风险。因此，开展西藏地区蜱媒携带病原体的调查研究，对加强我国口岸地区传染病疫情监测，防范蜱传疾病跨境传播具有重要意义。

1　材料与方法

1.1　调查地点

选取西藏地区的樟木口岸为调查点，根据其地形和植被特点，选择草地、草原、灌木、林区、林缘、河滩灌木丛草地、荒漠化草原、针阔混交林、林缘草地针阔混交林和针叶林边草地等生境作为调查地点。

1.2　方法

1.2.1　蜱的采集和鉴定

2012—2014年在樟木口岸的各类生境中采用人工布旗法采集游离蜱。在口岸附近地区，随机抽取一定数量家畜（牛、羊、犬），从其体表采集寄生蜱，并进行分类

* 刊于《中国媒介生物学及控制杂志》2016年6期

鉴定。

1.2.2 基因组 DNA 与总 RNA 的提取

无菌操作每只蜱用 75%乙醇浸泡 20min 后，用 pH 7.4 的 PBS 缓冲液漂洗 3 次，分装于 2 ml 的 EP 管中，加入 500μl PBS 缓冲液，研磨后分别取 60μl 和 140μl 的组织研磨液，按试剂盒说明书提取基因组 DNA 和 RNA。

1.2.3 PCR 扩增

以提取的 DNA 为模板，按表 1 的引物进行 PCR 扩增，检测立克次体（*Rickettsia*）和贝氏柯克斯体（*Coxiella burnetii*）。扩增反应体系包括 *Taq* DNA 聚合酶 0.5μl，10× PCR Buffer 5μl，dNTPs mixture 4μl，10μmol/L 的上、下游引物各 1μl，模板 DNA 2μl，补充无菌水使总体积达到 50μl。94 ℃预变性 5min，然后按照表 1 列出的扩增条件进行 PCR 循环，最后 72 ℃延伸 5min。贝氏柯克斯体第 2 次 PCR 反应体系与第 1 次相同，模板为 3.0μl 的第 1 次 PCR 产物。

1.2.4 实时荧光 PCR 扩增检测

以提取的 RNA 为模板进行反转录，8μl 模板 RNA 和 2μl 随机引物 95 ℃孵育 2min，冰浴 10min，加入 15μl 反转录缓冲液（含 200μmol/L dNTPs、20 U RNAsin、10 U AMV 反转录酶）42℃孵育 1.5 h，72℃ 10min。取 2μl 反转录产物进行 PCR 扩增，用于检测森林脑炎病毒，按照表 1 的引物和扩增条件进行 PCR 扩增，反应体系同 PCR 扩增。

表 1 蜱类样本的 PCR 反应条件

病原体	引物名称	反应条件	扩增片段（bp）
伯氏疏螺旋体 *Borrelia burgdorferi*	CF 1 CR 2	92 ℃ 3min，92 ℃ 30 s，47 ℃ 30 s，72 ℃ 90 s，35 个循环；72 ℃ 10min	630
巴尔通体 *Bartonella*	bart 781 bart 1137	95 ℃ 3min，95 ℃ 30 s，54 ℃ 30 s，72 ℃ 30 s，35 个循环；72 ℃ 10min	356
立克次体 *Rickettsia*	Rsfg 877 Rsfg 1258 OMP 3 OMP 4	95 ℃ 3min，95 ℃ 60 s，54 ℃ 60 s，72 ℃ 60 s，35 个循环；72 ℃ 10min	381

2 结果

2.1 蜱种分布

2012—2014 年在西藏樟木口岸各类生境共采集蜱 1 779 只，隶属于 2 属 3 种，分别为尼泊尔血蜱（*Haemaphysalis nepalensis*）、台湾血蜱（*H. formosensis*）和微小扇头蜱（*Rhipicephalus microplus*），各采样点蜱的分布见图1。

2.2 蜱及其携带病原体情况

送检蜱样本232份，其中微小扇头蜱、尼泊尔血蜱和台湾血蜱分别为86份、69份和5份，另有72份蜱样本未进行分类。病原体总阳性率为8.19%（19/232）。其中11份样本检出巴尔通体，包括台湾血蜱3份、微小扇头蜱6份和未分类蜱2份；5份样本检出立克次体，包括台湾血蜱2份和未分类蜱3份；3份检出伯氏疏螺旋体，总阳性率为1.29%（3/232）。微小扇头蜱是伯氏疏螺旋体的主要传播媒介，见表2。

表2　西藏樟木口岸蜱携带病原体情况

蜱种	病原体	检测数（份）	构成比（%）	阳性数（份）	阳性率（%）
尼泊尔血蜱		69	29.74	0	0.00
台湾血蜱	巴尔通体	5	2.16	3	60.00
	立克次体			2	40.00
微小扇头蜱	伯氏疏螺旋体	86	37.07	3	3.49
	巴尔通体			6	6.98
未分类	巴尔通体	72	31.03	2	2.78
	立克次体			3	4.17
合计		232	100.00	19	8.19

3 讨论

随着社会经济发展，环境与生态的变迁，新发传染病逐渐成为全球经济和公共卫生重点。自然疫源地疾病和媒介传播疾病在新发传染病中占有重要地位。蜱作为重要的媒介生物，广泛寄生于多种脊椎动物，吸血时可获得并传播病原体，多分布在开阔的自然界，如森林、灌木丛、草原及半荒漠地带，在我国蜱呈点状和带状分布。由于西藏地区情况特殊，对该地区媒介传染性疾病的研究较少。本次西藏地区送检样本的伯氏疏螺旋体总阳性率为1.29%，与张大荣等采用免疫荧光法对林芝地区的136名藏族居民血清进行伯氏疏螺旋体IgG抗体检测，检出可疑阳性3份，确诊2份，阳性率分别为2.21%和1.47%的结果相近，但是该研究仅从人体血清携带IgG抗体的角度分析，并未提及该病原体由何种蜱或何种媒介生物传播，因此，伯氏疏螺旋体在该地区的分布情况仍有待进一步研究。本研究结果证实微小扇头蜱是伯氏疏螺旋体的主要蜱类传播媒介。

立克次体为东北地区优势病原体，但西藏地区感染立克次体或流行病学研究较少。根据黄鹏对藏南地区124份正常人血清检测发现斑疹伤寒（普氏立克次体）阳性率为4.03%（5/124），该研究结果与本次调查的立克次体总阳性率（2.16%）较为相近，证实了藏南地区有立克次体感染。对西藏边境口岸145名尼泊尔人进行立克次体的血清抗体检测，阳性率为 8.28%（12/145）。西藏地区蜱传立克次体的感染情况仍有待深入研究。

此前西藏地区从未有巴尔通体相关的文献报道，与西藏地区经纬度相似、气候及地形地貌相近的青海地区在 2013 年发现存在巴尔通体，但其宿主为蚤类。栗冬梅等于 2005 年在微小扇头蜱中分离出巴尔通体 1 株，且该蜱寄生于云南省的牛体，提示我国西南地区蜱可能传播病原体而感染人类。本次调查为首次在我国西藏地区分离出巴尔通体，且分布于台湾血蜱和微小扇头蜱及未分类的蜱，该两种蜱均为巴尔通体的传播媒介。但西藏地区巴尔通体的感染、流行及传播等仍有待深入探究。

参考文献（略）

引进药物驱虫、灭源试验研究

驱虫净对牦牛胎生网尾线虫病的疗效与毒性观察

佚 名
（西藏畜牧兽医科学研究所；当雄县兽医站；宁中区兽防所*）

我区牦牛的胎生网尾线虫病，流行面广，发病率高，不仅使牦牛犊牛发生贫血消瘦、发育受阻，常常在春季牧草枯黄时招至大量死亡，危害十分严重，是春乏死亡重要原因之一。

以往的防治药物，多不令人满意。自江苏农科所首次试验国产驱虫净之后，关于此类文献报道陆续可见。唯对牦牛的试验报道很少，为探明此药在高原的使用情况，积累经验，尽快推广于畜牧业生产。西藏畜牧兽医科学研究所于1975年4—6月在当雄县宁中区用口服驱虫净对牦牛胎生网尾线虫病进行治疗和毒性观察，现将结果报告如下。

1 试验材料与方法

1.1 试验药物

驱虫净（盐酸四咪唑）Tetramisole hydrochloride 化学名称为2，3，5，6四氢-6-苯基咪唑（2，1-b）噻唑盐酸盐，为白色无定形粉末，无臭、味苦。极易溶于水（1：6），能溶于氯仿、甲醇和乙醇。性稳定，水溶液在pH值=3时最稳定。

本试验之驱虫净系丹东制药厂出品。

1.2 试验动物

在宁中区通过临床和牛胎生网尾线虫幼虫计数检查，即采取新鲜牛粪30g用贝尔曼装置分离幼虫进行计数。选出自然感染胎生网尾线虫病的1岁牦牛15头，2岁牦牛1头，共16头，供疗效试验。根据年龄、性别、营养情况、幼虫的多少，按口服驱虫净的剂量分为5mg/kg、10mg/kg、15mg/kg 3个治疗组及一个对照组，每组4头牛，各组之间力求幼虫数量大致接近，对照组不投药。

另选1岁牦牛9头测定驱虫净对牦牛的毒性，按每千克体重口服驱虫净的剂量分为20mg/kg、25mg/kg、30mg/kg 3个组。上述两试验共计7个组，即4个治疗组，3个毒性测定组。

---

* 刊于《兽医科技资料》1977年3期

1.3 投药方法

将驱虫净用常用水配成2%溶液，用漏斗胶皮管经口一次灌服。

1.4 效果判定

1.4.1 临床观察

投药前后对试验组和对照组均进行精神、心跳、呼吸、吃草、排粪尿等的反应情况进行观察。

1.4.2 解剖检查

对试验牛和对照牛于投药后，根据第九天宰杀后检查肺脏内的残余虫体数，计算驱虫效果。

2 试验结果

2.1 疗效试验

2.1.1 临床观察结果

笔者将选出的自然感染胎生网尾线虫病的牦牛16头，根据粪便中含幼虫的多少，进行搭配分组，力求各组的幼虫总数相差不大，分别按每千克体重口服驱虫净5mg/kg、10mg/kg、15mg/kg 3个组及对照组。对照组不投药，将驱虫净称准，常用水配成2%溶液，一次灌服，对12头牦牛进行了仔细观察。5mg/kg和10mg/kg两组8头牛服药后，没有发生不良反应，精神、吃草、排粪、排尿等均正常。而15mg/kg组的7号牦牛服药后30min出现呼吸迫促（每分钟158次）心跳加快（每分钟108次），粪尿频数、呆立不动、磨牙抖颤、口流白沫、发热等，经6h后恢复正常。其他均无不良反应。

2.1.2 解剖检查结果

驱虫净15mg/kg的剂量对胎生网尾线虫的驱虫效果是：4号牛、2号牛肺内无虫，7号牛肺内有1条虫，10号牛肺内有22条虫，其驱净率为50%，驱虫率为97.64%，作为一次口服的驱除肺部线虫的药物来说，驱虫净能达到这样高的效果，是比较满意的。当驱虫净的剂量减少至10mg/kg，其驱虫效果为77.98%。5mg/kg剂量由于生产上的原因未进行剖查。但是根据粪便中幼虫的计数来看，在投药后第九天粪便中幼虫消失率达80.34%。

对照组的3号牛于5月16日死于寄生性肺炎和肾盂炎，肺内有胎生网尾线虫281条。14号牛于5月20日死于寄生性肺炎，从肺内检出胎生网尾线虫156条，这两头牛生前体质特别瘦弱，症状明显，死后病变很典型。5月23日宰杀剖检15号牛肺内有

430 条虫，6 号牛有 109 条虫，对照组 4 头牛共计有胎生网尾肺线虫 976 条。

2.2 毒性试验

为弄清驱虫净对牦牛的毒性大小，避免在使用药的过程中，出现因估体重偏高，或过量投药而发生中毒反应。因此，在疗效试验的基础上，又分 20mg/kg、25mg/kg、35mg/kg 3 种剂量，用常水配成 2%的溶液，用漏斗胶皮管一次经口灌服，观察对牦牛的毒性反应。

（1）20mg/kg 组的 18 号牛、19 号牛和 25mg/kg 组的 20 号牛、21 号牛，这 4 头牛均于服药后 30min，出现兴奋发狂、竖尾摇尾、绕圈跳跃奔跑、咳嗽等，但不影响吃草，只经历几分钟即恢复正常。而 20mg/kg 组的 17 号牛和 25mg/kg 组的 22 号牛均无不良反应。

（2）35mg/kg 组的 3 头牛，服药后仅 8min 即出现兴奋发狂，竖尾摇尾、绕圈跳跃奔跑、惊恐不安、排粪频数，有的间隔 5~10min 排粪一次。25 号牛经历 45min 即开始恢复正常吃草，23 号牛和 24 号牛经历 3h 左右均恢复正常。

3 讨论与结论

笔者这次用驱虫净对 16 头牦牛进行驱虫试验，对 9 头牦牛进行毒性测定。通过试验可以说明以下几个问题。

3.1 关于毒性

在治疗试验的 12 头牦牛，分别按 5mg/kg、10mg/kg、15mg/kg 等剂量一次口服。5mg/kg、10mg/kg 剂量的试验中，精神、吃草、排粪尿等均无不良反应；15mg/kg 剂量的 7 号牛在服药后 30min 出现排粪频数、呼吸困难、口流白沫等反应，经 6h 后恢复正常。在毒性测定的 9 头牛。20mg/kg、25mg/kg 剂量的 6 头牛中有 2 头无反应。4 头有轻微药物反应，几秒钟即恢复正常。35mg/kg 则出现 3 头牛的药物反应，但经 3h 后才恢复正常。

从上述治疗和测毒试验的结果来看，5~10mg/kg 剂量无药物反应，15mg/kg 剂量一般无药物反应，其中 7 号牛反应重的原因是投药正值 5 月中旬旬初，枯草季节，体质特别瘦弱，肺部病情严重，故反应较重。因此，在大群计划驱虫时，最好将药配成 1%的水溶液，在当年的 11 月至次年的元月，或 6 月以后进行，这些时候体质比较好。用药剂量最多 15mg/kg，估体重和投药应尽量做到准确，即可减少药物反应。20mg/kg 以上即全出现中毒反应。

3.2 驱虫效果

从驱虫结果来看，口服驱虫净 10mg/kg 对胎生网尾线虫的驱净率为 0%，驱虫率为 77.98%，当剂量增加到 15mg/kg，其驱净率 50%，驱虫率为 97.64%。因此，笔者认为作一次驱虫时，以用 15mg/kg 剂量为好。若用 10mg/kg 剂量时最好连续驱虫两次。在使用 15mg/kg 剂量时，可能有个别牛出现药物反应，其转归良好，但是，能收到驱虫奏效的结果。若过于只强调安全，而忽视驱虫效果，也不全面，必须二者结合考虑。

3.3 投药手续简便

驱虫净与其他几种药物比较，碘溶液要配药，要求在 30°~40°的斜坡上进行气管注射，用作犬坐式杀虫，间隔几天，再如法注射另一侧，手续甚为繁复。氰乙酰肼驱虫效果不能令人满意。而驱虫净有节省劳力、节约时间、投药简便等优点，是目前驱除胎生网尾线虫的良药。希望能尽快用于生产，充分发挥其驱虫作用。

国产“拜耳 9015”对藏系绵羊肝片吸虫病的疗效试验及毒性观察

佚　名

（西藏畜牧兽医研究所，当雄县兽医站）

“拜耳 9015”是具有毒性小、用量少、疗效高等优点的驱除肝片吸虫的新药。武汉医药工业研究所试制成功这种新药。根据有关资料报道，4mg/kg 体重对羊肝片吸虫病具有很高的疗效。8mg/kg 体重对羊肝片吸虫的童虫也取得了很好的驱虫效果。多年来，我区应用四氯化碳等药物防治羊肝片吸虫病，在生产上收到了良好的效果。但在毒性、用量和使用方法上远不及“拜耳 9015”优越。西藏地处祖国边疆，地理气候等自然条件比较复杂，不同于我国其他广大牧区，生物的生理适应性必定有所差异，新药“拜耳 9015”对藏系绵羊是否安全有效，有必要进行试验研究，以期逐步推广应用，为生产上提供扑灭羊肝片吸虫病的更有效的药物提出参考依据。为此，笔者在 1974 年 8—9 月对当雄县自然感染肝片吸虫病的绵羊做了疗效试验和毒性观察。

1　材料与方法

1.1　材料

1.1.1　试验药物

“拜耳 9015”其化学名称为 3，3′-Dichloro-5，5′-dinitro-0，0′-biphenol，为黄色结晶粉末，不溶于水，系武汉医药工业研究所合成，1974 年产品（本次试验药物系由兰州兽医研究所供给）。其结构式为：

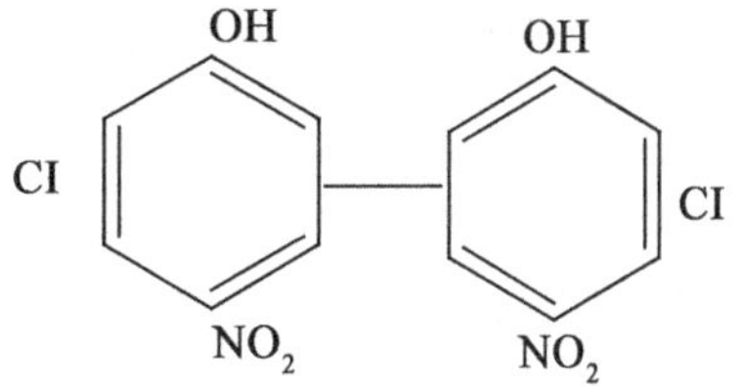

OH　　OH

CI　　CI

NO_2　　NO_2

1.1.2　试验动物

动物来源：为当雄县中嘎多公社自然感染肝片吸虫病的藏系绵羊。

动物选择：是用粪便检查法挑选出来的。投药前取新鲜羊粪 3g，用反复彻底洗净法，做二次定性定量检查，求出每羊的平均虫卵数，即感染强度，然后根据虫卵的多少适当搭配分组，使各组虫卵总数基本一致。

1.2 方法

1.2.1 投药剂量及分组

疗效试验共分五组，每组 4 只羊，投药组分别按每千克体重 2mg、4mg、6mg、8mg 给药，对照组不给药。

1.2.2 投药方法

将药物混入面粉中加水拌成稀糊状，一次用胃管灌服，用清水反复冲洗投药用具，以保药量确实。

1.2.3 药效判定

临床观察：投药前后对试验羊只做 3~5 天的一般临床观察，包括精神、食欲、排粪、呼吸等。

解剖检查：给药后 10 天，分两日将试验羊全部剖杀，用局部蠕虫学检查法检查肝脏，收集所有虫体，鉴定其是否成熟，死虫、活虫分别计数，求其精计驱虫率和粗计驱虫率。

虫卵检查：药后 20 天，用反复彻底洗净法连续进行二次虫卵检查（每次用粪便 3g），求出每羊平均虫卵数与投药前相比较，求其虫卵减少率和虫卵转阴率，对照羊同时进行检查以资比较。

2 试验结果

2.1 疗效试验

笔者用 20 只羊，分为 5 组，每组 4 只，进行了本试验。4 组羊分别经口灌服国产“拜耳 9015” 2mg/kg、4mg/kg、6mg/kg、8mg/kg，一组不灌服药作对照，在试验进行的整个过程中，除 8mg/kg 的 25 号羊给药后 20h 出现轻微的食欲不振，喜卧地，呼吸稍有加快，持续 5h 即恢复正常外，其他试验羊均未发现临床反应，给药后 10 天分两日将试验羊只全部剖杀检查，结果见表 1。

表 1 “拜耳 9015”对藏系绵羊疗效试验结果

羊号	年龄	性别	体重(kg)	药量		投药日期	给药前卵数		平均虫卵数	各组虫卵总数	剖检日期	残留虫体数			粗计效果(%)	精计效果(%)
				分量(mg/kg)	总量(mg)		第二次	第一次				死	活	活虫总数		
21	5	母	35.1	2	70.2	9月2日	75	75	75	434.5	9月11日	1		3	50	97.56
52	7	母	31.6		63.2		67	101	84				1			
33	5	母	41.6		83.2		40	172	106				2			
45	5	母	34.1		68.2		184	155	169.5			1				

（续表）

羊号	年龄	性别	体重（kg）	药量		投药日期	给药前卵数		平均虫卵数	各组虫卵总数	剖检日期	残留虫体数			粗计效果（%）	精计效果（%）
				分量（mg/kg）	总量（mg）		第二次	第一次				死	活	活虫总数		
3	5	母	41.1	4	164.4	8月22日	108	343	225.5	452	8月31日			0	100	100
23	5	母	38.1		152.4		74	128	101							
5	5	母	31.1		124.4		36	104	70			1				
27	5	母	38.1		152.4		66	44	55.5							
10	5	母	29.9	6	179.4	同上	35	664	349.5	508	同上	2		0	100	100
24	5	母	30.6		183.6		37	95	66							
32	4	母	32.4		194.4		43	82	62.5							
12	5	母	34.1		204.6		37	23	30							
25	6	母	41.6	8	332.8	同上	55	370	212.5	455	8月30日	1		0	100	100
18	5	母	34.6		276.8		45	153	99			2				
30	4	母	33.9		271.2		78	75	76.5							
44	6	母	37.1		296.8		77	97	67							
8	5	母	34.9	对照			72	261	166.5	454	同上		28	123		
28	7	公	38.6				90	133	111.5				43			
9	5	母	35.6				76	129	102.5				27			
42	5	母	31.4				60	87	73.5				25			

从表1可以看出，对照组羊只胆管内均有成熟的活虫体，总数为123条，4mg/kg、6mg/kg、8mg/kg组除5号、10号、25号羊在胆管内发现1~2条死亡之虫体外，其他羊只均未发现虫体，驱虫率为100%。2mg/kg组在21号、45号羊胆管内各有一条死亡虫体外，52号、33号羊胆管内分别发现1条和2条成熟的活虫体，驱虫率也竟高达97.56%，取得了令人满意的结果。

2.2 重复试验

为了进一步验证国产“拜耳9015”的疗效，笔者又选择了16只羊分为2.5mg/kg和4mg/kg以及对照3个组，给药后20天以虫卵检查的方法进行了效检。试验结果表明给药后羊只全部安全，未见药物反应，2.5mg/kg和4mg/kg组减卵率分别为99.38%和98.14%，同期检查对照组，羊只虫卵略有增加，结果见表2。

表 2 “拜耳 9015”对藏系绵羊重复试验结果

羊号	年龄	性别	体重(kg)	药量		投药日期	给药前卵检数			各组虫卵总数	给药后卵检日	给药后残留卵数			各组残留卵总数	虫卵转阴率(%)	减卵率(%)
				分量(mg/kg)	总量(mg)		第二次	第一次	平均			第二次	第一次	平均			
50	4	母	37.1		92.75		12	105	57.5			1	0	0.5			
51	5	母	32.1		80.25		32	75	53.5			0	0	0			
54	5	母	41.1		102.75		26	67	46.5			0	0	0			
57	5	母	38.6	2.5	96.5	9月3日	25	53	39	241.5		0	0	0	1.5	71.4	99.38
55	4	母	37.1		92.75		34	16	25			0	0	0			
60	4	母	39.1		97.75		14	13	15			1	1	1			
68	4	母	38.1		95.25		4	8	6		9月23日至9月25日	0	0	0			
71	5	母	33.1		132.4		64	86	75			0	3	1.5			
53	5	母	32.1		128.4		66	31	48.5			0	0	0			
58	5	母	38.6		154.4		28	86	57			0	0	0			
59	5	母	35.6	4	142.4	9月3日	23	57	40	241		0	6	3	4.5	71.4	98.14
63	5	母	42.1		168.4		13	5	9			0	0	0			
66	4	母	28.1		112.4		13	3	8			0	0	0			
61	5	母	41.1		164.4		2	5	3.5			0	0	0			
70	5	母	39.1	对照			67	77	72	79		79	101	90	107		
65	6	母	36.1				11	3	7			16	18	17			

从疗效试验和重复试验结果可知，4mg/kg、6mg/kg、8mg/kg 驱虫率均达 100%，随着药物剂量的减少，驱虫效果也有所下降，但 2mg/kg 驱虫率依然高达 97.56%，至于重复试验 4mg/kg 还低于 2.5mg/kg 的疗效，这可能由于肝片吸虫的幼虫在 4mg/kg 组个别羊体内刚刚成熟所致。

2.3 毒性试验

在疗效试验的基础上，为了进一步判明“拜耳 9015”对绵羊的毒性，笔者选择了 9 只绵羊，每组 3 只分别按 8mg/kg、10mg/kg、12mg/kg 一次口服连续一周的临床观察。8mg/kg 组和 10mg/kg 组的全部试验羊只，给药后精神、食欲、排粪、呼吸等方面未见药物反应。

12mg/kg 组：16 号羊投药后 22h 表现不太安静，走走闻闻，很少采食，27h 后，食欲恢复正常。2 号羊给药后 22h 出现精神欠缺，呼吸稍快，食欲不振，四肢无力，左后肢跛行，持续 10h 后，精神食欲恢复正常，但跛行一直延续到第 5 天才消失。4 号羊给药后无反应，精神、食欲、排粪、呼吸等均正常，结果见表 3。

表 3 “拜耳 9015”对藏系绵羊毒性试验结果

羊号	年龄	性别	体重（kg）	药量		投药日期	临床反应
				分量（mg/kg）	实量（mg）		
14	成	母	41.1	8	328.8	8 月 24 日	无药物反应
1	成	母	37.1		296.8		
19	成	母	33.6		268.8		
31	成	母	40.6	10	406		无药物反应
15	成	母	36.1		361		
6	成	母	33.1		331		
16	成	母	35.6	12	427.2		给药后 22h 表现得不太安静，走走闻闻，很少采食，持续 5h 恢复正常
4	成	母	38.1		457.2		无药物反应
2	成	母	36.6		439.2		给药后 22h 出现食欲不振，精神欠佳，四肢无力，左后肢跛行，持续 10h 精神食欲恢复正常，第 5 天步态稳健，恢复正常

2.4 扩大试验

在疗效和毒性试验的基础上，为了使生产上尽快的大面积应用和降低养羊业的成本，笔者还用“拜耳 9015”，每只羊以 0.1g 的总药量包在小纸片中，放在羊的舌根部位，让羊只吞服的投药方法，扩大试验了 723 只成年羊，药后观察全部羊只安全，未见药物反应。给药后第 58 天以粪检的方法抽检了 7 只羊（体重 36kg 左右，是以估测的方法进行的），除 2 号、8 号羊各发现一个虫卵外，其他羊只虫卵全部转阴，减卵率 99.64%，结果见表 4。

3 讨论与小结

根据笔者的试验，国产“拜耳 9015”确实是一种毒性低，疗效高，用量小的驱杀肝片吸虫的良好药物。按羊 4mg/kg、6mg/kg、8mg/kg 剂量一次口服驱虫率均达到 100%。随着药量的减少，疗效也有所下降，但 2.5mg/kg 剂量虫卵减少率也高达 99.38%，2mg/kg 剂量驱虫率也竟高达 97.56%。投药后进行 3~5 天临床观察，除 8mg/kg 剂量组体质较弱的 25 号羊给药后 20h 表现出食欲不振，呼吸稍有增加，持续 5h 的轻微反应即行恢复外，其他试验羊在精神、食欲、排粪、呼吸等均未出现药物反应。当提高药量 12mg/kg 剂量投药，其中 2 只羊在给药后 22h 出现轻微的反应，16 号羊不太安静，食欲不振，但持续 5h 后就恢复正常。2 号羊精神欠缺，呼吸稍快，食欲不振持续 10 个小时即恢复正常，至于跛行一直持续到给药后第 5 天才消失，笔者不认为是药物的反应，可能是由于羊只拥挤互相踩踏所致。国产“拜耳 9015”比四氯化碳、六氯酚、硫双二氯酚、六氯乙烷的毒性低，用量小，投药方便，对藏系绵羊是一种当前比较理想的驱杀肝片吸虫的新药。

表 4 “拜耳 9015”对藏系绵羊扩大试验结果

<table>
<tr><th>羊号</th><th>性别</th><th>年龄</th><th>体重</th><th>剂量（g）</th><th>投药日期</th><th>给药前卵检日</th><th>虫卵数</th><th>虫卵总数</th><th>给药后卵检日</th><th>残留虫卵数</th><th>残留虫卵总数</th><th>虫卵转阴率（%）</th><th>减卵率（%）</th></tr>
<tr><td>1</td><td>母</td><td>成</td><td rowspan="9">估测36kg左右</td><td rowspan="7">0. 1</td><td rowspan="9">9月16日</td><td rowspan="9">9月16日</td><td>200</td><td rowspan="7">549</td><td rowspan="9">11月12日</td><td>0</td><td rowspan="7">2</td><td rowspan="7">71. 6</td><td rowspan="7">99. 64</td></tr>
<tr><td>2</td><td>母</td><td>成</td><td>133</td><td>1</td></tr>
<tr><td>4</td><td>母</td><td>成</td><td>96</td><td>0</td></tr>
<tr><td>5</td><td>母</td><td>成</td><td>56</td><td>0</td></tr>
<tr><td>6</td><td>母</td><td>成</td><td>39</td><td>0</td></tr>
<tr><td>8</td><td>母</td><td>成</td><td>9</td><td>1</td></tr>
<tr><td>10</td><td>母</td><td>成</td><td>16</td><td>0</td></tr>
<tr><td>35</td><td>母</td><td>成</td><td rowspan="2">对照</td><td>77</td><td rowspan="2">80</td><td>65</td><td rowspan="2">87</td><td rowspan="2"></td><td rowspan="2"></td></tr>
<tr><td>36</td><td>母</td><td>成</td><td>3</td><td>22</td></tr>
</table>

本试验用羊均为 4~6 岁的成年羊，绝大部分体重在 36kg 左右。每只羊用国产“拜耳 9015”0. 1g 扩大试验 723 只羊，除临床无反应外，给药后经过 58 天，以粪便检查的方法抽检了 7 只绵羊，其中两只羊各发现有一个虫卵，其他各羊虫卵全部转阴，减卵率 99. 64%。大面积应用时，以 4mg/kg 为有效剂量，每只羊用 0. 1~0. 15g 比较适宜。体重较大的羊认为有必要稍增大剂量。

这次试验羊全部是由当雄县中嘎多公社成年羊群中挑选出来的，任意检查 67 只羊，除一只羊未见肝片吸虫虫卵外，其中 66 只均有典型的肝片吸虫虫卵，其感染肝片吸虫的患羊占 99. 98%，请当地有关部门加强防治工作。

国产“拜耳 9015”对肝片吸虫的童虫驱杀作用需要较大的剂量。为了使本药在生产中发挥更大的疗效，建议有关部门在应用本药防治肝片吸虫病时，根据当地情况最好一年进行两次，入冬前投药一次以保膘越冬，春乏期间用药一次以减低肝片吸虫对家畜的危害。

国产“拜耳 9015”对西藏牦牛肝片吸虫病的疗效试验及毒性观察*

佚 名
(西藏畜牧兽医科学研究所)

牛羊肝片吸虫病在西藏自治区分布面广，危害严重，是本区家畜的主要寄生虫病之一。除致幼畜发育受阻外，大量的肝脏废弃，成畜毛、肉、奶的数量和质量下降，还造成役畜使役能力降低等不良后果，是发展畜牧业的大敌。

1974 年笔者以国产“拜耳 9015”应用于藏系绵羊，在疗效和安全性上取得了满意的结果，也获得了当地群众对该药的好评。为了使该药在生产中尽早全面地发挥效能，笔者于 1975 年 7—11 月在当雄县宁中区，对西藏牦牛进行了本试验。

据 1975 年全国修订兽医药品规范会议报道，国产“拜耳 9015”用于牦牛每千克体重 3mg 口服，没有驱虫效果；10～12mg 时对成虫疗效是 100%。毒性观察每千克体重 25mg 不见反应；30mg 牛只不吃草，第二天恢复正常；50mg 时引起死亡。治疗剂量和中毒、致死量都很高，和笔者应用于西藏牦牛的结果很不一致。现将试验结果报告如下。

1 材料与方法

1.1 驱虫药

“拜耳 9015”，又名硝氯酚（Niclofolan，Bilevon），武汉医药工业研究所 1974 年产品。

1.2 试验动物

1.2.1 动物来源

选自当雄县宁中区放牧牦牛群。

1.2.2 动物选择

每牛取 5g 新鲜粪便，用反复彻底洗净法选择经虫卵检查阳性的自然感染肝片吸虫的牦牛。体质较健壮的牛做毒性观察之用。

* 刊于《兽医科技资料》1977 年 3 期

1.3 动物编组

试验牛逐头按 $=\frac{胸围^2 \times 体斜长}{10\,800} \pm (5 \sim 10)\%$ 公式测量体重给药。将药包在纸片内放在牛的舌根部位，灌少量清水帮助牛只吞咽。分组时使各组试验牛只虫卵总数基本相同。

1.3.1 疗效试验

共分四组：3mg/kg、5mg/kg、7mg/kg 体重组和一组对照，每组用牛 3 头。

1.3.2 重复试验

共分两组，3mg/kg 体重组及一组对照，每组用牛 3 头。

1.3.3 毒性观察

共分三组，9mg/kg、11mg/kg、15mg/kg 体重组，每组用牛 3 头。

1.4 临床观察与效果判定

1.4.1 临床观察

投药前后仅做一般的临床观察，包括精神、食欲、反刍、呼吸等。

1.4.2 效果判定

药后第 13 天剖杀试验牛只，剖检肝脏，记录成熟的活虫个数与对照组比较，计算驱虫效果。

2 试验结果

2.1 疗效试验

本试验的目的，以阐明国产“拜耳 9015”对西藏牦牛的疗效范围和有效剂量。

从表 1 可知，3mg/kg、5mg/kg、7mg/kg 体重驱虫效果达 100%。

投药后观察：

7mg/kg 体重组，16 号牛药后第 3 天食欲不振，精神稍减，喜站立水中，不喜走动，常常呼赶随群，第 5 天精神、食欲恢复正常，唯独行动缓慢，药后第九天恢复常态。

5mg/kg 体重组：8 号牛投药当日晚呼吸稍快（30 次/min），舔鼻、仰头、提唇、空嚼，不见反刍，第 2 天恢复正常。

除 8 号和 16 号牛药后出现轻反应并在短时间里精神、食欲恢复正常外，其他牛只均未见药物反应。

表 1　国产拜耳 9015 对牦牛肝片吸虫病疗效试验结果

牛号	年龄	性别	营养	体重(kg)	分量(mg/kg)	总量(mg)	药前卵检							投药日期	剖检日期	残留活虫数	组活虫总数	粗计效果(%)	精计效果(%)
							日期	第三次	第二次	第一次	总数	平均数	组总数						
31	8		中	203.2		1 422.4		157	139	165	461	153.6				0			
20	9		中	202.1	7	1 414.7		17	39	92	148	49.3	251.2			0	0	100	100
16	8		中上	247		1 729		78	59	8	145	48.3				0			
8	9		中	209.8		1 049		318	124	201	643	214.3				0			
5	11		中上	245.8	5	1 229		9	50	50	109	36.3	272.6			0	0	100	100
29	7		中	208.7		1 043.5	8月3—11日	22	19	26	67	22.3		8月12日	8月21—24日	0			
12	7		中	212		636		222	163	28	413	137.6				0			
6	9		中上	269.2	3	807.6		156	90	89	335	111.6	263.8			0	0	100	100
30	8		中	210		630		21	5	18	44	14.6				0			
32	7		中	182.8				206	145	64	415	138.3				29			
14	11		中上	250.1	对照			37	167	121	325	108.3	268.6			238	300		
1	12		中	188.2				35	28	3	66	22				33			

2.2　重复试验

疗效试验证明 3mg/kg 体重组是有效治疗量的最低剂量。为了进一步核实 3mg/kg 体重的疗效，选 3 头牛做重复试验，另选 3 头牛做对照。结果如表 2。

表 2　拜耳 9015 对牦牛肝片吸虫病重复试验结果

牛号	年龄	性别	营养	体重(kg)	分量(mg/kg)	总量(mg)	药前卵检							投药日期	剖检日期	残留活虫数	组活虫总数	精计效果(%)
							日期	第三次	第二次	第一次	总数	平均数	组总数					
30	11		中	293.2		879.6		157	104	116	377	125.6				1		
25	5		中	214	3	642		19	11	16	46	15.3	154.6			4	7	93.86
34	10		中下	293.2		879.6	8月22—24日	18	14	12	44	14.6		9月26日	9月7日	2		
35	11		中					67	57	72	196	65.3				64		
41	8		中		对照			34	49	55	138	46	133.9			31	114	
36	9		中下					25	18	25	68	22.6				19		

表 2 所示：剖杀 39、25、34 牛后在肝脏内分别残留 1、4、2 个成熟的活虫体，驱

虫率为 93.86%。在投药后的整个观察中未见牛只有药物反应。

从疗效试验和重复试验结果可知 3mg/kg 体重驱虫效果在 93.86%~100%。

2.3 毒性观察

在疗效试验的基础上，为了进一步深刻了解拜耳 9015 对西藏牦牛的毒性反应，选定 9 头牛每组 3 头，分别以 9mg/kg、11mg/kg、15mg/kg 体重的剂量口服给药，进行毒性观察。详细情况见表 3。

从表 3 可知，9mg 和 11mg 组各有两头牛只出现药物反应，随着药量的增加药物反应也随之加深、加重，转归需要的时间也随之延长，当药量增至 15mg/kg 体重时致使两头牛只死亡。3 种组别中各有一头试验牛只未见药物反应，这可能和牛只间个体特异性有关，表现出对药物不同的耐受性和敏感性。

2.4 扩大试验

鉴于 3mg/kg 体重驱虫效果在 93.86%~100%，所以笔者用 4mg/kg 体重作为扩大试验的基础剂量，为以后进行的推广试验提出依据。

本试验是在宁中区翻身公社三队已配放牧母牛群 148 头中进行的，选 13 头牛以检查疗效，其中，3 头牛用以对照。疗效检查是以投药前后虫卵对比的方法进行的，对照组只作参考依据，对全群的试验牛只仅做投药前后的一般临床观察。

在全部试验过程中，笔者对宁中区不同公社的各牧业小队，以体尺测量的方法测量了 60 头牦牛的体重，当地绝大部分牛只体重在 180~250kg，所以在扩大试验中每只牛投给 1g 的总药量，药后 37 天进行疗效检查，见表 4。

表 3　拜耳 9015 对牦牛毒性试验

牛号	年龄	性别	体重（kg）	分量（mg/kg）	总量（mg）	临床反应
9	6		167.9	9	1 511	药后 7h 精神稍差，尾根经常平举。第二天精神恢复正常，尾根平举偶尔可见
45	7		206.8		1 861.2	未见药物反应
13	9		295.8		2 662.2	药后第二天行动稍缓慢。第三天恢复正常
65	7		210	11	2 310	当日下午食欲不振，时卧时站，呼吸频数 128 次/分，磨牙不反刍。第二天食欲有了增加，反刍，尾根时而平举。第三天恢复正常
62	8		223.5		2 458.5	当日下午食欲不好，呼吸快 104 次/分，反刍。第二天站多吃少，不反刍，呼吸快，行走迟缓，落于群牛之后。第四天呼吸数减少，有所好转，食欲增加。第六天恢复正常，但行动还显迟缓，落群。以后逐渐恢复
47	10		185		2 035	未见药物反应

（续表）

牛号	年龄	性别	体重（kg）	分量（mg/kg）	总量（mg）	临床反应
40	9		330.5	15	4 967.5	死亡
42	6		173.6		2 604	未见药物反应
50	5		165.3		2 487	死亡

表 4　拜耳 9015 对牦牛扩大试验结果

牛号	年龄	性别	体重（kg）	总量	药前卵检			投药日期	药后卵检			虫卵转阴率（%）	虫卵减少率（%）
					日期	卵数	总数		日期	卵数	总计		
23	成		269.7			16				0			
11	成		254.6			36				5			
21	成		247.4			81				0			
20	成		240.7			45	332			12	27		
10	成		230.0		10 月 9—12 日	100		10 月 14 日下午	11 月 20 日	0		71.43	94.38
8	成		226			18				0			
22	成		165.3			36				0			
23	成					31							
33	成			对照		28	37			31	31		
38	成					14							

从表 4 可知，虫卵减少率为 94.88%，对照组虫卵略有升高。

同时对 148 头投药牛只药后进行观察：

10 号牛：药后放牧时常赶在群牛之前，然后卧地，呼吸次数稍有增加，不吃草，精神较差。第 2 天精神、食欲开始好转。第 5 天完全恢复常态。

23 号牛：用药当日晚呼吸稍有加深。第 2 天精神、食欲稍差。第 3 天有了好转，唯呼吸有时加深。第 4 天恢复正常。

90 号牛：药后第 3 日出现反应，表现为：精神沉郁，不食、不反刍，翘尾根，喜卧地。出现反应的第 2 天，开始好转。第 3 天恢复正常。

91 号牛：药后第 3 日表现出减食，不反刍，精神稍差，呼吸次数略有增加，喜卧地。药物反应的第 2 天开始好转。第 3 天恢复正常。

95 号、97 号、99 号牛：药后第 4 天食欲减退，比平时卧地次数增多。反应的第 2 天恢复正常。

除上述牛只在药后不同时间内表现出程度不同的一时性（即在短时间内逐渐恢复常态）药物反应外，其他牛只均未见有药物反应。

笔者又以 1g 的总药量分两次每次 0.5g 投给，隔日一次，共用试验牛 10 头，以查该药在小剂量的情况下对西藏牦牛的安全性。

10 月 15 日下午第一次投药，10 月 17 日下午第二次投药。

103 号牛，17 日上午呼吸增数，下午不食。18 日不食、不反刍，喜静立，呼吸增数。19 日有了好转，但亦不反刍。21 日开始反刍。22 日完全恢复常态。

109 号牛，15 日晚呼吸稍加深。19 日还表现出不食、不反刍，精神沉郁等反应，20 日反应减轻。21 日恢复常态。

其他牛只均未见药物反应。

从 103 号和 109 号牛反应可知，即使是 0.5g 的药量至少也可以引起呼吸增数的反应。以 1g 的总药量一次投给或分两次给予，试验牛在反应程度、时间和转归上均没有多大差别。

3　小结

（1）拜耳 9015 应用于西藏牦牛疗效见佳，5mg/kg、7mg/kg 体重驱虫率即可达到 100%；3mg/kg 体重也可达到 93.86%~100%。

在安全性方面：从疗效、毒性和扩大试验中可知，随着投药量的增加，药物反应程度相应加强，持续的时间延长，反应牛只的头数也随之增多。15mg/kg 体重即可造成牛只的死亡。即使是 0.5g 的小剂量投给也可引起个别牛只的轻微反应，这和 1975 年全国修订兽医药品规范会议所报道的国产拜耳 9015 用于内地牦牛的有效驱虫剂量和安全性差异大。本次试验毒性观察的 15mg/kg 体重组 3 头牛中有 2 头死亡，而 42 号牛没有药物反应，但在扩大试验中以 0.5g 这样小的总剂量给药，有个别牛只还出现呼吸增数的反应。另一方面，有药物反应的牛只，在同一总剂量或分量中出现的时间上不一致，有的在药后 1~2h 产生反应，而有的牛只在药后的第 3 天才表现出药物反应来。笔者还观察到同一总量或分量出现药物反应的牛只和其体重的大小、年龄、性别、营养状况没有多大关系。对上述情况笔者初步认为可能是由于自然地理条件不同的地区在同种动物中生理适应机能的差异和同一地区个体间的生理特异性而造成对药物敏感和耐受程度不同。

（2）从扩大试验可以看出，以 4mg/kg 体重作为基础用量，每头牛用 1g 的总药量一次投服，虫卵转阴率为 94.88%，是行之有效的剂量。但是有个别牛只出现一时性的不食、不反自或减食，呼吸增数等轻反应，所以在初次用药时要慎重，投药面逐步扩大。对群牛中少数体格特别小或特别大的牛只，最好估测体重单独给药。

国产“拜耳 9015”，目前是粉剂包装，在大面积应用时笔者体会到给人力、时间和投药的准确性上都带来一定的困难，所以笔者建议有关部门最好将本药制成 0.1g 和 0.5g 的两种片剂，以便利生产上应用。

用驱虫净、硝氯酚定期驱除绵羊寄生虫的经济效益观察报告

彭顺义
（西藏自治区畜牧兽医队）

近年来由于着重紧抓家畜传染病的防治工作，使家畜传染病得到基本控制和消灭。而对家畜寄生虫病则重视不够，以致，使家畜寄生虫病的发病率和危害程度远远超过传染病。因而引起重视，有关各级领导已把对寄生虫病的防治工作提到议事日程上来了，并作为兽防工作的重点来抓，收到了一定的成效。然而因我区家畜寄生虫种类繁多，加之大量的野生动物也是重要的保虫宿主，草场缺乏规划和科学的放牧管理，以致造成虫卵的大量扩散，严重的污染草场，使牲畜遭到重复感染寄生虫，造成了年年驱虫，年年有虫的局面，给牧业生产带来了严重的损失。使人们误认为驱虫没有多大效果。那么驱虫有些什么经济收益呢？为用事实来证明这个问题，笔者于 1982 年 1—11 月曾在寄生虫比较严重的拉萨城关区纳金办事处公社二、四队用驱虫净和硝氯酚对绵羊定期驱虫，进行了经济效益的观察。现将试验结果报告如下。

1　材料和方法

（1）1982 年 1 月在公社二、四队将 179 只试验羊进行编号、称重，年龄、性别登记和粪便检查虫卵。然后再按年龄、性别、体重、主要是依据含虫卵量的多少进行搭配分组，一组设为对照组，一组设为驱虫组。

（2）分组后给驱虫组的羊只用驱虫净，按每千克体重 15mg，和硝氯酚 C 按每千克体重 6mg，加水一次口服，进行驱虫；同年 8 月份再次按上述药物剂量给予驱虫；对照组则不给药。观其驱虫后的直接效益和间接效益如何。即是说不驱虫又会造成多大的损失。为确保本试验正常进展和结果准确。避免其他传染病给本试验带来影响。为此，笔者对未经驱虫和经过驱虫的全部试验羊只进行了羊三联苗的预防注射。

（3）投药后间隔 1 个月对未驱虫组和驱虫组的羊只称重一次，观察羊只的体重增长情况。

（4）在 6 月底 7 月初对未经驱虫组和驱虫组的羊只分别逐只进行剪毛、称重。比较其产毛量。

（5）10 月底在未经驱虫组和驱虫组的羊只中，分别抽取 5 只羊，进行宰杀，比较屠宰率的高低。

2 结果

2.1 死亡情况

在进行本试验期间，驱虫组的90只羊没有因患寄生虫病而引起死亡的，仅因其他原因死亡3只，其中一只是被狗咬死的，另外两只是因误食毒草而中毒死亡；未经驱虫的89只羊则因患寄生虫病先后死亡了13只，死亡时间主要集中在2—5月。死亡率高达14.6%。

2.2 体重的增减情况

体重的增重率计算是以1月的羊只平均体重为基数，用以后每次称重的平均体重，减去元月份的平均体重，再比上1月的平均体重乘以100%即得：

$$体重增长率（\%）= \frac{每次称得的平均体重 - 1月的平均体重}{1月的平均体重} \times 100$$

1—11月共称重7次，其未经驱虫组羊只与驱虫组羊只的体重增减情况详见表1，有待说明的是未经驱虫组死亡羊的体重和驱虫组羊在第一次称重就掉号的以及以后掉号的羊只的体重没有列入表内进行计算。

表1　未经驱虫组和驱虫组羊只的体重增减情况统计表　（单位：kg）

称重月份	未经驱虫组				驱虫组			
	羊只数	总体重	平均体重	增重率（%）	羊只数	总体重	平均体重	增重率（%）
1	70	1 501.0	21.44	—	71	1 492.25	21.02	—
3	65	1 310.0	20.15	-6%	69	1 392.3	20.18	-3%
5	64	1 145.0	18.656	-12.97%	68	1 294.0	19.03	-9.47%
7	58	1 066.5	18.39	-14.23%	67	1 294.0	19.314	-8.14%
8	62	1 153.5	18.6	-13.24%	65	1 268.5	19.515	-7.14%
9	60	1 296.25	21.6	+0.756%	58	1 320.5	22.76	+8.29%
11	48	1 247.85	25.997	+21.25%	45	1 219.75	27.11	+28.97%

注 “+” 表示增重率 “-” 表示减重率。

从表1可以看出未经驱虫组与驱虫组的羊只1—5月的体重均在下降，其下降程度则有所不同。未驱虫组羊只的体重下降程度比较大，驱虫组羊只的体重下降程度则比未经驱虫组羊只的体重下降程度有所减少。至7月未驱虫组羊只体重仍在继续下降，到8月才开始回升，而驱虫组羊只7月就开始回升，即提前30天开始上膘。9月全部试验羊开始增重，然而未经驱虫组羊只其体重增长率仅为0.75%，经驱虫组的羊只增重明显，增重率为8.29%。到11月全部试验羊显著增重，未经驱虫组的羊只平均每只羊增重 4.557kg，增长率为 21.25%；驱虫组的羊只平均每只羊增重 6.09kg，增长率为 28.97%，平均每只羊比未驱虫的羊多增重 1.53kg，增长率高 7.72%。

由体重增减曲线图可见，在同样的饲养管理情况下，不予补饲，驱虫羊与未驱虫羊在牧草枯萎季节，即春乏阶段，羊只的体重增长情况均有所下降，仅是驱虫羊只的体重下降幅度小，而在牧草旺盛季节的 8—11 月驱虫羊与未驱虫羊的体重均显著增加，而驱虫羊只的增长速度要比未驱虫羊只的增长速度大。这首先说明经过驱虫对羊只的体重增长是有益的，同时也证明 8—11 月是牲畜抓膘的大好时机。

2.3 产毛情况

在 6 月底 7 月初即当地群众认为剪毛的合适季节，将全部未驱虫羊和驱虫羊逐只进行剪毛称重，为避免弄错，影响效果观察，凡是掉耳号的羊只均未纳入计算。共产毛情况是：未驱虫羊的产毛量，平均每只羊为 0.725kg，经驱虫羊的产毛量，平均每只羊为 0.825kg，平均每只驱虫羊比未驱虫的羊多产毛 0.11kg，比未驱虫羊的产毛量增加 15.38%。详细情况请参阅表 2。

表 2 未驱虫羊与驱虫羊的产毛情况统计表 （单位：kg）

组别	羊只数	总产毛量	平均产毛量	驱虫组比未驱虫组产毛量增长率
未驱虫组	41	29.4	0.725	
驱虫组	42	34.65	0.825	15.38%

2.4 屠宰情况

10 月底对未驱虫组和驱虫组的羊只分别抽取 5 只屠宰，其屠宰情况见表 3。

表 3 未驱虫羊与驱虫羊宰杀情况对比表 （单位：kg）

组别	羊只数	宰前总活体重	宰后平均活重	宰后总胴体重	平均胴体重	屠宰率（%）
未驱虫组	5	121.0	24.2	48.3	9.66	39.91
驱虫组	5	113.5	22.7	48.5	9.7	42.73
驱虫组比未驱虫组增加数		−7.5	−1.5	+0.2	+0.04	2.82

从表 3 可见，未经驱虫组 5 只羊宰前活重总量比驱虫组的 5 只羊体重多 7.5kg，即平均每只羊多 1.5kg，而未驱虫组 5 只羊的总胴体重比驱虫组 5 只羊总胴体重少 0.2kg。经过驱虫的羊比未经驱虫的羊平均每只羊少 1.5kg 的体重，但是它的胴体重还比未经驱虫组的羊多 0.04kg，其屠宰率比未驱虫羊高 2.82%。说明经过驱虫的羊，其体质要比未驱虫的羊健壮得多，所以屠宰率也就随之增加。

3 小结与建议

（1）从上述观察情况看，经过驱虫的羊只比未驱虫的羊无论在其体重增长、产毛量、屠宰率等经济形状方面都有提高。体重增加以11月来说多增重7.72%，产毛量提高15.38%，屠宰率提高2.82%，并基本上控制和消灭了因寄生虫病引起的死亡。充分说明了用驱虫净和硝氯酚驱除绵羊寄生虫，其经济效益是相当可观的。如果对全区两千几百万（其中，绵羊占1 300万左右）的牲畜全面进行驱虫防治工作，仅绵羊一项，每年将会减少直接和间接的损失达几千万元之巨。再从体重增减情况与死亡率之间的关系看，全部羊在1—7月的体重均在下降，其中未驱虫的羊体重下降程度更明显。从羊的死亡时间看，主要集中在2—5月，说明羊只在春乏季节，牧草青黄不济，气候严寒，体质急剧下降，抵抗力更差，多种寄生虫则乘虚而入，危害牲畜，往往是引起家畜死亡的主要原因之一。

（2）本试验是在同样的饲养管理情况下进行的，未给予任何辅助条件，驱虫后没有进行草场转移和粪便无害处理，也没有补饲，这样在现阶段，无论在人力和物力上都比较切合全区的实际情况，有利于在全区大力推行驱虫防治工作。当然在有条件的地方，采取综合性的防治措施，一定会取得更令人满意的效果。

（3）鉴于我区优良草场有限，加之近年来牲畜发展较快，草场放牧的密度大，次数多，重复感染寄生虫；圈舍狭小，牲畜拥挤，互相传播外寄生虫；圈内粪便长期不清除，幼虫大量滋生；驱虫后不转移草场，粪便不进行无害处理，使粪便中的虫卵继续污染草场、水源和圈舍等等。大大增加牲畜感染寄生虫的机会和强度，其结果造成年年驱虫、年年有虫的局面，使畜牧业遭受巨大的损失。为此，建议有关各级领导部门和广大的兽防工作者今后一定要抓紧抓好寄生虫病的驱虫防治工作，力争做到每年春秋两次计划驱虫，提高驱虫密度，消灭外界病原，扑灭中间宿主以及避免感染等综合防治措施，尽快控制和消灭我区家畜寄生虫病，保障畜牧业的迅速发展。

丙硫苯咪唑对藏系绵羊的毒性及寄生蠕虫的驱虫试验报告

彭顺义[1]，达瓦扎巴[1]，陈裕祥[1]，群　拉[1]，何启明[2]，杨德全[1]，白　玛[2]
(1. 西藏自治区农牧科学院畜牧兽医研究所；2. 堆龙德庆县兽防站)

丙硫苯咪唑 Albendazole 是国外 20 世纪 70 年代合成的广谱、高效、低毒的驱虫新药。Theorides 等（1976）首次报道该药对畜禽的胃肠道线虫、肺线虫、肝片吸虫和绦虫均有良好驱虫效果。1979 年秋农牧渔业部兽医药品监察所在三中全会精神鼓舞下，自力更生合成此药，供临床试验。以便提供依据。笔者于 1981 年 9—11 月在拉萨市堆龙德庆县曲条公社挑选自然感染寄生虫的藏系绵羊，进行了药物的毒性测定与驱虫试验，现将试验结果报告如下。

1　材料与方法

1.1　药　物

丙硫苯咪唑 Albendazole 化学名称：甲基 [5-（丙硫甲）-1 氢-苯并咪唑-2 基] 氨基甲酸甲酯，分子式：$C_{12}H_{15}N_3O_2S$。

此次试验用药系农牧渔业部兽医药品监察所赠送的。本品为淡黄色粉末状，不溶于水，每袋装 100g，批号不详。

1.2　试验动物

堆龙德庆县曲条公社，海拔 4 000m 左右，气候温和，水草丰茂，螺贝滋生，羊群在草场上反复放牧，使草场、水源遭到严重污染，羊群感染寄生虫的种类十分繁多，危害甚为严重。此次试验所用的动物，经斯托尔氏法与贝尔曼氏法检查粪便中的虫卵与幼虫，挑选自然感染胃肠道线虫、肺线虫、肝片吸虫、矛形双腔吸虫、前后盘吸虫、绦虫等的绵羊备用。

1.3　剂量与编组

所用羊只年龄为 1~5 岁，根据性别、营养状况、虫（幼虫）种类，进行称重搭配分组。

1.3.1　毒性测定

分为 40mg、80mg、120mg、200mg、300mg、600mg 和 20mg（连续服药一周）共 7

组，前2组为2只，后4组为一只，20mg组为四只羊。

1.3.2 驱虫试验

按寄生虫的种类分为下列几个组。

胃肠道线虫：按每千克体重分为：6mg、8mg、10mg 3个剂量组与对照组，每组4只羊。

毛首线虫：按每千克体重分为6mg、8mg、10mg、25mg 4个剂量组与对照组。

原圆线虫：分为6mg、8mg、10mg、15mg 4个剂量组与对照组。

丝状网尾线虫：分为6mg、8mg两个剂量组与对照组。

肝片吸虫：分为6mg、8mg、10mg、15mg、20mg、25mg、300mg剂量组与对照组共8个组。

矛形双腔吸虫：分为10mg、15mg、20mg、25mg、50mg剂量组与对照组共6个组。

前后盘吸虫：分为6mg、8mg、15mg、20mg、25mg、50mg剂量组与对照组共7个组。

莫尼茨绦虫与无卵黄腺绦虫：分为15mg、20mg、50mg剂量组与对照组，扩大驱虫试验50只羊按每千克体重口服10mg的剂量投药。

1.4 剂型与投药

本品不溶于水，故逐羊称药，用薄纸包成小包，搬开羊口用镊子将药包放于舌后部，再灌以少量清水送服。扩大试验组则用糌粑做丸投服。

1.5 疗效判定

1.5.1 临床观察

观察投药后精神、采食、饮水、反刍、排粪、排尿等变化情况。

1.5.2 检查粪中的虫卵和幼虫

投药前检查3次幼虫或虫卵，投药后再检查3次。

1.5.3 解剖检查虫体

在投药后第15天宰杀全部试验羊与对照羊，进行蠕虫剖检，收集全部虫体，进行分类鉴定计数，计数方法：

$$\text{驱虫率（\%）} = \frac{\text{对照组平均虫数}-\text{治疗组平均残留虫数}}{\text{对照平均虫数}} \times 100$$

2 试验结果

2.1 急性毒性测定

按每千克体重一次口服丙硫苯咪唑120mg以下无明显的临床变化，唯粪便稍变软，每千克体重口服200mg出现轻微的起卧现象，说明因药物刺激发生腹痛而出现不安，但是仍然间歇采食，2~3h后恢复正常。每千克体重口服600mg的58号羊，于服药后1~2天精神萎靡，食欲废绝，反刍停止。第3天出现喜卧，口鼻流涎，第4天开始拉稀，继而水泻，呼吸困难，第6天死亡。尸体解剖见心脏出血，肝脏淤血，气管内有大量白色泡沫，真胃及肠黏膜均有大量出血点。

亚急性毒性测定：按每千克体重口服20mg，连续服药7天，只有2号羊血清中的谷丙转氨酶升高至74单位。但是，其他如黄胆指数，麝香草酚浊度试验，硫酸锌浊度试验等均属正常值范围，其余的羊均无变化。

2.2 驱虫效果

2.2.1 对胃肠道线虫的驱虫效果

按每千克体重6mg一次口服对羊仰口线虫 *Bunostomum*、食道口线虫 *Oesophagostomum*、捻转血矛线虫 *Haemonchus contortus*、马歇尔线虫 *Marshallagia*、奥斯特线虫 *Ostertagia*、毛圆线虫 *Trichostrongylus* 等的虫卵全部转为阴性。投药后第15天宰杀全部试验羊与对照羊，按蠕虫剖检法收集虫体进行分类鉴定计数。对照羊感染捻转血矛线虫的强度为1~925，这是当地危害最为严重的寄生虫；其次是毛圆线虫强度为10~1 930。上述剂量对仰口线虫食道口线虫、捻转血矛线虫、马歇尔线虫、奥斯特线虫、毛圆线虫的驱虫率达100%。

2.2.2 对毛首线虫 *Trichocephalus* 的驱虫效果

按每千克体重8mg一次口服使虫卵转为阴性。从剖检的情况来看，每千克体重一次口服6mg驱虫率仅22.24%；剂量增至8mg时驱虫率也仅达54.5%；当剂量增至10mg以上时，驱虫率可达100%。

2.2.3 对丝状网尾线虫 *Dictyocaulus filaria* 的疗效

按每千克体重6mg一次口服，幼虫减少为99.28%，对成虫的驱虫率为66.6%；当剂量增至8mg时，对幼虫的减少和成虫的驱除均为100%。

2.2.4 对原圆线虫 *Protostrongylus* 的效果

按每千克体重6mg一次口服，幼虫减少为97.35%，而对成虫的驱除为72.67%；当剂量增至10mg时，幼虫减少达99.2%，而对成虫的驱除仅86.33%；当剂量增至

15mg 时，对幼虫的减少与成虫驱除率均为 100%。

2.2.5 对肝片吸虫（*Fasciola hepatica*）的疗效

按每千克体重 6mg 一次口服，虫卵转阴率达 100%，对成虫的驱虫率为 97.75%；当剂量增加至 8~10mg 时，其驱虫率分别为 92.5%和 95.05%；当剂量增至 15mg 以上驱虫率才能达 100%。对肝片吸虫的童虫，当剂量增至高达每千克体重一次口服 300mg 时，剖检发现肝脏仍有活的童虫，另按每千克体重 20mg 连续服药 7 天后，剖检中仍发现肝脏有活的童虫。

2.2.6 对莫尼茨绦虫 *Moniezia* 与中点无卵黄腺绦虫 *Avitellina centripunctata* 的疗效

按每千克体重 15mg 以上对虫卵抑制和成虫的驱虫效果均为 100%。

2.2.7 对矛形双腔吸虫 *Dicrocoelium lanceatum* 的疗效

每千克体重口服 10mg 的虫卵转阴率为 100%，驱虫率为 53.98%；当剂量增至 15mg 时其虫卵转阴率为 96.10%，驱虫率为 66.81%；当剂量增至 25mg 时其虫卵转阴率为 98.38%；当剂量增至 50mg 时其虫卵转阴率为 95%，驱虫率达 99.47%；按每千克体重口服 20mg，连服一周时，其虫卵转阴率与驱虫效果均达 100%。

2.2.8 对鹿前后盘吸虫 *Paramphistomum cervi* 的疗效

以每千克体重 6mg 的剂量一次口服 2 只羊、8mg 剂量 1 只羊、15mg 4 只羊、25mg 2 只羊、50mg 1 只羊、300mg 1 只羊、20mg 连服 7 天的 2 只羊，经检查证实无明显的驱虫效果。

2.2.9 扩大驱虫试验

在曲条公社第六队选择一群体质比较瘦弱、患寄生虫病比较严重的绵羊 50 只，经过检查后选择虫卵较多的 5 只羊编号，备查核驱虫效果。成年羊按平均体重约 25kg，一岁左右的羊平均按 20kg 计算，以每千克体重 10mg 的剂量投药，成年羊服 0.25g，羔羊服 0.20g，将丙硫苯咪唑 1g 加糌粑 1g 混匀加水做成药丸，羔羊做成 5 粒、成羊做成 4 粒投服，为核实大群的驱虫效果，于驱虫 15 天后再检查备查核的 5 只羊，结果虫卵、幼虫全部转阴。

3 讨论

羊的毛首线虫病普遍流行于全区各地，是危害比较严重的寄生虫病之一，以往使用的驱虫药大多数不够理想，敌百虫疗效虽好，但毒性太大，羟嘧啶疗效好毒性低，但驱虫谱太窄。此次使用本品的情况是：对毛首线虫按每千克体重一次口服 6mg 时驱虫率仅 22.4%，当剂量增至 8mg 时驱虫率仅上升至 54.5%。若增至 10mg 时则驱虫效力猛增到100%。仅有1只羊，数据太少难下结论，每千克体重口服25mg其驱虫率为100%。Theodorides等在1976年的试验表明：每千克体重10mg剂量对毛首线虫的驱虫率为85%。李明忠等的试验表明每千克体重20mg剂量对毛首线虫的驱虫率为92.72%。笔者认为采用20mg的剂量是最佳治疗量。

本药对肝片吸虫的驱虫效果是很好的，对童虫的驱虫试验是选择在堆龙德庆县附近，该地的自然条件是溪流较多，牧地潮湿，气候较温和，6月最高气温为29.4℃，7月为26.7℃，8月为25.6℃。笔者这次试验选择在9月中旬进行。认为羊只在6月就开始感染肝片吸虫囊蚴的，有的已在羊体内发育为成虫，有的刚发育到童虫阶段，9月的平均温度在20℃左右，此时螺蛳还是大量释出尾蚴的季节，羊只还在不断遭到侵袭，是试验药效的大好季节，由于靠自然感染，幼虫感染的强度无法掌握，分组搭配也难于达到理想标准，仅现有的5个组的情况看，对照组3只羊共有童虫20条，平均感染强度6.66条。按每千克体重15mg组平均残留活童虫1.33条，其驱虫率为80%。25mg组驱虫率为54.95%。当剂量增至300mg时，驱虫率达到84.6%。802号羊按每千克体重口服20mg连续一周，15天后剖检残留活童虫12条，驱虫率为0%。上述结果表明，疗效很不规律，其原因可能与虫的周龄有关，有待进一步探索。同时还可以看出丙硫苯咪唑对肝片童虫的驱杀作用不大。闵正沛等用肝片吸虫囊蚴人工感染山羊羔进行驱虫试验证实，本药对3周龄的肝片童虫的驱杀仅2.179%，可以说是无效。又据Rnight（1977）报告，按每千克体重口服50mg驱虫率仅76%，与笔者的实验结果基本上是一致的。另国外还报道连服35天对肝片童虫有驱虫效果，仅就笔者的试验看，对肝片童虫驱杀作用不大。

牛羊的鹿前后盘吸虫病在我区流行甚广，侵袭强度比较高，危害很大，笔者此次用丙硫苯咪唑进行驱杀。试验表明，用每千克体重服6mg、8mg、15mg、25mg、50mg等5个不同剂量组，除8mg外，其他均无驱虫效果，唯8mg剂量组驱虫率为60%，不仅效果差，而且仅有一只羊，属偶然性，不足为据。80mg剂量驱虫率为20%，当服300mg/kg剂量时驱虫率为73.3%；若用每千克体重20mg连服一周则驱虫率为75%，驱虫效力仍然不高，随着剂量加大，疗程延长，疗效还可以提高，但在大面积的畜群中使用时深感诸多不便，如提高单位剂量虽然可以提高驱虫效果，但已达到中毒量范围，毫无在大面积内推广使用的价值。

4 结论

（1）国产丙硫苯咪唑对藏系绵羊的急性中毒测定结果。按每千克体重口服120mg以下是安全的；若增加至200mg时则出现中毒症状；再增大至600mg时则引起中毒死亡。故笔者认为本品的极量为120mg，中毒量为200mg，致死量为600mg。

亚急性毒性测定结果是：每千克体重口服20mg，连服一周无明显反应。

（2）本药按每千克体重一次口服6mg对胃肠道线虫（毛首线虫除外）的驱虫率达100%；对毛首线虫每千克体重口服25mg驱虫率达100%；对丝状网尾线虫每千克体重服8mg驱虫率达100%；对莫尼茨绦虫、中点无卵黄腺绦虫、肝片吸虫、原圆线虫、肺线虫每千克体重服15mg驱虫率达100%；对矛形双腔吸虫每千克体重口服25mg驱虫率达98.38%。

（3）笔者认为丙硫苯咪唑对肠道线虫、肺线虫、绦虫、吸虫均有良好的驱杀作用，且对藏系绵羊的毒性很低，超过治疗剂量的 3 倍才能引起中毒，超过治疗量 100 倍方能引起死亡。连服一周无蓄积作用。真算得上是广谱、高效、低毒的驱虫良药。

（4）以往我区每年在春秋两季大面积的计划驱虫时，每次都要使用两种以上的药物，并连续进行两次以上的驱虫工作，消耗大量的人力、物力和时间。若全面推广使用丙硫苯咪唑驱虫，则只需驱虫一次，可以节省大量的人力、物力，真可谓事半功倍。经过扩大驱虫试验证实每千克服 10mg 是有效的。

丙硫苯咪唑对藏系绵羊的驱虫试验

兰思学，泽　仁
（昌都地区畜牧兽医总站）

丙硫苯咪唑 Albendazole，又名抗蠕敏，丙硫咪唑、阿苯唑、阿苯咪唑等。是一类苯并咪唑类（Benzimidazole group）驱虫药的新的衍生物，化学名称为：甲基［5-（丙硫基）-1 氢-苯并咪唑-2-基］氨基甲酸甲酯。分子式：$C_{12}H_{15}N_3O_2S$。

丙硫苯咪唑是一种稳定的白色至淡黄色或褐色无臭的结晶性粉末。在 214~215℃溶解同时分解。它不溶于水，仅稍溶于大多数有机溶剂，较长时间接触有一股大蒜臭味。

丙硫苯咪唑 1976 年美国研制成功，我国农牧渔业部兽医药品监察所 1979 年合成。国外曾用丙硫苯咪唑驱牛、马、绵羊、猪、鸡的肝片吸虫、绦虫、肺部和胃肠道内线虫等，取得卓越成效。

近年来，国内部分省市、自治区应用丙硫苯咪唑驱除牛、羊、猪、鸡、鸭的消化道线虫、肝片吸虫、绦虫、肺线虫等多种寄生蠕虫，取得了很好的效果。

鉴于丙硫咪唑在笔者地区从未使用过，考虑到地区地理环境、气候、饲养管理条件，畜种之间差异甚大，为了掌握丙硫苯咪唑对笔者地区牦牛、绵羊寄生蠕虫的驱虫效果，为我区大面积应用此药物防治家畜寄生蠕虫提供依据。笔者于 1984 年 5 月在江达县字呷区下白马公社对绵羊进行了驱虫效果试验，并于同年 10 月在该公社用丙硫苯咪唑对牦牛、绵羊、山羊进行了大面积驱虫。现将试验结果报告如下。

1　材料与方法

1.1　试验动物

在江达县字呷区下白马公社选择自然放牧的一岁藏系公绵羊 10 只，母绵羊 4 只，分别进行称重、编号，体重一般在 12.5~20kg。

1.2　药物来源

本试验所用丙硫苯咪唑系杭州第三制药厂生产的淡黄色片剂，每片含 50mg，100 片瓶装，批号 821101。

1.3　给药剂量与分组

将试验绵羊按不同的给药剂量分成 5 个组和 1 个不给药的对照组。它们分别是：每千克体重 5mg 剂量组 2 只，10mg 剂量组 3 只，15mg 剂量组 3 只，20mg 剂量组 2 只，

25mg 剂量组 2 只，不给药的对照组 2 只。

为了保证药物剂量准确，按体重称好药量，并用一小纸片包好，塞于绵羊舌根处，让其自己吞服。同时为了了解投药后的虫体排尽情况，分别于给药后 48h、72h、96h、120h 将试验羊只扑杀。基本按蠕虫学解剖法检查体内残留虫体并分类计数，按以下公式计算驱虫效果。

$$减虫率（\%）=\frac{对照组平均虫数-治疗组平均残留活虫数}{对照平均虫数}\times 100$$

2 试验结果

丙硫苯咪唑对绵羊寄生蠕虫的驱虫效果。

2.1 对多种胃肠道线虫的驱虫效果

（1）对捻转血矛线虫、奥斯特线虫、马歇尔线虫、毛圆线虫按每千克体重 5mg、10mg、15mg、20mg、25mg 剂量，其减虫率均为 100%。

（2）夏伯特线虫按每千克体重 5mg 剂量，其减虫率为 97.8%；其余各剂量组减虫率均为 100%。

（3）对毛首线虫属，按每千克体重 5mg、10mg、15mg、20mg、25mg 剂量，其减虫率分别为 68.4%、72.5%、80.2%、64.4%、62.0%。

2.2 对绦虫的驱虫效果

对扩展莫尼茨绦虫、无卵黄腺绦虫按每千克体重 5mg、10mg、15mg、20mg、25mg 剂量，其减虫率均为 100%。

每千克体重 5mg、10mg、15mg、20mg、25mg 剂量对棘球蚴无效。

2.3 对肺线虫的驱虫效果

（1）对丝状网尾线虫，按每千克体重 5mg、10mg、15mg、20mg、25mg 剂量，其减虫率均为 100%。

（2）对小型肺丝虫（舒氏歧尾线虫、原圆形线虫、缪勒线虫），按每千克体重 5mg、10mg、15mg、20mg、25mg 剂量，其减虫率分别为 63.6%、100%、95.5%、81.8%、100%。

2.4 对吸虫的驱虫效果

（1）对肝片形吸虫，按每千克体重 5mg、10mg、15mg、20mg、25mg 剂量，其减虫率分别为 40%、36%、36%、80%、100%。

（2）对鹿前后盘吸虫，上述 5 个剂量组均无效。

丙硫苯咪唑驱除绵羊寄生蠕虫，投药后排虫快，48h 以内丝状网尾线虫、捻转血矛线虫、奥斯特线虫、毛圆线虫、马歇尔线虫、扩展莫尼茨绦虫、无卵黄腺绦虫等被排净；72h 以内夏伯特线虫排净；肝片吸虫排出较缓慢，48h 以内虫体开始萎缩崩解，96h 以内大部分虫体崩解，120h 以内仍有部分残留虫体崩解产物未排出。

丙硫苯咪唑适口性尚好，用纸片包好塞于舌根处能自行吞服。同时在投药后各剂量组均未发生任何毒性反应，工作人员长时间接触也未出现中毒症状。

3 扩大试验

在驱虫试验基础上笔者用丙硫苯咪唑进行了春季和秋季的大群驱虫试验工作。

（1）今年 5 月在下白马公社第二生产队朗达等三户牧民家里，用丙硫苯咪唑治疗临床表现有颌下水肿、拉稀等症状的牦牛 28 头，绵羊 32 只，其剂量为 3 岁以上牦牛按每头一次口服 1.5g（春季），2 岁牦牛一次口服 0.7g，1 岁牦牛一次口服 0.5g；1~3 岁绵羊一次口服 0.5g。服药后 2~3 天症状消失，患畜精神好转，食欲增加，无毒性反应。

（2）同年 10 月在该公社用丙硫苯咪唑对 1~2 岁牦牛、绵羊、山羊（即指当年生的牛羊和去年生的牛羊，下同）进行了大群预防驱虫。为了剂量较准确，服药前先将 1 岁、2 岁的牦牛、绵羊分别进行了称重，求其平均体重，称得 1 岁牦牛犊 49 头，其平均体重为 31.5kg；称得 2 岁牦牛 21 头，其平均体重为 65.6kg。称得 1 岁绵羊 58 只，其平均体重为 19.2kg；称得 2 岁绵羊 12 只，平均体重为 39.6kg。对 1 岁山羊活体估重 12kg，2 岁山羊活体估重 18kg。按每千克体重 15mg 一次口服，或按 1 岁牦牛一次口服 0.5g（即每片含药 50mg 的 10 片，下同，以此类推），2 岁牦牛一次口服 1g；1~2 岁绵羊一次口服 0.5g；1 岁山羊一次口服 0.25g，2 岁山羊口服 0.5g。给药前将药片按 0.5g 一份（即 10 片）研细，用纸片包好（1 岁山羊除外），1 岁牦牛、绵羊，2 岁山羊一次口服一包，2 岁牦牛一次口服二包，口服时防止药粉引起呛嗽，用不带针头的注射器注入常水 2~3ml。同时为了提高丙硫苯咪唑的适口性，在每包药粉内同时加入食盐 100~200mg。经使用证明没有什么副作用。这次大群试验，一共驱虫牛羊3 025头/只，其中，牦牛1 340头，绵羊1 196只，山羊 487 只。没有发生任何毒性反应现象。

4 讨论

4.1 丙硫苯咪唑对胃肠道线虫的效果

（1）对捻转血矛线虫、奥斯特线虫、马歇尔线虫、毛圆线虫、夏伯特线虫，四川农学院等（1980 年）报道，绵羊按每千克体重 5mg、10mg 剂量，疗效分别为 96.22%、100%。本次试验用每千克体重 5mg、10mg、15mg、20mg、25mg 剂量，其减虫率分别为 97.8%和 100%，与上述单位结果相一致。

（2）对毛首线虫，国内各地报道不一致。四川农学院等 1980 年报道，绵羊按每千克体重 20mg 剂量，驱虫率为 92.7%；浙江省农科院畜牧兽医研究所 1980 年报道，绵羊按每千克体重 2.5~5mg 剂量，可以驱除全部毛首线虫；四川省甘孜州畜牧兽医研究所 1980 年试验，绵羊按每千克体重 5mg、10mg、20mg 剂量，其驱虫率分别为 49.39%、

62.5%、40.12%；中国农业科学院兰州畜牧兽医研究所报道，羊按每千克2mg、3mg、8mg剂量投药，驱虫率颇不稳定，活动在0~93%，且常见低剂量的药效反高于高剂量；西南民族学院畜牧兽医系1982年报道，绵羊按每千克体重20mg、25mg、30mg剂量，其虫卵减少率分别为80%、91%、97.5%，而减虫率为零。说明丙硫苯咪唑对毛首线虫无驱除作用，只能抑制雌虫产卵。本次试验绵羊按5mg、10mg、20mg、25mg剂量，其驱虫率分别为68.4%、72.5%、80.2%、64.4%、62.0%，与上述单位结果基本一致。

4.2 丙硫苯咪唑对绵羊绦虫的效果

（1）对扩展莫尼茨绦虫和无卵黄腺绦虫，四川省畜牧兽医科学研究所1981年报道，羊按每千克体重5mg、10mg剂量，莫尼茨绦虫和无卵黄腺绦虫均被驱除干净。本次试验，绵羊按每千克体重5mg、10mg、20mg、25mg剂量，其减虫率均为100%，与上述试验单位结果一致。

（2）对棘球蚴，江苏农学院1980年报道，猪按每斤体重5~120mg剂量一次口服，不能杀死猪的细颈囊尾蚴；南京农学院1980年报道，按每千克体重5mg剂量，不能杀死山羊细颈囊尾蚴。笔者这次试验，绵羊按5mg、10mg、20mg剂量，均不能杀死绵羊棘球蚴。

4.3 丙硫苯咪唑对肺线虫的效果

（1）对丝状网尾线虫，四川农学院1985年报道，绵羊按每千克体重5mg、10mg剂量对丝状网尾线虫的驱虫率为100%；四川省甘孜州畜牧兽医研究所1980年报道，藏系绵羊按每千克体重按5mg、10mg、20mg、30mg剂量一次给药，对丝状网尾线虫的驱虫率均为100%。本次试验，绵羊按5mg、10mg、20mg、25mg剂量一次口服，其减虫率均为100%，与上述单位结果一致。

（2）对小型肺线虫（舒氏歧尾线虫、原圆形线虫、缪勒线虫），四川农学院1980年报道，绵羊按每千克体重5mg、10mg剂量，驱虫率分别为92.54%、100%；四川省甘孜州畜牧兽医研究所1980年报道，藏系绵羊按每千克体重5mg、10mg、20mg、30mg剂量，对原圆线虫驱虫率均为100%；西南民族学院畜牧兽医系1982年报道，对绵羊按每千克体重20mg、25mg、30mg剂量，其幼虫减虫率分别为82%、85%、96.3%，虫体减少率均为100%。而本次试验，绵羊按每千克体重5mg、10mg、20mg、25mg剂量，虫体减少率分别为63.6%、100%、95.5%、81.8%、100%，与上述试验单位结果基本一致。但是，这里出现一种随着剂量的增高其效果却出现高低起伏的现象。笔者认为这可能是投药后与扑杀时间间隔长短有关。在投药后48~50h扑杀时有虫体存在，72h以后扑杀不见虫体。西南民院是投药后6~7天扑杀的，四川农学院是投药后5~7天扑杀的。

4.4 丙硫苯咪唑对吸虫的效果

（1）对肝片吸虫，浙江省农业科学院畜牧兽医研究所1980年报道，绵羊按每千克体重7.5mg剂量；四川农学院畜牧兽医系1980年报道，绵羊按每千克体重20mg剂量能够全部驱除肝片吸虫。新疆维吾尔自治区家畜寄生虫病防治联合工作组报道，绵羊按每千克体重10mg、15mg、20mg剂量，其减虫率分别为96%、68%、100%；据西藏自治区农牧科学院、堆龙德庆县兽防站、西藏自治区畜牧兽医研究所彭顺义、达瓦扎巴等1981年报道，对藏系绵羊按每千克体重6mg一次口服对肝片吸虫，虫卵转阴率达100%，对成虫的驱虫率97.75%；按每千克体重8mg、10mg，驱虫率分别为92.5%和95.05%。当剂量增至每千克体重15mg以上，驱虫率才能达100%，而本次试验，绵羊按每千克体重5mg、10mg、20mg、25mg剂量，其减虫率分别为40%、36%、36%、80%、100%。除20mg、25mg体重剂量组外，其余各剂量组驱虫效果均较低。这一方面是笔者试验数据少，另一方面可能是投药后与扑杀间隔时间短（48~120h）有一定关系。新疆是投药后7~8天扑杀；四川农学院是7天扑杀；西南民族学院是6~7天扑杀的。但从实践情况看：如试验的007号一岁母绵羊，体重17kg，按每千克体重10mg剂量服药，总剂量为170mg。给药前临床表现消瘦、颌下水肿、营养不良、精神、食欲差、喜卧等。投药后48h颌下水肿消失、精神好、食欲增加、能上山坡放牧。于投药后96h扑杀，检查肝脏、胆管粗如小肠，管壁增厚，内有完整的肝片吸虫活虫3条，7条肝片吸虫已从尾部向前端崩解一半，其余的肝片吸虫全部崩解，但尚未完全排出，盲肠内有毛首线虫124条。其他器官没有发现虫体，因此效果还是好的，病状消失也快。

（2）对鹿前后盘吸虫，农牧渔业部兽医药品监察所1981年试验，按每千克体重15mg、25mg、35mg剂量对黄牛前后盘吸虫无驱杀作用；西南民族学院畜牧兽医系，绵羊按每千克体重20mg、25mg、30mg，其虫卵减少率100%，而减虫率均为零。说明丙硫苯咪唑对前后盘吸虫雌虫有抑制产卵作用，没有驱杀作用。本次试验绵羊按每千克体重5mg、10mg、15mg、20mg、25mg剂量无效，与上述单位试验结果一致。

5 结论

（1）丙硫苯咪唑对藏系绵羊的驱虫试验证明，以每千克体重5mg、10mg、20mg、25mg剂量对丝状网尾线虫、捻转血矛线虫、奥斯特线虫、马歇尔线虫、毛圆线虫、扩展莫尼茨绦虫、无卵黄腺绦虫，其减虫率均为100%。对夏伯特线虫，其减虫率为97.8%~100%，在驱除上述这些寄生蠕虫时，可按每千克体重5~10mg剂量为宜。

（2）对小型肺线虫，丙硫苯咪唑对绵羊按每千克体重5mg，其减虫率为63.6%，10mg、20mg、25mg剂量，其减虫率为81.8%~100%。在实际驱虫中，可按每千克体重10~20mg剂量为宜。

（3）丙硫苯咪唑对肝片吸虫的作用，本次试验按5mg、10mg、15mg剂量，其减虫率仅为36%~40%。但在扩大试验中，治疗肝片吸虫有好的临床效果，其减虫率分别为80%、100%。因此，在肝片吸虫感染较轻地区以每千克体重10mg、15mg为宜。在肝片吸虫重感染地区以每千克体重20mg、25mg为宜。

（4）本次试验，各剂量组投药后均没有发生任何毒性反应，工作人员长期接触也没有中毒现象。由于试验动物少，毒性试验一项尚未进行。据农牧渔业部兽医药品监察所报道，用丙硫苯咪唑对绵羊的急性和慢性毒性试验证明：使用量在每千克体重100mg

剂量以内一次口服是安全的。据西藏自治区农牧科学院、堆龙德庆县兽医站、西藏自治区畜科所彭顺义、达瓦扎巴等，1981 年对藏系绵羊按每千克体重一次口服丙硫苯咪唑 120mg 以下无明显临床变化，唯粪便稍变软。每千克体重口服 200mg 出现轻微的起卧现象，但是仍然间歇采食，2～3h 后恢复正常。试验证明，丙硫苯咪唑是一种高效、低毒、驱虫广谱的驱畜禽寄生蠕虫新药，可以在我区推广使用。唯不足之处在于丙硫苯咪唑不溶于水，给大面积使用带来一定的困难，今后在剂型的改进上有待进一步探讨。

参考文献（略）

吡喹酮对牛羊脑包虫病的治疗效果和毒性试验

鲁西科[1]，小达瓦[1]，索朗旺久[1]，岳浩战[2]，洛　杰[3]，索　罗[3]
（西藏自治区畜牧兽医队；2. 亚东县农牧局；3. 亚东县防疫站）

多头蚴病（Coenurosis）俗称脑包虫病，是由多头带绦虫（*Multiceps multiceps*）的幼虫脑多头蚴所致的一种脑脊髓病。本病对牛羊危害极大，若不及时治疗，多数可引起死亡，由于我区各地无限制的养狗及狐、狼的活动，本病在西藏牧区流行极为普遍。严重影响牛羊的健康，造成颇大的经济损失，据不完全统计，全区1976—1978年死于脑包虫病的牛羊达60 945头（只），直接经济损失达300多万元。本病主要危害周岁牛羊，据调查，一些羊群的发病率达10%以上。过去，对本病的治疗一直无有效药物，只能采用传统的开颅手术法摘除虫体，但由于大部分虫体并不寄生在大脑表层，而是在大脑深部或小脑、延脑。这些部位的虫体是无法取出的，多年来，国内外兽医工作者苦于找不到特效药物治疗。

20世纪70年代初，德意志联邦共和国拜耳和默尔克药厂研制出一种新药吡喹酮（Praziquantel），由Thomas等（1975）首次报告，证明是一种广谱、高效、低毒的抗蠕虫药，主要用于治疗人和家畜的吸虫病和绦虫病。此后，我国一些医药研究部门也相继合成此药，据有关资料报告，吡喹酮不但对绦虫的成虫有良好的驱除效果，特别是对绦虫的幼虫如猪囊尾蚴、细颈囊尾蚴也有一定的杀灭效果，为了寻找治疗脑包虫的有效药物，笔者选用国产吡喹酮于1986年5月在亚东帕里进行了治疗脑包虫的实验。

1　材料与方法

1.1　试验药品

所用吡喹酮为上海第六制药厂产品，批号821039。为白色粉末状结晶，味微苦，并带有一股特殊气味。在正常条件下性质很稳定，难溶于水（25℃为0.04%），可溶于氯仿（56.7%）、乙醇（9.7%）等有机溶剂中。其化学名称为2-环己基甲酰基-1，2，3，6，7，11b-六氢-4H-吡嗪并［2，1-α］异喹啉-4-酮。

1.2　试验动物

试验病羊均系来自亚东县堆纳区各乡，经兽医和畜主选出的自然感染发病的羊只，其中，绵羊58只、山羊2只。病牛4头选自亚东县帕里镇，这些病畜多数其病程已到后期，表现多头蚴病的特征神经症状：即转圈、盲目奔跑、行走失去平衡或呆立不动、精神沉郁等，难以组群放牧。

1.3 剂量分组和给药途径

先将上述病羊逐只称重、编号，并观察记录用药前的症状，根据病羊的症状轻重，将其搭配编组。治疗试验分为口服、注射和连续用药组。

口服：按 50mg/kg、100mg/kg、150mg/kg、200mg/kg 分为 4 个剂量组，每组 4 只羊，共 16 只羊。

肌注：按 50mg/kg、100mg/kg、150mg/kg 分为 3 个剂量组，每组 4 只羊，共 12 只羊。

连续用药组：采用注射按 30mg/kg×3 天、100mg/kg×3 天、200mg/kg×3 天分为 3 个剂量组，共 10 只羊。

4 头牛分别编号为 1、2、3、4 号，其中 1、2 号牛按 50mg/kg 注射 3 天，3、4 号牛按 100mg/kg 注射 3 天。

另设 7 只对照羊不用药。

口服投药是将药粉按每只羊体重剂量，用精密天平称量包好，用时放入舌根根部，灌少量清水使其咽下。

注射法是将粉状吡喹酮与液体石蜡（医用）按 1：9 比例在干净消毒的乳钵中连续研磨 2h，使成均匀的、无颗粒的 10%吡喹酮乳剂，临用时充分振荡后行颈部或股内侧多点注射。

1.4 疗效判定

用药后即观察记录试验羊只和牛出现的反应，对用药后症状加剧死亡的牛羊，立即进行解剖，打开颅腔取出虫体，放入 38~40℃的温水中，观察虫体是否蠕动，并取原头蚴头节镜检，综合判定虫体死活。对用药后耐过而症状消失，痊愈的试验羊和对照羊，在用药后第 20 天全部剖杀，重点检查颅腔、脊髓，取出虫体，用上述方法检验，并根据包囊形态、萎缩与否，囊壁、液体及头节变化综合判定其活力，以判断各剂量的效力。

2 试验经过及结果

全部试验羊在 5 月 18 日进行编号、称重、观察记录临床症状后，于 5 月 19 日搭配编组，当日下午从各剂量组抽出 8 只羊先行试投药，其中口服和注射各 4 只；5 月 20 日上午对全部用药组的羊逐只给药。

试验羊在用药后第 12h 开始，各剂量组陆续出现症状加剧情况，表现倒地、四肢刨地、痉挛、痛苦挣扎，随后即转为昏睡，有的喘气、呆立沉郁、食欲饮欲消失。因未采取对症治疗措施，这些症状加剧的病羊，在用药后第 24h 开始出现死亡，用药后第 3 天为死亡高峰期，随后死亡减少，到用药后第 8 天再没有死亡。对照组病羊未见上述情况，但有两只对照羊因病情严重中途死亡，剖检虫体仍活。

在用药的 38 只羊中，因药后症状加剧死亡 19 只，占 50%。其中：50mg/kg 口服和注射组 8 只羊中，有 5 只羊死亡；100mg/kg 剂量组中死亡 4 只；150mg/kg 组中死亡 4 只；200mg/kg 口服时死亡 3 只。从死亡情况看，小剂量组死亡率高，高剂量组死亡较低。这些死亡的病羊剖检情况为：50mg/kg 剂量死亡的 5 只羊中，有 3 只羊取出的虫体仍有活力，另 2 只虫体死亡。100mg/kg、150mg/kg、200mg/kg 各剂量组的虫体则全部死亡。

用药后未死亡的 18 只羊，从用药后第 10 天开始，陆续精神好转，原来的神经症状消失，食欲恢复或增加，放牧中不再离群乱跑，随着采食的正常，羊只的膘情普遍好转，这些羊被认为是临床治愈。

4 只病牛，用药前 3 头不能站立，倒地不时痉挛，四肢强直，用药后都出现症状加剧现象，4 头牛全部倒地不能站立，用药后第 8 天，1、2、4 号牛症状消失，站立采食；3 号牛则在用药后第 5 天死亡；2、4 号牛在用药后第 12 天、第 13 天死亡；只有 1 号牛症状消失，临床治愈。剖检 2、3、4 号牛并检验虫体，均全部死亡。

用药后第 20 天时，剖检了剩余全部试验羊和对照羊，取出虫体检查，结果，50mg/kg 剂量组的虫体全部有活力，囊液清亮，头节未死；100mg/kg 剂量组中有 2 只羊的虫体死亡，1 只羊的虫体仍存活；150mg/kg 剂量组中所有羊虫体全部死亡；200mg/kg 剂量组中的虫体亦全部死亡。对照组的 5 只羊的虫体则全部存活。

死亡的脑包虫眼观虫体不同程度的萎缩、变小、囊壁皱缩，色暗或发白黄，虫体放入温水中不见蠕动。囊液量少且混浊，镜检头节变形，吸盘外突，头钩杂乱，部分脱落，基部出现黑色阴影，头节上部出现一些空泡和凸起。有的囊泡已被吸收呈黄褐色的干酪样，活的囊泡则表现饱满，囊壁透明，囊液清亮且量多，虫体放入温水中蠕动明显，镜检头节正常，头钩排列整洁。

实验结果表明：吡喹酮口服 50mg/kg，对脑包虫的杀灭率为 25%，试验羊死亡率为 50%；口服 100mg/kg 的杀灭率为 75%，死亡率为 25%；口服 150mg/kg 杀灭率为 100%，死亡率为 75%；口服 200mg/kg 杀灭率 100%，死亡率 25%。注射 50mg/kg 的杀灭率为 50%，死亡率为 75%；注射 100mg/kg 的杀灭率为 100%，死亡率为 50%；注射 150mg/kg 的杀灭率为 100%，死亡率为 25%。口服 30mg/kg×3 天的杀灭率为 100%，死亡率为 50%；100mg/kg×3 的杀灭率为 100%，死亡率为 30%；200mg/kg×3 剂量组中一只羊中途丢失，余 2 只羊死亡，故无法判定。从试验结果可以看出，低剂量对虫体效力低或无效，试验羊死亡率也高，而高剂量对虫体杀灭率高，死亡率反而低。

毒性试验结果：第一次用 10 只羊，按 300mg/kg、400mg/kg、500mg/kg、600mg/kg、800mg/kg，每组 2 只羊，于 5 月 27 日下午服药，药后未见异常反应。只是到第 3 天（5 月 30 日），41 号羊（400mg/kg）、49 号羊（500mg/kg）、50 号羊（600mg/kg）因症状加剧死亡。分析其死亡原因不是药物的毒性致死，而是因患脑包虫在用药后脑内压升高致死。

第 2 次毒性试验在 6 月 3 日上午选取 4 只未感染脑包虫的健羊，按 1 000mg/kg、1 200mg/kg、1 500mg/kg、1 700mg/kg 4 个剂量组口服。结果显示：1 000mg/kg 的 60 号羊未见异常；1 200mg/kg 剂量组的 63 号羊在服药后 2h 出现腹胀，不时发出吭声，下午 16:00 卧地喘气，经常刺放气后恢复正常；1 500mg/kg 的 70 号羊服药后一切正常，未见反应；1 700mg/kg 剂量组的 65 号羊在服药后 2h 出现腹胀，不时有抽风样颤抖、走路摇晃、频频排尿、发出痛苦的吭声、站立原地不动，测其 T38℃，P71 次/分，R22 次/分，15:00 倒地发抖、痉挛、呻吟、四肢刨地，24:00 死亡。

3 小结与讨论

（1）本次试验初步证明，国产吡喹酮对牛羊脑包虫有较好的杀灭效果。其中，以口服 150、200mg/kg 和注射 150mg/kg 为最佳剂量，此剂量对虫体的杀灭率为 100%，试验羊的反应死亡率为 25%；低剂量的 50mg/kg 对虫体杀灭率低而病羊死亡率高。因此，临床推广应用有待于进一步试验。吡喹酮注射后吸收完全，注射部无异常变化。

（2）吡喹酮给脑包虫患畜使用后，有部分羊只出现症状加剧，昏迷致死。其机里尚需进一步弄清。初步认为是吡喹酮通过血液循环作用虫体时，虫体死亡或变性，囊壁的通透性增加，囊液的胶体渗透压升高，从而使虫体在用药后的初期体积反而增大，进一步压迫脑组织，使脑组织血液与脑脊液的循环受到影响，引起脑组织炎性浸润，发生急性脑水肿，使颅内压急剧升高，患畜即表现出一系列的脑症状：昏睡、震颤、痉挛，常导致患畜死亡。因此，此时立刻采取降低颅内压是治愈的关键。据有关资料报道，降低颅内压可对反应剧烈的羊进行脑穿刺，抽出囊液 10min 后反应消失，站立吃草，也可使用脱水剂：如 20%甘露醇或 25%山梨醇溶液，按 1~2g/kg 体重，静脉注射。

（3）关于吡喹酮对多头蚴的作用机理，到目前未见资料报道。但根据 Coler（1979）指出，吡喹酮对尾蚴的机理是：吡喹酮引起尾蚴收缩，说明药物可能影响尾蚴的离子或渗透压调节系统，虫体收缩由于钙离子流入虫体肌细胞而引起。据 Becker 等（1980）用扫描电镜观察，虫体与吡喹酮接触后，体表出现不同电子密度的空泡，沿着基腔膜布满小空泡，使体表细胞和肌细胞破裂，基底膜移位或消失，最终导致虫体痉挛而死亡。吡喹酮对多头蚴有相似的作用。

（4）关于用药的时机：根据观察，病越到后期，用药后的反应越重。因此，应尽可能在早期发现，早期治疗，以减少死亡，提高治愈率。也可对流行本病的牛羊群，逐头用药，做预防性治疗，但要在降低药价的基础上方可做到。

（5）关于用药的次数问题，笔者认为虽然连用几次效果会更确实一些，但同时又增加了工作麻烦和经济成本。在临床使用时，对羊可用 150mg/kg 一次即可，对牛则可连用 3 天。

（6）我区各地牛羊脑包虫病的流行极为普遍，为减少危害，预防工作乃是最根本的措施。对散布病原的狗、狼、狐必须控制，对有价值的牧犬做好定期驱虫，患多头蚴的羊头、牛头必须焚烧或深埋，切勿乱抛。

吡喹酮对西藏家畜的毒性测定

陈裕祥，杰色达娃，格桑白珍，达瓦扎巴，杨德全，群 拉
（西藏自治区畜牧所）

吡喹酮（Praziquantel）是广谱、高效、低毒的驱虫新药，为引进、运用该驱虫新药，笔者于1984年4—9月进行了吡喹酮对西藏家畜的毒性测定试验，现将试验结果报告如下。

1 材料与方法

1.1 试验药物

吡喹酮其化学名称：

2-环己基甲酰基-1，2，3，6，7，11b-六氢-4H-吡嗪并［2，1-α］异喹啉-4-酮。

分子式：$C_{19}H_{24}N_2O_2$

本试验用药为上海第六制药厂生产的原粉，每袋装500g，批号821132，本品为白色或类白色结晶粉末，味苦，在通常情况下不稳定，在氯仿中易溶，在乙醇中溶解，在乙醚和水中不溶。

1.2 试验动物

本试验所采用的动物，是从原澎波农场八队和拉萨市堆龙德庆县东城区东城乡4村选购的健康动物。并进行编号、称重。

1.3 投药剂量与分组

（1）对藏系绵羊按每千克体重分为100mg、200mg、400mg、600mg、800mg、1 000mg、1 400mg、2 000mg一次口服8个组和按每千克体重每日一次口服100mg、200mg、300mg连续服药7天3个组，计11个剂量组，每组均为一只羊。

（2）对藏系绵羔羊按每千克体重分为100mg、200mg每日给药一次连续服药7天两个剂量组，每组各1只羊。

（3）对西藏猪按每千克体重分为200mg、400mg、600mg、800mg一次口服4个剂量组。每组各一头猪。

（4）对西藏黄牛按每千克体重分为100mg、200mg、300mg、500mg、600mg一次口服5个剂量组，其中，300mg和600mg两个剂量组各为2头牛，其余组均为1头牛。

1.4 剂型与投药

本试验用药为粉剂，不溶于水，但溶于乙醇，故对牛羊采用逐头（只）称药，用薄纸包成小包，打开牛羊口腔，用镊子将药包放在舌后部，再灌以少量清水送服。对猪则采用逐头称药，尔后用少许乙醇溶解后，打开猪的口腔用金属注射器伸在舌根部送药，并灌以少量清水。

1.5 观察方法

投药前对全部试验动物的正常生理指标（体温、呼吸、脉搏）进行检查观察3天。服药后再每天早晚上检查观察2次，连续7天。以及观察动物的精神、采食、饮水、反刍和排粪尿等情况。

2 试验结果

（1）对藏系绵羊按每千克体重一次口服400mg以下无明显临床症状，按每千克体重一次口服600~1 400mg时则出现不同程度的中毒症状，其中毒症状主要表现在精神沉郁、呼吸困难、心率加快、摇头、肌肉抽搐、喜卧、腹胀等。按每千克体重一次口服2 000mg的49号羊，于服药后4h就不能随群出牧，7h开始出现严重的中毒症状，禁食、心律不齐、心率加快、呼吸困难、摇头、后肢瘫痪、站立不稳、牙关紧闭、全身肌肉抽搐、颈部僵硬、口流白色黏稠液，于第48h死亡。尸体解剖见心、肝、肺、脾、肾、膀胱及全部胃肠道均有大量出血点，胆囊肿大3倍左右，胃黏膜坏死，易脱落，详见表1。

表1　吡喹酮对藏系绵羊急性毒性测定观察统计表

羊号	年龄（岁）	性别	体重（kg）	营养状况	药量		投药日期	临床反应
					剂量（mg/kg）	总药量（mg）		
037	1	♂	14.0	中	100	1 400	4月27日	无明显症状
16	1	♂	16.0	中	200	3 200	4月27日	无明显症状
48	1	♂	16.0	中	400	6 400	4月30日	无明显症状
80	1	♂	19.0	中	600	11 400	5月5日	投药后24h出现不食不饮水症状，36~48h出现喜卧现象，继而自行康复
116	1	♂	16.0	中	800	12 800	5月14日	投药后12h出现轻微的摇头现象，24h后精神沉郁、贪睡，48h症状消失
174	1	♂	14.5	中	1 000	14500	5月22日	投药后12h出现摇头现象，24h后精神沉郁、贪睡，48h症状减轻，60h恢复正常

（续表）

羊号	年龄（岁）	性别	体重（kg）	营养状况	药量		投药日期	临床反应
					剂量（mg/kg）	总药量（mg）		
82-1065	1	♂	17.0	中	1 400	23 800	7月2日	投药后12h出现心率加快、呼吸困难、摇头、喜卧、肌肉抽搐、精神低沉现象，于108h后恢复正常
49	1	♂	16.0	中	2 000	32 000	7月11日	投药后4h不能出牧，7h禁食，心跳加快、心律不齐、呼吸困难、牙关紧闭、全身肌肉抽搐、体温下降、口流白色黏稠液，于48h死亡

（2）对西藏猪按每千克体重一次口服400mg以下无明显中毒症状，按每千克体重一次口服800mg，出现轻度的中毒症状，48h后自行恢复。唯按每千克体重口服600mg的50号猪，因体质偏差，服药后一直精神沉郁、呼吸困难、体温升高，于服药后第十天死亡。尸体解剖见心包积水，心脏呈轻度水肿，并有稠密的小出血点，肺肿大，有肉变与大理石病变，并有化脓灶，肝、肾、脾及膀胱均有出血点。胃充血，肠道几乎无内容物，详见表2。

表2 吡喹酮对西藏猪毒性测定观察统计表

猪号	性别	体重（kg）	营养状况	药量		投药日期	临床反应
				剂量（mg/kg）	总药量（mg）		
79	♀	55.0	中	200	11 000	4月27日	无明显症状
73	♀	24.5	中	400	9 800	4月28日	无明显症状
50	♀	20.5	中下	600	12 300	4月30日	投药12h后，一直精神沉郁，呼吸困难，但仍能少量采食与饮水，体质逐渐消瘦，于第10天死亡
74	♀	23.5	中	800	18 800	5月5日	投药12h后不采食不饮水，喜卧，于第48h症状消失，恢复正常

（3）对西藏黄牛按每千克体重口服300mg以下不出现临床症状（体质差的除外），按每千克体重一次口服600mg则出现轻微的中毒症状，详见表3。

表3　吡喹酮对西藏黄牛毒性测定统计表

牛号	年龄（岁）	性别	体重（kg）	营养状况	药量		投药日期	临床反应
					剂量（mg/kg）	总药量（mg）		
1	1	♀	50.0	中	100	5 000	5月14日	无明显症状
44	1	♀	50.0	中下	200	10 000	8月27日	服药16h后，有轻微摇头、四肢僵硬、走路不稳、腹胀、粪软、肌肉抽搐现象、有食欲感，但吃不进，48h症状减轻，72h恢复正常
57	1	♀	41.0	中下	300	12 300	5月14日	服药12h后卧地不起，后肢呈阵发性抽搐、腹胀，呼吸困难，24h后逐渐好转，48h后症状消失
97	2	♀	89.0	中	300	26 700	8月31日	无明显症状
51	1	♀	82.0	中下	500	14 000	5月14日	服药12h后卧地不起，全身肌肉抽搐，后肢更为明显，呼吸困难，腹胀，48h出现心律不齐症状，72h逐渐好转，于第6天恢复正常
21	1	♂	81.0	中	600	48 600	9月6日	服药3天内无明显症状，于第84h表现得喜卧、老实、温顺，无其他症状
92	1	♂	36.5	中下	600	21 900	5月14日	服药12h后卧地不起，摇、全身肌肉抽搐严重，呈僵硬状，腹胀、呼吸困难，24h后，粪中带血、精神沉郁、流鼻涕，48h出现心律不齐现象，72h精神开始好转，采食，96h仍喜卧、贪睡，第5天恢复正常

（4）对藏系绵、羔羊按每千克体重100mg、200mg、300mg的日剂量一次给药，连续给药7天，临床上不出现中毒症状，详见表4。

表4　吡喹酮对藏系绵羊亚急性毒性测定统计表

羊号	年龄（岁）	性别	体重（kg）	营养状况	药量			投药日期	临床反应
					剂量（mg/kg）	日给药量（mg）	总药量（mg）		
83	1	♂	18.0	中	100	1 800	12 600	4月27日	无明显症状
12	1	♂	19.0	中	200	3 800	26 600	7月17日	无明显症状
19	1	♂	18.0	中	300	5 550	38 850	7月17日	无明显症状
7	5个月	♂	10.5	中	100	1 050	7 350	8月31日	无明显症状
13-17	5个月	♀	10.0	中	200	2 000	14 000	8月31日	无明显症状

3 小结与讨论

（1）国产吡喹酮对藏系绵羊的急性毒性测定结果：按每千克体重口服 400mg 以下是安全的；若增至 600mg 时则出现轻微的中毒症状，随着剂量的逐渐增大，中毒症状亦随之加剧；当剂量增加到2 000mg 时则引起中毒死亡。为此，笔者认为本药对藏系绵羊的极量为 400mg/kg，中毒量为 600mg/kg，致死量为2 000mg/kg。

国产吡喹酮对西藏猪的毒性测定结果：按每千克体重口服 400mg 以下是安全的，若剂量增加到 600mg 时，对体质差的猪可能会引起中毒死亡。笔者认为该药对猪的极量为 400mg/kg，中毒量为 600mg/kg。

国产吡喹酮对西藏黄牛的毒性测定结果：按每千克体重口服 300mg 以下是安全的，600mg 引起轻微的中毒症状。故笔者认为本药对西藏黄牛的极量为 300mg/kg，中毒量为 600mg/kg。

（2）从笔者的试验结果看，国产吡喹酮引起家畜中毒必须是在大剂量应用时，而且均在服药 12h 左右呈现临床中毒症状的，个别中毒症状轻微的或特别严重的除外，如中毒症状轻微的 21 号牛于服药后第 3 天，才表现的老实温驯，而中毒严重致死的 49 号羊服药后 4h，就呈现中毒症状。中毒症状均集中表现在家畜的精神沉郁、呼吸困难、心律不齐、摇头、肌肉抽搐、喜卧、腹胀等方面。尸体解剖发现心、肝、肺、脾、肾、膀胱和全部胃肠道均有大量出血点。由此可见，大剂量使用国产吡喹酮时，对家畜的周围神经系统、心血管系统、呼吸系统及消化系统均会产生中毒症状。

（3）体质偏差的 50 号猪，按每千克体重口服 600mg 时，则会导致中毒死亡，而对体质较好的 74 号猪按每千克体重口服 800mg 时，临床上只出现轻微的中毒症状。对体质偏差的 44 号、57 号、51 号、92 号黄牛分别按每千克体重口服 200mg、300mg、500mg、600mg 时，临床上均出现一定程度的中毒症状，而在给体质好的 97 号、21 号牛分别按每千克体重口服 300mg、600mg 时，97 号则无明显的临床变化，21 号牛也只呈现极轻微的中毒症状。这与猪的试验结果是一致的。说明吡喹酮在引起中毒时，除与药物剂量的大小不同而所引起的中毒程度不等外，还与其动物机体的好坏有关，即是在相同剂量时，牲畜体质强壮，其耐受性强，中毒症状轻微或不表现中毒症状；反之，中毒症状严重，甚至会引起中毒死亡。当然对 50 号猪的死亡笔者不排除可能是因投药时部分药液进入肺内而引起异物性肺炎所致这一因素。

（4）根据笔者应用吡喹酮驱杀西藏牛羊绦虫的试验结果：吡喹酮对西藏牛羊绦虫的驱杀效果，按每千克体重一次口服 15~20mg 达到 100%的效果，从毒性测定试验看，吡喹酮对西藏牛羊的毒性很低，对羊超过治疗量 30~40 倍方能引起中毒，超过治疗量 100 倍方能引起中毒死亡；对牛超过治疗量 30 倍以上方能引起中毒。连续服药一周无蓄积作用。实属是高效、低毒驱除牛羊绦虫的最佳良药。

参考文献（略）

吡喹酮驱除牛羊绦虫效果的报告

陈裕祥，杰色达娃，格桑白珍，达瓦扎巴，杨德全，张永清，群 拉
（西藏畜科所）

吡喹酮是于 20 世纪 70 年代由西德恰默克药厂和拜耳药厂研制成功的，用于治疗人畜共患的猪囊虫、绦虫、吸虫和多头蚴等病的一种广谱、低毒、高效的新型驱虫药。我国也相继试制成功。为在我区推广应用吡喹酮防治牛羊绦虫病提供依据，笔者于 1984 年 5—11 月在原澎波农场八队和堆龙德庆县马区进行了吡喹酮驱除绦虫的试验，现将试验结果报告如下。

1 材料与方法

1.1 药物来源

本试验用药为上海第六制药厂生产的原粉，应用于羊的药物批号为 821132，应用于羊的扩大试验和驱除牛绦虫的药物批号不详，每袋装 500g。

1.2 试验动物

本试验用绵羊来自原澎波农场八队，黄牛（均为 4~5 月龄）来自拉萨市堆龙德庆县马区色形乡粘村。

1.3 剂量分组及给药观察方法

（1）绵羊按每千克体重分为 10mg、15mg、20mg 剂量组，10mg 组为 4 只羊，15mg、20mg 组均为 3 只羊，另设对照组 2 只羊。

（2）黄牛按每千克体重分为 5mg、7. 5mg、10mg、12. 5mg、15mg、17. 5mg 和 20mg 7 个剂量组，除 10mg、12. 5mg、20mg 组为 3、4、2 头外，其余各组均为 1 头牛。

（3）扩大试验：按每千克体重 20mg 的剂量对 582 只绵羊进行了驱虫。对其中的 84 只羊进行编号、称重、分组，设 40 只为试验驱虫羊，44 只未进行驱虫作试验对照羊。

（4）因本品不溶于水，故对牛羊进行逐头（只）称药，用薄纸包成小包，打开牛羊口腔，用镊子将药包放在舌后部，再灌以少量清水送服。投药后，每间隔 12h 收集一次牛羊排出的全部粪便，用清水反复淘洗清净后，检查找虫，根据粪中节片的总长度及虫体颈部节片较细的特点来判断用药后排出的链体条数。再于粪中停止排虫 7 天后，将试验牛羊全部剖杀，同法对小肠黏膜及内容物进行找虫，找到虫体的头节数为肠内残留虫体数。以粪中排出链体数减去肠内残留虫体数比上总虫数（本试验中总虫数即粪中

排出链体数)，乘以 100%，即为驱虫率。扩大试验则用糌粑做成药丸投服。

2 试验结果

2.1 吡喹酮对藏系绵羔羊绦虫驱除的效果

按每千克体重 10mg 剂量口服的 4 只羊驱虫率分别为 3/3（无卵黄腺绦虫），1/1、1/1、3/0（后 3 只羊均为莫尼茨绦虫），平均驱虫率为 62.5%，若以绦虫种类计算则分为对无卵黄腺绦虫驱虫率为 100%，对莫尼茨绦虫驱虫率则为 40%；按每千克体重 15mg 剂量口服的 3 只羊的驱虫率分别为 7/7（5/5、2/2）、2/2、1/1，其中，驱虫率 7/7 的 41 号羊排出的链体中有 2 条为曲子宫绦虫外，其余的 8 条链体均为莫尼茨绦虫，平均驱虫率 100%；按每千克体重 20mg 剂量口服的 3 只羊驱虫率分别为 1/1、3/3、3/3（前 2 只羊排出的链体为莫尼茨绦虫，后 1 只羊排出的链体为无卵黄腺绦虫)，平均驱虫率达 100%。对照组与试验组肠内残留的 8 条虫体均收集到头节。

2.2 吡喹酮对西藏黄牛莫尼茨绦虫的驱除效果

按每千克体重口服 5mg 剂量的驱虫率 1/1（100%）；按每千克体重口服 7.5mg 剂量的驱虫率 3/4（75%）；按每千克体重 10mg 剂量口服的 3 头牛驱虫率为 1/1、1/1、4/4，平均驱虫率为 100%；按每千克体重 12.5mg 剂量口服的 4 头牛驱虫率为 1/1、2/2、1/1、1/1，平均驱虫率为 100%；按每千克体重 15mg 剂量口服的驱虫率为 1/1（100%）；按每千克体重 17.5mg 剂量口服的驱虫率为 1/1（100%）；按每千克体重口服 20mg 剂量口服 2 头牛的驱虫率 1/1、4/4，平均驱虫率为 100%。

2.3 吡喹酮在大群羊中驱除绦虫的效果

扩大试验是选择在患绦虫病比较严重的堆龙德庆县马区岗吉乡二、三村进行的，用当年羔羊，按每千克体重 20mg 剂量进行驱虫，因羔羊大小不等，故分为大、中、小 3 个不同等级的给药量，即 0.125g、0.10g、0.08g，用糌粑 1g 加吡喹酮 1g 混匀加水做成药丸，比较大的羊做成 8 粒，中等大的羊做成 10 粒，较小的羊做成 12.5 粒投服。为核实驱虫效果，把 84 只羊分实验驱虫组 40 只羊和对照组（不给药）44 只在投药后 3 个月内定于每月同一日期内进行空腹称重，观察其体重增长情况。试验结果：投药后 3 个月内，驱虫组的羊没有因患绦虫病而死亡的，而未经驱虫组的羊因患绦虫病死亡两只，死亡率 4.545%。其体重增长情况：以 5 月羊只的平均体重为基数，用以后每月称重的平均体重减去 5 月的平均体重，再比上 5 月平均体重乘以 100%即得体重增长率。试验结果表明经驱虫的羊只比未经驱虫的羊只体重增加显著，投药后一个多月就多增重 0.387kg，第 2 个月多增重 0.981kg，第 3 个月多增重 1.002kg。体重增长率显著提高，第 1 个月高 11.12%，第 2 个月高 27.28%，第 3 个月高 31.13%。尤以投药后第 1 个月和第 2 个月体重增长特别显著。

3 讨论与小结

牛羊绦虫病在我区普遍流行，平均每年发病约13 119头（只），死亡率达 5. 44%左右，其间接损失更大，使幼畜生长发育受阻，畜产品质量降低，大量的肉及脏器被迫废弃，使畜牧业生产受到严重的经济损失，是我区十分严重的寄生虫病之一。以往通常使用的驱虫药大多数不够理想，硫双二氯酚疗效低，且可产生临床中毒反应，硫酸铜用量大，使用不方便，又不能将虫体头节驱下来。该次使用本药的情况是对牛羊莫尼茨绦虫、无卵黄腺绦虫、曲子宫绦虫的驱除效果是很好的。对牛莫尼茨绦虫的 7 个剂量组除 7mg 组的驱虫率为 75%以外，其余各组的驱虫率均达到 100%；对羊莫尼茨绦虫按每千克体重一次口服 10mg 剂量时，驱虫率仅 40%，当剂量增加到 15mg 时驱虫率则猛增到 100%；对羊无卵黄腺绦虫按每千克体重一次口服 10mg 剂量时驱虫率达 100%；按每千克体重一次口服 15mg 时驱虫率达 100%；故笔者认为对西藏牛羊采用 15~20mg/kg 剂量为治疗量，20mg/kg 为最佳治疗量。

本次试验投药后从粪中找到的绦虫链体数计 48 条，只有按每千克体重 20mg 剂量一次性口服的 65 号牛、66 号牛、93 号羊排出的 6 条链体找到头节，此后按每千克体重 5mg 剂量的 40 号牛排出的一条链体有头节，另外剖杀后从肠内找到 4 条虫体头节，其余的 37 条链体均没有找到头节。其原因可能是：①头节细小，在随粪中排出的过程中腐烂消灭；②在清洗粪便时跑掉；③在找虫时漏检；④因牛是拴养未带粪袋，收集粪便漏掉。但从对牛羊剖杀后在肠内找到的 4 条头节和重新生长的链体看，其余 37 条头节是被药物驱出了。因此，在排粪过程中腐烂消灭，特别是在羊的粪球中不易发现头节以及牛是拴养的，在收集粪便时被遗漏掉才是在粪中找不到头节的真正原因。

扩大试验表明用国产吡喹酮驱除绵羔羊绦虫除基本控制和消灭绦虫病引起的死亡外，其体重增长亦显著提高，以驱虫后 3 个月计算，驱虫羊以比未经驱虫羊平均每只羊多增重 1. 002kg，增长率提高 31. 13%，说明用本药驱除牛羊绦虫病，其经济效益十分显著。

参考文献（略）

三氯苯唑对西藏牦牛和绵羊肝片吸虫病驱虫效果及毒性试验

鲁西科[1]，边　扎[1]，达　娃[1]，扎　西[1]，索朗班久[1]，旺　堆[2]
（1. 西藏自治区畜牧兽医研究队；2. 西藏当雄县兽防站）

肝片吸虫病是牛羊最常见的寄生虫病。本病在我区内广泛流行，引起大批家畜消瘦、贫血及营养障碍，使畜产品产量减少，品质下降，严重感染时，常引起牛羊的大批死亡，是我国家畜春乏期间瘦弱死亡的重要原因之一，给畜牧业经济带来重大损失。

我区以往使用的肝片吸虫药如六氯乙烷、四氯化碳、硝氯酚等，这些药物虽然可以有效防治肝片吸虫病，但有的因毒性大而早已停用，并且多数是对肝片吸虫的成虫有效，对未成熟虫体的效力差或无效。所以不能达到完全有效的治疗作用。

三氯苯唑（Triclabendazole）是瑞士 CIBA-GEIGY 公司新近研制的杀灭肝片吸虫新药，据介绍本药对肝片吸虫各个阶段的童虫及成虫均有杀灭效果。

本试验是受自治区农牧厅和畜牧局的委托，为验证三氯苯唑对我区牦牛和藏羊的驱虫效力及对高原家畜的毒性，从而提供在我区使用该药的价值和依据。笔者于 1987 年 9 月在当雄县牧区进行了此项试验。

1　材料与方法

1.1　试验药品

所用的三氯苯唑为瑞士 CIBA-GEIGY 公司产品，为白色乳剂，味微酸。顿服悬液：牛用含 10%（W/V），羊用含 5%（W/V），三氯苯唑悬液，批号：018700。溶解度为 20℃：溶解于甲醇，其他有机溶剂溶解程度不同，不溶于水。分子式为：$C_{14}H_{9}Cl_{3}N_{2}OS$、分子量为：359.66。

1.2　试验动物

本试验的牦牛和绵羊均来自当雄县公塘区拉根一队，选用往年未经驱虫的自然感染肝片吸虫的动物。通过反复的抽检（EPG）选出绵羊 1 克粪卵数达 66 个以上者作为疗效试验动物；1 克粪卵数达 33 个的作投药后不同时间对肝片吸虫杀死观察试验动物。牦牛经两次粪检（EPG）都为阳性并 1 克粪卵数达 33 个以上的作疗效试验牛，未感染肝片吸虫的作毒性试验用，共选用了 20 头牦牛，绵羊 46 只，为试验的动物。

1.3 剂量及分组

1.3.1 疗效试验

绵羊分为 4 个试验组，分别为 8mg/kg、10mg/kg、12mg/kg、14mg/kg，每组 2 只羊，另设一组 2 只羊为对照组。牦牛亦分 4 个剂量组，分别为 8mg/kg、10mg/kg、12mg/kg、14mg/kg，每组 2 头，另设 2 头牦牛为对照组。

1.3.2 投药后不同时间内对绵羊肝片吸虫杀死效力观察分为 6 个组

每组除第一组 1 只羊外，其他组各有 2 只羊，药物剂量都为 12mg/kg、另设两只为对照组，共 13 只绵羊。

1.3.3 毒性试验组

绵羊第一次毒性试验分为 4 个剂量组，分别为 150mg/kg、200mg/kg、250mg/kg、300mg/kg，每组 3 只，共 12 只绵羊。

第二次毒性试验分为 5 个剂量组，分别为 350mg/kg、400mg/kg、450mg/kg、500mg/kg、550mg/kg，每组 1 只，共 5 只绵羊。

第三次毒性试验分为 6 个剂量组，分别为 600mg/kg、700mg/kg、800mg/kg、900mg/kg、1 000mg/kg、1 500mg/kg，每组 1 只，共 6 只绵羊。

牦牛毒性试验分为 10 个剂量组，分别为 150mg/kg、250mg/kg、350mg/kg、450mg/kg、550mg/kg、650mg/kg、750mg/kg、850mg/kg、950mg/kg、1 000 mg/kg，每组 1 头，共 10 头牦牛。

1.3.4 投药方法

根据动物体重，计算好剂量后，将三氯苯唑悬液振荡后用注射器注入口内服下。

1.3.5 疗效判定

给药前所用试验动物进行一次粪检，用药后在第 9~10 天后进行粪检（EPG）与药前 EPG 对照，在第 13~15 天时进行剖检详细检查肝脏及胆管内的虫体，与对照组对比，计算其驱虫效力。

2 试验经过及结果

2.1 疗效试验

绵羊：全部试验羊在 9 月 8—10 日进行粪检（EPG），粪检方法为虫卵计数法。于 9 月 10—12 日进行编号、称重、分组和投药。疗效组的各剂量组和对照组的羊只在投药前粪检（EPG）均为阳性（+），平均克粪卵数达 66~33 个。用药的第 9 天粪检一次，各投药组均为阴性（-），而对照组仍为阳性（+）。在用药后第15天全部绵羊解剖观察虫体在肝脏内的残留情况，结果剂量组都未发现活虫体，只有虫体死后溶化的残体，而对照组两只羊发现活虫体分别为27条、60条，表明各剂量组对肝片吸虫的杀灭效果都达到100%。

牦牛于9月3日进行第一次粪检（EPG），24日进行第二次粪检（EPG），两次粪检均为阳性（+），进行编号、分组、测量体重。

体重计算公式为：按胸围^2（m）×体斜长（m）×70=活重（kg）。

于9月29日投药，给药后第10天粪检一次，均为阴性（-），而对照组为阳性（+）。在用药后第15天每组各解剖一头，观察肝脏内虫体残留情况，结果投药组未发现虫体，而对照组发现活虫体69条，其结果证明各剂量组杀灭肝片吸虫效率同样达100%。

2.2　投药后不同时间对绵羊肝片吸虫的杀死效力观察试验

在投药前粪检一次，均为阳性（+），平均克粪卵数达33个，用药后24h、48h、72h、96h、120h、144h各解剖1~2只羊观察，肝脏内的虫体用药后第2天起活力减弱。虫体的末端开始变黄，逐渐蔓延到前部，到第4天虫体开始死亡，第7天虫体全部灭亡，并呈现腐烂和团状聚积，而在用药后第20天解剖的两只对照羊虫体全活，各有虫体3条、5条。

2.3　毒性试验

2.3.1　绵羊

第一、二次毒性试验共投药17只羊，用药后观察7天都未见反应。第三次毒性试验用6只羊，其中600mg/kg剂量的46号羊和700mg/kg剂量的39号羊投药后未见反应；800mg/kg剂量的45号羊、900mg/kg的35号羊、1 000 mg/kg的33号羊及1 500mg/kg的17号羊，在投药后第2天都出现轻微腹胀、食欲减退、有时卧地，落群，其中45、35、33号羊于第7天开始恢复，到第20天恢复正常。17号羊第3天出现少量拉稀、排粪、排尿次数增多；第4天出现走路不稳，多次向右转圈；第5天食欲停止，低头不愿走动，全身发抖，体温38℃，脉搏每分钟82次，呼吸每分钟36次；第6天反应加剧，出现前肢麻痹，卧地不起，回头右顾，拉稀粪中带有肠黏膜脱落，还发出疼痛吭声，测其体温41. 1℃，呼吸34次/min，到第7天早晨死亡。

2.3.2　牦牛

毒性试验10头，于9月29日投药，其中150mg/kg20号牛、250mg/kg 16号牛、350mg/kg 13号牛用药后均未有反应。而850mg/kg 35号牛，1 000mg/kg 30号牛用药后第二天开始出现轻微腹胀、喜卧、食欲减退。第3天950mg/kg剂量的01号牛也出现轻微反应，症状同前。第五天30号牛表现排粪次数增多而量少，磨牙，体温38℃，脉搏66次/min，呼吸44次/min。35号牛食欲停止，行步蹒跚，体温39℃，脉搏66次/min，呼吸 42 次/min。其他 450mg/kg 90 号牛、550mg/kg 32 号牛、650mg/kg 07 号牛、750mg/kg 02 号牛都有不同程度的中毒反应，症状同前。第 6 天早晨 35 号牛和 32 号牛死亡。30 号牛上午反应加剧，不愿走动，口流白沫，张口呼吸，呼吸 100 次/min，半小时就死亡。01 号、07 号、02 号牛同一天都反应加剧，食欲停止，不愿走动，有的走路不稳，低头站立不动，如不采取措施当天可能死亡，为此用国产硫酸阿托品按每头 30ml 肌肉注射解毒，到 7 天后（解毒的第 2 天）01 号、07 号、02 号牛反应轻，开始好转，逐渐恢复，第九天恢复正常。09 号牛第七天反应稍加剧。体温 39℃，脉搏 92 次/min，呼吸 54 次/min，不饮食，喜卧地，第 8 天症状逐渐减轻，到第 11 天自愈恢复正常。

2.4　三氯苯唑对牦牛和绵羊大面积驱虫

上述试验取得成功后，在当地用标准剂量 12mg/kg 进行大面积牛羊的驱虫，共驱虫牛 1 588头，羊 3 339只，总计 4 927头（只），驱虫后观察 7 天未发现异常情况。

在开展上述试验工作的同时，还观察了本药对牦牛和绵羊前后盘吸虫的效果。24 号牦牛投药前 1 克粪卵数 33 个，用 8mg/kg 的剂量投药后第 13 天解剖，发现前后盘吸虫活体 11 条。

15 号、23 号绵羊投药前 1 克粪卵数各是 3 个，15 号羊，按 300mg/kg 的剂量，23 号羊按 450mg/kg 的剂量投药，在用药后 23 天解剖 23 号牛发现前后盘吸虫（活）20 条，第 28 天解剖 25 号牛发现前后盘吸虫活体 5 条。

3　小结与讨论

（1）进口三氯苯唑（肝蛭净）对我区牦牛和绵羊肝片吸虫有良好的杀灭效果，确是高效、低毒，专治肝片吸虫的一种特效药物。对牦牛及绵羊肝片吸虫的疗效剂量范围（标准）8～14mg/kg 的剂量。羊出现不同程度的中毒反应，但能自愈恢复。对绵羊的致死剂量为 1 500mg/kg；对牦牛按 450mg/kg 以内为安全剂量，致死剂量为 550mg/kg 以上。

（2）牛羊用此药中毒以后，据笔者试用国产硫酸阿托品注射液似有解毒作用，有必要进一步验证观察。

（3）试验证明本药只对肝片吸虫有效，对前后盘吸虫则无效。

（4）据文献介绍，使用标准剂量（牛 12mg/kg、羊 10mg/kg）的三氯苯唑后 28 天内动物的肌肉、肝脏、肾脏均有本病及其代谢产物残留。因此牲畜屠宰前 28 天应停止服用本药。

综上所述，笔者认为三氯苯唑不失为一种良好的杀灭肝片吸虫药，有必要在降低药价的基础上推广使用本药。

烟酰苯胺灭螺试验观察研究报告

达瓦扎巴，杨德全，陈裕祥，张永清，格桑玉珍
（西藏自治区畜牧兽医研究所）

螺蛳是许多吸虫的中间宿主，鉴于我区肝片吸虫病在某些地区比较严重。要消灭和控制肝片吸虫病，单靠药物驱虫是不行的，必须采取综合性防治措施，切断其传播途径，灭螺是一个重要的环节。为此笔者于1984—1985年在澎波、林芝、索县、乃东县进行了烟酰苯胺灭螺试验研究，现报告如下。

1　材料与方法

1.1　药品

烟酰苯胺，呈白色粉末，易溶于酒精、乙醚，不溶于水。

药品来源于武汉医药工业研究所，批号不详。

1.2　试验地点

先后选择在原澎波农场八队东侧的沼泽地、林芝种畜场东南角草坝沼泽地、那曲索县巴区永那公社二队和八队的草地和山南乃东县普张区哈鲁岗三村等地进行。

1.3　剂量与分组

（1）室内试验分1.5mg/kg、2mg/kg、2.5mg/kg、3mg/kg、3.5mg/kg、4mg/kg 6个剂量组每组又按水深不同分为2个小组。

（2）野外试验分为1mg/kg、2mg/kg、2.5mg/kg、3mg/kg、3.5mg/kg、4mg/kg剂量组，各地均设一个对照组。分别为澎波2.5mg/kg、3mg/kg、4mg/kg 3个剂量组，一个对照组。林芝1mg/kg、2mg/kg、2.5mg/kg、3mg/kg、3.5mg/kg 5个剂量组，一个对照组。那曲索县3 mg/kg剂量组和一个对照组。山南乃东设3mg/kg剂量组和一个对照组。

1.4　试验方法

1.4.1　药液配制

按每克烟酰苯胺用30ml（75%）酒精进行溶解后，再加普通水70ml，即成每毫升溶液中含烟酰苯胺10mg，便于使用，以每立方米水中加1g原药为1mg/kg即1/1 000 000。

1.4.2 投药前勘察

测量不同剂量组的面积、水深、计算水的体积，水温、pH 值、计数螺蛳的密度。

1.4.3 投药方法

按每个剂量组测算体积计算所需的投药量，用喷雾器加水搅拌均匀后进行喷洒，同时用木棍在水池或水沟中搅拌，用水反复冲洗投药用具，以确保投药准确。

1.4.4 药效观察

于投药后 24h、48h、72h 分别观察药物对螺蛳的灭杀情况，同时观察药物对鱼类和其他水生动物的影响。

2 试验结果

2.1 室内试验结果

设 6 个剂量组，每组按水深 10cm、15cm 分为两个小组，在玻璃标本缸内进行。6 个剂量组分别按 1.5mg/kg、2mg/kg、2.5mg/kg、3mg/kg、3.5mg/kg、4mg/kg 投药，对照组不用药。投药后分别在 8h、24h、48h 观察效果，结果详见表 1。

表 1 烟酰苯胺在室内杀灭螺蛳观察结果

药量（mg/kg）	投药日期（月/日）	螺蛳数	水深度（cm）	投药后 8h		投药后 24h		投药后 48h	
				死亡数	死亡率（%）	死亡数	死亡率（%）	死亡数	死亡率（%）
1.5	8/15	100	15	无		100	100		
		100	10	无		100	100		
2	5/15	100	15	无		97	97		100
		100	10	无		100	100		
2.5	8/6	100	15	无		14	14	100	100
		100	10	无		6	6	100	100
3	8/2	100	15	无		100	100		
		100	10	无		100	100		
3.5	8/21	100	15	无		100	100		
		100	10	无		100	100		
4	8/18	100	15	2	2	100	100		
		100	10	3	3	100	100		
对照组	8/15	100	15	无		无		无	
		100	10	无		无		无	

从表 1 可以看出，除 2.5mg/kg 剂量组于投药后 48h 内对螺蛳杀灭率达到 100%外，

1.5mg/kg、2mg/kg、3mg/kg、3.5mg/kg、4mg/kg 剂量组在投药后 24h 内杀螺率达到 100%。死螺在投药后 24h 内有 50%浮在水面上，投药后 48h 内 80%以上浮在水面上，大部分螺的肉足发白腐烂，小部分螺的肉足脱壳形成空壳。试验证明这次在室内灭螺试验取得了满意的结果。

2.2 野外试验结果

用 1mg/kg、2mg/kg、2.5mg/kg、3mg/kg、3.5mg/kg、4mg/kg 6 个剂量，在澎波设 3 个剂量组，林芝县设 5 个剂量组，那曲索县的一个剂量组和山南乃东县的一个剂量组进行了灭杀螺蛳试验。澎波的 3 个剂量组为 2.5mg/kg、3、4mg/kg 3 个剂量组。林芝为 5 个剂量组即 1mg/kg、2mg/kg、2.5mg/kg、3mg/kg、3.5mg/kg。索县、乃东县为 3mg/kg 剂量组。各组投药勘察情况详见表 2，投药后分别在 24h、48h、72h 观察效果，其结果如下。

表 2 各剂量组投药前勘察情况统计表

试验地点	剂量组别 (mg/kg)	面积 (m^2)	水深 (m)	体积 (m^3)	投药量 (g)	水温 (℃)	pH 值	螺蛳密度	
澎波	2.5	85.65	0.22	18.84	47.10	24.5	7.2	80/m	29/m
	3.0	111.60	0.23	25.67	77.01	24.5	7.2	27.75/m	6.375/m
	4.0	8.85	0.11	1.01	4.04	18.0	7.2	147.2/m	58/m
林芝	1.0	159.77	0.55	87.87	87.87	16.0	6.9	1 170/m	2250/m
	2.0	22.10	0.68	11.20	30.04	16.0	6.9	180/m	67.5/m
	2.5	46.37	0.59	27.30	68.40	16.0	6.9	189/m	217.25/m
	3.0	5.22	0.51	2.66	7.98	16.0	6.9	117/m	90/m
	3.5	15.39	0.49	7.54	26.39	16.0	6.9	90/m	117/m
索县	3.0	24.79	0.45	15.02	33.6	11.0	7.5	418.15/m	无
乃东县	3.0	179.80	0.05	89.80	269.7	21.0	6.0	189/m	无

2.2.1 1mg/kg 剂量组

投药后 24h，水面上漂浮着白色药液结晶，螺蛳活动正常，未发现死螺，48h 水面上药液消失，螺全部死亡，72h 死螺肉足开始变白，未发现水面上浮着的死螺。

2.2.2 2mg/kg 剂量组

投药后 24h，水面上漂浮着白色药液结晶，大部分螺蛳活动正常，有个别螺蛳死亡浮在水面上，48h 水面上药液消失，螺蛳死亡 100%，72h 死螺肉足变白腐烂。

2.2.3 2.5mg/kg 剂量组

投药后 24h，水面上漂浮着白色药液结晶，大部分螺蛳活动正常，个别螺蛳有翻转现象，未发现死螺；48h 后水面有白色药液消失，水面上浮有很多死螺蛳，沉入水底的螺蛳呈翻身状态，个别螺蛳仍能活动，72h 螺蛳全部死亡，死螺肉足变白腐烂。

2.2.4　3mg/kg 剂量组

投药后 24h，水面上漂浮着白色药液结晶，有 30%的螺蛳死亡，50%以上的螺蛳呈翻身麻痹状态，少数螺蛳仍能活动。48h 后螺蛳全部死亡，50%螺蛳沉入水底，72h 大部分螺蛳肉足变白腐烂，很多死螺肉足脱壳形成空壳。3mg/kg 剂量组在 4 个地点的试验结果基本相同。

2.2.5　3.5mg/kg 剂量组

投药后 24h 水面上漂有药液结晶，螺蛳活动正常，未发现死螺；48h 水面上药液结晶消失，95%以上的螺蛳死亡，个别死螺浮在水面上形成空壳，沉入水底的死螺呈翻身状态，肉足变白腐烂，仍有极少数螺蛳能活动扁卷螺死亡 100%，72h 椎螺蛳全部死亡。

2.2.6　4mg/kg 剂量组

投药后 24h 水面上漂有很多白色药物结晶，螺蛳活动正常，未发现死亡或不活动的螺蛳，48h 后水面药物结晶消失，少数椎实螺死亡；大部分椎实螺翻身呈麻痹状、大部分扁卷螺死亡沉入水底；72h 螺蛳全部死亡，螺蛳肉足变白腐烂漂浮在水面上，极少数死螺形成空壳。

2.2.7　对照组

各地点设的对照组螺蛳活动正常，未发现异常变化。

笔者于投药后 1 个月到澎波试验点观察和投药后 3 个月到山南乃东县观察，均未发现有活的螺蛳，大部分死螺沉入泥底，只发现少量的空壳螺。

3　结论

经本次试验证实，国产烟酰苯胺确是一种无毒性、用量小的灭杀螺类的优良药品。在试验室内按 1.5mg/kg、2mg/kg、3mg/kg、3.5mg/kg、4mg/kg 剂量一次杀灭螺蛳，投药后 24h 螺蛳死亡率均达 100%，2.5mg/kg 剂量一次杀灭螺蛳也能在 48h 后死亡率达 100%。

在野外试验按 1mg/kg、2mg/kg、3mg/kg 剂量一次杀灭螺蛳，在投药后 48h 后螺类死亡率均达 100%。随着药量的增加，药效有所下降。但 2.5mg/kg、3.5mg/kg、4mg/kg剂量一次杀灭螺类，投药后 72h 螺类死亡率均达 100%。

从上述室内外试验的结果来看，在时间上螺蛳死亡相差 24h。室内使用的 6 个剂量除 2.5mg/kg 外都在投药 24h 内螺类死亡率达 100%，而室外使用的 6 个剂量投药后需 48h 和 72h 螺类死亡率才能达到 100%。为此笔者建议大面积推广烟酰苯胺灭螺时，应按 3mg/kg 的剂量选择在螺类产卵繁殖的季节，即当年 5—6 月进行灭螺工作，因此时未进入雨季，灭螺用药量少，效果好。

在药物对牲畜、鱼等安全性方面：使用的2只羔羊，经给饮用3mg/kg烟酰苯胺水，持续一周，羔羊的精神，食欲均很正常。对鱼类及其他水生动物，经试验投药后72h观察，活动正常，未发现异常变化，充分证明该药安全、无毒。

消虫净对藏系牛羊外寄生虫驱杀效果及其毒性测定观察研究报告

陈裕祥[1]，达　扎[1]，次仁玉珍[1]，杨德全[1]，索朗多吉[2]
(1. 西藏自治区畜牧兽医研究所；2. 日喀则是兽防站)

畜牧业在我区的国民生产中占有十分重要的地位，随着驱除牲畜内寄生虫药物在我区的大量引进、推广应用，内寄生虫对牲畜的危害已明显下降。然而牲畜的外寄生虫病则呈直线上升趋势，严重影响着畜牧业生产的发展。据全区第一次畜禽疫病普查资料显示，1977 年全区虱蝇病总发病数为740 890头（只），死亡总数为13 579头（只），根据1986—1987 年对林周县畜禽寄生虫区系调查表明，该县牛羊的外寄生虫病相当严重，绵羊蜱蝇病的感染率竟高达 96. 33%，感染强度 493 条；又据 1988—1989 年全区畜禽疫病普查资料，也充分表明各地牲畜外寄生虫病普遍严重，尤以半农半牧区更为严重，且无良好对策，鉴于过去在防治牲畜外寄生虫病方面用的药物紧缺，且影响畜产品质量和危害人民群众的身体健康，并逐步淘汰，有的药物则治疗量接近中毒量，故而选择接班换代的驱除牲畜外寄生虫新药，实属当务之急。为此，笔者于 1990 年 3 月至 1992 年 8 月间进行了国产消虫净对藏系牛羊外寄生虫的驱杀效果及其毒性测定的观察研究，现将试验结果报告如下。

1　材料与方法

1.1　药物

消虫净。本次试验用药系从湖南省怀化市家畜疫病防疫站购入的。该药由湖北省武汉市葛店化工厂生产，湖南省怀化市家畜疫病防疫站制剂室分装。规格为含量 70%与 45%两种，本品为棕黄色具有浓臭气味的液体，溶于水后呈乳白色。

1.2　试验地点

为便利于推广应用，让广大农牧民群众亲眼见到驱虫效果和掌握用药方法，在经过调查了解的基础上，选择了患外寄生虫病较为严重的拉萨市蔡公堂乡洛康萨村、山南地区扎囊县朗赛岭乡、日喀则市城关区、聂日雄乡甲庆孜村和曲古雄乡查果村等为试点。

1.3 剂量与分组

1.3.1 驱除外寄生虫试验

1.3.1.1 驱杀牛羊蜱虱组

（1）从动物体上或圈舍内提取蜱蝇进行室内驱虫试验，分设为0.1%、0.2%、0.3%、0.4%、0.5%、0.6%、0.7%共7个不同剂量的试验组与一对照组，每组给为20只蜱蝇，用药后观察各剂量组对蜱蝇的杀灭效果。

（2）将拉萨市蔡公堂乡洛康萨村的牛、羊、猪设为0.3%的剂量组，并设一对照组，除对照组不给用药，对全村其余的黄牛、绵羊、猪及圈舍均全部用药。同时从试验组与对照组中各随机抽取一定数量的绵羊进行编号、称重。用药后观察其疗效并进行每月称重一次，体重增长情况。

（3）将山南地区扎囊县朗赛岭乡的5群绵羊分设为0.1%、0.2%、0.4%、0.5%四个剂量组与一个对照组，在各剂量组与对照组中随机抽取20只绵羊进行编号、称重。用药后观察其疗效，并每月定期称重一次，观察其对体重增长的影响。

（4）将日喀则市曲古雄乡查果村的绵羊设为0.3%剂量组，设一对照组。从试验组与对照组中随机抽取一定数量的羊只进行编号、称重。用药后观察其疗效，每月定期称重一次，在剪毛季节进行产毛量测定，屠宰季节进行屠宰率测定，观察其体重、产毛量、屠宰率等主要经济性状指标增减情况。

1.3.1.2 治疗山羊皮肤病

将日喀则是聂日雄乡甲庆孜村患皮肤病的3个山羊群分别设为0.3%、0.5%、0.7%共3个剂量组，用药后观察其疗效。

1.3.1.3 治疗牲畜疥癣病

（1）将日喀则市江当乡的一匹患疥癣的毛驴设为0.35%剂量组。

（2）将日喀则市兽防站一只患绵羊疥癣病的绵羊设为0.49%剂量组。

（3）将日喀则市城北办事处两头患疥癣病的黄牛设为0.21%剂量组。

1.3.2 对牛羊毒性测定观察

（1）对藏系绵羊设为0.7%、2%、3%、4%、5%、10%、15%共7个剂量组与1个对照组，除0.7%剂量组与对照组为2只羊外，其余各剂量组均为1只羊。

（2）对黄牛分别设为0.9%、1.8%、2.7%、4.5%、9%共5个剂量组，各组均为一头黄牛。

1.4 用药方法

（1）室内试验，现在大平皿内铺入药棉，将捕捉到的虫体置于药棉上，尔后按所需的药液浓度喷洒在药棉与虫体上（对照组不用药）。

（2）对驱杀牛羊蜱虱组（对照组不用药）和治疗山羊皮肤病及各毒性测定组均采用气雾喷洒用药方法。

（3）对治疗疥癣病的牲畜采用患部涂擦用药方法。

2 试验结果

2.1 驱杀效果及其主要经济性状指标的测定结果

2.1.1 室内试验

将从动物圈舍和动物体上捕捉到的羊蜱蝇进行分组，每组为 20 只羊蜱蝇，按 0.1%、0.2%、0.3%、0.4%、0.5%、0.6%、0.7%共 7 个剂量组与一个对照组，进行用药，对照组不用药，用药后 14h 观察，各剂量组的虫体均全部死亡，驱虫率为 100%。对照组虫体则全部存活，证明该药对羊蜱蝇具有很好的杀灭效果。

2.1.2 动物试验

2.1.2.1 驱杀牛羊蜱虱的效果

经试验观察，采用 0.1%、0.2%、0.3%、0.4%、0.5%的药液浓度，对牲畜体表及圈舍进行气雾喷洒，对寄生于猪体表的猪血虱、跳蚤及其虫卵，对羊体上的拉合尔钝缘蜱、羊蜱蝇，对牛体上的拉合尔钝缘蜱、牛毛虱及其虫卵以及动物圈舍内上述虫体与虫卵的杀虫率均达 100%。

经每间隔 1 个月进行定期称重观察其体重增长情况，以 3 月为基数与其 6 月的称重结果进行比较，经驱虫的羊比未经驱虫的羊在其体重增长上有一定的差异，经驱虫的羊平均体重都有所增加，其增重率最高的为 0.4%剂量组，平均每只羊增重 1.75kg，增重率达 9.23%。而未经驱虫羊，体重则有所下降，平均每只羊体重下降 0.34kg，下降率为 1.32%。相比之下以 0.4%剂量组来讲，经驱虫羊比未经驱虫羊平均每只羊多增重 2.09kg，增重率达 10.55%。各剂量组在不同月份的体重增长情况详见表 1。

表 1 消虫净驱杀绵羊外寄生虫后体重增减情况统计表 （单位：kg）

浓度	羊只数	3月	4月			5月			6月		
		平均体重	平均体重	增重	增重率（%）	平均体重	增重	增重率（%）	平均体重	增重	增重率（%）
0.1%	15	16.25	15.17	−1.08	−6.65	14.63	−1.62	−9.97	17.27	+1.02	+6.28
0.2%	19	20.53	19.45	−1.08	−5.26	18.08	−2.45	−11.93	21.71	+1.18	+5.75
0.3%	15	21.87	21.17	−0.7	−3.20	19.78	−2.09	−9.56	21.97	+0.1	+0.46
0.4%	16	18.97	18.14	−0.83	−4.38	17.19	−1.78	−9.38	20.72	+1.75	+9.23
0.5%	14	19.04	18.63	−0.41	−2.15	17.36	−1.68	−8.82	20.5	+1.46	+7.67
对照组	15	25.70	24.90	−0.8	−3.11	21.8	−3.9	−15.18	25.36	−0.34	−1.32

在对日喀则市曲古雄乡查果村用 0.3% 的药液浓度驱杀绵羊外寄生虫的试验中证实：①在体重增长方面，以元月份与 11 月相比，试验羊体重增长率为 29.54%，对照羊体重增长率为 27.84%，试验羊比对照羊平均每只羊多增重 0.6kg。②在产毛量方面，经驱虫的 20 只羊，总产毛量为 9.52kg，平均每只羊产毛 476g，未经驱虫的 15 只羊，总产毛量为 6.43kg，平均每只羊产毛 429g，经驱虫的羊比未经驱虫的羊平均每只羊多产毛 47g，产毛率提高 10.96%。③在屠宰率方面，在屠宰季节抽取试验组与对照组中各 5 只羊，试验组 5 只羊活重 134.15kg，胴体重 57.15kg，屠宰率 42.6%；对照组 5 只羊活重 109.3kg，胴体重为 43.25kg，屠宰率 39.57%。经驱虫羊比未经驱虫羊屠宰率提高 3.03%，即若以每只羊活重 25kg 计算，可以增加产肉 0.75kg。

在试验的基础上，笔者在山南地区扎囊县朗赛岭乡与日喀则市进行了区间扩大试验，据不完全统计，共计给87 372只羊进行了驱虫，同时对 421 个圈舍进行了喷洒用药驱虫，取得了良好的驱虫效果，得到了当地群众的好评。

2.1.2.2　治疗山羊皮肤病的观察

山羊皮肤病室温我区的一种地方性疑难病，至今病因不明，且与牲畜疥癣病的特征完全不同，故暂定名为山羊皮肤病。经采用 0.3%、0.5%、0.7% 的药液浓度进行气雾喷洒治疗本病，均取得了一定的疗效，其结果为：0.3% 剂量组羊群在用药后 70h 观察，皮屑减少，表皮出现光泽；0.5% 剂量组羊群用药 70h 后观察，皮屑减少，表皮出现的光泽度较 0.3% 剂量组强些，但有少量的羊只效果不佳；0.7% 剂量组羊群，皮屑减少，表皮出现的光泽度又优于 0.5% 剂量组的羊群，但同样对有些羊只的效果不佳。

2.1.2.3　对牲畜疥癣病的疗效

（1）1990 年 6 月于日喀则市江当乡发现一匹患疥癣病的毛驴，采用 0.35% 的药液浓度，进行局部涂擦，第一次用药一周后有好转，于第 8 天用同样的药液浓度进行第二次用药，结果痊愈。

（2）1990 年 6 月于日喀则城北办事处发现 2 头黄牛患疥癣病，采用 0.21% 的药液浓度进行局部涂擦，用药 5 天后即痊愈。

（3）1990 年 7 月于日喀则市兽防站发现一只患疥癣病的绵羊，采用 0.49% 的药液浓度进行局部涂擦，结果痊愈，于用药后半个月即开始长出新毛。

2.2　毒性测定观察

（1）对藏系绵羊采用 0.7%、2%、3%、4%、5% 的药液浓度，动物在其主要生理指标及临床上均不出现任何中毒症状，当剂量增加到 10% 时，临床上出现轻度的中毒症状，具体表现为用药后 5h 左右有擦痒症状，当剂量猛增至 15% 时，临床上出现明显的中毒症状，用药后 45min 表现为四肢无力，行走摇摆，有时出现倒地现象，但仍能采食，5h 后有擦痒症状，随之不需任何解救措施，能够自行康复。

（2）对藏系黄牛采用 0.9%、1.8%、2.7%、4.5%、9% 的药液浓度进行用药，临床上均不出现明显的中毒症状。

3 小结与分析

（1）本试验研究证实：国产消虫净在驱杀牲畜的各种外寄生虫如：拉合尔钝缘蜱、羊皮蝇、牛毛虱、猪血虱、蚤类及蜱类等均具有很好的灭杀效果。

（2）本试验进一步证实外寄生虫病对牲畜的危害是很大的，经驱虫的羊群比未经驱虫的羊群平均每只羊多增重0.6kg左右，产毛量提高47g，屠宰率提高3.03%，可见驱虫后的经济效益是十分可观的。

（3）从笔者的试验结果看，建议本药在我区驱杀牲畜各种外寄生虫的最佳剂量应为0.3%~0.5%的药液浓度。

（4）由毒性测定试验证实，应用该药相当于治疗量的18~30倍对黄牛不发生中毒症状，应用相当于治疗量10~15倍的药液浓度对绵羊不发生中毒症状，当剂量增至治疗量20~30倍时仅表现轻度的中毒症状，猛增至治疗量30~50倍时才出现明显的中毒症状，且能够自行康复。充分证明该药是一种广谱、高效、低毒的抗牲畜外寄生虫的最新良药，值得在我区大面积推广应用。

（5）关于治疗山羊皮肤病的效果，笔者的看法是，由于本病的发生与其降雨和剪毛有着密切的关系，主要在雨季剪毛后的一周开始发病，而笔者设立的3个不同药液浓度剂量组的羊群，发病时间不一致，0.3%剂量组的羊群发病最早，0.5%剂量组的羊只发病迟些，而0.7%剂量组的羊只则是于剪毛后两天用药的，有些羊只尚未开始发病，是否可以说该药只能用于直接治疗山羊皮肤病，而并无预防效果，同时由于某些羊只发病严重，痂皮较厚，加之被毛稀少，用药治药液停留时间短，渗透差而导致疗效不佳的结果。

寄生虫防治药物研究

钴^{60}丙种射线致弱丝状网尾线虫三期幼虫免疫绵羊的研究

彭顺义，群　拉，陈裕祥，达瓦扎巴，何启明，苟芸如，杨蕾全，谢　明
（西藏农牧科学院畜牧兽医研究所）

羊的丝状网尾线虫病广泛地流行于西藏各地，严重地危害羊只健康，降低畜产品的质量与数量，对羔羊则常引起地方性流行，招致大量死亡，造成更大的经济损失，是危害十分严重的寄生虫病。对此病曾经大面积地推广稀碘液治疗，收到良好的效果。但是，气管注射手续过于繁复，耗费人力也很大，其他化学药品如氰乙酰肼、海群生等也都存在着药品供应或药价昂贵等问题。希望寻求简便易行、事半功倍的良法，以便达到迅速控制和消灭此病的目的。为此，很有必要进行免疫防治方法的探索。

自从20世纪60年代Jarrett等人研制成的胎生网尾线虫（*Dictyocaulus viviparus*）的疫苗（Vaccine Lungworm）问世以来，取得良好的效果。引起了寄生虫免疫学者们的重视，在许多方面并进行了研究，如犬钩口线虫（*Ancylostoma caninum*）、牛囊尾蚴（*Cysticercus bovis*）、羊带绦虫（*Taenia ovis*）等，并取得了进展。我国在猪蛔虫和羊丝状网尾线虫免疫方面取得了可喜的成就。1980年笔者从绵羊粪便中分离出丝状网尾线虫第一期幼虫，经人工培养至第三期侵袭幼虫，再经钴^{60}丙种射线致弱后免疫绵羊，观察其安全性与保护作用。现将试验的经过与结果报告于后。

1　材料与方法

1.1　试验羔羊

为了使试验不受干扰，能够正确地反映出试验结果。因此，试验动物必须按照SPF的要求，也就是无丝状网尾线虫寄生，最好是无蠕虫寄生的健康羊群。为了达到这一目的，笔者制订了一套饲养管理制度，终于培育出无蠕虫羔羊群供试验使用。

先修建清洁羊舍，设有供、排水，通风良好，圈内与运动场均做成水泥地面，便于随时冲洗，不让动物接触泥土。饲料、饲草与水必须做到无虫污染，采取严格的隔离消毒，进出必须更换鞋和工作衣等措施。从健康区选购无丝状网尾线虫寄生的怀孕母羊，运回后，用驱虫净驱虫，经半个月后再进行第二次驱虫，对粪便进行无害处理，羊只经过检查，达到要求即可。剪去母羊乳房附近的长毛，用肥皂水洗去乳房及附近的污垢，再用2%甲酚皂洗擦消毒，然后用1%碘水涂擦杀死幼虫。母羊临产时再按上法消毒一次，经半小时后用开水洗去残余药味，否则羔羊不愿吸奶。羔羊经人工接产后即与母羊分开，放在隔离羊舍内，舍内铺垫无虫污染的清洁干草，羔羊生后吸1~2次初乳后，

即进行人工哺乳。人工哺乳是用新鲜牛奶或奶粉汁，再加各种维生素适量。用奶瓶喂给，每日喂奶 3 次，1 个月后断奶，断奶后喂给麸皮、豌豆、小麦、食盐、乳酸钙，以及维生素 A、B、C、D、E 等，再给一些柔软的无虫干草。羔羊舍内每周用深层地下水冲洗两次，然后用 2%来苏儿水洒地消毒，工作人员进出羊舍必须更换专用的衣服和胶靴，以保证不得把外界的污物带到羊舍内，经过 4 个月龄后即可供试验使用。试验之前经过粪检 3 次和十余只羔羊的剖检证明无蠕虫感染，符合试验要求。

另外从健康区购入产后 3~7 天的羔羊，按上述饲养管理条件，也能培育出无蠕虫羔羊群。

试验动物分组：根据羔羊的品种、性别、月龄、营养状况等进行搭配分组。根据免疫途径不同，分为口服免疫组和皮下注射免疫组，每个免疫组设有对照组。

安全性的观察：将经过钴^{60}致弱的三期幼虫疫苗接种动物，每两周检查一次粪便，分离次代幼虫。对部分免疫接种羊的注射部位与肺部进行剖检，检查虫体与病变。

保护力的观察：将经过钴^{60}50 000伦琴致弱的丝状网尾线虫第三期幼虫对试验羔羊进行口服和皮下免疫接种，经接种 86 天后即用丝状网尾线虫第三期正常幼虫分别对免疫羊与对照羊进行攻虫，攻虫 71 天后进行剖检，检查肺内荷虫数与肺脏的病理变化，计算保护程度。

计算公式：

$$\text{保护程度（\%）}=1-\frac{\text{免疫羊的荷虫数}}{\text{对照羊的荷虫数}}\times 100$$

1.2 幼虫的培养

收集传虫羊的新鲜粪便用两层纱布包好，放入1 000ml 的锥形玻璃量杯中；或将粪便放入 300mm×200mm 的铜筛中，筛内事先垫好两层纱布，再将筛子置于长 800mm，宽 600mm，高 150mm 的水槽中，加入 pH 值 6.6~7.8 的 40℃ 的温水分离丝状网尾线虫第一期幼虫，用沉淀法收集幼虫，再用新鲜地下水加 0.9%均食盐，pH 值为 8.4~8.6，用此液洗涤幼虫数次，一直洗至清明时为止，然后将收集到的幼虫倒入容量 200ml 的锥形量杯中，浓集至 10~20ml 容量，用吸管混匀稍待稳定后吸取 0.2~0.5ml 置计槽内逐条计数，重复计数 3 次，求出平均值，然后加培养液，置平皿中培养。

关于培养液，笔者曾用下列 3 种溶液在温度 24~25℃，相对湿度 92%进行培养比较。

（1）普通开水加入 0.9%食盐，用 HCl 调整 pH 值至 8.0，再按每毫升加青、链霉素各1 000单位、硫柳汞 1/25 000。在此液中培养 9~10 天，发育成第三期幼虫的仅占 8%~20%。

（2）普遍开水中加 0.9%食盐、0.1%葡萄糖，每毫升加青链霉素各 100 单位。培养 3~5 天，幼虫大部分死亡。

（3）普通地下水（未经烧开）加 0.9%食盐，按每毫升加入青、链霉素各 100 单位，调整 pH 值为 8.4~8.6，培养 5~8 天，发育至第三期幼虫的占 50%~81.1%，绝大部分在 60%以上。

上述3种培养液。笔者认为第3种培养液最佳，定为该次试验使用的培养液。

1.3 虫苗的制备

从新鲜粪便中分离的丝状网尾第一期幼虫，经过计数，按一定量放入平皿中再加入培养液，水深在10mm以下，置于24~25℃，相对湿度92%的调温调湿箱中培养，隔日检查一次幼虫的发育情况，经5~8天后，大多数已发育成第三期幼虫。然后浓缩收获计数，浓缩至每毫升含第三期幼虫2 000条以上，分批编号，装入小克氏瓶内，每瓶分装20ml左右，水深20~30mm，保存于0~4℃冰箱中。送到北京中国农业科学院原子能利用研究所进行照射，运输途中使用冷藏瓶加冰块保存。用钴^{60}丙种射线照射，照射量率每分钟207伦琴，照射量50 000伦琴的致弱处理，即为辐射疫苗（Radiation Vaccine）备用。

1.4 免疫接种

将经过钴^{60}丙种射线50 000伦琴致弱的丝状网尾线虫第三期幼虫按每千克体重接种或灌服80条。皮下注射组将虫苗用无菌0.9%盐水反复离心沉淀洗涤干净，进行幼虫计数，再按每毫升加入青、链霉素各1 000单位，用消毒注射器吸取每只羊所需的虫苗数量，进行疫后皮下注射。

感染试验：用茨盖羔羊每千克体重口服163条，则引起寄生性肺炎经37天死亡。

1.5 攻虫

为了证实免疫羊抵抗幼虫侵袭的能力。将经过免疫的羊只用丝状网尾线虫第三期正常幼虫进行攻击。口服免疫组与对照组，每只羊每天灌服100条正常幼虫，连服5天，共服500条。皮下注射免疫组与对照组，将丝状网尾线虫第三期正常幼虫，同上法制成幼虫悬液，然后进行皮下注射，每天注射100条，连续注射五天，共注射500条。

2 试验结果

2.1 安全试验

将钴^{60}丙种射线50 000伦琴致弱的丝状网尾线虫三期幼虫，按每千克体重接种80条，口服接种7只羊（因其他原因死亡1只）；皮下注射接种7只羊。从接种后35天开始检查，每次称粪30~50g，用贝尔曼法分离次代幼虫，到第81天为止共检查3次，结果见表1。经过接种后第26~35天，剖检5只羊，未见虫体和肺部明显的病变，详见表2。试验结果表明，经钴^{60}丙种射线照射量率207伦琴/min，总照射量50 000伦琴致弱的幼虫不会继续发育为成虫。因此是安全的。

表 1　疫苗的安全试验

羊号	接种方法	接种日期	接种天数	检查次代幼虫的日期与效果			备注
				9 月 19 日	10 月 19 日	11 月 4 日	
4	口服	8 月 15 日	81	阴性	阴性	阴性	
6	口服	8 月 15 日	81	阴性	阴性	阴性	
10	口服	8 月 15 日	81	阴性	阴性	阴性	
23	口服	8 月 15 日	81	阴性	阴性	阴性	
7	皮下注射	8 月 15 日	81	阴性	阴性	阴性	
9	口服	8 月 15 日	81	阴性	阴性	阴性	
11	口服	8 月 15 日	81	阴性	阴性	阴性	
15	口服	8 月 15 日	81	阴性	阴性	阴性	

表 2　疫苗的安全试验

羊号	接种方法	接种日期	接种天数	剖检病变	肺部病变	虫体数（条）	备注
5	皮下注射	8 月 15 日	26	9 月 9 日	无明显病变	0	
3	皮下注射	8 月 15 日	27	9 月 10 日	无明显病变	0	
2	口服	8 月 15 日	29	9 月 12 日	无明显病变	0	
1	口服	8 月 15 日	30	9 月 13 日	无明显病变	0	
16	口服	8 月 15 日	35	9 月 18 日	无明显病变	0	

2.2　免疫效果的观察

从肺内虫体数、肺部病变、体重增减，临床症状、血液检查等几个方面来进行观察。

2.2.1　口服免疫保护试验

经口服接种后每天检查体温、呼吸、心跳及其他临床变化。于免疫接种后第 87 天，连同对照组一起攻虫，攻虫后检查临床变化、称体重等，攻虫后第 71 天剖杀检查肺部虫数、肺部病变，计算免疫效果，详见表 3。

表 3　钴^{60}虫苗免疫绵羊保护试验

组别	口服免疫组	口服对照组	皮下免疫组	皮下对照组	备注
羊数（只）	4	2	4	2	
免疫方法	口服		皮下注射	—	
免疫日期	8 月 15 日	—	8 月 15 日	—	
免疫接种量（条）	80 条/kg	—	80 条/kg	—	
攻虫方法	口服	口服	皮下注射	皮下注射	“+”表示增重 “-”表示减重
攻虫日期	11 月 10 日	11 月 10 日	11 月 10 日	11 月 10 日	
攻击正常第三期幼虫量（条）	500	500	500	500	
从攻虫到剖检的天数	71	71	71	71	
攻虫到剖检体重增减	+25.8%	+5.33%	-5.02%	+15.3%	
剖检肺脏　虫数（条）	92	202	82	274	
剖检肺脏　保护率%	77.22	—	85.03	—	
剖检肺脏　病灶（mm^2）	2 300	10 575	1 052	6 370.5	
剖检肺脏　保护率%	89.19	—	91.74	—	

2.2.2　皮下注射免疫保护试验

免疫接种后每天检查体温、呼吸、心跳及其他临床症状等。第 87 天连同对照组一起攻虫后观察临床变化，每周称体重等。于攻虫后第 71 天解剖全部免疫羊和对照羊，检查肺内虫体数、肺脏病变等，其结果见表 3。

从表 3 可以看出口服对照羊平均有虫 101 条，而口服免疫的 4 只羊肺内有虫 92 条，平均每只羊为 23 条，其中 23 号羊无虫，6 号羊仅 4 条虫，保护力为 77.22%。皮下注射免疫组的对照羊平均有虫 137 条，免疫羊平均仅 20.5 条，其中 11 号羊无虫，9 号羊仅有虫 2 条，保护力为 85.03%。同时可看出注射比口服免疫效果好。

2.2.3　临床症状与肺部病变

口服免疫羊与皮下注射免疫羊在用虫苗免疫接种后一般精神食欲正常，体温、呼吸、心跳均无明显变化。在免疫接种后不久。口服组的 1 号、2 号、12 号，皮下注射组的 3 号、5 号、16 号，均因患其他疾病先后死亡，其余均健活。无论是口服免疫组或皮下注射免疫组，在攻虫后均无明显反应。而对照组感染后则出现典型的亚致死性寄生性支气管炎症状。感染后 12~15 天发病，表现咳嗽，以早晚最明显，呼吸加快，继而精神委靡，食欲减少，呈痛苦状，持续咳嗽，未发生一例死亡。经感染 71 天后，解剖全部免疫羊和对照羊，检查肺部虫体和肺脏病变，肺病变主要是萎陷与肉变，测量病变的面积，详见表3。从表上可以看出对照羊肺部病变严重，而免疫羊病变轻。口服免疫羊的保护率为89.19%，皮下注射免疫羊的保护率为91.74%。

2.2.4 从攻虫到剖检时羊体重增减情况

免疫羊和对照羊攻虫后，每周称重一次，并详细观察生长情况，免疫羊生长发育良好，体重都有不同程度的增长。由于饲料供应不上，配料单纯，故羊群的生长发育也比较差。口服免疫羊从攻虫到剖检时体重增加25.97%，而对照组的羊体重仅增加5.33%。皮下注射免疫组体重增加15.3%，而对照组反而减重5.33%。说明经过虫苗免疫接种的羊只，不仅能抵抗丝状网尾线虫的侵袭，而且在生长发育方面也优于未经免疫接种的羊只。

2.2.5 血液检查

免疫羊在免疫前的血液中嗜酸性白细胞很少，在免疫接种后血液中嗜酸性白细胞猛增至5%~15%。当攻虫后嗜酸性白细胞再次出现上升，其他血细胞无明显变化。

3 讨论

电离射线致弱寄生线虫的幼虫可以促使幼虫丧失致病能力，保存其抗原性，Jarrett等制成牛胎生网尾线虫虫苗，在牛群中应用收到良好效果；Ansari等用钴[60]丙种射线照射羊钩虫，厚刺盖格线虫（*Gaigeria pachyscelis*）的侵袭性幼虫，再感染4—6月龄的羔羊，发现虫体短小和生殖受阻等现象，尤其以雄虫较为明显。照射剂量十分重要。照射量过小则不能达到致弱的目的，若照射量过大则反而使抗原性降低。据文献报道以40 000~60 000伦琴为宜。根据笔者的试验条件，按分剂量207伦琴，照射量为50 000伦琴，照射一批丝状网尾线虫第三期幼虫进行试验，试验结果表明是安全的，从一次免疫多次攻虫来看效果尚佳。今后再增减照射量进一步试验。丝状网尾线虫的感染途径，以往多以经口感染Rothwell曾用蛇形毛圆线虫匀浆进行口服、肌肉、腹腔、十二指肠、皮下等不同途径的免疫接种试验，认为非经口的几种方法效果基本一致，而且都优于口服。笔者设计为口服与皮下注射两种途径进行免疫试验。试验结果表明皮下注射无论是感染还是免疫接种都很成功。感染丝状网尾线虫第三期正常幼虫500条，在肺上发育至成虫的最多有154条之多，达30.08%。皮下注射免疫接种，其保护率达85.03%，优于口服免疫。可能是皮下注射幼虫经过的路线较长，对免疫效应系统的刺激也持久，因而产生的免疫力也比较坚强。

在试验中发现口服组较皮下注射组的体重有明显增重。攻虫后至宰杀时的71天中口服免疫组增重平均为25.87%，口服对照组仅增重5.33%；皮下注射免疫组平均增重15.3%，皮下注射对照组反而比攻虫前减重5.02%。其原因是否与口服组的幼虫有可能经消化道将部分幼虫排出体外有关，还是其他原因所致，尚待进一步探索。

笔者原计划采用丝状网尾线虫二期、三期幼虫同时免疫比较。但是由于送北京照射途中耽误时间太长，温度控制不好，返回拉萨时原来的第二期幼虫已全部发育为第三期幼虫。由于受虫苗数的限制，故只做一次免疫，多次攻虫，而就其效果看比兰州兽医研究所和 Sokoeic 等的试验效果好。

丝状网尾线虫虫种的品系之间在毒力和免疫原性下均可能存在着差异，为了进一步提高虫苗的免疫原性，今后还应在选育虫种的品系上下工夫。笔者曾用茨盖羔羊按每千克体重口服丝状网尾线虫第三期正常幼虫 163 条，结果引起寄生性肺炎急性死亡，可能是由于高山反应原因加剧其死亡。今后传虫羊的接种量应少于此量。

4 结论

试验表明丝状网尾线幼虫的培养，使用拉萨的地下水加 0.9%的食盐，每毫升加青霉素、链霉素各 100 单位配成的溶液是良好的培养液。在温度 24~26℃相对湿度 92%中经 5~8 天的培养有 50%~81.1%的幼虫能发育成第三期幼虫。

钴^{60}丙种射线照射率每分钟 207 伦琴，照射剂量50 000伦琴足以使丝状网尾线虫第三期幼虫达到致弱的作用，经免疫接种于绵羔 88 天后粪便分离幼虫是阴性。免疫接种 26~35 天后剖检肺部证实无虫，说明虫苗是安全的，不会引起开放性污染。

钴^{60}丙种射线50 000伦琴致弱的丝状网尾线虫第三期幼虫，按每千克体重接种 80 条，经 87 天后用丝状网尾线虫第三期正常幼虫 500 条分 5 次攻击后证明口服免疫羊保护率达 77.22%，皮下注射免疫羊的保护率达 85.03%，免疫效果良好。

参考文献（略）

伊维菌素小单室脂质体工艺配方优化及质量分析*

何书海[1]，巴桑旺堆[2]，佘永新[3]

（1. 信阳农业高等专科学校动物科学系；2. 西藏自治区农牧科学院畜牧兽医研究所；3. 中国农业科学院农业质量标准与检测技术研究所）

摘　要：为获得高包封率的伊维菌素小单室脂质体，本研究对其制备工艺进行了优化，并选取超声波频率、超声时间、卵磷脂与胆固醇质量比、伊维菌素与卵磷脂质量比各因素进行正交交互作用考察，同时利用反相高效液相色谱法对各工艺配方组合下伊维菌素小单室脂质体的包封率进行了测定。结果显示，伊维菌素小单室脂质体的制备最佳配方和工艺组合为超声波频率200kHz，超声时间6min，伊维菌素与大豆卵磷脂质量比为1∶10。经过优化组合，得到了较高品质的伊维菌素小单室脂质体，平均载药量达到（92.35±0.61）%，药物品质优良，且制备工艺简单可行。

关键词：伊维菌素；小单室脂质体；制剂技术；质量分析；正交试验

伊维菌素是一种新型半合成大环内酯抗生素类驱虫药，具有广谱、高效、安全、低残留等特点。在兽医临床上被广泛用于驱杀牛、羊、马、猪的胃肠道线虫、肺线虫和寄生节肢动物，犬的肠道线虫、耳螨、疥螨、心丝虫和微丝蚴及家禽胃肠线虫和体外寄生虫。目前该药的主要剂型（片剂、注射剂、乳剂、浇泼剂、粉剂等）均表现出效期短、需要重复给药等缺点，且易发生中毒和产生耐药性。在现代兽药制剂工艺中，脂质体被认为是一种新型的载药系统，利用脂质体可以和细胞膜融合的特点和具有靶向性、淋巴定向性和缓释的作用，可以降低药物毒性及提高稳定性；将伊维菌素制成脂质体将能克服上述剂型的缺点，提高临床疗效。伊维菌素脂质体的制备工艺依然处于探索阶段，前期研究中优化了伊维菌素脂质体的配方和制备工艺，并得到了高包封率的配方组合。但最佳工艺的优化组合需要再次考虑相关影响因素，有待进一步研究。为了更好地控制伊维菌素小单室脂质体的质量，本试验拟采用L_9（3^4）正交试验方案和L_8（2^7）交互作用试验方案考察工艺及配方中的相关因素，及因素之间是否存在交互作用；并运用前期研究所得的反相高效液相色谱法对各种组合下伊维菌素小单室脂质体的药物含量及包封率进行测定，以为其制备工艺的优选提供质量评价依据。

* 刊于《中国畜牧兽医》2012年7期

1 材料与方法

1.1 材料

1.1.1 药品试剂

伊维菌素原粉（河北某动物药业有限公司生产，本规格 22，23-二氢伊维菌素 Bla 不少于 93.0%，Bla+Blb 不少于 98.0%）；伊维菌素标准品（Sigma 公司提供）；胆固醇（Sigma 公司，医药级）；大豆卵磷脂（北京某磷脂技术有限公司生产）；甲醇、氯仿、乙腈、曲拉通 X-100 均为国外产品，由北京某公司提供；其他试剂均为分析纯。

1.1.2 仪器设备

ME-110V 旋转蒸发仪（含冷却水循环装置，日本）；JA-10T 型透射电子显微镜（日本 Hitachi 公司）；Waters2695 高效液相色谱仪（带二极管阵列检测器，色谱柱 150mm×2.1mm，5μm，美国 Water 公司）；Malvern-2000 型激光散射粒径分析仪（英国 Malvern 公司）；IECCL31R 台式高速冷冻离心机（美国 Thermo Fisher 公司）；超滤离心管（10ku，美国 Millipore 公司）；恒温振荡仪、探头式超声波破碎仪、HY-5 回旋振荡器均为国产。

1.2 方法

1.2.1 伊维菌素小单室脂质体制备方法

根据朱晓娟等（2010）的研究结果，按一定质量比称取伊维菌素原粉、大豆卵磷脂、胆固醇，另添加维生素 E（约占总质量的 0.3%）于圆底烧瓶中，加入甲醇氯仿混合液（体积比 1∶1）使其充分溶解，选择适宜的水浴温度、转速和大气压在旋转蒸发使之成为均匀薄膜；加入适宜 PBS 洗膜，直至成为牛奶状液体；置于回旋式振荡器内振荡洗膜后静置；再置于超声破碎仪中处理，即得伊维菌素小单室脂质体；最后置棕色瓶中充 N_2 密封，4℃冰箱中保存备检。

1.2.2 伊维菌素小单室脂质体质量分析

1.2.2.1 反相高效液相色谱检测条件的选择及专属性试验

根据佘永新等（2010）研究结果，高效液相色谱柱选择 Waters surfire C_{18} 柱（150mm×2.1mm，5μm），流动相为乙腈∶甲醇∶水（62∶30∶8），流速 1.0ml/min，检测波长 245nm，柱温 30℃，进样量为 10μl，检测并根据结果绘制标准曲线，求得回归方程。

1.2.2.2 药物含量测定

精确量取方法 1.2.1 所制备的伊维菌素脂质体适量于 10ml 容量瓶中，选择适宜 pH

的PBS定容至刻度。精确量取该溶液2ml置10ml量瓶中，加入5% Triton X-100乙醇溶液2ml破乳，摇匀后超声10min，然后用流动相定容至10ml，经1 500r/min离心10min，取上清液经0.22μm滤膜过滤，取滤液10μl进样测定，即为脂质体中伊维菌素的含量。

1.2.2.3　包封率的测定

根据佘永新等（2010）研究结果，采用高速冷冻离心法处理伊维菌素脂质体混悬液，取离心后的澄清液置高效液相色谱仪进样分析，并计算游离的伊维菌素含量即$W_{游离}$。同时按照1.2.2.2的方法计算脂质体中伊维菌素的总含量即$W_{总}$。依据脂质体包封率（EE）计算公式：EE（%）=（$C_{总}-C_{游离}$）/$C_{总}$×100来计算包封率。

1.2.2.4　形态及粒径分析

取伊维菌素小单室脂质体滴至载玻片上，磷钨酸负染色后用JA-10T型透射电子显微镜下观察其形态并拍照，并在Malvern-2000型激光散射粒径分析仪下测其粒径大小。

1.2.3　配方及工艺优选正交试验设计

根据朱晓娟等（2010）研究结果，以超声波处理频率、超声温度及超声时间为考察指标（表1），设计L_9（3^4）正交试验方案；并根据试验结果从卵磷脂与胆固醇质量比（简称脂固比）、伊维菌素与卵磷脂质量比（简称药脂比）、超声时间、超声频率、超声温度各因素选取相关因素，考察因素之间的交互作用，设计L_8（2^7）交互作用试验方案；上述两种优化方案评价指标为伊维菌素脂质体的包封率，以1.2.2.3方法进行测定。每次处理重复3次，取平均值计算结果；最后根据试验结果，选取伊维菌素小单室脂质体的配方和工艺优化方案。

表1　制备工艺影响因素及其水平

水平	超声时间（min）	超声温度（℃）	超声频率（kHz）
1	2	35	40
2	4	37	100
3	6	40	200

2　结果与分析

2.1　反相高效液相色谱专属性试验结果

结果表明，伊维菌素浓度在1~50μg/ml范围内具有良好的线性关系。取伊维菌素对照品溶液、空白脂质体破乳液和伊维菌素脂质体破乳液各10μl进样，得到色谱峰，可见辅料峰与伊维菌素峰分离良好，辅料对伊维菌素测定无干扰，伊维菌素色谱峰的保留时间约为10.04min（图1、2），表明此方法专属性强。

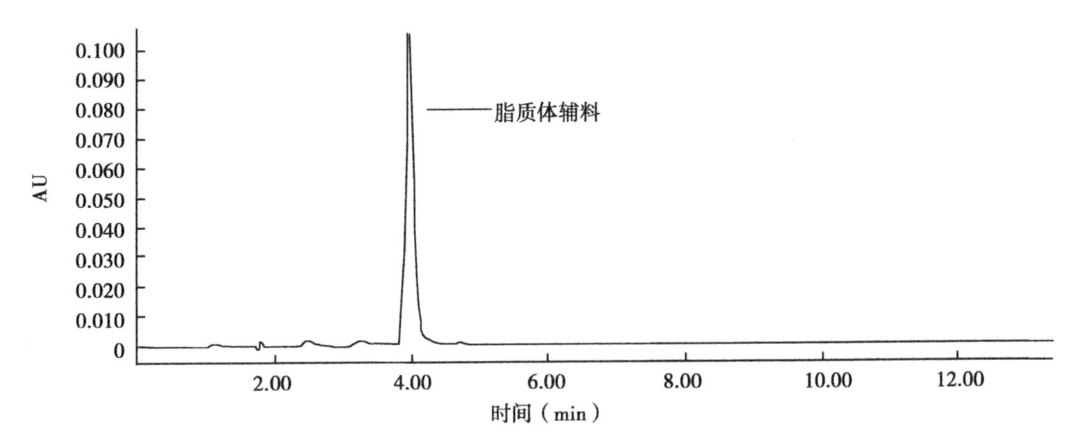

图1　空白脂质体破乳液相色谱

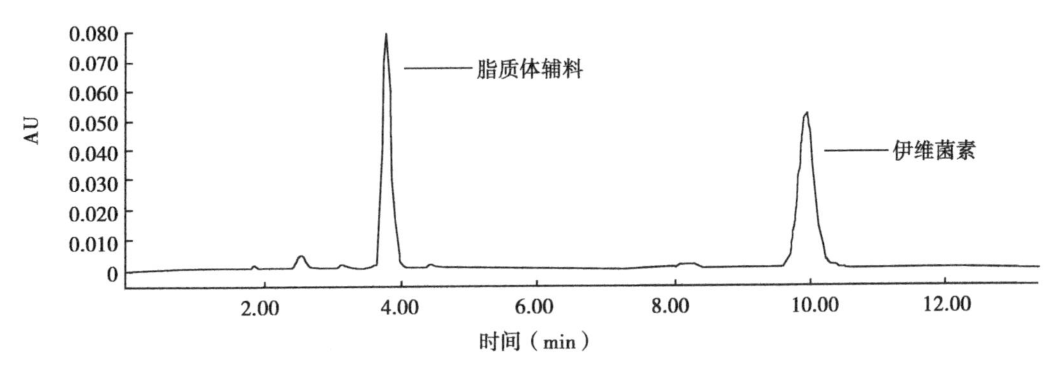

图2　伊维菌素脂质体破乳液相色谱

2.2　配方及工艺优选正交试验结果

2.2.1　工艺优选正交试验结果

结果见表2，其中D为空白列，用于排除误差因素，*R*值为极差。比较$\overline{k_1}$、$\overline{k_2}$、$\overline{k_3}$可知，伊维菌素小单室脂质体最佳制备工艺为$A_2B_1C_3$，即超声时间为6min，超声温度为35℃，超声波频率为200kHz，由*R*值可知，C（超声波频率）对包封率影响最大，因素A（超声时间）影响次之，因素B（超声温度）对包封率的影响最小。方差分析结果表明，因素A、因素C的*F*值均大于$F_{0.05}$（2，2），差异显著（$P<0.05$）；因素B的影响不显著（$P>0.05$），可以忽略不计（表3）。

表2 $L_9(3^4)$ 正交试验方案及极差分析结果

试验号	A 超声时间（min）	B 超声温度（℃）	C 超声频率（KHz）	D 空列	包封率（%）
1	1（2）	1（35）	1（40）	1	55.71
2	1（2）	2（37）	2（100）	2	65.36
3	1（2）	3（40）	3（200）	3	75.13
4	2（4）	1（35）	2（100）	3	82.61
5	2（4）	2（37）	3（200）	1	87.52
6	2（4）	3（40）	1（40）	2	65.22
7	3（6）	1（35）	3（200）	2	71.38
8	3（6）	2（37）	1（40）	3	50.74
9	3（6）	3（40）	2（100）	1	65.09
K_1	196.2	209.7	171.67	208.32	
K_2	235.35	203.62	213.06	201.96	
K_3	187.21	205.44	234.03	208.48	
$\bar{k}_1$	65.44	69.90	57.22	69.44	
$\bar{k}_2$	78.45	67.87	71.02	67.32	
$\bar{k}_3$	62.40	68.48	78.01	69.49	
R	16.05	2.03	20.79	2.17	
SS	436.78	6.49	671.29	9.22	

表3 方差分析结果

方差来源	离差平方和	自由度	均方	F 值	$F_{0.05}$（2，2）	P
A（超声时间）	436.78	2	218.39	47.37*	19.00	<0.05
B（超声温度）	6.49	2	3.25	0.70	19.00	>0.05
C（超声频率）	671.29	2	327.85	72.80*	19.00	>0.05
D（误差）	9.22	2	4.61			
总和	1 123.78	8				

注：肩标＊者表示差异显著（$P<0.05$），下同

2.2.2 配方工艺交互作用分析结果

根据工艺优化正交试验结果可知，在制备伊维菌素小单室脂质体时，超声波的频率和超声波时间对其包封率影响很明显，朱晓娟等（2010）研究发现卵磷脂与胆固醇的

质量比和伊维菌素与卵磷脂质量比对其包封率都有影响；为考察上述各因素之间是否存在交互作用的 $L_8(2^7)$ 交互作用试验结果表明，在直观分析水平上，从极差值 R 可知因素 A_1、B_1、D_1 和因素 $(A×B)_2$ 影响较大，工艺及配方较优搭配应为 $A_1B_1D_1$，但在方差分析水平上，当 $\alpha=0.05$ 时，A 因素与 A×B 交互作用对结果有显著影响（$P<0.05$）；A 因素影响最大，1 水平为优。考虑到交互作用 A×B 的影响较大，且它们的 2 水平为优（表 4）。综合以上因素选择 $A_1B_2D_1$ 为最佳工艺及配方组合。

表 4　配方工艺各因素交互作用及分析结果

试验号	因素							包封率（%）
	A（频率）	B（时间）	A×B	C（脂固化）			D（药脂比）	
1	1(200)	1(4)	1	1(9：1)	1	1	1(1：10)	85.12
2	1(200)	1(4)	1	2(10：1)	2	2	2(1：9)	75.46
3	1(200)	2(6)	2	1(9：1)	1	2	2(1：9)	84.39
4	1(200)	2(6)	2	2(10：1)	2	1	1(1：10)	86.89
5	2(100)	1(4)	2	1(9：1)	2	1	2(1：9)	77.55
6	2(100)	1(4)	2	2(10：1)	1	2	1(1：10)	79.41
7	2(100)	2(6)	1	1(9：1)	2	2	1(1：10)	61.36
8	2(100)	2(6)	1	2(10：1)	1	1	2(1：9)	61.25
K_1	331.86	317.54	283.19	308.42	310.17	310.81	312.78	
K_2	279.57	293.89	328.24	303.01	301.26	300.62	298.65	
$\bar{k}_1$	82.97	79.36	70.80	77.10	77.54	77.70	78.20	
$\bar{k}_2$	69.89	73.472	82.06	75.75	75.31	75.16	74.66	
R	13.07	5.91	11.26	1.35	2.23	2.55	3.53	
SS_j	341.78	69.92	253.69	3.66	9.92	12.98	24.96	
df_j	1	1	1	1	1	1	1	
MS_e								11.45
MS_j	341.78	69.92	253.69	3.66	9.92	12.98	24.96	
F	29.85*	6.11	22.15*	0.32	0.87	1.13	2.18	
$F_{0.05(1,2)}$								18.51

2.2.3 伊维菌素小单室脂质体形态及包封率分析结果

伊维菌素小单室脂质体在透射电镜下基本呈圆球形，未见脂质体积聚现象（图 3），平均粒径为（88.6±1.2）nm，粒径比较均匀。

按照以上最佳工艺及原配方制备 5 批伊维菌素小单室脂质体，经检测其包封率平均达到（92.35±0.61）%。

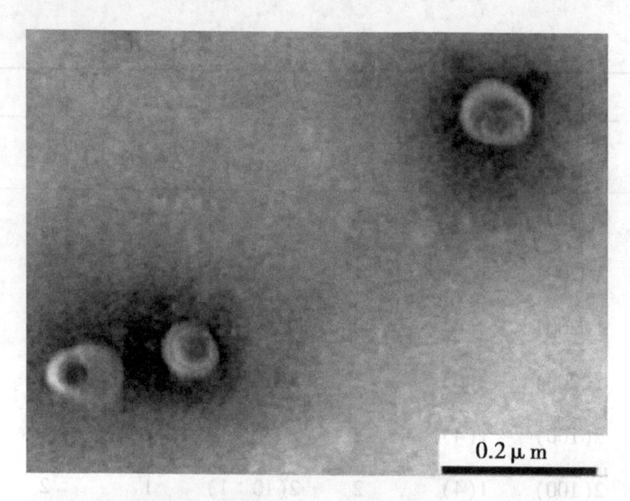

图 3　伊维菌素小单室脂质体透射电镜照片（60 000×）

3　讨论

3.1　伊维菌素小单室脂质体制备工艺及配方的优化

脂质体的药物包封率受到很多因素影响，如脂质体的类型、膜材、制备工艺等；虽在本研究的前期试验中对伊维菌素脂质体的配方得到了优化，但制备工艺有待进一步优化。前期试验考察了制备工艺中脂质体的冻融次数、蒸发温度和超声裂解时间等工艺条件，但发现这 3 个因素对包封率的影响均不显著。考虑到制备脂质体时超声波处理工艺对其形成小单室非常关键，所以再次选择超声波的频率和时间进行考察，并考察各因素是否存在交互作用。结果显示在制备伊维菌素小单室脂质体时，超声波的频率及超声时间存在交互影响，并以此优化制备工艺和配方组合，本研究得到伊维菌素小单室脂质体的最佳制备工艺及配方为：超声波频率为 200kHz，超声时间为 6min，伊维菌素与大豆卵磷脂质量比为 1∶10。经优化后得到了较高质量的伊维菌素脂质体，平均载药量达到（92.35±0.61）%；在脂质体制备时加入了适量的维生素 E，保证了该脂质体中的卵磷脂不被氧化，提高了该脂质体的稳定性。该脂质体置室温避光保存一段时间后其外观和质量浓度未发生明显变化。

林俏慧等发现在制备脂质体时，随着超声波处理时间的增长（1~4min），所制备的脂质体直径变小；当超声波处理时间超过 4min 时，会导致脂质体的数量减少。经本试验优化，发现选用6min的超声波处理时间，所获得的小单室脂质体不仅直径小、数量多，而且分布均匀；结合试验结果分析超声波的频率和时间有交互作用，这种结果可能与适宜的超声频率组合有关。超声波处理有探头式和水浴式两种。配合适宜的超声频率，探头式超声波处理能使脂质形成更小、更均匀的单相体系。有研究表明超声波在100~1 000kHz的中等频率范围内会出现空化效应；另有研究表明，当超声频率增加时，可使与声波谐振的气泡初始半径变小，空泡化完全崩溃的时间越短，空化泡的最大半径越小，空化强度越弱。稳定的空化能在微气泡周围产生微射流，其速度和切变率与微气泡振动的振幅成正比，在高振幅条件下会相应产生高的切应力。由于其在塌陷区域产生非常高的切应力，而塌陷的气泡常破碎为体积更小的气泡成为新的空化核，最终再次破裂。结合陈谦等对超声波空化效应的研究结果，本试验选择200kHz超声频率，组合以适宜的超声时间，最终获得了高载药率的伊维菌素小单室脂质体。

3.2 伊维菌素小单室脂质体包封率的测定

脂质体包封率的测定方法很多，包封率是评定脂质体质量的主要参数，同时可以评定配方及工艺组合的优劣。脂质体质量检测方法对客观准确地评价工艺和配方的优化组合方案非常重要。刘根新等用高效液相色谱法测定了乳剂中伊维菌素的含量；蒋晨阳等用液相色谱法测定了浇泼剂中伊维菌素的含量。目前，伊维菌素脂质体中伊维菌素含量的测定多为紫外分光光度法，由于伊维菌素、空白脂质体中的卵磷脂和胆固醇在245nm波长下都有吸收，若采用紫外分光光度法测定脂质体的药物含量，辅料将干扰测定结果，为此本试验采用前期优化的反相高效液相色谱法对制备的伊维菌素小单室脂质体的药物含量和包封率进行了测定。结果表明，以该方法进行检测伊维菌素峰形尖锐且对称，与辅料峰之间分离良好，回收率高，能准确快速地测定伊维菌素小单室脂质体的药物含量及包封率，并对本研究的工艺配方组合优化起到了良好的支撑作用。

参考文献（略）

高效液相色谱法测定伊维菌素脂质体药物的含量及包封率*

佘永新[1]，巴桑旺堆[1]，色　珠[1]，何书海[3]，王　静[2]，
董禄德[1]，拉巴次旦[1]，杨德全[1]
（1. 西藏自治区农牧科学院畜牧兽医研究所；2. 中国农业科学院农业质量标准与检测技术研究所；3. 河南省信阳市农业专科学校）

摘　要：本试验旨在建立伊维菌素脂质体载体药物含量及包封率测定的高效液相色谱法。Waters surfire C18 柱（150mm×2.1mm，5μm），流动相为乙腈：甲醇：水（62：30：8），流速 1ml/min，检测波长 245nm，进样量 10μl，柱温 30℃。采用凝胶过滤法、透析法、冷冻超速离心法、超滤离心法 4 种方法对脂质体与药物进行分离。结果表明，在优化色谱条件下伊维菌素与辅料及溶剂峰均得到良好分离，伊维菌素在 1～50μg/ml 浓度范围内线性关系良好（r= 0.999 8，n=5），最终采用超速冷冻离心法可将脂质体与药物很好的分离，伊维菌素脂质载体的包封率可达 98.54%±1.6%。该方法准确可靠、简单快速，可用于伊维菌素脂质体载体药物含量及包封率的测定。

关键词：伊维菌素；脂质体；包封率；高效液相色谱法；超速冷冻离心法

伊维菌素（Ivermectin，IVM）是一种新型的由阿维链霉菌发酵产生的半合成大内酯抗生素类驱虫药，其对多种寄生虫均具有驱杀作用，已经证实 IVM 的抗虫谱包括 3 纲（线虫纲、昆虫纲、蜘蛛纲）、12 目、73 属的寄生虫，特别是对线虫和节肢动物有良好的驱杀作用，是目前人们公认的具有广谱、高效、安全、残留少、无抗药性的抗生素。目前传统的制剂（如片剂、注射液、乳剂、喷剂、浇泼剂、粉剂等）均表现有效期短、需要重复给药等缺点，不仅增加了劳动力成本和对动物的应激，同时也容易产生耐药性，甚至导致中毒。使用剂量不当等诸多因素可导致其在动物组织中产生的蓄积性残留，对人和生态环境带来负面影响。

脂质体是一种新型的载药系统，由于脂质体具有靶向性和淋巴定向性、缓释作用、降低药物毒性、提高稳定性等特性，已经成为目前各种药物缓释和控释制剂等研究领域的热点。目前国内外已经研制出了许多药物的脂质体剂型并应用到了临床实践中。由于伊维菌素具有良好的脂溶性和较大的相对分子质量，适于制成脂质体，目前对于伊维菌素脂质体的研究尚处于探索阶段。关于各种制剂中伊维菌素的含量测定方法较多，刘根新等（2008）用高效液相色谱法测定了乳剂中伊维菌素的含量；梁先明（2000）用薄层扫描色谱法测定了伊维菌素口服液的含量；蒋晨阳等（2005）用液相色谱法测定了伊维菌素泼浇剂中伊维菌素的含量；其他学者用紫外分光光度法测定了伊维菌素脂质体

* 刊于《中国畜牧兽医》2010 年 4 期

含量（徐霞等，2005）。到目前为止，伊维菌素脂质体中伊维菌素含量的测定均为紫外分光光度计法。为了更好地控制脂质体的质量，本试验采用反相高效液相色谱法（RP-HPLC）测定伊维菌素脂质体的含量及包封率。

1 材料与方法

1.1 仪器设备

美国 Waters 2695 高效液相色谱仪，带二极管阵列检测器，色谱柱（150mm×2.1mm，5μm）；ME-110V 旋转蒸发仪（含冷却水循环装置，日本）；JA-10T 型透射电子显微镜（日本 Hitachi 公司）；Malvern-2000 型激光散射粒径分析仪（英国 Malvern 公司）；IEC CL31R 台式高速冷冻离心机，美国赛默飞世尔（Thermo Fisher）公司；恒温水浴锅、磁力搅拌器、超声波、HY-5 回旋震荡器均为国产。

1.2 药品与试剂

伊维菌素原粉购自北京某公司，本规格 22，23-二氢伊维菌素 BIa 不少于 93.0%，BIa +BIb 不少于 98.0%；伊维菌素标准品，Sigma 公司提供；伊维菌素脂质体，实验室自行制备，包封率为 98.54%，制成浓度为 10mg/ml 的乳白色混悬液。超滤离心管（10ku，美国 Millipore 公司），葡聚糖凝胶 G-50（美国 Pharmacia 公司），甲醇、乙腈、曲拉通 X-100 均为国外产品，由北京某公司提供。其他试剂均为分析纯。

2 结果

2.1 色谱条件

色谱柱选择 Waters surfire C_{18}柱（150mm×2.1mm，5μm），流动相为乙腈：甲醇：水（62：30：8），流速 1.0ml/min，检测波长 245nm，柱温 30℃，进样量 10μl。

2.2 标准曲线

精确称取伊维菌素对照品 20mg，置 100ml 容量瓶中，加甲醇溶解并稀释至刻度，摇匀，即得 200μg/ml 储备溶液。精确量取储备液 0.05ml、0.1ml、0.25ml、0.5ml、1.0ml、1.5ml、2.5ml，置于 7 个 10ml 的容量瓶中，用甲醇稀释至刻度，摇匀，得浓度分别为 1、2、5、10、20、30、50μg/ml 的系列溶液，分别进样 10μl，以浓度为横坐标，以峰面积为纵坐标作图，通过色谱工作站，绘制标准曲线，得回归方程：$y=2\,920.6x+17.807\,2$，$R^2=0.992\,7$。结果表明，伊维菌素浓度在 1~50μg/ml 范围内具有良好的线性关系。

2.3 专属性试验

2.3.1 对照品溶液的制备

精确量取伊维菌素对照品储备液 1ml 置 10ml 量瓶中，用流动相定容至刻度，得浓度为 20μg/ml 的伊维菌素对照品溶液。

2.3.2 供试品溶液的制备

精确量取伊维菌素脂质载体乳液 1.0ml，加入 5%Triton X-100 乙醇溶液 2ml 破乳，超声 10min，后用流动相定容至 10ml，15 000r/min 离心 10min，取上清液经 0.22μm 滤膜过滤后取滤液 10μl 进样测定，得伊维菌素脂质体总药量。

2.3.3 空白纳米脂质载体溶液的制备

精确量取空白伊维菌素脂质载体溶液 1.0ml，按"2.3.2"中介绍的方法操作，即得空白脂质载体破乳液。取伊维菌素对照品溶液、空白脂质体破乳液和伊维菌素脂质体破乳液各 10μl 进样，色谱图见图 1 至图 3。由色谱峰可见辅料峰与伊维菌素峰分离良好，辅料对伊维菌素测定无干扰，方法专属性强，伊维菌素色谱峰的保留时间约为 10.04min。

2.4 精密度试验

精确配制低、中、高 3 种浓度（1μg/ml、10μg/ml、50μg/ml）的伊维菌素对照品溶液各 5 份，在"2.1"条件下分别进样 10μl，分别于 1d 内测定 5 次，连续测定 5d，计算日内和日间精密度。由测定结果可知，3 种浓度对照品溶液的日内 RSD 分别为 1.0%、2.1%、0.9%（$n=5$），日间 RSD 分别为 2.5%、1.4%、3.6%（$n=5$），结果表明该方法精密度良好。

2.5 回收率试验

精确称取浓度为 200μg/ml 伊维菌素溶液 1.5ml 于 10ml 容量瓶，再加入空白脂质载体溶液 1.5ml，同时加入 5% Triton X-100 乙醇溶液 2ml 破乳，摇匀后超声 10min，然后用流动相定容至 10ml，经 15 000r/min 离心 10min，取上清液经 0.22μm 滤膜过滤，取滤液 10μl 进样上机，计算伊维菌素含量的回收率。结果显示，伊维菌素平均回收率为 99.4%（RSD=1.1%）。

2.6 伊维菌素脂质体含量测定

精确量取伊维菌素脂质体适量于 10ml 容量瓶中，用相应 pH 的 PBS 缓冲液定容至刻度。精确量取该溶液 2ml 置 10ml 量瓶中，加入 5% Triton X-100 乙醇溶液 2ml 破乳，摇匀后超声 10min，然后用流动相定容至 10ml，经 15 000r/min 离心 10min，取上清液经 0.22μm 滤膜过滤，取滤液 10μl 进样测定，即为脂质体中伊维菌素的含量。5 批脂质体

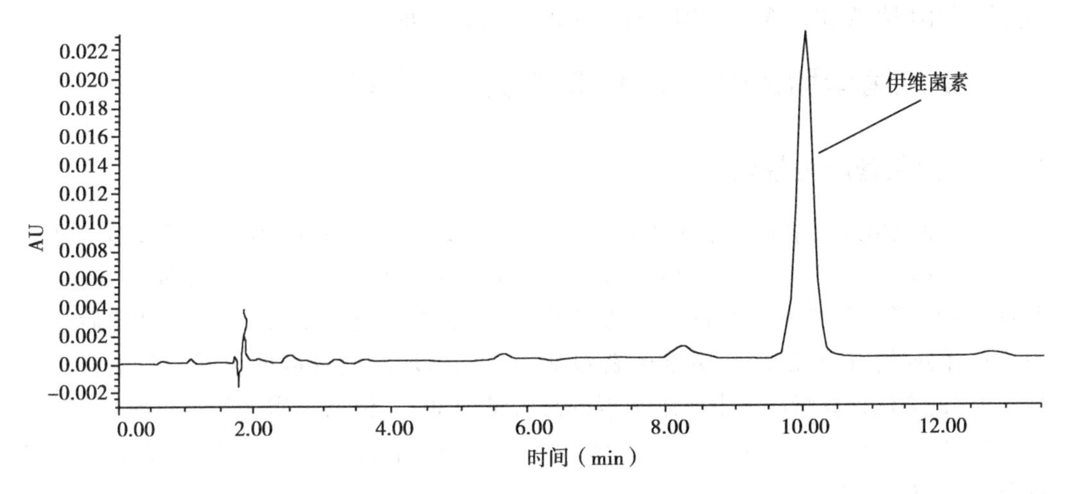

图 1　伊维菌素对照品溶液色谱

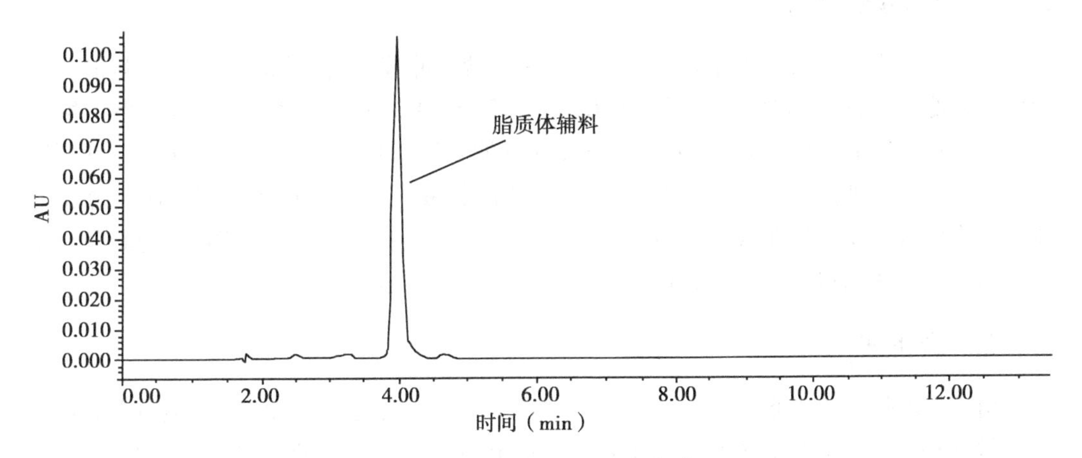

图 2　空白脂质体破乳液色谱

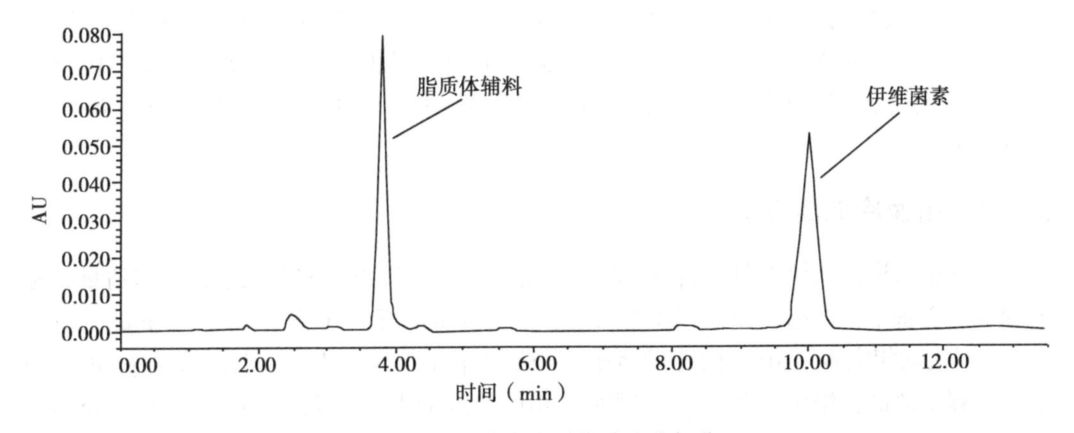

图 3　伊维菌素脂质体破乳液色谱

溶液样品中伊维菌素的含量分别为标示量的 99.4%，RSD 为 1.56%（n=5）。

2.7 伊维菌素脂质体包封率测定方法的比较

2.7.1 葡聚糖凝胶柱法

精确量取伊维菌素脂质体乳液适量，加磷酸盐缓冲液制成混悬液，量取适量混悬液置于 Sephadex-G50 层析柱，用磷酸盐缓冲液洗脱（约 1ml/min 的流速洗脱），收集游离的伊维菌素，取滤液 0.5 ml，用流动相定容至 10ml，经 0.22μm 滤膜过滤后，取 10μl 进样分析，计算游离的伊维菌素即 $W_{游离}$。同时取相同浓度的上述混悬液，按照 2.6 项下的方法计算脂质体中伊维菌素的总含量即 $W_{总}$。依据脂质体的包封率（EE%）计算公式：EE（%）＝（$C_{总}-C_{游离}$）/$C_{总}$×100%来计算包封率。结果显示，该方法的包封率为 72.36%，RSD 为 1.26%（n=3）。

2.7.2 离心超滤管法

精确量取伊维菌素脂质体乳液适量，加磷酸盐缓冲液制成混悬液，量取适量混悬液置离心超滤管（截留相对分子质量为 10ku）内管中，3 000r/min 离心 30min，然后取超滤液 0.5ml，用流动相定容至 10ml，经 0.22μm 滤膜过滤后，取滤液 10μl 进样，计算游离的伊维菌素即 $W_{游离}$。同时取相同浓度的上述混悬液，按照 2.6 项下的方法计算脂质体中伊维菌素的总含量即 $W_{总}$。依据脂质体的包封率（EE%）计算公式计算包封率。结果显示，该方法的包封率为 65.20%，RSD 为 5.19%（n=3）。

2.7.3 透析法

精确量取伊维菌素脂质体乳液适量，加磷酸盐缓冲液制成混悬液，取适量混悬液置透析袋（截留分子质量14 000ku）中封口，取 PBS 作透析袋外液，25℃透析 24h，达平衡后取透析袋外液 0.5ml 用流动相定容至 10ml 的容量瓶中，经 0.22μm 滤膜过滤后，取滤液 10μl 进样测定，计算游离的伊维菌素即 $W_{游离}$。同时取相同浓度的上述混悬液，按照 2.6 中介绍的方法计算脂质体中伊维菌素的总含量即 $W_{总}$。依据脂质体的包封率（EE%）计算公式计算包封率。结果显示，该方法平均包封率为 79.75%，RSD 为 2.23%（n=3）。

2.7.4 高速冷冻离心法

精确量取适量的伊维菌素脂质体乳液，加磷酸盐缓冲液制成混悬液，量取适量混悬液置入离心管中，在超速离心机上以 4℃、18 000r/min 条件下离心 2h。取下部澄清液 0.5ml 用流动相定容至 10ml 的容量瓶中，经 0.22μm 滤膜过滤后，取滤液 10μl 进样测定，计算游离的伊维菌素即 $W_{游离}$。同时取相同浓度的上述混悬液，按照 2.6 中介绍的方法计算脂质体中伊维菌素的总含量即 $W_{总}$。依据脂质体的包封率（EE%）计算公式计算包封率。结果显示，该方法的包封率为 98.54%，RSD 为 1.6%（n=3）。

3 讨论

本试验首次建立了伊维菌素脂质体含量和包封率测定的 RP-HPLC 方法。伊维菌素为脂溶性药物，在水中不溶，而易溶于甲醇、乙醇等有机溶剂。由于分子质量大，而且缺乏显著的分析基团，因而当伊维菌素被包裹在脂质体中，对其含量的测定较为困难，因而目前测定其含量最常用的方法仍然是紫外分光光度法。伊维菌素在 245.0nm 波长下有最大吸收，但空白脂质体中的卵磷脂和胆固醇在相同波长下也有吸收，若采用紫外分光光度法测定脂质体的药物含量，辅料将干扰测定结果，为此本试验对甲醇、乙腈、水溶液等不同体系的流动相组成和配比进行了筛选和优化，结果表明，以乙腈：甲醇：水=62：30：8 为流动相、柱温 35℃条件下的伊维菌素峰形尖锐且对称，主峰与辅料峰之间分离良好，在 1~50μg/ml 范围内呈良好线性关系，回收率高，能准确快速地测定伊维菌素脂质体的药物含量及包封率，可用于伊维菌素脂质体的质量控制、稳定性考察和有效期预测等。

常用于分离脂质体制剂中游离药物的方法有凝胶过滤法、透析法、冷冻超速离心法、超滤离心法等（李宝齐等，2007；雷国峰等，2006；Manojlovic 等，2008；Mura 等，2007；Chen 等，2000；Teshima 等，2004）。本试验利用高效液相色谱分别进行了不同分离方法的包封率比对研究。①葡聚糖凝胶过滤法是利用脂质体和游离药物相对分子质量的差异进行分离。本试验中该方法的回收率较低，均在 70%左右，这可能提示葡聚糖凝胶对游离伊维菌素有一定吸附作用。由于该方法操作烦琐、洗脱体积大、药物浓度较低，不适合用于伊维菌素脂质体包封率的测定。②超滤离心法是在离心力的作用下，利用筛分原理对大分子和小分子物质进行分离：溶剂与部分低分子质量溶质穿过超滤膜的孔道到达膜的另一侧，而高分子质量溶质被截留。由于伊维菌素分子质量大，本试验选择了截留分子质量 10ku 的超滤管进行分离，结果表明，其包封率仅为 65.20%，由于超滤管均为一次性的，成本较高，故在试验中没有进一步对不同截留分子质量的超滤管进行筛选。③透析法是利用游离药物可透过半透膜而脂质体不能透过，将脂质体与游离药物分离的一种方法。透析法所需设备简单，缺点是耗时较长。试验结果表明，本法测得的包封率比超速冷冻离心法测定结果低，可能与透析平衡时间较长，部分药物从脂质体中泄漏出来有关。④超速冷冻离心法利用药物与脂质体在分散介质中的密度差，选择合适的转速和离心时间，可有效分离游离药物，获得较为准确的包封率数据，有利于脂质体的处方筛选和质量评价。本试验通过对转速、温度等离心条件进行优化，最后选择以 4℃、18 000r/min 条件下离心 2h，能够将伊维菌素与脂质体等辅料完全分离，具有较高的回收率。通过测定样品结果显示，该方法的包封率可达 98.54%。因此，选择了超速冷冻离心法作为伊维菌素脂质体包封率及其稳定性研究的测定方法。

参考文献（略）

伊维菌素脂质体的制备及其质量评价*

朱晓娟[1]，李引乾[1]，侯　勃[1]，刘　磊[1]，刘安刚[1]，熊永洁[1]，
张　谨[1]，佘永新[2]，巴桑旺堆[2]
（1. 西北农林科技大学动物医学院；
2. 西藏农牧科学院畜牧兽医研究所）

摘　要：制备伊维菌素脂质体（IVML），并对其进行质量评价。采用改良薄膜分散法制备 IVML，选取卵磷脂与胆固醇质量比、伊维菌素（IVM）与卵磷脂质量比、缓冲液 PBS 的 pH 值为配方影响因子，超声裂解时间、蒸发温度、冻融次数为制备工艺的影响因子，通过设计 L_9（3^4）正交试验对以上影响因子进行筛选。以筛选的最佳配方和工艺条件制备 IVML，利用高速冷冻离心法测定其包封率，并对其理化性质和稳定性进行评价。IVML 的制备最佳配方和工艺为：卵磷脂与胆固醇质量比为 9∶1，IVM 与卵磷脂质量比为 1∶10，缓冲液 PBS 的 pH 值为 7.0；超声裂解 5min，蒸发温度 40℃，冻融 3 次。所制备的 IVML 粒径为 86～115nm，平均粒径为（91.8±1.5）nm，包封率为（90.71±0.8）%（$n=3$），对热稳定，但对光不稳定。得到了制备 IVML 的最佳配方和工艺，且制备工艺简单可行；IVML 外观和质量浓度未发生明显变化，性质稳定。

关键词：伊维菌素；脂质体；配方和制备工艺；质量评价

脂质体是磷脂分散在水中形成的具有类似生物膜结构的双分子小囊。大量试验证明，脂质体作为药物载体可控制药物释放，提高药物靶向性，以降低药物毒性、减少药物副作用及有效延长药物在体内的停留时间，提高药物疗效。同时脂质体作为载体将药物包裹后，可改善药物理化性质，降低刺激性和耐药性，脂质体与细胞膜间的亲和作用可成功地将药物送达细胞内部，提高疗效。

伊维菌素（Ivermectin，IVM）是美国 Merck 公司对 IVM B1 的 C22 与 C23 之间的双键采用 Wilkinson 催化，在均相体系中加氢处理后得到的第一个阿维菌素类药物衍生物，是一种新型、高效、广谱、较安全的抗生素，对多种体内外寄生虫有良好的杀灭效果，并与其他抗寄生虫药无交叉耐药性。但 IVM 在家畜体内清除率较低，在动物体内仍有一定的残留。有研究报道，IVM 的安全范围比较窄，且动物进药量一旦超过 2～3mg/kg 就有中毒的危险。将 IVM 制备成脂质体（IVML），可改善 IVM 存在的不足，提高其疗效，而目前关于 IVML 的制备工艺尚不完善，其包封率远远低于 90%。为此，本试验采用改良薄膜分散法制备 IVML，将多个因素列入正交试验中对其配方和制备工艺进行优化，并对制备的 IVML 理化性质及质量进行考察，以期为 IVML 在兽医临床的应用提供参考。

---

* 刊于《西北农林科技大学学报（自然科学版）》2010 年 4 期

1 材料与方法

1.1 材料

1.1.1 药品与试剂

伊维菌素（IVM）标准品，河北华天动物保健品有限责任公司生产，批号：20080923；胆固醇，分析纯，国药集团化学试剂有限公司生产，批号：69008214；蛋黄卵磷脂，购自 Sigma 公司，批号：20090320；其他试剂均为分析纯。

1.1.2 主要仪器

主要仪器有 JEM1230 型透射电子显微镜（日本日立电子公司）、Zetasizer Nano ZS 型激光粒度分析仪（英国 Malvern Instrument 公司）、RE52-98 旋转蒸发器（上海亚荣生化仪器厂）。

1.2 方法

1.2.1 IVML 制备方法的筛选

（1）薄膜分散法。按一定比例（质量比 1∶10∶1.1）称取 IVM、卵磷脂、胆固醇，添加维生素 E（约占总质量的 0.3%）于圆底烧瓶中，加入乙醚使其充分溶解为止；在 40℃水浴条件下，旋转蒸发使之成为均匀薄膜，加入 pH 值 7.0 的 PBS 液 25ml 洗膜，直至成为牛奶状液体，停止洗膜，超声处理 5min，充 N_2 排除乙醚，密封避光，置 4℃冰箱中保存。

（2）改良薄膜分散法。薄膜的制备方法同（1），停止洗膜后，至低温冰箱中冷冻，然后取出于室温条件下完全融化，充分振荡，反复冻融 3 次，超声处理 5min，充 N_2 密封避光置 4℃冰箱中保存。

1.2.2 正交试验设计

参考文献，选取卵磷脂与胆固醇质量比、IVM 与卵磷脂质量比、缓冲液 PBS 的 pH 值为影响因素，以包封率为考察指标，设计 L_9（3^4）正交试验方案（表 1），优化 IVML 配方；以优化后的配方再对冻融次数、蒸发温度和超声裂解时间等工艺条件进行优化（表 2）。每处理重复 2 次，取平均值进行方差分析。

表 1　IVML 配方的影响因素及其水平

水平	A 卵磷脂与胆固醇质量比	B IVM 与卵磷脂质量比	C 缓冲液 PBS 的 pH 值
1	8 : 1	1 : 8	6.5
2	9 : 1	1 : 9	7.0
3	10 : 1	1 : 10	7.4

表 2　IVML 制备工艺的影响因素及其水平

水平	A′ 冻融次数	B′ 蒸发温度（℃）	C′ 超声裂解时间（min）
1	2	35	3
2	3	40	5
3	4	45	7

1.2.3　IVM 标准曲线的绘制

精密称取 IVM 标准品 0.01g，加入甲醇配制成 100μg/ml 的标准液，分别吸取 1.0ml，2.0ml，3.0ml，4.0ml，5.0ml，6.0ml，7.0ml IVM 标准液于 25ml 容量瓶中，加入甲醇稀释至刻度，充分摇匀。以甲醇为对照，于 245nm 波长下测定 IVM 的吸光度，重复 5 次，取其平均值。根据所得数据，以 IVM 质量浓度对吸光度进行线性回归，得回归方程。

1.2.4　IVML 的回收率实验

分别精密称取 IVM 10mg，20mg，30mg 分散于 1.0ml 空白脂质体中，配制成高、中、低 3 个不同质量浓度的溶液（溶液均稀释在 4~28μg/ml 质量浓度），以不加 IVM 标准液的空白脂质体稀释液为对照，于 245nm 波长下测定吸光度，计算回收率：回收率=测定质量浓度/配制质量浓度×100%。

1.2.5　IVML 包封率的测定

取 IVML 及空白脂质体稀释液各 1.0ml 于离心管中，分别加入甲醇 1ml 破膜，涡旋 5min，之后于 3 000r/min 离心 20min，取上清液于 10ml 容量瓶中，加入甲醇定容，以离心后的空白脂质体调 0，于 245nm 波长下测其吸光度，代入 1.2.3 中所提及的回归方程，计算脂质体中总药量 C_1。另外吸取经 10 000r/min 离心 60min 后的 IVML 的全部上清液，加入甲醇定容至一定倍数，以离心后的空白脂质体调 0，于 245nm 波长下测其吸光度。代入回归方程计算脂质体中游离的药量 C_2。按照下式计算包封率 E：

$$E(\%) = \left(1 - \frac{C_2}{C_1}\right) \times 100$$

1.2.6 IVML 理化性质的测定

（1）外观。肉眼观察 IVML 的外观，观察其有无浑浊、絮状、分层等情况出现。

（2）形态。取 IVML 滴至载玻片上，用体积分数 2%磷钨酸于铜网上负染 5min，自然挥干，在透射电镜下观察其形态并拍照。

（3）粒径。用 0.1mol/L、pH 为 7.4 的 PBS 液稀释 IVML，在 Malvern Zetasizer Nano ZS 粒度测定仪下测其粒径及分布。

1.2.7 IVML 稳定性的测定

（1）热稳定性。将 2 个批次的 IVML 样品分别于 4℃ 冰箱、40℃ 恒温箱、室温（25℃）放置 0 天，5 天，10 天，对其外观变化、含量进行观测。

（2）光稳定性。将 2 个批次的 IVML 样品（每批 3 份）装入 5ml 安瓿瓶内，在光照强度为(4 500±500)lx、2.0~5.0℃ 的低温光照仪中放置 10d，于第 0、5 和 10 天取样，对其外观变化、含量进行观测。

2 结果与分析

2.1 IVML 制备方法的筛选

用薄膜分散发和改良薄膜分散法分别制备 IVML，经计算其包封率分别为 87.40% 和 90.71%，结果显示改良薄膜分散法的包封率更高，故选择改良薄膜分散法制备脂质体，且同法制备空白脂质体。

2.2 IVML 配方和制备工艺的正交实验结果

2.2.1 IVML 配方

表 3 中 D 为空列，计算其 R 值来判断各因素的可靠性，若各影响因素的 R 值均大于空列 D，说明各因素对指标的影响是可靠的，反之不可靠。

由表 3 的 R 值可知，因素 A（卵磷脂与胆固醇质量比）影响最大，因素 B（IVM 与卵磷脂质量比）影响次之，因素 C（缓冲液 PBS 的 pH）影响最小。比较 $\overline{X_1}$、$\overline{X_2}$、$\overline{X_3}$，IVML 最佳配方为 $A_2B_3C_2$，即卵磷脂与胆固醇质量比为 9∶1，IVM 与卵磷脂质量比为 1∶10，缓冲液 PBS 的 pH 值为 7.0，方差分析结果（表4）表明，A 因素的 F 值大于 $F_{0.05(2,2)}$，影响显著（$P<0.05$）；B 因素和 C 因素的影响均不显著（$P>0.05$）。

表 3 IVML 配方优化的 L_9（3^4）正交试验结果

试验号	A 卵磷脂与胆固醇质量比	B IVM 与卵磷脂质量比	C 缓冲液 PBS 的 pH	D 空列	包封率（%）
1	1（8：1）	1（1：8）	1（6.5）	1	50.26
2	1（8：1）	2（1：9）	2（7.0）	2	75.38
3	1（8：1）	3（1：10）	3（7.4）	3	69.26
4	2（9：1）	1（1：8）	2（7.0）	3	80.56
5	2（9：1）	2（1：9）	3（7.4）	1	89.17
6	2（9：1）	3（1：10）	1（6.5）	2	84.77
7	3（10：1）	1（1：8）	3（7.4）	2	67.18
8	3（10：1）	2（1：9）	1（6.5）	3	66.71
9	3（10：1）	3（1：10）	2（7.0）	1	87.79
T_1	194.90	198.00	201.74	227.22	671.08
T_2	254.50	231.26	243.73	227.33	
T_3	221.68	241.82	225.61	216.53	
$\overline{X_1}$	64.97	66.00	67.25	75.74	
$\overline{X_2}$	84.83	77.09	81.24	75.78	
$\overline{X_3}$	73.89	80.61	75.20	72.18	
R	19.86	14.61	13.39	3.60	

表 4 IVML 配方影响因素的方差分析结果

因素	平方和	自由度	均方	F
卵磷脂与胆固醇质量比（A）	594.053 4	2	297.026 7	23.152 2*
IVM 与卵磷脂质量比（B）	348.659 3	2	174.329 7	13.588 4
缓冲液 PBS 的 pH（C）	295.696 8	2	147.848 4	11.524 3
误差	25.658 7	2	12.829 3	
总和	1 264.068 2	8		

2.2.2 IVML 制备工艺

表 5 中 D′为空列，计算其 R 值来判断各因素的可靠性，若各影响因素的 R 值均大

于空列 D'，说明各因素对指标的影响是可靠的，反之不可靠。

表 5　IVML 制备工艺优化的 L_9（3^4）正交试验结果

试验号	A′ 冻融次数	B′ 蒸发温度（℃）	C′ 超声裂解时间（min）	D′ 空列	包封率（%）
1	1（2）	1（35）	1（3）	1	59.35
2	1（2）	2（40）	2（5）	2	84.44
3	1（2）	3（45）	3（7）	3	78.68
4	2（3）	1（35）	2（5）	3	86.87
5	2（3）	2（40）	3（7）	1	88.90
6	2（3）	3（45）	1（3）	2	70.86
7	3（4）	1（35）	3（7）	2	74.58
8	3（4）	2（40）	1（3）	3	78.67
9	3（4）	3（45）	2（5）	1	79.66
T_1	222.47	220.80	208.88	227.91	702.01
T_2	246.63	252.01	250.97	229.88	
T_3	232.91	229.20	242.16	244.22	
$\overline{X_1}$	74.16	73.60	69.63	75.97	
$\overline{X_2}$	82.21	84.00	83.66	76.63	
$\overline{X_3}$	77.64	76.40	80.72	81.41	
R	8.05	10.40	14.03	5.44	

由表 5 的 R 值可知，因素 C′（超声裂解时间）影次数的影响最大，因素 B′（蒸发温度）影响次之，因素 A′（冻融次数）影响最小；比较 $\bar{x}'_1$、$\bar{x}'_2$、$\bar{x}'_3$，可得 IVMI 制备的最佳工艺为 $A'_2B'_2C'_2$，即冻融 3 次，蒸发温度为 40℃，超声裂解 5min。方差分析结果（表 6）显示，制备工艺 3 个影响因素的 F 值均小于 $F_{0.05(2,2)}$，表明以上 3 个因素的影响均不显著（$P>0.05$）。

按照以上最佳配方及其工艺制备 3 批 IVML，其包封率平均达（90.71±0.8）%。

表 6　IVML 制备工艺影响因素的方差分析结果

因素	平方和	自由度	均方	F
超声裂解时间（A′）	97.882 0	2	48.941 0	1.852 5
蒸发温度（B′）	173.880 0	2	86.940 0	3.290 9
冻融次数（C′）	328.527 0	2	164.263 5	6.217 8

（续表）

因素	平方和	自由度	均方	F
误差	52.836 9	2	26.418 4	
总和	653.125 9	8	9	

2.3 IVM 标准曲线的绘制

对 IVM 溶液进行紫外吸收扫描可知，其在 245nm 处有最大吸收峰，而经离心分离后的空白脂质体溶液在此处无吸收峰，因此以 245nm 为其测定波长。

以甲醇为对照，配制不同质量浓度的 IVM 溶液，在 245nm 波长下测其吸光度，重复 5 次，取其平均值。根据所得数据，以 IVM 质量浓度（C）对吸光度（A）进行线性回归，得到回归方程如下：

$$A=-0.0171+0.0376C,\ n=7,\ R^2=0.9975$$

结果表明，IVM 在 4~28μg/ml 质量浓度范围内线性关系良好。

2.4 IVML 回收率试验的结果

结果显示，配制的高、中、低 3 个不同质量浓度 IVML 溶液的回收率分别是 98.58%，93.77%，98.99%，平均回收率为（97.49±3.11）%，变异系数为 0.03%，说明此方法测定结果准确可靠。

2.5 IVML 包封率的测定

用最佳配方和工艺制备的 3 批 IVML 样品，其包封率分别为 91.03%，90.97%和 90.13%，表明 IVML 的包封率较高。

2.6 IVML 的理化性质

2.6.1 外观

IVML 外观为乳白色牛奶状液体，无浑浊、絮状、分层等现象，表明其比较稳定。

2.6.2 形态

IVML 在投射电镜下呈球形，脂质体分布均匀（图 1）。

2.6.3 粒径

由图 2 可知，IVML 粒径多数分布在 86~115nm，平均粒径为（91.8±1.5）nm，粒径分布范围窄，粒径比较均匀。

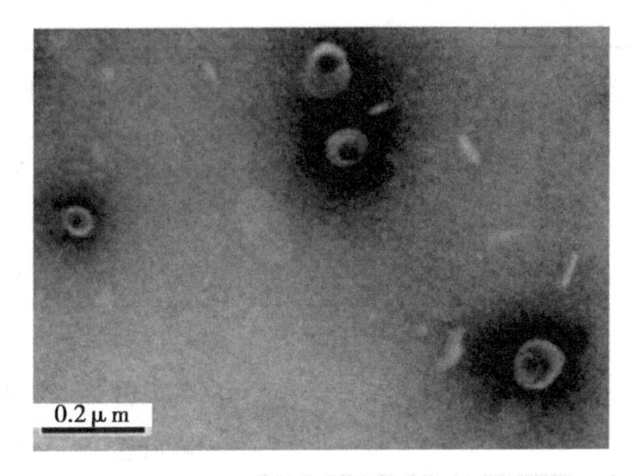

图 1　IVML 的电镜照片（×60 000）

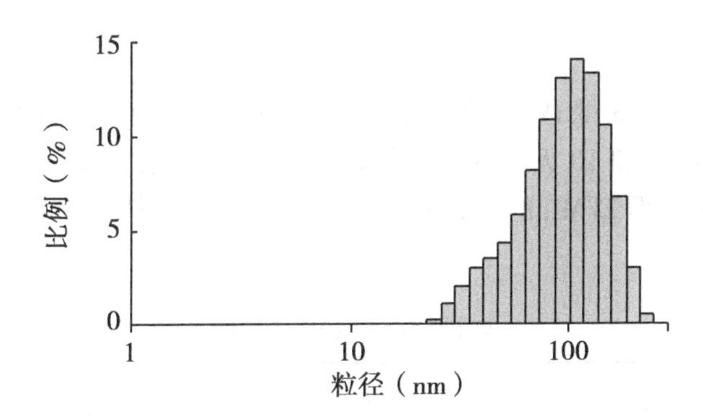

图 2　IVML 的粒径分布

2.7　IVML 的稳定性

2.7.1　热稳定性

将 3 个批次的 IVML 样品，分别于 4℃冰箱、40℃恒温箱、室温（25℃）放置一段时间后观测，结果（表 7）显示，在不同条件下放置 0 天、5 天、10 天，IVML 无分层、沉淀现象发生，色泽均呈乳白色，包封率和质量浓度均未发生明显变化，说明制备的 IVML 热稳定性好。

表 7　IVML 的热稳定性

条件	时间（天）	分层	沉淀	色泽	包封率（%）	IVML 质量浓度（mg/ml）
4℃冰箱	0	—	—	乳白色	91.06	10.55
	5	—	—	乳白色	91.02	10.32
	10	—	—	乳白色	90.89	10.22

（续表）

条件	时间（天）	分层	沉淀	色泽	包封率（%）	IVML 质量浓度（mg/ml）
40℃恒温箱	0	—	—	乳白色	91.06	10.55
	5	—	—	乳白色	89.35	9.75
	10	—	—	乳白色	85.69	8.69
室温	0	—	—	乳白色	91.06	10.55
	5	—	—	乳白色	90.09	9.89
	10	—	—	乳白色	88.73	8.79

2.7.2 光稳定性

由表 8 可以看出，3 批 IVML 在光照强度为(4 500±500)lx、温度为 2.0~5.0℃的条件下分别放置 0、5 和 10 天，其外观均未发生明显变化，为乳状均一的液体，无絮凝、药物析出现象，但 IVML 的包封率和质量浓度有所降低，说明 IVML 的光稳定性较差。

表 8 IVML 的光稳定性

条件	时间（天）	分层	沉淀	色泽	包封率（%）	IVML 质量浓度（mg/ml）
1	0	—	—	乳白色	91.06	10.55
	5	—	—	乳白色	89.34	9.42
	10	—	—	白色	85.13	8.34
2	0	—	—	乳白色	91.06	10.55
	5	—	—	乳白色	88.69	9.56
	10	—	—	白色	85.32	8.45
3	0	—	—	乳白色	91.06	10.55
	5	—	—	乳白色	88.27	9.36
	10	—	—	白色	85.33	8.29

3 讨论

3.1 IVML 的制备

制备脂质体的方法有很多种，但脂质体的包封率是评定制备方法的主要参数，影响包封率的因素有很多，但最主要是由所包裹药物的性质决定的。薄膜分散法适用于包封脂溶性药物，且制作工艺简单，所需成本低，故本试验以包封率为指标选用此法制备IVML；同时采用水浴式超声，避免了探头式超声可能对样品产生的金属污染。制备脂质体时，主要采用卵磷脂和胆固醇这2种类脂，其中卵磷脂具有形成脂质双层的作用，胆固醇可以改变磷脂在脂质双层中的排列次序及流动性，从而加固脂质体膜的稳定性。

本研究在优化IVML配方的正交试验中发现，随着IVM与卵磷脂质量比的增加（1：8→1：10），即随着IVM含量的降低，包封率随之增加，这与前人报道的研究结果相一致，但是IVM含量的降低将给临床用药带来不便。经过优化，本研究得到IVML的最佳配方及制备工艺为：卵磷脂与胆固醇质量比为9：1，IVM与卵磷脂质量比为1：10；缓冲液PBS的pH值为7.0，超声裂解时间为5min，蒸发温度40℃，冻融3次，所制备的3批IVML的包封率平均达（90.71±0.8）%。

3.2 IVML的质量评价

天然磷脂中含有不饱和化学键，在较高的温度或光照条件下会发生脂质氧化，加入抗氧化剂如维生素E等，可保护天然磷脂不被氧化，从而提高脂质体的稳定性。穆筱梅等研究表明，适量维生素E可明显抑制大豆磷脂质体的过氧化反应，含量越高，抑制作用越强。

本试验制备的IVML为乳白色、均一的液体；在透射电镜下其液滴呈球形，粒径86~115nm，且分布均匀；在4℃冰箱、40℃恒温箱、室温放置一段时间后，其外观和质量浓度未发生明显变化；但经光照后，其包封率和质量浓度降低，说明其在光照下不稳定，应避光保存。

参考文献（略）

依普菌素透皮剂驱杀牦牛牛皮蝇幼虫的效果观察*

白达瓦·索朗斯珠，李家奎
（西藏大学农牧学院）

摘　要：本试验随机选择 20 头成年牦牛，分为试验组和对照组，每组 10 头，使用依普菌素透皮剂驱虫 1 个月后，观察对牦牛皮肤内牛皮蝇幼虫的驱杀效果。结果表明，试验组牦牛无明显不良反应，牛皮蝇包囊明显少于对照组，皮损面积显著减少，说明依普菌素透皮剂对牦牛皮肤内牛皮蝇幼虫能安全有效驱杀，可以推广使用。

关键词：牦牛；牛皮蝇；依普菌素；涂擦剂

牦牛牛皮蝇病是一种危害牦牛的重要寄生虫病。调查表明，牦牛牛皮蝇幼虫感染率很高，影响牦牛的生长和产品质量。目前牦牛牛皮蝇幼虫的防治药物，有些毒性很大，有些虽然毒性低，但需采用注射给药或者口服给药，由于牦牛性情粗野、凶猛，传统的给药方式给该病的防治带来一定的困难。本课题组根据这一情况，研发了一种毒性低且方便易于使用的依普菌素驱虫涂擦剂，并于 2013 年 12 月在西藏那曲地区嘉黎某牦牛养殖户进行了驱虫效果观察，取得了较好的效果，现报告如下。

1　材料与方法

1.1　药物

依普菌素透皮剂，主要由乙醇、氮酮、依普菌素等组成，规格为 5ml/瓶，每瓶含依普菌素 0.5g，可用于 150~200kg 牦牛，为国家肉牛牦牛产业技术体系牦牛疾病防控课题组科研专利成果。

1.2　试验动物

那曲地区嘉黎县某牦牛养殖户，共饲养不同年龄阶段的牦牛 80 头，牦牛营养状况一般，经摸背法检查，牦牛牛皮蝇皮绳蛆感染率为 100%。

1.3　试验设计

从牦牛群中随机挑选年龄 3~4 岁牦牛 20 头，体重 150~200kg，分为试验组和对照组，每组各 10 头，并作标记。对照组牦牛不给药，试验组牦牛给予依普菌素透皮剂。

---

* 刊于《中国奶牛》2014 年 Z3 期

给药方法：分开牦牛脊柱一侧的被毛，药物涂布于皮肤上。操作中要使药物的瓶口紧贴皮肤，均匀涂布，勿使药物滴洒。

1.4 驱杀效果判定

给药后观察牦牛2天，主要查看试验牦牛的健康状况及精神、采食、饮水、排粪和牦牛背部舔舐情况等临床变化，并详细记录。用药1个月后采用牦牛背部触摸临床检查方法，逐个检查背部有无皮下瘤疱，观察皮肤虫孔，并详细记录瘤疱数，以判定牦牛牛皮蝇幼虫感染强度和药物驱杀疗效。

1.5 数据处理

所有数据均用平均值±标准差（$\bar{x} \pm SD$）表示，并用 t 检验进行分析。

2 结果

2.1 试验期间牦牛状况观察

经临床观察，试验组牦牛的精神状况、采食、饮水、排粪等均正常。涂药部位皮肤无红、肿以及皮损等异常现象。试验结束时，牦牛健康状况良好，膘情较对照组稍有改善，而对照组的牦牛体况相对稍差。

2.2 透皮剂对牦牛牛皮蝇幼虫的防治效果

给药1个月后，逐个触摸检查试验牦牛背部，发现试验组牦牛背部瘤疱和虫孔显著减少，牛皮蝇幼虫死亡较多，皮损较小，而对照组牦牛的背部瘤疱和虫孔无明显变化，牛皮蝇幼虫发育良好，皮损范围大。结果参见表1、图1和图2。

表1 试验前后牦牛皮下牛皮蝇幼虫瘤疱数目

组别	用药前	用药后
对照组	21±3.0*	20±2.0*
试验组	21±2.0*	5±1.0**

注：* 表示同组实验前后差异不显著；** 表示同组实验前后差异显著

3 讨论

牦牛牛皮蝇病在我国牦牛产区广泛发生，危害严重。目前，防治牦牛牛皮蝇的药物有拟除虫菊酯、有机磷和阿维菌素、伊维菌素等大环内酯类药物。在这些药物中有的毒性很大，如拟除虫菊酯和有机磷，当通过体表喷洒或者涂抹等给药时，剂量不易掌握，稍不注意会造成动物中毒，在实际生产中也常有使用不当引起中毒的报道，影响了这些

图 1　对照组的皮蝇幼虫及皮损（箭头所指）

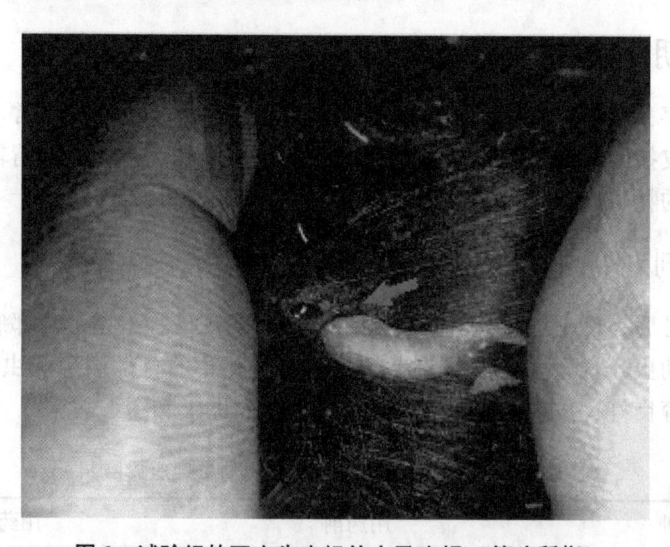

图 2　试验组的死亡牛皮蝇幼虫及皮损（箭头所指）

药物在藏区的使用。阿维菌素、伊维菌素等大环内酯类药物可以有效驱除牛皮蝇幼虫，但目前给药方法主要是口服和注射，口服剂量牧民不易掌握，且过瘤胃会影响这些药物的效用，由于牦牛的野性很大，注射剂虽然也能有效驱杀牦牛牛皮蝇幼虫，但操作起来费时费力，在实际生产中应用很困难，从而影响了牦牛牛皮蝇的防治效果，且阿维菌素、伊维菌素这些药物由于在奶中分布较多，用药时要有一定的弃奶期。

依普菌素又名乙酰氨基阿维菌素，是阿维菌素系列药物中活性最强的广谱抗寄生虫药，是这类药物在牛奶中分布系数最低的药物，对牛、羊的体内外寄生虫均能有效防治，用于泌乳牛后无需休药期。由于牦牛奶对藏族牧民生活至关重要，因此，该药用于牦牛驱虫具有很大的优势，应作为主要驱虫药物应用于牦牛生产。

本研究表明，依普菌素透皮剂用于牦牛比较安全，驱杀牛皮蝇幼虫效果良好，且涂擦剂使用方便，有效期长，乳中以及肉中残留较少，牧民易于掌握，可作为牦牛牛皮蝇幼虫病防治的首选药。同时，由于依普菌素驱虫谱较广，不仅驱杀牛皮蝇幼虫，也能够有效杀灭胃肠道线虫以及蜱、螨等外寄生虫，适宜于在广大牧区，特别是牦牛养殖地区普及、推广使用。

参考文献（略）

依普菌素透皮涂擦剂对藏猪寄生虫病的驱虫效果观察*

刘锁珠，张　辉，李家奎
（西藏农牧学院，西藏　林芝　86000）

摘　要：为了研究并掌握依普菌素透皮涂擦剂对藏猪体内外寄生虫的驱虫效果，在西藏林芝市随机选择 40 头 1 月龄藏猪，分为试验组（20 头）、对照组（20 头），其中试验组应用依普菌素透皮涂擦剂按照 0.5mg/kg 体重剂量经背部皮肤给药，对照组按照相同的方法涂擦相同剂量的生理盐水。采用寄生虫粪便学检查方法检查虫卵，采用显微镜观察法检查疥螨以及现场直接观察法检查体表寄生虫。结果显示，依普菌素透皮涂擦剂对藏猪无不良反应，试验组线虫转阴率为 88.9%，疥螨、虱、跳蚤、蜱虫转阴率分别为 90.0%、82.4%、84.2%、100%，而对照组体内外寄生虫没有明显变化。试验结果表明依普菌素透皮涂擦剂对藏猪线虫及体表寄生虫的防治具有明显效果，而且操作简单，便于当地农牧民使用，可在西藏农牧区推广使用。

关键词：藏猪；依普菌素涂擦剂；线虫；体表寄生虫

藏猪（Tibetan pigs）是我国特有的高原型地方猪种，主要生活在青藏高原海拔 2 500~4 300m 的农区和半农半牧区，是西藏地区特有的一个小型猪种，主要分布在雅鲁藏布江河谷和藏东地区。由于其对西藏地区恶劣高原气候具有极强的适应能力和抗逆性，具备其他猪种所不具备的优势，藏猪养殖已经成为当地牧民重要的经济来源。藏猪多为散养半野生状态，依赖天然牧场放牧，极易受到寄生虫病的侵袭。猪寄生虫病是制约我国养猪业发展的重要因素，研究发现当寄生虫大量寄生时，可以引起猪贫血、消瘦、发育不良、营养障碍，移行时造成的机械损伤还会导致发生肠管阻塞、穿孔、腹膜炎、肺炎等疾病，如治疗不当，最终以死亡为转归。通过对林芝市屠宰藏猪寄生虫流行病学调查发现，寄生虫感染率高达 100%，感染种类较多，其中线虫有猪蛔虫、野猪后圆线虫、食道口线虫、毛首线虫、六翼泡首线虫，体表寄生虫有疥螨、虱、跳蚤、蜱虫，且多为 3 种以上寄生虫混合感染，这也增加了藏猪寄生虫防治的难度。因此，选用驱杀范围广、使用方便的高效抗寄生虫药是提高寄生虫病防治效果的重要途径。依普菌素透皮涂擦剂是由华中农业大学临床教研室研制，由于其具有高效驱虫、毒副作用小、安全性能高、使用方便等优点，目前已被广泛应用于青藏高原地区牦牛寄生虫防控中。为了进一步探讨依普菌素透皮涂擦剂对藏猪体内外寄生虫的驱虫效果，笔者于 2015 年 7~9 月对西藏林芝市藏猪进行了驱虫效果临床试验，旨在为藏猪寄生虫病的防控以及依普菌素透皮涂擦剂对藏猪驱虫效果及可行性提供依据。

---

* 刊于《湖北畜牧兽医》2017 年 38 卷第 9 期

1 材料与方法

1.1 试验地点

林芝市位于西藏自治区东南部，其西部和西南部分别与拉萨、山南两地市相连，东部和北部分别与昌都市、那曲地区相连，南部与印度、缅甸两国接壤。林芝平均海拔3 100m，属热带湿润和半湿润气候，年降水量650mm左右，年均温度8.7℃，年均日照2 022.2h，无霜期180天。本试验于2015年7—9月对西藏林芝市八一镇两藏猪养殖场各随机抽取一月龄藏猪20头，两藏猪养殖场分别命名为A、B场，其中A场设为试验组，B场设为对照组。

1.2 试验用药

依普菌素透皮涂擦剂，每1ml含依普菌素5mg，由华中农业大学李家奎教授研制提供，按0.5mg/kg体重剂量沿藏猪背中线涂擦给药。

1.3 调查方法

试验组应用依普菌素透皮涂擦剂按照0.5mg/kg体重剂量经背部皮肤给药，对照组按照相同的方法涂擦相同剂量的生理盐水。试验前后分别采集藏猪新鲜粪便10g于自封袋中，编号，采用饱和食盐水漂浮法和直接涂片法对试验组和对照组进行驱虫前后线虫虫卵检查；试验前后采用显微镜直接检查法检查疥螨以及现场直接观察法对试验组和对照组分别进行体表寄生虫检查。

1.4 安全性试验

对使用依普菌素透皮涂擦剂的藏猪进行为期一周的临床观察，主要观察指标有：涂药部位是否有红、肿、热、痛以及过敏反应，藏猪是否有中毒反应以及精神状况、体温、采食有无异常。

1.5 驱虫效果判定

根据文献，按照下列公式进行计算：转阴率=虫卵转阴动物数/感染动物数×100%。

2 结果与分析

2.1 依普菌素透皮涂擦剂对藏猪驱虫安全性评价

通过对藏猪用药后一周的持续观察，发现用药部位无红、肿、热、痛和过敏反应，藏猪不表现中毒反应和腹泻症状，精神状况良好，体温、采食均无异常。

2.2 依普菌素透皮涂擦剂对藏猪线虫驱虫效果评价

从表 1 可以看出，依普菌素透皮涂擦剂对藏猪线虫驱虫后转阴率为 88.9%，感染虫种明显减少，而对照组驱虫前后线虫阳性率无明显差异，感染虫种种类较多。

表 1 依普菌素透皮涂擦剂对西藏藏猪线虫驱虫效果统计

分组	时间	检查数 头	阳性数 头	阳性率 %	感染虫种 种	转阴率 %
试验组	驱虫前	20	18	90	5	0
	驱虫后	20	2	10	1	88.9
对照组	驱虫前	20	18	90	5	0
	驱虫后	20	19	95	5	0

2.3 依普菌素透皮涂擦剂对藏猪体表寄生虫驱虫效果评价

从表 2 可以看出，藏猪体表寄生虫多为混合感染，且疥螨、虱、跳蚤感染较为严重，应用依普菌素透皮涂擦剂后，体表寄生虫转阴效果较为理想，疥螨、虱、跳蚤、蜱虫转阴率分别为 90.0%、82.4%、84.2%、100%，而对照组用药前后疥螨、虱、跳蚤、蜱虫转阴率无明显变化。

表 2 依普菌透皮涂擦剂对西藏林芝市藏猪体表寄生虫驱虫效果统计

寄生虫种类	试验组				对照组			
	检查数 头	感染数 头	转阴数 头	转阴率 %	检查数 头	感染数 头	转阴数 头	转阴率 %
疥螨	20	20	18	90.0	20	2	0	0
虱	20	17	14	82.4	20	18	0	0
跳蚤	20	19	16	84.2	20	20	0	0
蜱虫	20	3	3	100	20	2	0	0

3 小结与讨论

藏猪为半野生状态生长，藏猪的饲养方式主要以放牧为主，由于其活动范围广、野性大，不能有效地进行管理和驱虫工作，因此，藏猪寄生虫病广泛存在。常规动物驱虫药主要以注射和口服为主，注射劳动量大，对操作者技术水平要求较高；口服给药剂量不易被农牧民掌握，当群体饲喂驱虫药时，容易导致药量饲喂不均匀，部分藏猪食用量少，达不到驱虫效果，食用过多则导致中毒，在实际生产中也常有驱虫药使用不当引起中毒的病例报道。

依普菌素是阿维菌素类驱虫药的一种，对动物线虫和节肢类寄生虫具有很好的驱杀效果，动物内寄生虫主要驱杀线虫，外寄生虫主要驱杀疥螨、虱、跳蚤、蜱虫。相关报道发现藏猪体内寄生虫主要为线虫。本试验结果表明，依普菌素透皮涂擦剂对藏猪线虫驱虫效果较为理想，转阴率达 88.9%，驱虫后线虫感染种类也明显下降，能够达到预期的驱虫效果。在实际生产过程中也发现藏猪体表寄生虫感染相当严重，有的猪场阳性率高达 100%，且多为混合感染，导致猪只相互摩擦皮肤，皮肤受损，继而引起一系列的继发性疾病，严重者可导致猪多食消瘦、生长发育缓慢、饲料转化率降低、胴体率下降等，经济损失较为显著。通过对死亡藏猪检查发现，其多表现为被毛粗乱、脱毛严重，体型瘦小，检查发现感染体表寄生虫有疥螨、虱、跳蚤，感染种类多、数量大。本研究发现依普菌素透皮涂擦剂对藏猪体表寄生虫的驱虫效果均达到 80%以上，对疥螨和蜱虫驱虫效果分别为 90.0%和 100%。

本研究结果表明，依普菌素透皮涂擦剂用于藏猪安全可靠，对藏猪主要寄生虫驱杀效果良好，驱虫普较广，且使用方便，易于在西藏农牧区推广和使用。

自制犬用驱虫饼干的安全性评价*

王 蒙[1]，李 坤[1]，童小乐[1]，张丽鸿[1]，汪亚萍[1]，李奥运[1]，
张家露[1]，李家奎[1,2]
（1. 华中农业大学动物医学院；2. 西藏农牧学院动物科学学院）

摘 要：为对自制犬用驱虫饼干进行安全性评估，试验特选取多剂量水平（低、中、高）向昆明小鼠连续投喂自制犬用驱虫饼干，于第 0 天、7 天、14 天、23 天称重，通过眶后静脉丛采集全血用于血常规和生化指标检测；试验结束后处死全部标记小鼠并取其脏器观察、称重。结果表明：不同剂量组试验小鼠的体重、血常规及血清生化指标、脏器系数与对照组相比，均无显著性差异（$P>0.05$）。说明该自制驱虫饼干在临床推荐剂量和疗程内是安全的。

关键词：驱虫饼干；体重；血清生化指标；病理变化；脏器系数

包虫病是一种由带科绦虫中绦期幼虫感染中间宿主而引起的人畜共患寄生虫病，在我国大部分地区流行，尤其是西部地区包括新疆、西藏、甘肃、青海等地高发流行，人的感染率为 0.5%~15.0%。有资料表明，我国棘球蚴病为典型的家养动物循环型，即病原循环于有蹄家畜和家犬、牧犬之间，虫卵随感染犬粪便排出体外，再通过各种途径进入人体或羊、牛等体内而致病。目前，青藏高原地区因特殊的地理环境、养殖方式及宗教信仰等因素，家犬、牧羊犬少有驱虫，其细粒棘球绦虫的感染率仍维持在较高水平，因此研制一种能够有效防治青藏高原地区犬绦虫病且便于牧民投喂的药物具有重要的临床意义和价值。吡喹酮为广谱抗寄生虫药物，现已成为治疗各种寄生虫病的首选药物。另外，吡喹酮对绦虫有很强的杀灭效果，具有疗效高、疗程短、毒性低等优点。以吡喹酮为主要成分的自制驱虫饼干是一种可诱引牧羊犬自主采食的产品，既可以有效防治犬的绦虫病，也便于藏区牧民的操作，适用于当地粗放的养殖环境。本研究对可诱引牧羊犬自主采食的含吡喹酮成分的驱虫饼干进行安全性评估，为吡喹酮驱虫饼干在兽医临床上的应用提供理论依据。

1 材料

28 日龄的 SPF 级昆明（FM）小鼠 64 只，雌雄各半，体重 18~20g，购自华中农业大学实验动物中心。

自制驱虫饼干，规格为 4.5g/粒，每粒含 200mg 吡喹酮。

总蛋白（TP）、白蛋白（ALB）、碱性磷酸酶（ALP）、天门冬氨酸氨基转移酶

* 刊于《黑龙江畜牧兽医》2018 年 7 期

(AST)、丙氨酸氨基转移酶（ALT)、血尿素氮（BUN)、肌酐（CRE）测定试剂盒，均购于中生北控生物科技股份有限公司。

2 方法

2.1 试验动物分组与给药方案

将小鼠随机分为临床对照组、低剂量组、中剂量组、高剂量组4组，每组16只，雌雄各半，并采用耳标法半数标记。3个试验组分别按体重以0.2g/kg、0.6g/kg、1.0g/kg剂量口服给药，1次/d，连续23d（临床推荐剂量10mg/kg)。

2.2 观察指标

2.2.1 一般临床观察

试验期间每天对小鼠进行体重变化记录，并进行临床观察。

2.2.2 血常规检查

采血前对试验组标记小鼠禁食8h，并分别在试验前1天，给药第7天、14天、23天通过眶后静脉丛采集全血0.2~0.3mL于抗凝管中，供血细胞常规检测使用。

2.2.3 血清生化指标检查

测采血前对试验组未标记小鼠禁食8h，并在给药第23天通过眶后静脉丛采集全血0.5mL，并37℃水浴1h后离心10min获取上清液，进行生化检查。

2.2.4 组织病理学检查

于试验第23天对对照组和试验组未标记小鼠进行病理解剖及组织病理学检查，方法如下：取脑、心脏、脾脏、肾脏、肝脏组织进行常规检查、称重，并保存于10%甲醛缓冲液中。3天后制作石蜡切片，并对高剂量组进行病理组织学检查（若高剂量组的组织未出现与药物相关的病理变化，则其他试验组无需进行病理检测；若中剂量组的组织未出现与药物相关的病理变化，则低剂量组无需进行病理检测)。

2.3 数据的统计学分析

采用SPSS软件对试验数据进行分析，用“平均值±标准误”的形式表示，显著水平设为0.05。

3　结果与分析

3.1　一般临床观察

试验组小鼠活动正常，精神活跃，食欲旺盛，排便状况良好，未发现明显的临床病理变化。

小鼠体重变化见图 1 和表 1。试验期间，低剂量组 KM 小鼠的体重与对照组之间在相同阶段均无显著性差异（$P>0.05$）；中剂量组小鼠在第 8 天和第 21 天显著低于对照组（$P<0.05$）；高剂量组小鼠在第 8 天与对照组有显著性差异（$P<0.05$）。试验第 0～11 天内，小鼠体重全部呈上升趋势，且高剂量组增加最为明显；而试验第 11 天之后高剂量组小鼠的体重开始出现下降趋势，至第 13 天高剂量组小鼠体重呈现负增长，中剂量组小鼠体重在第 13 天至第 15 天之间呈现负增长；在第 15 天之后，中剂量组与高剂量组小鼠体重逐渐恢复并呈现正增长，经计算在第 18 天后高剂量组的增长率大于低剂量组。重呈现负增长，中剂量组小鼠体重在第 13 天至第 15 天之间呈现负增长；在第 15 天之后，中剂量组与高剂量组小鼠体重逐渐恢复并呈现正增长，经计算在第 18 天后高剂量组的增长率大于低剂量组。

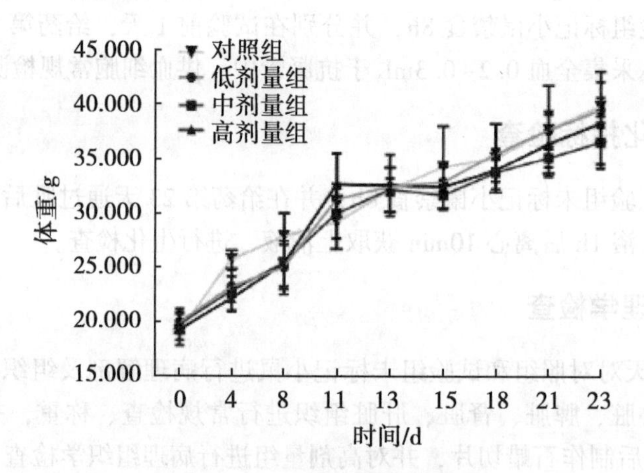

图 1　小鼠的体重变化趋势

表 1　小鼠体重变化（$n=8$）　g

时间	对照组	低剂量组	中剂量组	高剂量组
第 0 天	19.074±0.199	19.908±0.953	19.718±1.479	19.211±1.444
第 4 天	25.726±0.850	23.216±0.926	22.844±1.936	22.158±1.139
第 8 天	27.891±2.110	26.042±2.059	25.453* ±2.918	25.358* ±2.087
第 11 天	29.167±2.460	31.295±1.440	29.989±2.306	32.686±2.873
第 13 天	32.184±2.050	32.471±0.791	32.214±2.028	32.611±2.853

（续表）

时间	对照组	低剂量组	中剂量组	高剂量组
第 15 天	34.285±3.800	31.900±1.400	31.690±0.360	32.458±2.108
第 18 天	35.135±3.170	35.513±0.488	33.802±1.541	34.013±1.013
第 21 天	37.795±4.060	37.371±1.454	35.160* ±0.865	36.447±3.017
第 23 天	39.930±3.210	39.605±1.154	36.628±2.418	38.387±3.795

注：与对照组相比，数据肩标 * 表示差异显著（$P<0.05$），无肩标表示差异不显著（$P>0.05$）。

3.2 血常规检查

结果表明：不同剂量给药组 KM 小鼠的白细胞数、红细胞数、血小板数等 8 项血细胞指标与对照组相比差异不显著（$P>0.05$）。

3.3 血清生化指标检测

结果见表 2。

从表 2 中可以看出，试验组小鼠肝、肾功能指标与对照组相比均无显著性差异($P>0.05$)。

表 2　给药第 23 天小鼠血液生化指标（*n*=8）　　g

指标	对照组	低剂量组	中剂量组	高剂量组
ALT/（U/L）	25.29±2.98	18.86±0.65	22.76±6.00	17.64±2.09
AST/（U/L）	110.77±1.42	107.97±17.93	129.90±0.34	122.65±34.20
ALP/（U/L）	95.00±21.21	94.50±9.19	72.00±4.24	97.50±3.53
TP/（g/L）	68.33±4.62	74.33±9.45	79.33±3.51	64.33±4.73
ALB/（g/L）	35.50±0.71	22.20±2.12	29.00±9.90	27.00±5.66
BUN/（mmol/L）	2.64±1.51	5.14±0.45	3.78±0.81	3.14±2.36
CRE/（μmol/L）	17.62±2.59	20.35±0.80	17.98±1.75	15.17±3.00

注：与对照组相比，数据肩标 * 表示差异显著（$P<0.05$），无肩标表示差异不显著（$P>0.05$）。

3.4 组织病理学检查

对所有解剖组织进行临床观察，结果见彩图 2。眼观未发现各试验组小鼠的心脏、脑、肝脏、脾脏、肾脏等器官有明显病变；取高剂量组小鼠心脏、肝脏、肾脏作病理切片观察，发现高剂量组除心脏有轻微出血现象以外，其他器官均未见特异性病理变化。

3.5 脏器系数分析

取各标记试验组小鼠的脑、心脏、肝脏、脾脏和肾脏称重并计算脏器系数，结果见

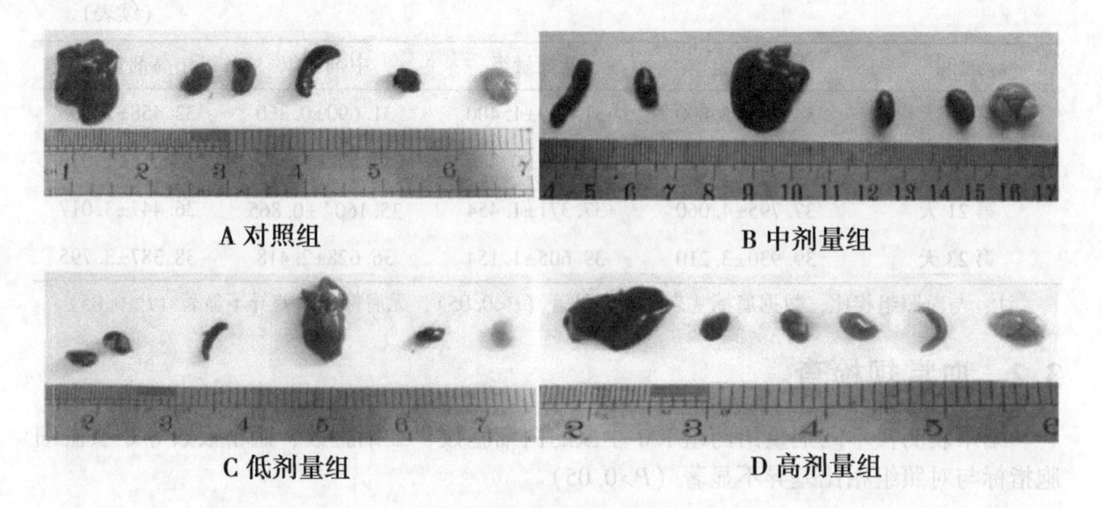

图 2　组织形态观察结果

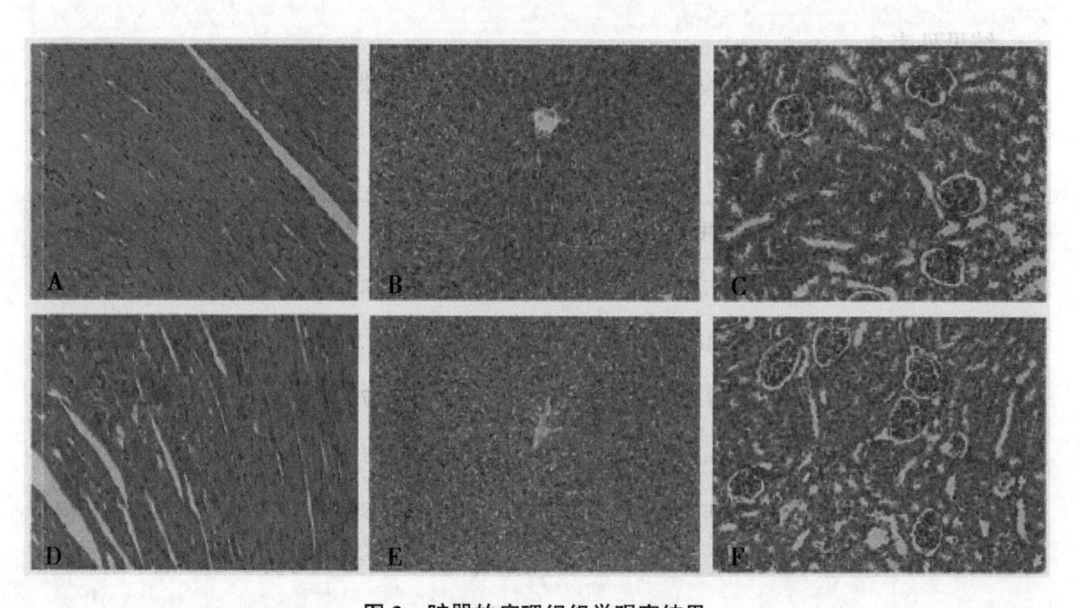

图 3　脏器的病理组织学观察结果

A，C，E 分别是对照组小鼠的心脏、肝脏、肾脏（H. E. 染色，200×）；B，D，F. 分别是高剂量组小鼠的心脏、肝脏、肾脏（H. E. 染色，200×）

图 4。各剂量组小鼠脑、心脏、肝脏、脾脏和肾脏脏器系数与对照组相比无显著性差异（$P>0.05$）。

4 讨论

吡喹酮驱虫饼干主要由吡喹酮和糌粑、酥油、高筋面粉等辅料参考食品及兽药常规工艺制备而成。吡喹酮是一种广谱抗寄生虫药物，具有抗虫谱广、疗效好、使用方便、

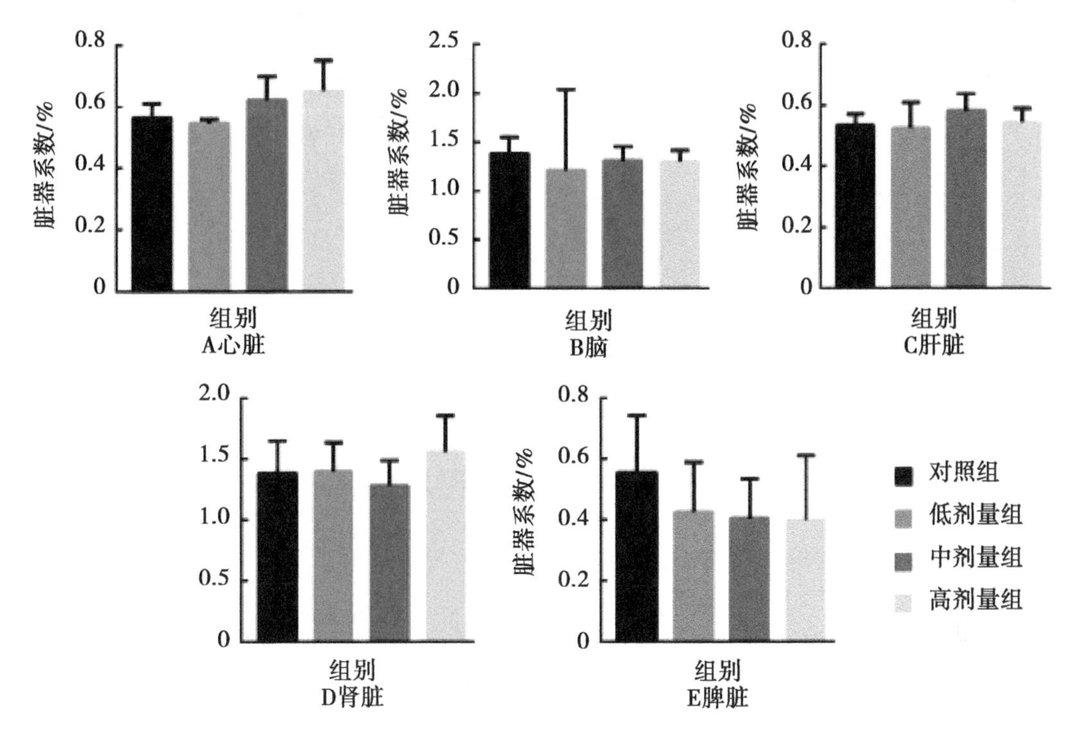

图 4　吡喹酮驱虫饼干对小鼠脏器系数的影响

疗程短及安全性高等优点。

本试验参考王心如《毒理学（实验技术与方法）》一书进行吡喹酮驱虫饼干的临床安全性试验，采集信息为体重、临床血液学、血液生化学、临床和组织病理学等参数。试验结束后对 23 天内所记录的数据进行单因素方差分析，发现低剂量组、中剂量组、高剂量组血常规指标、生化指标和病理组织学指标与对照组相比，差异不显著（$P>0.05$）。

在试验期间，对照组与试验组的全部小鼠健康状况良好，毛发有光泽，对外界刺激反应灵敏，采食及饮水正常，且均未发生临床可见的不良反应，如恶心、腹泻、肌肉震颤等，无死亡记录。试验结束后一周，剩余的全部试验小鼠亦无异常。说明吡喹酮驱虫饼干在合理用药范围内是安全的。

试验前后，各组小鼠体重整体呈正增长趋势，在第 11 天以前，低剂量组的均增重率与高剂量组相比有轻微差异，这可能与投喂的驱虫饼干量不一样有关，吡喹酮驱虫饼干的辅料可为小鼠提供机体代谢所需的营养物质。高剂量组和中剂量组小鼠体重分别在第 11 天和第 15 天之后出现短暂的停止增长现象，这可能与机体对药物的耐受有关。未标记小鼠的血小板数、白细胞数、血红蛋白、中性粒细胞数、单核细胞数、淋巴细胞数、红细胞数等 8 项血细胞指标值均在参考值的范围内波动，这可辅助说明试验期间小鼠骨髓造血功能正常，无血液系统疾病。

高剂量组小鼠病理组织学的观察结果显示，其心脏、肝脏、肾脏均未见特异性的病理变化，故低、中剂量组小鼠亦处于安全范围内。由此可见，吡喹酮驱虫饼干在临床推荐剂量和疗程内是安全的。该自制饼干是一种用于动物驱虫的可食性饼干，在一定程度上可降低西藏地区包虫病的感染率，也可满足藏区牧羊犬的基本营养需要，因其可吸引牧羊犬自主采食，所以便于牧民操作，适用于藏区粗放式的养殖模式。

病原学研究

寄生于西藏绵羊的一新种线虫——念青唐古拉奥斯特线虫*

孔繁瑶[1]，李健夫[2]
（1. 北京农业大学；2. 西藏军区后勤部）

摘　要：本文报告了寄生于西藏念青唐古拉山区绵羊的一新种奥斯特线虫，定名为念青唐古拉奥斯特线虫 *O. nianqingtangulaensis* n. sp.。新种以下列两个主要特点区别于所有的奥斯特线虫：①交合伞的背肋背叶极短，背肋全长只0.057~0.072mm；②交合刺在其全长的中央稍后方分为三枝，外腹侧枝最长，末端钝而弯曲，背侧枝稍短，但颇粗大，略呈圆锥形，内腹侧枝细长刺状。

关键词：西藏；棘球绦虫；犬；粪便污染；粪抗原

1　描述

从一个西藏绵羊第四胃的1 390条奥斯特线虫 *Ostertagia* Ransom，1907中，得一新种，共计雄虫9条，雌虫约百余条［混合寄生的奥氏奥斯特线虫 *O. ostertagi*（Stiles，1892，Ransom，1907）］。以产于西藏的念青唐古拉山区，故名之为念青唐古拉奥斯特线虫（*Ostertagia nianqingtanggulaensis* n. sp.），兹描述如下：

头端角皮微显增厚。颈乳突位于食道中部两侧，排泄孔在颈乳突水平线上或稍偏前方，神经环在颈乳突的稍前方。雄虫交合伞的侧叶深而阔；伞膜自后侧肋末端部急转向前，深深凹入，形成一极小的背叶。腹腹肋比侧腹肋稍细，二者的末端均伸达接近伞边缘处；侧肋中以前侧肋最粗，末端距边缘较远；中侧肋比后侧肋稍粗，同抵伞边。外背肋短。背肋很短，总干相当粗，在远端1/3稍后部分分为两枝，每枝的末端又各分为两个小叉，在分叉稍前方的外侧，各有一小结节状的侧枝。交合刺呈深褐色，在全长的中央稍后方，即分为两个腹侧枝和一个背侧枝。外腹侧枝最长，自前向后逐渐变细，远端钝，向内侧弯曲，四周围有薄膜。内腹侧枝呈长细的刺状，比背侧枝稍短。背侧枝粗大，略呈圆锥形，远端微向腹侧弯曲。引器直，大体呈细长的梭形，最宽部分在前1/3范围内，腹侧面上有浅沟。雌虫阴门开口于厚的有横皱纹的角皮隆起上，没有阴门盖。尾端较钝，有的稍膨大，带有数个不甚显著小环状构造。

雄虫9条，体长6.6~9.2mm。食道长0.52~0.62mm，宽0.037~0.055mm。神经环距头端0.25~0.277mm，颈乳突距头端0.317~0.367mm，排泄孔距头端0.29~0.325mm。伞前乳突部分的宽度（最大宽度）为0.098~0.135mm。交合刺长0.207~

* 刊于《畜牧兽医学报》1965年3期

0.225mm，最大宽度为0.022~0.03mm，分枝处距近端0.117~0.136mm。引器长0.075~0.157mm。背肋全长0.057~0.072mm，总干长0.036~0.047mm。

雌虫5条，体长8.7~10.3mm，最大宽度为0.1~0.155mm。食道长0.53~0.65mm，宽0.04~0.05mm。神经环距头端0.22~0.275mm，颈乳突距头端0.28~0.33mm，排泄孔距头端0.26~0.33mm。排卵器（包括两端的括约肌在内）长0.55~0.72mm。阴门距肛门1.44~1.81mm，肛门距尾端0.12~0.15mm。

宿主：绵羊。寄生部位：第四胃。产地：西藏。

2 讨论

（1）新种雄虫交合刺的3个分枝中，有两个粗大的分枝，与奥斯特属的粗交合刺亚属 *O.*（*Grosspiculagia*）Orloff，1933的交合刺的特征比较吻合，但在其他方面又不尽一致。为了论证新种的特点，作者将本新种和粗交合刺亚属的种类作一些比较。

（2）在粗交合刺亚属中，1957年前共计8种；1959年沈守训、吴淑卿和尹文真在我国报道一新种，即 *O.*（*G*）. *skrjabini* Shen，Wu et Yen，1959。1958年Kadenazii报道过两个新种，即 *O. crimensis* 和 *O. taurica*，该作者没有指出它们应归属于哪一亚属，但就其叙述和附图来看，绝不属于粗交合刺亚属；且交合刺的分枝特别偏下，大约在全长的下1/4左右，与新种显然不同。此后尚没有关于粗交合刺亚属的新种的报道；故至今这一亚属，共为9个种。

（3）新种交合伞的背肋背叶极短，背肋全长只0.057~0.072mm，以这一突出的特点即足以与粗交合刺亚属的大多数种相区别。如 *O.*（*G*）. *occidentalis* Ransom，1907，*O.*（*G*）. *aegagri* Grigorian，1949，*O.*（*G*）. *arctica* Mitzkewitsch，1929和 *O.*（*G*）. *skrjabini* Shen，Wu *et* Yen，1959四个种的背肋长度均在0.1mm以上至0.3mm以上，这种差别相当显著，其他如在交合刺和引器构造方面仍有显著的不同，可不必再一一赘述。

O.（*G*）. *lasensis* Assdov，1953和 *O.*（*G*）. *lyrata* Sjoberg，1926两个种的背肋也显著偏长，但由于原作者未列出长度数字，故这里再以交合刺和引器的构造作些比较：①上述两个旧种的交合刺分枝，均比较偏下，分枝虽有长短之别，但均较粗。而新种的交合刺分枝部位比较偏上，3个分枝中，两个粗大，另一个则呈细长尖锐的刺状。②两个旧种的引器，在近端部均特殊的膨大，新种的引器则成细长的梭形，近端部不膨大。另在背肋的分枝部位及其分叉的形状上亦显然不同。

O.（*G*）. *nemorhaedi* Schulz *et* Kadenazii，1950的背肋和背叶亦长，外背肋和背肋的长度与侧肋的长度相差不多；引器的近端部也是膨大的。

O.（*G*）. *petrovi* Puschmenkov，1937和 *O.*（*G*）. *volgaensis* Tomskich，1938两个种的背肋长度与新种相似，分别为0.068~0.072mm和0.068mm。但前一个种的交合刺特别短，长度只0.084~0.088mm，新种的交合刺长度为0.207~0.225mm，这种差异至为显著。后一个种的交合刺呈“S”状弯曲，新种并不如此，而是直的，亦易于区别。其他构造上仍有很大的差异，不再一一赘述。

有鉴于此，作者将产于西藏念青唐古拉山区的这种奥斯特线虫定名为 *O. nianqingtanggulaensis n.* sp. 。

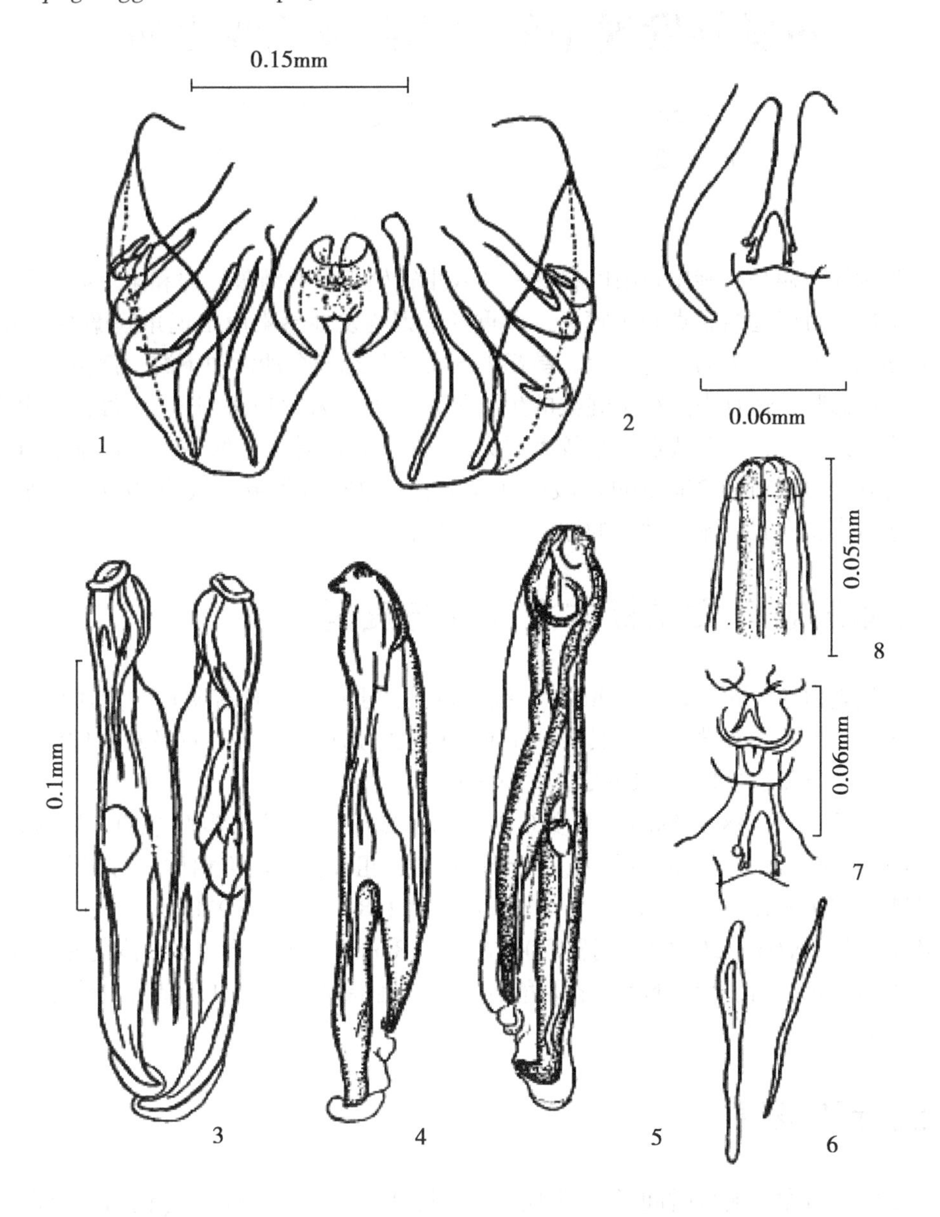

1. 雄虫交合伞（背肋没有表示出来）；2. 雄虫交合伞的背肋；3. 雄虫交合刺（腹面观）；4. 左交合刺（侧面观）；5. 交合刺（侧-背面观）；6. 引器（左，腹面；右，侧面）；7. 生殖锥（腹面观）；8. 头端（腹面观）。

参考文献（略）

贡觉县发现牛的罗德西吸吮线虫病

鲁西科[1]，边　扎[1]，吉生元[2]，扎　吉[2]
(1. 西藏自治区畜牧兽医队；2. 贡觉县兽防站)

牛吸吮线虫病是由旋尾目吸吮科的一些线虫寄生于牛的结膜囊内和第三眼睑下，俗称牛眼虫病，可引起结膜炎和角膜炎，严重者常因继发性感染而出现角膜糜烂和溃疡，最终可导致失明，对牛的危害甚大。昌都地区贡觉县地处金沙江中下游，海拔较低，夏秋两季气候温暖，适宜中间宿主蝇类的生长繁殖，近年来发现每到8、9月，牛眼虫病就大面积感染流行，给畜牧业带来较大损失。3月，我队对该县的牛眼虫标本进行了鉴定，定为旋尾目吸吮科 Thelaziidae 吸吮属 *Thelazia* 的罗德西吸吮线虫 *Thelazia rhodesi*。为了引起对本虫在我区流行动态的注意，故予以报道。

1　虫体形态（贡觉标本之描述与度量）

虫体呈乳白色线状，长10~20mm，镜下可见，虫体表皮具有明显的角质横纹，使虫体边缘呈锯齿状，头端细小，具有一小而扁的长方形口囊。有一对呈对称排列的颈乳突，位于食管与肠道连接处，距头端0.742mm。

雄虫：长12.5~18.315mm，宽度0.396~0.435mm。尾部向腹侧卷曲，尾端钝圆。具有14对肛前乳突，三对肛后乳突。交合刺一对，粗细长短均不相称，右交合刺细长，长0.742~0.930mm，左交合刺粗短，长0.138~0.168mm，宽0.021mm。

雌虫：长19.067~20.0mm，宽度0.376~0.485mm，阴门开口于虫体前端的腹侧，距头端1.08mm，阴门开口处略凹陷无角质横膜，尾端钝圆，肛门开口于虫体尾端，距尾端0.08mm。

2　流行和危害

牛眼病在贡觉县流行时间长，范围广，尤其是该县的山岩地区（包括3个区）每年都有大面积感染，由于以前未能进行有效的防治，群众反映，每年8、9月，有的牛眼睛虫像乱麻一样围成团团，可用手指抠出来。据该县兽防站调查，牛眼虫主要感染于5—10月，8—9月发病最严重，气候越热，感染率和感染强度越高，这显然与气温高蝇类活动频繁有关。

吸吮虫的虫体粗硬，在眼内刺激眼结膜和角膜，引起结膜角膜炎，并且常引起细菌继发感染，角膜炎继续发展，可引起糜烂和溃疡，严重的发生角膜穿孔，最终导致眼睛失明。贡觉县距金沙江一公里多路的熊松公社荣巴生产队社员四南家的几头黄牛均感染了牛眼虫病，用镊子从 1 头黄牛眼内一次就取出十几条虫体，还有未能取出的。有 3 头牛已造成单侧失明。

本虫系胎生，发育过程中需要蝇类作其宿主。雌虫产出幼虫于结膜囊内，幼虫在泪液中浮游。当蝇类在牛眼吸食眼泪时，幼虫被蝇食入，进入蝇的囊滤泡内进行发育。幼虫经过 30 天左右经二次蜕化，发育成感染性幼虫，并离开滤泡进入腹腔，再进入蝇的口器，当含有感染性的幼虫的蝇再到牛眼部采食时，幼虫自蝇的口器钻出，进入牛结膜囊而使牛只感染，在牛眼内经 15~20 天发育为成虫。

本虫的流行与蝇类的活动有关，温暖地区可常年流行，在较冷地区，蝇类只活动于夏天，本病亦只在夏季流行。

3 防治措施

左咪唑对本虫有特效，对发现感染有该虫的牛，按 8mg/kg 内服，连服两日，即可杀灭虫体或配为 1%水溶液滴眼。贡觉县在治疗中用 0.5%四咪唑溶液滴入眼内也可以很快杀死虫体，还可以用 1%敌百虫溶液滴入牛眼内杀虫。如无上述药物，也可用镊子直接取出虫体，或用强力冲洗以冲出虫体，冲洗时用注射器（不接针头），冲洗液可用 2%~3%硼酸水或 0.5%~1%的左咪唑水溶液或 0.15%的碘溶液等。

除去虫体后，还应对发炎的病眼继续用药水、膏等治疗。

我区东南部和雅鲁藏布江流域夏季气温较高，蝇类活动猖獗，应在每年的冬春季节，对全部牛只进行预防性驱虫。还应根据当地气候情况不同，在蝇类大量出现时，对牛只进行一、二次治疗性驱虫。同时注意在牛活动场地消毒灭蝇，以减少本虫的传播流行。

西藏绵羊毛首线虫的调查研究

边　扎，鲁西科，小达瓦
（西藏自治区畜牧兽医研究队）

毛首线虫是危害严重的寄生虫病之一，本病在我区流行广泛，是绵山羊及牦牛感染率最高的线虫病，全区各地均有不同程度的感染，给牧业生产带来很大的影响。

据作者 1982—1986 年在我区的乃东、亚东和当雄等地调查的结果来看，乃东县羊毛首线虫感染率高达 90%以上；亚东县毛首线虫对绵羊（周岁羔羊）的感染率达 80%，感染强度最高为每只羊达 83 条虫体；当雄县解剖了一些绵羊，都有毛首线虫的感染，其中一只绵羊达 73 条虫体，在虫卵检查中感染率达 50%。

本属线虫一年四季均可发生感染，但夏季感染率最高。主要危害幼畜，轻度感染症状不明显，严重感染时表现为腹泻、贫血、消瘦等症状，也可引起死亡。由于虫体的头部深入肠黏膜，解剖时可见有黏膜创伤、溃疡、结节等症状。据有关资料报道，羊严重感染本虫时血色素大幅度下降，血球数减少，羊只生长发育减缓以致停滞，对家畜的危害是显而易见的。

为逐步查清本类虫种在我区的分布和危害情况，为防治工作提供科学依据，笔者根据现有标本，对本属线虫做了一次较为详细的分类研究，现将初步结果予以报道。

毛首线虫是属于毛首科 Trichocephalidae 毛首属 *Trichocephalus* 的线虫，本属线虫虫体前部如毛发状，故称毛首线虫，同时由于虫体前部细长，后部粗短。形状如鞭，所以叫鞭虫，寄生于家畜的盲肠内，靠吸血营生。

毛首线虫的种类繁多，到目前为止国内已发现的牛、羊毛首线虫有十多种。西藏的毛首线虫过去未见专题报道，笔者首次从当雄、亚东等地所采标本中鉴定出 5 种，即兰氏毛首线虫 *T. lani*；斯氏毛首线虫 *T. skrjabini*；瞪羚毛首线虫 *T. gazellae*；球形毛首线虫 *T. globulosa*；印度毛首线虫 *T. indicus*。

西藏绵羊毛首线虫虫体形态描述。

1　兰氏毛首线虫 *T. lani*（Artjuch，1948）

宿主：绵羊。

寄生部位：盲肠。

发现地点：西藏亚东、当雄、乃东。

虫体形态：

雄虫：虫体长 39.73 ~ 50.97mm、鞭部长 26.26 ~ 32.6mm，其中食道肌质部长 0.69mm，宽度 0.07mm，腺体部长 31.91mm，宽度 0.21mm。食道与肠管连接处宽度

0. 25~0. 29mm，体部长 13. 46~18. 37mm，最大宽度 0. 68mm。

交合刺长 1. 14~1. 26mm，近端宽 0. 023mm，中部宽 0. 01mm，远端宽 0. 005mm。交合刺鞘突出体外部长 0. 16mm，宽度 0. 052mm，近端与远端一样宽或者远端稍比近端宽，其上布满小刺。屈端两侧各突起一个小乳突。虫体前后之比平均为 6. 5：3. 5。

雌虫：虫体长 55. 33~60. 07mm，鞭部长 40. 57~41. 24mm，其中食道肌质部长 0. 87mm，宽度 0. 103mm。腺体部长 39. 70mm，宽度 0. 21mm。体部长 14. 09~19. 50mm，最大宽度 0. 795~0. 87mm。食道与肠管连接处宽度 0. 31~0. 32mm，距阴门长 0. 05~0. 21mm，距尾端 13. 91~19. 29mm，阴道约长 2. 67mm。阴门突出体外部长 0. 065mm，宽度 0. 044mm。

虫体内的虫卵大小为（0. 07~0. 078）mm×（0. 034~0. 039）mm。虫体前后之比平均为 7. 2：2. 8。

阴门开口于食道与肠管连接处的后方，此处凸出体表，其上布满小刺。肛门开口于虫体末端，体部稍弯向腹面。

2 斯氏毛首线虫 *T. skrjabini*（Baskakov，1924）

宿主：绵羊。

寄生部位：盲肠。

发现地点：西藏亚东、当雄、乃东。

虫体形态：

雄虫：虫体长 44. 71~57. 62mm、鞭部长 28. 86~41. 21mm，其中食道肌质部长 0. 98mm，宽度 0. 07mm，腺体部长 40. 23mm，宽度 0. 195mm。食道与肠管连接处宽度 0. 25~0. 33mm。体部长 15. 85~17. 39mm，最大宽度 0. 48~0. 6mm。

交合刺长 0. 99~1. 14mm，近端宽 0. 021mm，远端宽 0. 005mm。交合刺鞘突出体外部长 0. 143mm，近端宽 0. 036mm，远端宽 0. 068mm。鞘的表面布满小刺。虫体前后之比平均为 6. 6：3. 3。

雌虫：虫体长 57. 78~66. 72mm，鞭部长 39. 14~47. 27mm，其中食道肌质部长 0. 79mm，宽度 0. 102mm。腺体部长 46. 48mm，宽度 0. 195mm。体部长 18. 65~19. 00mm，最大宽度 0. 77~0. 79mm，食道与肠管连接处宽度 0. 298~0. 32mm。

距阴门 0. 41mm，距尾端 18. 24~18. 59mm。阴道约长 2. 77~3. 9mm。阴道长约 2. 77~3. 9mm。虫体内的虫卵大小为（0. 07~0. 075）mm×（0. 03~0. 042）mm。阴门凸出体表部分长 0. 07mm。宽度 0. 04mm。虫体前后之比平均为 6. 9：3. 1。

阴门开口于食道与肠管连接处的后方，开口处突出体表，其上布满小刺。阴道为弯曲的管道，尾端钝圆。肛门位于虫体末端。

3 瞪羚毛首线虫 *T. gazellae*（Gebauer，1933）

宿主：绵羊。

寄生部位：盲肠。

发现地点：西藏亚东、当雄。

虫体形态：

雄虫：虫体长43.81~52.35mm，鞭部长25.92~32.29mm，其中食道肌质部长0.49mm，宽度0.09mm。腺体部长31.8mm，宽度0.195mm。食道与肠管连接处宽度0.28mm。体部长17.89~20.06mm，最大宽度0.56mm。

交合刺长1.31~1.32mm，近端宽0.016mm，中部宽0.01mm，远端宽0.008mm，鞘的近端至中部膨大部长0.195mm，其上布满小刺，近端宽0.03mm，中部膨大部宽0.07mm，至远端无任何小刺，远端宽0.03mm。尾端两侧各有一个小乳突。虫体前后之比平均为6.1∶3.9。

雌虫：虫体长37.35~51.57mm，鞭部长26.81~37.6mm。食道肌质部长0.82mm，宽度0.072mm。腺体部长36.78mm，宽度0.19mm。体部长10.54~13.93mm，最大宽度0.62~0.73mm。食道与肠管连接处宽度0.22~0.298mm。距阴门0.12~0.19mm，距尾端10.42~13.74mm。阴道约长1.74mm。阴门突出体表部分长0.021~0.062mm，宽0.031mm。虫体内的虫卵大小为（0.07~0.072）mm×0.036mm。虫体前后之比平均为7.3∶2.7。

阴门开口于食道与肠管连接处的后方，此处略凸起或者凸出体表。其上有褶皱而无刺。肛门位于虫体的末端。

4 球形毛首线虫 *T. globulosa*（Linstow，1901）

宿主：绵羊。

寄生部位：盲肠。

发现地点：西藏亚东、当雄。

虫体形态：

雄虫：虫体长44.31~44.76mm，鞭部长27.61~27.88mm，其中食道肌质部长0.51mm，宽度0.07mm。腺体部长27.37mm，宽度0.08mm。体部长13.70~16.88mm，最大宽度0.998mm。食道与肠管连接处宽度0.30~0.35mm。

交合刺长3.31~3.75mm，其中近端宽0.023mm，中部宽0.016mm，远端宽0.013mm。交合刺鞘突出体外部长0.28~0.33mm，鞘表面布满小刺，末端形成膨大的球形，交合刺从鞘中伸出体外。虫体前后之比平均为6.5∶3.5。

雌虫：虫体长50.35~51.79mm，鞭部长35.68~37.48mm，其中食道肌质部长0.39mm，宽度0.08mm。腺体部长35.29mm，宽度0.21mm。体部长12.95~16.11mm，最大宽度0.8~0.85mm，食道与肠管连接处宽度0.26~0.36mm，距阴门0.25~0.36mm，距尾端12.70~15.75mm。阴道约长3.7mm。虫体内的虫卵大小为（0.062~0.083）mm×（0.031~0.036）mm。虫体前后之比平均为7.1∶2.8。

阴门开口于食道与肠管连接处的后方，此处体表稍微隆起。阴道的远端部分系直行，其后形成几乎是横向的弯曲。体部弯向腹面。肛门位于虫体末端。

5 印度毛首线虫 *T. indicus*（Sarwar，1946）

宿主：绵羊。

寄生部位：盲肠。

发现地点：西藏亚东。

虫体形态：

雄虫：虫体长 52.23mm，鞭部长 32.04mm，其中食道肌质部长 0.77mm，宽度 0.08mm。腺体部长 31.27mm，宽度 0.21mm。食道与肠管连接处宽 0.786mm。体部长 20.19mm，最大宽度 0.697mm。

交合刺长 4.04~4.39mm，近端宽 0.026mm，中部宽 0.02mm，远端宽 0.012mm。交合刺鞘突出体外部长 0.268mm，宽 0.039mm。鞘表面布满小刺，尾端两侧各有一个小乳突。虫体前后之比平均为 6.1：3.9。

雌虫：虫体长 46.62~49.67mm，鞭部长 33.24~36.33mm，其中食道肌质部长 0.77~0.81mm，腺体部长 32.47~35.52mm，宽度 0.195mm。体部长 13.38~14.34mm，最大宽度 0.82~0.93mm。食道与肠管连接处宽度 0.32~0.35mm，距阴门 0.31~0.33mm。距尾端 13.07~14.01mm，阴道约长 3.28mm。虫体内的虫卵大小为 0.065mm×0.034mm。虫体前后之比平均为 7：3。

阴门开口于食道与肠管连接处的后方，此处无任何突出物，与体表平行。阴道的远端部分系直行，其后形成两个几乎是横向的弯曲，体部弯向腹面。肛门位于虫体末端。

6 讨论与防治意见

（1）笔者鉴定的标本形态与其他有关资料中描述的差别如下：①兰氏毛首线虫交合刺长度，据北京农大兽医系寄生虫组编的《畜禽寄生虫鉴定（二）》书中描述，交合刺长 2.13~2.94mm。据中国农业科学院西北畜牧兽医研究所《专题研究报告》中描述，交合刺长 1.75~3.2mm。据《蒙古人民共和国农畜蠕虫学》及葛平编的《牛羊寄生线虫形态鉴别》中描述交合刺长 1.76~3mm。据中国科学院动物研究所寄生虫研究组《家畜家禽的寄生线虫》中描述，交合刺长 2.98~4.60mm。笔者所鉴定的虫体交合刺长 1.14~1.26mm。比上述短 0.61~1.80mm。②瞪羚毛首线虫的交合刺长度，据北京农大兽医系寄生虫组编的《畜禽寄生虫鉴定（二）》书中描述，交合刺长 2.3~2.88mm，据中国科学院动物研究所寄生虫研究组《家畜家禽的寄生线虫》中描述交合刺长 2.65~3.46mm。笔者的标本是长 1.31~1.32mm。比上述短 1.09~2.14mm。③印度毛首线虫：笔者的标本比 Sarwar（1946）描述的雄虫长于 11.23mm，交合刺长于 0.14mm。雌虫短于 15.58mm。比张继亮（1974）描述的长于 7.6mm。上述五种毛首线虫经过有关资料详细对比，在形态上除上述的不同点外，基本与资料上的描述相同。

（2）毛首线虫对药物的抵抗力较强，根据笔者这几年在下边的调查和试验证明，我区目前使用的驱线虫药如左咪唑等对本虫无效或很微，在普遍驱虫后，粪检虫卵基本上全为毛首线虫卵。为减轻和消除本虫的危害，笔者推荐使用下述药物：

国产丙硫苯咪唑（抗蠕敏），羊：按每千克体重 20mg/kg 以上的剂量对毛首线虫的疗效达 92.72%以上。

羟嘧啶（CP-14446），是抗鞭虫特效药。绵羊：按每千克体重 5~10mg/kg，对毛首线虫的疗效达 100%。

敌百虫：配成 2%~3%水溶液灌服。羊：按每千克体重 60~80mg/kg，对毛首线虫效果较好。

参考资料（略）

西藏长角血蜱产卵的观察*

李晋川[1]，张有植[2]
（1. 第三军医大学成都军医学院；2. 成都军区联勤部卫生防疫队）

摘　要：从西藏易贡采集长角血蜱，在现场实验室自然温度条件下，对该蜱产卵进行了观察。结果表明：①饱血长角血蜱产卵前期为7~8天，平均为11.2天。②产卵期为8~40天，平均为24天。③大多数虫体产卵高峰是在产卵开始后的第2~5天。部分个体大、体较重的虫体，在产卵开始后的第8~10天，产卵量才达到高峰。④饱血蜱的体重与其产卵量呈正比。饱血虫体越大、体越重，其产卵量越多。⑤雌蜱产卵结束之后，一般在一周内死亡，但个别虫体可存活长达27天之久。

关键词：长角血蜱；产卵；观察

长角血蜱（*Haemaphysalis longicornis*）广泛分布于我国黑龙江、吉林、辽宁、西藏、台湾等17个省市自治区。有研究者从该蜱体内分离出莱姆病螺旋体等病原体，在医学上具有重要意义。

笔者等人于1991年5—10月，在西藏易贡开展重要医学动物调查工作期间，采集长角血蜱，在现场简易实验室自然温度条件下，对其产卵进行了较详细地观察。现将实验方法以及观察结果资料整理报告如下。

1　材料与方法

1.1　现场实验室基本条件

现场工作点设在海拔2 250m的易贡茶场卫生队，简易实验室面积约20m^2。用最低最高温度计和毛发湿度计分别测量并记录每日温度和湿度。实验观察期间，室内自然温度为13.5~28℃，相对湿度为70%~98%。光照为自然光透入。

1.2　蜱种来源

从放牧牛体采集蜱，带回现场实验室进行分类鉴定，将鉴定分出的饱血长角血蜱雌虫称重后，作为实验观察用蜱。

1.3　观察方法

将饱血雌蜱置于透明的玻璃管内，对其产卵进行观察。玻璃管长8cm，直径

* 刊于《西南国防医药》1999年6期

1.7m，玻璃管两端相通。从玻璃管的下端塞入一适当大小的脱脂棉球，将一个与管径大小相同的圆形滤纸片从管的上端放至管底端的脱脂棉球上，然后将待观察蜱放入管内滤纸片上。每只玻璃管内放入蜱一只。玻璃管上端盖以透气的纱布，并用橡皮筋拴牢固定。用吸管吸水少许，从玻璃管下端滴入，使玻璃管内的脱脂棉球达到一定的湿度。玻璃管垂直放置在培养皿内，玻管的下端与培养皿内消毒湿沙接触，并注意加水保持沙粒湿润。

每天检查玻璃管，观察蜱产卵的情况。从蜱产卵的第一天起，将蜱卵从玻管中取出计数，并记录其产卵量，直至产卵停止、虫体死亡为止。

2 观察结果

2.1 产卵前期、产卵期及产卵高峰期

结果见表 1。

表 1 产卵前期、产卵期及产卵高峰期

个体大小	体重（mg）	蜱数量（只）	产卵前期（天）		产卵期（天）		产卵高峰期（天）	
			范围	平均	范围	平均	范围	平均
大	181~300	13	7~12	10.9	8~40	26.0	3~10	6.0
中	101~180	32	7~13	10.3	8~32	23.8	2~7	4.1
小	50~100	5	10~18	12.6	10~28	20.4	2~3	2.4

2.2 饱血雌蜱大小、体重与产卵量的关系

结果见表 2。

表 2 饱血雌蜱大小、体重与产卵量的关系

个体大小	体重（mg）	蜱数量（只）	产卵数量（粒）			
			总数	平均	最低	最高
大	181~300	13	24 342.0	1 872.5	974.0	2 972.0
中	101~180	32	33 630.0	1 050.1	411.0	1 957.0
小	50~100	5	2 528.0	505.0	287.0	833.0

2.3 产卵特点

饱血后的雌蜱，虫体饱满，形如蓖麻子。产卵时，其假头向下弯曲，卵从生殖孔

排出后，由须肢将其推到躯体前端背面，最后在虫体背部前端形成一个大的卵块团。大多数雌蜱产卵初期，卵数量较少，之后逐渐增多，日产卵量达高峰后，又逐渐减少。在接近产卵末期，仅产数个或十余个卵，一般持续一周左右，产卵即告结束。通常夜间的产卵量较白天多。在产卵的早期和中期，虫体较活跃。但随着产卵数量的逐渐减少，虫体逐渐皱缩，背部出现白色条状斑纹，活动力也逐渐减弱，直至虫体死亡。

2.4 产卵停止后，虫体在不同时间的死亡情况

结果见表3。

表3 产卵停止后，虫体在不同时间的死亡情况

个体大小	蜱数量（只）	虫体在不同时间死亡的数量													
		1天	2天	4天	6天	8天	10天	12天	14天	16天	18天	20天	24天	27天	28天
大	13	0	3	3	4	0	0	1	0	0	1	0	0	1	0
中	32	11	14	2	2	1	1	0	1	0	0	0	0	0	0
小	5	2	1	0	0	0	0	0	0	0	0	0	1	0	0
合计	50	13	18	5	6	1	1	1	1	0	1	0	1	1	0

3 讨论

本实验结果表明，个体大小、体重不同的饱血长角血蜱，其产卵前期无明显的差别。但产卵期的长短与饱血蜱的体重、个体大小有一定的关系。体重、个体大的蜱，其产卵期持续时间较长，而体轻，个体小的蜱，产卵期相对较短。笔者观察到，雌蜱产卵过程中，占86%的蜱（43/50）日产卵量高峰是在开始产卵后的第2~5天。个体小，体重轻的雌蜱，产卵高峰出现时间早，在产卵开始后的第2~3天，日产卵量即达到高峰（表1）。而部分个体大、体较重的雌蜱，在产卵开始后的第8~10天，产卵量才达到高峰。这种现象的出现，推测可能与雌蜱的饱血程度、血液的消化等方面的因素有关。

雌蜱产卵量与其体重之间的关系，已在多种硬蜱的研究资料中有报道。从本实验结果（表2）可以看出，不同体重范围的饱血雌蜱，其产卵量有明显的差异。饱血蜱体重越重，其产卵量越高。反之，体重越轻，产卵量越少。这与文献中报道的结果基本一致。

硬蜱的寿命在不同种类或同一种类的不同时期或不同生理状态有明显的差异。在饥饿状态下，成蜱寿命较长，而饱血后的成蜱寿命较短。本实验观察到，饱血后长角血蜱雌虫寿命为21~64天，平均为42.6天。雌蜱产卵结束后，存活时间较短。50只长角血蜱，在产卵停止后，存活时间大于7天的，仅8只蜱，占总数的16%；产卵停止后，在7天之内死亡的，共有42只，占总数84%。仅一只蜱在产卵停止后，存活时间达到

27天。

本实验观察是在西藏易贡现场实验室自然温度条件下进行的。因此，观察结果对于在该地区进一步开展蜱媒性自然疫源性疾病的研究以及开展蜱的防治工作，具有一定的参考意义。

参考文献（略）

西藏那曲地区旋毛虫分离株的分子分类鉴定*

姚海潮[1]，色　珠[1]，曾江勇[1]，刘建枝[1]，李文卉[2]，夏晨阳[1]，盖文燕[2]，
次仁多吉[1]，拉巴次旦[1]，杨德全[1]，董禄德[1]，吴金措姆[1]，鲁志平[1]，付宝权[2]
（1. 西藏自治区农牧科学院畜牧兽医研究所；2. 中国农业科学院兰州兽医研究所家畜疫病病原生物学国家重点实验室/农业部兽医公共卫生重点开放实验室/甘肃省动物寄生虫病重点实验室）

摘　要：从西藏那曲地区旋毛虫抗体阳性藏猪获取膈肌组织，显微镜检查后采用人工消化法收集旋毛虫肌幼虫。提取旋毛虫基因组，以旋毛虫（*T. spiralis*）和乡土旋毛虫（*T. nativa*）标准株为对照，应用线粒体核糖体小亚基及大亚基 RNA 特异引物进行 PCR 扩增，结果扩增产物为 650bp，与 *T. spiralis* 一致。对西藏那曲旋毛虫分离株的 5S RNA 内转录间隔区基因进行 PCR 扩增及序列测定，与 GenBank 数据库中已知的旋毛虫序列进行比对分析，确定其分类地位。结果扩增到 735bp 的片段，与 *T. spiralis* 的相似性达到 99%，仅有 3 个核苷酸不同，可以归为一类。结果表明，西藏那曲旋毛虫分离株应该属于 *T. spiralis*。

关键词：西藏那曲旋毛虫分离株；聚合酶链反应；分子鉴定

旋毛虫可以感染包括人类在内几乎所有的哺乳动物，是宿主范围最为广泛的寄生虫之一，它所引起的旋毛虫病是一种呈全球性分布的、危害严重的人兽共患寄生虫病。旋毛虫病的病原是毛形属的线虫，目前已经确定有 8 个种和 4 个基因型。由于不同旋毛虫种的地理分布、宿主范围、对宿主的感染性与致病性以及宿主对不同虫种的免疫应答等方面存在明显的差异，所以旋毛虫分离株的种类鉴定对旋毛虫病的病原学、免疫学、流行病学、临床学及防治等具有重要意义。传统的旋毛虫分类主要依据形态学、生物学、生物化学、免疫学、遗传学等方法，但是这些方法在实际应用中受到多种因素的影响，使其准确性受到一定限制。随着分子生物学技术尤其是 PCR 技术的迅速发展及其在寄生虫学中的应用，分子生物学技术已成为旋毛虫分类鉴定的有力工具。我国学者应用基因组 DNA 限制性酶切片段长度多态性分析，随机扩增多态性 DNA 等技术对我国旋毛虫分离株进行了分类鉴定研究，但是这些方法的敏感性和重复性相对较差，相比较而言，特异性 PCR 作为一种快速、简便、特异、敏感的方法在旋毛虫虫种鉴定上能够克服其他方法的局限性。我国首次报道的人体旋毛虫病发生在西藏，但是迄今为止没有西藏旋毛虫分离株分类研究的报道。为此，本研究对西藏那曲地区藏猪旋毛虫分离株进行了分子分类鉴定。

* 刊于《中国兽医科学》2010 年 3 期

1　材料与方法

1.1　旋毛虫分离株

旋毛虫分离株采自西藏那曲地区旋毛虫抗体阳性藏猪膈肌组织，显微镜镜检确定有旋毛虫幼虫包囊，将肌肉样品绞碎后按1：20（g/ml）加入人工消化液（10g/L胃蛋白酶，10ml/L浓盐酸），42℃搅拌消化1h，用孔径0.175mm的筛网过滤后回收肌幼虫。旋毛虫（*T. spiralis*，T1，ISS3）和乡土旋毛虫（*T. nativa*，T2，ISS10）标准株由意大利旋毛虫种保藏中心引进。

1.2　试剂

动物组织基因组DNA提取试剂盒购自OMEGA bio-tek公司、*Taq* DNA聚合酶、DL2000 DNA Marker等生化试剂均购自大连宝生物工程有限公司；其他试剂为国产分析纯。

1.3　引物的设计与合成

1.3.1　旋毛虫线粒体核糖体小亚基及大亚基RNA基因特异引物

参照文献，合成旋毛虫特异性上游引物T1 Mt IDF：5′-AAACCACTTCTCTCCCCCAA-3′和乡土旋毛虫特异性上游引物T2 Mt IDF：5′-TACATATTTTATACAATCAC-3′；下游引物为T1、T2非特异性引物T12 IDGR：5′-GGGTGACGGGCAATATGTGCA-3′，其对旋毛虫T1和T2扩增产物的理论大小分别为649bp和426bp，引物由大连宝生物工程有限公司合成。

1.3.2　旋毛虫5S RNA内转录间隔区基因引物

参照文献，合成5S RNA内转录间隔区基因特异性引物5S rDNA isrPF：5′-TTG-GATCGGAGACGGCCTG-3′；5S rDNA isrPR：5′-CGAGATGTCGTGCTTTCAACG-3′，扩增产物的理论大小为735bp，引物由大连宝生物工程有限公司合成。

1.4　旋毛虫基因组DNA的提取

剖杀旋毛虫*T. spiralis*和*T. nativa*传代的小鼠，采用人工消化法收集旋毛虫肌幼虫。用动物组织基因组DNA提取试剂盒分别提取*T. spiralis*和*T. nativa*以及西藏那曲旋毛虫分离株的基因组DNA，测定浓度后保存备用。

1.5　旋毛虫线粒体核糖体RNA基因DNA片段的PCR扩增

分别以旋毛虫各分离株基因组DNA为模板，T1 Mt IDF、T2 Mt IDF、T12 IDGR为混合引物进行PCR扩增。50μl PCR反应体系：DNA模板10ng，10×缓冲液（含Mg^{2+}）

5 μl，10mmol/L dNTP 1μl，100μmol/L 引物各 0.2 μl，*Taq* DNA 聚合酶（5U/μl）0.3μl，最后加灭菌双蒸水至总体积为 50μl。扩增条件：94℃预变性 5min；94℃变性 1min，55℃退火 1min，72℃延伸 1min，进行 35 个循环，然后 72℃再延伸 10min。取 PCR 产物，用 10g/L 的琼脂糖凝胶电泳检测扩增片段的大小。

1.6 旋毛虫 5S RNA 内转录间隔区基因的克隆与分析

以西藏那曲旋毛虫分离株基因组 DNA 为模板，5S rDNA isrPF、5S rDNA isrPR 为引物进行 PCR 扩增。50μl PCR 反应体系：DNA 模板 10ng，10×缓冲液（含 Mg^{2+}）5μl，10mmol/L dNTP 1μl，100μmol/L 引物各 0.2μl，*Taq* DNA 聚合酶（5U/μl）0.3μl，最后加灭菌双蒸水至总体积为 50μl。扩增条件：94℃预变性 5min；94℃变性 1min，55℃退火 1min，72℃延伸 1min，进行 35 个循环，然后 72℃再延伸 10min。取 PCR 产物，用 10g/L 的琼脂糖凝胶电泳检测扩增片段的大小并送上海英骏生物技术有限公司测序。用 Blast 软件和 Mega 软件进行同源性分析并绘制进化树。

2 结果

2.1 旋毛虫线粒体核糖体 RNA 基因的扩增

以旋毛虫各分离株基因组 DNA 为模板，旋毛虫线粒体核糖体小亚基及大亚基 RNA 基因特异引物 PCR 扩增结果见图 1。西藏那曲藏猪旋毛虫分离株、T1 标准株均出现约 650bp 的特异条带；T2 标准株出现约 430bp 的特异条带。

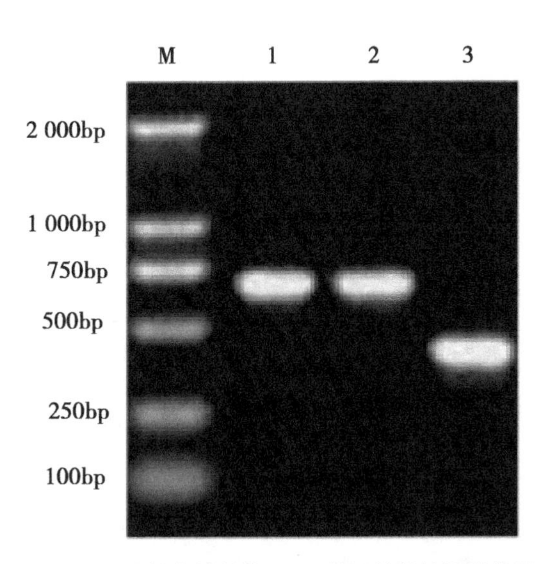

图 1 旋毛虫线粒体核糖体 RNA 基因片段的扩增结果

M：DNA 分子质量标准；1：西藏那曲旋毛虫分离株的 PCR 产物；
2：旋毛虫的 PCR 产物；3：乡土旋毛虫的 PCR 产物

2.2 旋毛虫 5S RNA 内转录间隔区基因分析

以西藏那曲旋毛虫分离株基因组 DNA 为模板，扩增到约 730bp 的 5S RNA 内转录间隔区基因片段（图 2）。测序结果表明该片段长 735bp，同源性分析表明与 *T. spiralis* 5S RNA 内转录间隔区基因序列（AY009946）的一致性为 99%，仅在第 64 位，118 位，418 位分别有 G-A，G-A，T-G 的差异。西藏那曲旋毛虫分离株与已知旋毛虫的 5S RNA 内转录间隔区基因序列分子进化树见图 3，西藏那曲旋毛虫分离株与 *T. spiralis* 归为同一类。

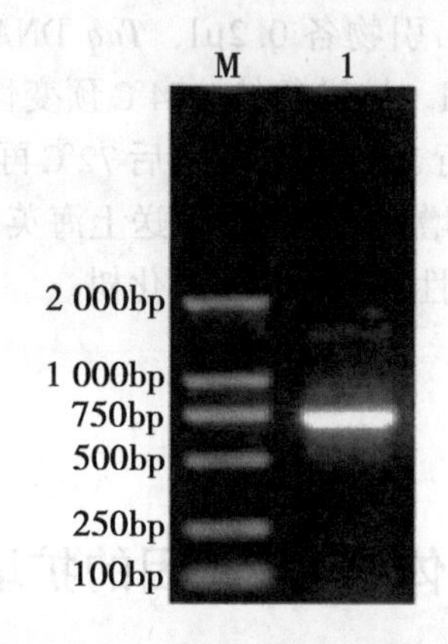

图 2 旋毛虫 5S RNA 内转录间隔区基因片段的扩增结果

M：DNA 分子质量标准；1：西藏那曲旋毛虫分离株的 PCR 产物

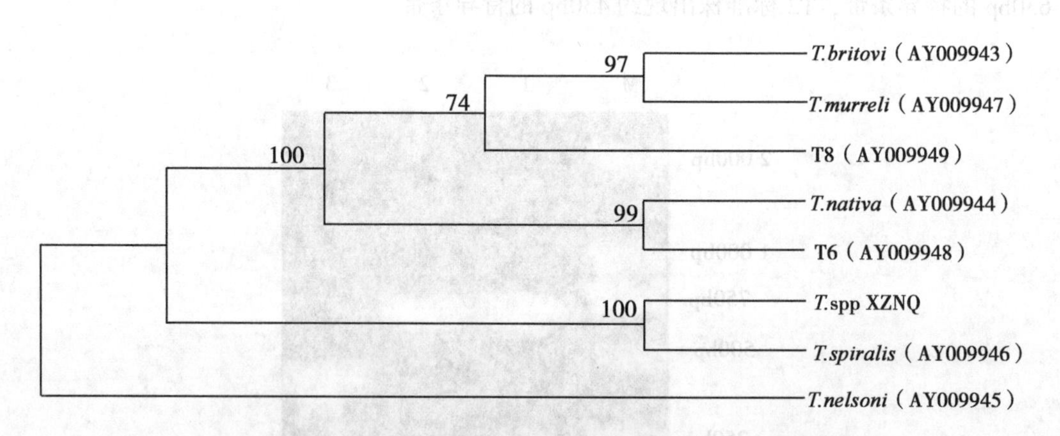

图 3 基于 5S RNA 内转录间隔区基因片段的旋毛虫分子进化树

3 讨论

我国地域广阔，南北跨温热寒三带，旋毛虫宿主种类多，但是由于目前缺乏有效的研究方法及系统的分类工作，所以旋毛虫种的分类仍然有争论。20 世纪 90 年代，我国学者应用基因组 DNA 限制性酶切片段长度多态性分析技术的研究表明，不同宿主来源的旋毛虫虫株酶切图谱之间存在差异，长春犬株与孙吴猫株相似，但与其他猪株差异显著。许汴利等报道黑龙江犬株旋毛虫的随机扩增多态性图谱与 *T. nativa* 一致，为乡土旋毛虫。刘明远等以旋毛虫国际标准虫种为对照，利用随机扩增的 DNA 多态性技术鉴定表明我国的旋毛虫猪株为 *T. spiralis*，犬株与猫株为 *T. nativa*。Gasser 等采用 PCR-SSCP 技术分析旋毛虫核糖体 DNA 片段，表明中国存在 *T. spiralis* 和 *T. nativa*。近年来通过对旋毛虫 18S rRNA 基因的克隆及序列比较分析也证明旋毛虫猪株为 *T. spiralis*，犬株为 *T. nativa*，但是对旋毛虫 ITS Ⅱ区基因的序列分析表明猫旋毛虫为 *T. spiralis*，与传统的分类结果相悖，其分类地位需要进一步研究。

PCR 技术因具有敏感、特异、重复性好等优点而在寄生虫虫种鉴定研究中广泛应用，但是靶基因的选择在 PCR 鉴定中极其重要。徐克诚等应用根据家畜旋毛虫固有的 1.7kb DNA 片段设计的引物对 8 个地区的旋毛虫虫株进行了 PCR 鉴定，除了 602bp 的目的基因片段外，还有其他非目的基因片段，在降低退火温度后，犬株旋毛虫有 380bp 的基因片段，猪株旋毛虫则无此片段，但是因为在不同退火温度下 PCR 扩增的带型不同，因此其特异性有待进一步研究。Zarlenga 等对 rDNA 进行的多重 PCR 可以扩增出 7 个旋毛虫种的特异性片段。线粒体核糖体 RNA 基因作为分子标记不仅可以应用于寄生虫的序列比较及进化分析，而且在寄生虫种类鉴定中具有较高的敏感性和重复性。旋毛虫的线粒体核糖体大亚基 RNA 基因序列作为靶基因，已经成功地应用于 *T. spiralis* 和 *T. britovi* 的多重引物 PCR 鉴定。根据旋毛虫线粒体核糖体小亚基及大亚基 RNA 基因序列设计 *T. spiralis* 和 *T. nativa* 特异引物，在 PCR 扩增后根据其特异性片段的大小（分别为 649bp 和 426bp），可以简单、直观地鉴定旋毛虫分离株。旋毛虫 5S RNA 内转录间隔区基因序列作为分子标志物已经成功应用于旋毛虫分离株的分类鉴定。

本研究应用旋毛虫线粒体核糖体 RNA 基因特异引物，对西藏那曲藏猪旋毛虫分离株进行 PCR 鉴定，初步确定其为 *T. spiralis*。西藏那曲藏猪旋毛虫 5S RNA 内转录间隔区基因的序列分析表明，与 *T. spiralis* 归为同一类。尽管西藏自 1964 年首次报道人体旋毛虫病以来，发生过多起人体旋毛虫感染，但是对旋毛虫病原的鉴定未见报道。本研究首次对一株西藏旋毛虫分离株进行了分子分类鉴定，但是在西藏是否存在其他的旋毛虫种尚不清楚，有待进一步研究。

参考文献（略）

西藏牦牛捻转血矛线虫的鉴别*

何添文，索朗斯珠，米玛顿珠

（西藏农牧学院高原动物预防检测中心）

摘　要：捻转血矛线虫属毛圆科血矛属线虫，是危害反刍动物最严重的消化道寄生虫之一，常引起反刍动物的贫血、生产繁殖性能及抗病力下降，给畜牧业带来较大的经济损失。本文报道了西藏林芝地区某农牧户被宰牦牛真胃线虫的分离鉴别，经对虫体形态观察和PCR检测，确认为捻转血矛线虫。

关键词：捻转血矛线虫；鉴定；牦牛；西藏

西藏林芝地区位于西藏东南部，海拔在2 100~5 000m，气候温和湿润，雨量充沛，年平均气温7~9℃，相对湿度60%~70%，拥有高山草甸、山地草甸和高山灌丛草场。有利于反刍动物消化道线虫的生长繁殖。

捻转血矛线虫（*Haemonchus contortus*）属毛圆科血矛属线虫，是危害反刍动物最严重的消化道寄生虫之一，与长刺属、奥斯特属、细颈属等线虫混合寄生于反刍动物真胃和小肠，分布广泛，常引起反刍动物的贫血、生产繁殖性能及抗病力下降，给畜牧业带来较大的经济损失。笔者在剖检牦牛真胃时发现了多量线虫，经形态特征和PCR鉴别确认为捻转血矛线虫，现报道如下。

1　材料与方法

1.1　被检牦牛

2008年4月，林芝地区某农牧户的被宰牦牛。

1.2　虫体采集

取屠宰牦牛的真胃置于容器内，剖开，加水，将内容物洗入水中，洗净胃黏膜上附着的虫体。将洗下物反复洗涤，待液体清净透明后，分批取沉渣仔细检查并用挑虫针挑取虫体。虫体置于生理盐水中，4℃存放备用或移入70%酒精中保存。

1.3　显微镜检查

挑取采集的虫体置载玻片上，滴加适量甘油，加盖玻片，镜检虫体形态和显微摄

* 刊于《畜牧与兽医》2011年8期

影。参照文献鉴别虫体。

1.4 PCR 鉴定

引物设计与合成：根据捻转血矛线虫 18S 和 5.8SrDNA 序列（登录号 L04153 和 AY190133）设计引物：

P18S：5′-GTAACAAGGTATCTGTAGGT-3′

P5.8S：5′-ATCGATACGCGAATCAACCG-3′

由宝生物工程（大连）有限公司合成。

DNA 提取：将虫体置 1.5ml 离心管中（1 条/管），加裂解缓冲液（10mmol/L Tris pH8.0，0.1mol/L EDTA pH8.0，0.5% SDS，20μg/ml RNase）200μl，37℃保温 1h 后加蛋白酶 K 至终浓度 100μg/ml，55℃孵育 3h。酚-氯仿抽提 DNA，乙醇沉淀，TE 溶解后-20℃冻存备用。

PCR 扩增 ITS-1 基因：反应体系为 25μl，其中模板 DNA 2μl（100ng），10×PCR buffer 2.5μl，$MgCl_2$（25mmol/L）1.5μl，dNTP，（2.5mmol/L）2μl，*Taq* 酶（5U/μl）0.5μl，上游引物 P18S（25pmol/μl）1μl，下游引物 P5.8S（25pmol/μl）1μl，H_2O 14.5μl。PCR 扩增循环程序：94℃预变性 3min；94℃变性 40s，57℃退火 40s，72℃延伸 40s，共 30 个循环；72℃延伸 10min，降至 10℃结束。

序列测定与分析：用胶回收试剂盒对 ITS-1 的 PCR 产物进行纯化，纯化产物进行序列测定。

2 结果

2.1 虫体形态

虫体呈毛发状，淡红色，虫体表皮上有横纹和纵嵴，颈乳突显著，头端尖细，口囊小，内有角质齿（图 1）。雌虫形成红白线条相间的外观，虫体长 15~30mm，阴门位于虫体后半部，有一个显著的瓣状阴门盖（图 2）。雄虫长 15~19mm，其交合伞可见有一个倒“Y”形背肋支持着的小背叶（图 3），且偏于一侧。

2.2 PCR 检测

PCR 产物经琼脂糖凝胶电泳后，可见 DNA 条带，介于 250 ~ 500bp（图 4），与捻转血矛线虫 ITS-1 预期大小相一致。PCR 产物序列测定结果表明，该基因长 483bp，与 GenBank 中已知捻转血矛线虫 ITS-1 基因的同源性为 100%。

3 讨论

2001 年米玛顿珠等曾报道过种畜场牦牛寄生虫感染种类，但对捻转血矛线虫无详细的记载。本次分离到的虫体具有典型的捻转血矛线虫形态特征，并经 PCR 检测进一

图1　口囊（400×）

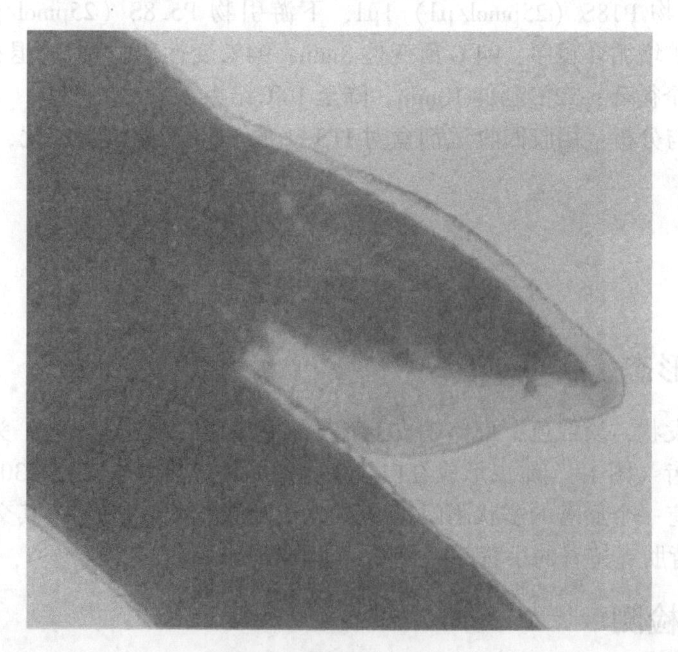

图2　阴门盖（400×）

步鉴别确认为捻转血矛线虫。在西藏林芝地区散养农牧户自然感染牦牛的真胃内分离到的捻转血矛线虫绝非偶然，造成此虫在本地区流行因素有多方面：首先，林芝地区位于西藏东南部，气候和地理条件都较适合捻转血矛线虫的生长发育；其次，捻转血矛线虫是一种反刍动物易感线虫，在本区由于引进一些带虫绵羊、山羊及不同品种牛，造成此虫在这些动物之间传播流行；最后，本地牧民饲养的牦牛几乎从不驱虫，均是自繁自养，也是造成本病流行的因素。

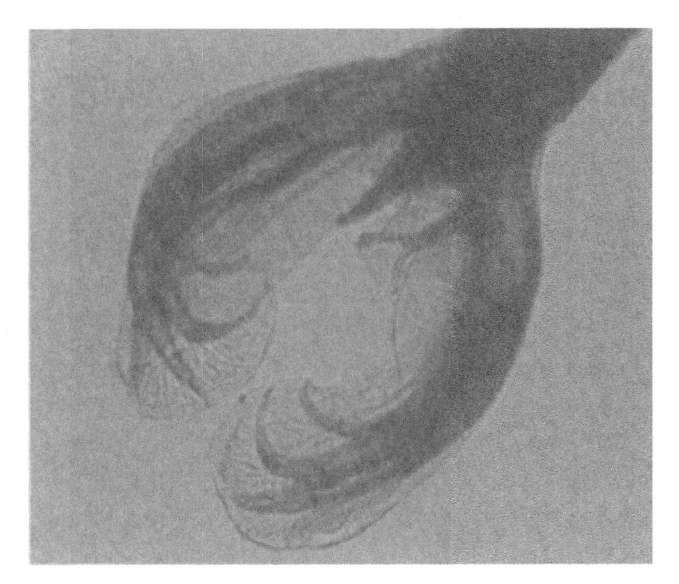

图 3　交合伞（100×）

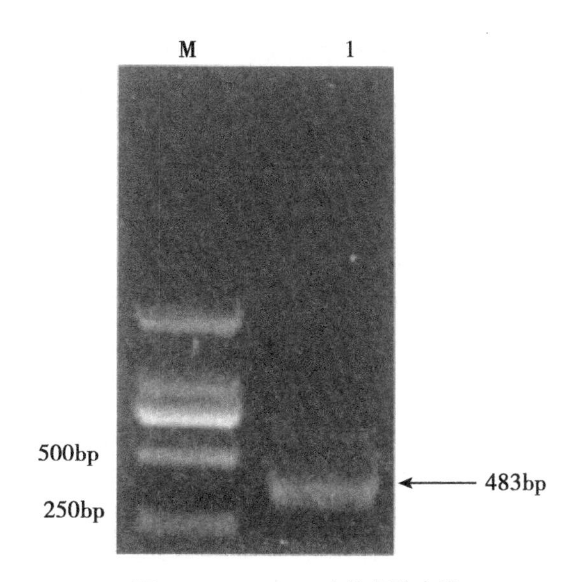

图 4　ITS-1 PCR 产物凝胶电泳

M. DNA 标准分子量 DL 2000；1. 分离株 ITS-1 基因

参考文献（略）

旋毛虫西藏地理株生物学特性的研究*

李灵招[1]，崔　晶[2]，王中全[2]
（1. 郑州市中心医院检验科；2. 郑州大学基础医学院寄生虫学教研室）

摘　要：为旋毛虫属的分类与肉类食品安全提供依据。对我国西藏地区猪源旋毛虫地理株（isolate）囊包大小与肌幼虫进行长度测量，观察其生殖力指数（reproductive capacity index，RCI）及冷冻耐力（freezing tolerance），并与河南猪源旋毛虫地理株进行比较。旋毛虫西藏株的囊包长度、宽度、肌幼虫长度及RCI与河南株的差异均无统计学意义（$P>0.05$）。旋毛虫西藏株经-18℃冻存12h、24h及36h后的RCI（44.33、26.71及0.83），均明显高于河南株（3.37、1.13及0）（$P<0.01$），西藏株-18℃冻存48h才完全失去感染性，而河南株-18℃冻存36h即已失去感染性。旋毛虫西藏株的形态及RCI与河南株的差异无统计学意义，但其冷冻耐力明显高于河南株。

关键词：旋毛虫；西藏地理株；生物学特性；生殖力指数；冷冻耐力

旋毛虫病（trichinellosis）是一种严重的人兽共患寄生虫病，人体感染旋毛虫主要因生食或半生食含有幼虫囊包的猪肉及其肉制品所致。我国西藏地区自1964年报道首例旋毛虫病人以来，至2009年在该地区已发生15次人体旋毛虫病暴发，发病187例，死亡12人。目前，国际上已将旋毛虫属分为8个种：即旋毛虫（*T. spiralis*，T1）、乡土旋毛虫（*T. nativa*，T2）、布氏旋毛虫（*T. britovi*，T3）、伪旋毛虫（*T. pseudospiralis*，T4）、米氏旋毛虫（*T. murrelli*，T5）、纳氏旋毛虫（*T. nelsoni*，T7）、巴布亚旋毛虫（*T. papuae*，T10）及津巴布韦旋毛虫（*T. zimbabwensis*，T11），以及4个分类地位尚未确定的基因型，即*Trichinella* T6、T8、T9及T12。我国现已发现存在有2个种，即旋毛虫和乡土旋毛虫。2009年在台湾省还发生了因食海龟引起的旋毛虫病暴发，其病因可能为T10或T11。我国地域辽阔，动物种类和数量众多，是否还存在有其他种旋毛虫，目前尚不清楚。本文对我国西藏地区猪源旋毛虫地理株的形态、生殖力指数（Reproductive capacity index，RCI）及冷冻耐力（freezing tolerance）等生物学特性进行了研究，并与河南地理株进行了比较。

1　材料与方法

1.1　旋毛虫与实验动物

旋毛虫西藏株与河南株分别来自林芝与南阳猪源旋毛虫，由笔者教研室昆明小鼠传

* 刊于《河南医学研究》2012年3期

代保种。4 周龄健康雄性昆明小鼠（18~20g），购自郑州大学实验动物中心。

1.2 肌幼虫收集

将旋毛虫不同地理株感染小鼠后 42 天拉颈处死，剥皮后剔除内脏和脂肪，先取一小块膈肌压片镜检，观察有无旋毛虫感染。然后将小鼠胴体称重，用人工消化液［0.1%胃蛋白酶（活性为 1：30 000）-0.7%盐酸-0.85%氯化钠］消化，肌肉与消化液之比为 1g：10ml。消化后按贝氏法收集纯净的旋毛虫肌幼虫，生理盐水反复洗涤后镜下计数。

1.3 形态学观察

1.3.1 囊包大小

剖杀感染旋毛虫 42 天的小鼠，将含有幼虫囊包的肉样压片后在光镜下（×100）观察，应用 Image-Pro Express C 软件测定 90 个囊包的长度与宽度，分别计算囊包长度和宽度的平均值及标准差。

1.3.2 肌幼虫长度

将分离的肌幼虫悬液滴于试管中，将其底部放入烧杯中水浴，边加热边轻微振荡试管，当烧杯内水温达到 90℃时停止加热。取加热后的肌幼虫悬液滴于洁净的载玻片上，加盖片后在装有显微测微尺的光学显微镜下用低倍镜（100×）观察，用数码相机获取其图像，保存为计算机文件后进行测量和分析。测量 60 条肌幼虫的长度，计算其均值。对于弯曲的虫体，用目镜测微尺分段测量，各段数值相加后即为肌幼虫长度。

1.3.3 生殖力指数（RCI）

将 20 只昆明小鼠随机分为 2 组，每组 10 只，分别感染旋毛虫西藏株与河南株，每只小鼠经口感染 300 条肌幼虫。42 天后剖杀，消化全身肌肉后收集肌幼虫，计数 RCI，RCI＝实验动物感染旋毛虫后 42 天回收的肌幼虫数/接种的肌幼虫数。

1.3.4 冷冻耐力试验

将分别感染旋毛虫河南株和西藏的小鼠肌肉（各 100g）剪碎成小米粒大小，分别平均分成 5 份，每份重 20g，置于塑料袋内-18℃冰箱中分别冻存 12h、24h、36h、48h、72h，将冷冻肉样于室温下自然解冻 3h，然后将肌肉人工消化后计数活幼虫数。幼虫卷曲或在温水中活动为活幼虫，幼虫呈逗号和“C”字形并且在温水中不活动的为死幼虫。将 50 只小鼠随机分为 10 组（每组 5 只），每只分别经口感染-18℃保存 12h、24h、36h、48 和 72h 的旋毛虫河南株或西藏株 300 条幼虫，感染后 42 天后剖杀，分别将小鼠肌肉人工消化后计数回收的幼虫数及 RCI。另各取 5 份感染旋毛虫河南株和西藏的小鼠肌肉（每份重 20g），置于塑料袋内-26℃分别冻存 12h、24h、36h、48h，如上所述方法观察活幼虫比例，分别接种 4 组小鼠（每组 5 只）后观察其感染性。

1.4 统计方法

采用SPSS 11.5统计分析软件进行数据处理和统计分析，采用本非参数检验和t检验。检验水准为$\alpha=0.05$。

2 结果

2.1 旋毛虫西藏株囊包形态与大小

旋毛虫西藏株囊包呈长椭圆形，每个囊包内含1条幼虫（图1）。

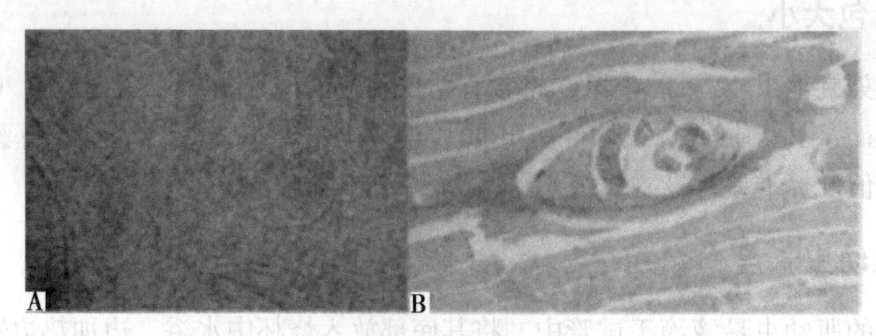

图1 旋毛虫西藏株幼虫囊包形态（×100）

A. 肌肉压片（未染色）；B. 肌肉切片（HE染色）

囊包长度与宽度见表1。经统计学分析，西藏株囊包长度和宽度与河南株囊包的差异均无统计学意义（$t=1.312$，$t=-0.046$，$P_{均}>0.05$）。

表1 旋毛虫河南株与西藏株幼虫囊包大小（$n=90$）

指标	河南株	西藏株
囊包长度（μm）	379.78±63.62	391.84±59.68
囊包宽度（μm）	194.31±29.30	194.11±28.76

2.2 肌幼虫长度

旋毛虫西藏株和河南株的肌幼虫长度分别为（1 122.02±99.86）μm和（1 105.66±46.96）μm，2个旋毛虫地理株肌幼虫长度的差异无统计学意义（$t=-1.148$，$P>0.05$）。

2.3 生殖力指数

旋毛虫西藏株与河南株在小鼠体内的生殖力指数分别为213.83±76.16和268.87±33.58，差异无统计学意义（$Z=-1.681$，$P=0.093>0.05$）。

2.4 冷冻耐力试验

旋毛虫西藏株-18℃冷冻 48h 之后仍然有卷曲的活幼虫，幼虫存活率为 16.7%，冷冻 72h 幼虫全部死亡。而旋毛虫河南株于-18℃冷冻 48 h 幼虫已全部死亡（表 2）。从冷冻肉样中收集的幼虫接种小鼠后 42 d 回收的幼虫数与 RCI 见表 3。旋毛虫西藏株经-18℃冻存 12h、24h 及 36h 后的 RCI 均明显高于河南株（$Z_{12}=-2.611$，$Z_{24}=-2.627$，$Z_{36}=-2.795$，$P_{均}<0.01$）。西藏株-18℃冻存 48h 才完全失去感染性，而河南株-18℃冻存 36h 即已失去感染性。

表 2　旋毛虫西藏株与河南株-18℃冷冻不同时间后肌幼虫存活情况［n（%）］

冷冻时间（h）	河南株		西藏株	
	观察虫数	活虫数	观察虫数	活虫数
12	488	393（80.5）	396	384（97.0）
24	351	34（9.7）	344	328（95.3）
36	381	12（3.1）	422	121（28.6）
48	402	0（0）	366	61（16.7）
72	—	—	389	0（0）

当含有旋毛虫西藏株肌幼虫的肌肉经-26℃冻存 12h、24h、36h 及 48h 后的活幼虫比例分别为 72.8%（650/893）、8.3%（53/635）、0.9%（11/1204）及 0%（0/1307），接种小鼠后的 RCI 分别为 0.50±0.015、0.20±0.008、0 及 0；而含有河南株肌幼虫的肌肉经-26℃冻存 12h、24h 后的活幼虫比例仅分别为 5.4%（29/536）及 0%（0/718），接种小鼠后的 RCI 分别为 0.3±0.015 及 0。旋毛虫西藏株经-26℃冻存 12h、24h 后的 RCI 均明显高于河南株（$Z_{12}=-2.652$，$Z_{24}=-2.805$，$P_{均}<0.01$）。

表 3　旋毛虫西藏株与河南株-18℃冷冻不同时间接种小鼠后的 RCI

冷冻时间（h）	河南株		西藏株	
	回收幼虫数	RCI	回收幼虫数	RCI
12	1 010±439	3.37±1.46	3 330±8 284	44.33±27.61
24	340±313	1.13±1.04	8 012±4 735	26.71±15.78
36	0	0	249±35	0.83±0.12
48	0	0	0	0
72	0	0	0	0

3 讨论

本研究中所用的旋毛虫西藏株与河南株经 PCR 等方法鉴定均属于 *T. spiralis*（T1），这 2 个旋毛虫地理株的囊包与肌幼虫大小与生殖力指数均无明显差异，表明肌幼虫形态与生殖力指数仅能作为旋毛虫属分类的参考，而不能作为区分旋毛虫种和地理株的生物学特征。

冷冻耐力是旋毛虫的生物学特性之一，是旋毛虫对寒冷环境长期适应和耐受的一个自身调整的过程，也是宿主和旋毛虫之间相互作用的结果，已成为旋毛虫属分类与鉴定中的一个常用指标。旋毛虫肌幼虫对低温的耐受力直接受宿主类型、地理环境与温度、虫龄等多种因素的影响。本研究发现旋毛虫西藏株对低温的耐受力明显高于河南株，可能与西藏株长期处于低温环境、已经形成了对低温的适应性有关。西藏林芝地区与河南南阳地区的平均气温分别为 8.7℃和 14.4~15.7℃，且林芝地区一年内低温的时间段明显多于南阳地区。目前，在一些国家出售猪肉及其肉制品之前经过冷冻处理已经成为一种降低旋毛虫感染风险的安全措施之一，但对新鲜肉类在一定的温度下冷冻足够的时间才能完全杀死旋毛虫。如猪肉应切成小于 15 cm 厚的肉块，在-15℃冷冻 20 天、-23℃冷冻 10 天，-29℃冷冻 6 天，其中的旋毛虫才能完全丧失感染性，且冷冻处理仅对猪肉中的 *T. spiralis* 有效，而对抗低温的 *T. nativa* 则无效。本文结果表明旋毛虫西藏株经-18℃冻存 36h、-26℃冻存 24h 后部分虫体仍有感染性。

冷冻处理肉类虽有可能降低旋毛虫肌幼虫的感染性和生殖力，其效果受旋毛虫虫种、肉块大小、温度、冷冻时间等多种因素的影响，在实际应用中冷冻处理肉类对旋毛虫幼虫的杀伤效果较难进行评价。因此，在流行区进行健康教育仍是预防旋毛虫病的关键措施。改变不良的饮食习惯和烹饪方法，不生食或半生食猪肉及其他动物肉类和肉制品。尤其是在西藏等高原地区，肉类及肉制品应完全做熟，以确保肉类食品安全。试验表明，只有当肉块中心温度达到 71℃时囊包内的旋毛虫幼虫才可被杀死。

参考文献（略）

西藏当雄牦牛皮蝇蛆病病原的分子分类鉴定*

刘建枝[1]，色　珠[1]，关贵全[2]，夏晨阳[1]，次仁多吉[1]，拉巴次旦[1]，
罗建勋[2]，殷　宏[2]，佘永新[1]，姚海潮[1]，曾江勇[1]，
鲁志平[1]，杨德全[1]，吴金措姆[1]，四郎玉珍[1]
（1. 西藏自治区农牧科学院畜牧兽医研究所；2. 中国农业
科学院兰州兽医研究所家畜疫病病原生物学国家重点
实验室，甘肃省动物寄生虫病重点实验室）

摘　要：2011 年在西藏当雄县感染皮蝇蛆牦牛的背部皮下收集到三期幼虫 113 个，首先进行了形态学鉴定，之后提取 DNA，用特异性引物扩增 *COI* 基因，并进行测序，与 GenBank 中的相关序列进行了同源性比较，建立了系统发育树。结果表明，西藏当雄县感染牦牛的皮蝇蛆为牛皮蝇蛆和中华皮蝇蛆。前者（85 条）占样本总数（113）的 75.22%，为西藏当雄牦牛皮蝇蛆病病原的优势虫种；COI 基因序列显示牛皮蝇和中华皮蝇的种间差异为 10.8%～11.3%，同源性为 88.7%～89.2%；牛皮蝇株间差异为 0.1%～0.6%，同源性为 99.4%～99.9%，中华皮蝇株间差异为 0.1%～0.4%，同源性为 99.6%～99.9%。说明 COI 基因是牦牛皮蝇蛆病病原种类分子分类鉴定的可靠靶基因。

关键词：西藏；牛皮蝇；中华皮蝇；*COI* 基因；分子分类；系统发育树

牛的皮蝇是双翅目（Diptera），皮蝇科（Hypodermatidae），皮蝇属（*Hypoderma*）的昆虫，它们的幼虫阶段寄生于黄牛或牦牛的体内，最后阶段移行至皮下引起牛的皮蝇蛆病（hypodermosis）。这是一种造成畜牧业严重经济损失的国际性人畜共患寄生虫病，也是草原放牧牛最常见、危害最严重的寄生虫病。该病流行范围广，北纬 18°～60°的 55 个国家都有流行。其危害主要表现为动物消瘦，贫血，发育受阻，体重减轻，产肉、产奶、产绒毛量下降，皮肤穿孔，感染强度高的可致动物死亡。

我国牦牛资源十分丰富，数量占世界牦牛总数的 95%以上，西藏是牦牛主要生产区，占全国牦牛总数的 20.39%，牦牛是西藏农牧民的主要生产生活资料，但长期以来牦牛养殖业受诸多因素的影响，生产水平低下，其中牛皮蝇蛆病的危害是重要原因之一。陈裕祥等调查显示对西藏牦牛危害最大的寄生虫病就是皮蝇蛆病，感染率达 86.36%，感染强度高达 160 余个。

目前，西藏地区对牦牛的皮蝇蛆病病原只进行过形态学鉴定研究，而且也仅报道过牛皮蝇（*Hypoderma bovis*）1 个种。本研究拟利用分子生物学技术，对西藏当雄县牦牛体采集的皮蝇三期幼虫进行分子分类鉴定，以确定西藏当雄牦牛的皮蝇蛆病病原类型及其优势虫种。

---

* 刊于《中国兽医科学》2012 年 3 期

1 材料与方法

1.1 皮蝇蛆的采集

牦牛皮蝇三期幼虫为 2011 年 4—6 月采自西藏当雄县感染牛的背部皮下，共计 113 个，由西藏农牧科学院畜牧兽医研究所在-20℃条件下保存。

1.2 形态学鉴定

参照薛万奇等的描述，对采集的虫体在解剖显微镜下逐个鉴定到种。虫体参考形态特征如下：牛皮蝇三期幼虫：倒数第二节腹面前、后缘均无刺；中华皮蝇三期幼虫：倒数第二节腹面前、后缘均具刺。

1.3 试剂

虫体 DNA 试剂盒购自 Gentra 公司；*Taq* DNA 聚合酶等生化试剂购自大连宝生物工程有限公司；其余试剂均为国产分析纯，由中国农业科学院兰州兽医研究所家畜疫病病原生物学国家重点实验室提供。

1.4 引物

利用关贵全报道的可扩增牛皮蝇、纹皮蝇和中华皮蝇 COI 基因片段的 PCR 引物设计的引物序列如下：Hy COI-S：5′-TTCCCACGAATAAATAACATAAGA-3′；Hy COI-AS：5′-AGTGGGAGTTCAGAATAAGAGTGT-3′，该引物由上海生工生物工程技术服务有限公司合成。

1.5 虫株 DNA 的提取

按照虫株 DNA 提取试剂盒的操作步骤，将已鉴定的虫株样品用无菌水清洗干净，除去表面黏液，取 5 只牛皮蝇和 4 只中华皮蝇三期幼虫，在无菌条件下解剖取出内容物，剪碎，提取虫株 DNA，用琼脂糖凝胶电泳鉴定后-20℃保存备用。

1.6 目的基因片段的 PCR 扩增

分别以各分离株 DNA 为模板，用上述引物进行 PCR 扩增。50μl PCR 反应体系：DNA 模板 1μl，10×缓冲液（含 Mg^{2+}）5μl，2.5mmol/L dNTP 4μl，引物各 1μl，*Taq* DNA 聚合酶（5U/μl）0.3μl，最后加灭菌双蒸水至总体积为 50μl。扩增条件：94℃预变性 5min，94℃变性 30s，54.3℃退火 30s，72℃延伸 1min，进行 35 个循环，72℃再延伸 7min，4℃保存备用。取上述 PCR 产物 5μl 在 10g/L 的琼脂糖凝胶（含 0.5μg/ml 溴化乙锭）中，进行电泳分析，观察扩增结果并拍照。

1.7 PCR 产物的纯化回收

电泳检测结果显示扩增的片段是所需要的目的片段时，将剩余的全部 PCR 产物用大连宝生物工程有限公司生产的胶回收试剂盒进行纯化回收，回收产物用于重组质粒的构建。

1.8 PCR 产物的连接、克隆与鉴定

10μl 连接反应体系：PCR 反应产物 3μl，pGEM-T Easy 载体 1μl，连接酶缓冲液 5μl，T4 DNA 连接酶 1μl，4℃连接过夜。取 10μl 连接产物转化大肠杆菌 JM109 感受态细胞，涂布于含 Amp 的 LB 平板，37℃培养 16~18 h。从平板上挑取单个白色菌落接种于 4 ml 含氨苄青霉素的 LB 培养液，37℃振荡过夜培养。阳性重组质粒送上海生工生物工程服务有限公司测序，测序结果用 DNA Star 软件包中的 Meg Align 和 MEGA 4.0 软件进行同源性比较和绘制系统发育树。

2 结果

2.1 形态学鉴定

通过形态学鉴定分析，共检查出牛皮蝇蛆 85 个，中华皮蝇蛆 28 个。

2.2 PCR 扩增

利用引物 Hy COI-S/Hy COI-AS 对虫体 DNA 进行 PCR 扩增，得到与预期长度一致的 COI 基因片段，约为 1 250bp（图 1）。

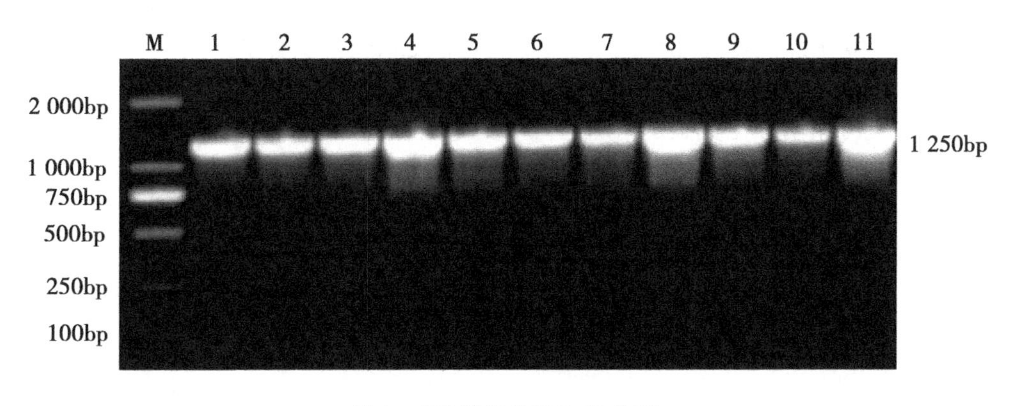

图 1 *COI* 基因片段 PCR 扩增

M：DNA 分子质量标准；1：牛皮蝇阳性对照；2：中华皮蝇阳性对照；3~6：中华皮蝇当雄株；7~11：牛皮蝇当雄株

2.3 序列分析及系统发育树的建立

应用 DNA Star 软件中的 Meg Align 软件对所获得的 *COI* 基因序列进行同源性比较，结果显示牛皮蝇和中华皮蝇 *COI* 基因的种间差异为 10.8%~11.3%，牛皮蝇的株间差异为 0.1%~0.6%，中华皮蝇的株间差异为 0.1%~0.4%（表 1）。这一结果与关贵全报道

的结果基本一致。应用 MEGA 4.0 建立系统发育树，结果显示感染牛的皮蝇主要分布在 3 大分枝上，西藏当雄牦牛体内采集的牛皮蝇和中华皮蝇（经形态学鉴定）分别归为 GenBank 中的牛皮蝇和中华皮蝇的大分支中（图 2），因而确定西藏牦牛皮蝇蛆病病原确为中华皮蝇与牛皮蝇。

3 讨论

通过形态学和分子分类学研究，确定当雄牦牛皮蝇蛆病病原虫种为牛皮蝇和中华皮蝇，其中，牛皮蝇为优势虫种。

在感染牛的皮蝇分类研究方面，尤其是中华皮蝇作为一个独立的虫种一直成为争论的焦点。Otranto 等通过采用电子显微镜形态学观察及 *COI* 基因分子分类研究，证实中华皮蝇确为一个独立虫种，不应归类到纹皮蝇高山亚种。将中华皮蝇与牛皮蝇、纹皮蝇的 *COI* 基因比对后，发现其种间差异分别为 9.7% 和 7.2%，表明 *COI* 基因可作为区分牛的皮蝇蛆病病原种类的靶基因。关贵全应用特异性引物分别扩增了部分皮蝇蛆的 18S rRNA 和 *COI* 基因序列片段，对甘肃、青海感染牛的皮蝇三期幼虫进行了分子分类鉴定，结果表明牛皮蝇与纹皮蝇、牛皮蝇与中华皮蝇以及纹皮蝇与中华皮蝇 18S rRNA 的种间差异分别为 1.43%、1.30% 和 1.71%，牛皮蝇、纹皮蝇和中华皮蝇的株间差异分别为 0.093%、0.1% 和 0.11%；而 *COI* 基因区别上述蝇蛆之间的种间差异分别为 11.15%、11.27% 和 4.01%，说明在种的确定上，*COI* 基因明显要优于 18S rRNA，从而进一步表明 *COI* 是一个用于皮蝇分子分类学研究的靶基因。

西藏是牦牛皮蝇蛆病危害最严重的地区之一，但在此之前缺乏对病原学的系统研究，20 世纪 90 年代初期只从形态上进行了鉴定，也仅仅发现有牛皮蝇一个种。本研究利用特异性引物扩增的 *COI* 基因序列，对从西藏当雄县牦牛体采集的牦牛皮蝇三期幼虫进行了形态学和分子分类鉴定，确定为牛皮蝇和中华皮蝇。另外，西藏是否存在纹皮蝇或其他种类的皮蝇感染牦牛，尚待进行大量样本的调查研究。

表 1　皮蝇 COI 基因序列同源性比较　（%）

虫株	1	2	3	4	5	6	7	8	9	10	11	12	13	14	15	16	17	18	19	20	21
1		98.5	98.0	98.7	98.6	98.8	98.9	98.7	98.7	90.1	90.1	89.9	88.8	88.7	88.7	88.9	88.9	88.8	90.2	84.4	86.2
2	1.5		98.5	99.4	99.3	99.5	99.6	99.3	99.4	90.6	90.8	90.2	89.4	89.3	89.3	89.4	89.4	89.4	90.9	84.9	86.9
3	2.0	1.6		98.8	98.6	98.9	98.9	98.9	98.9	91.7	90.6	91.4	90.5	90.6	90.3	90.4	90.5	90.5	91.6	85.9	87.4
4	1.3	0.6	1.2		99.7	99.8	99.8	99.5	99.7	91.2	91.2	90.8	89.9	89.8	89.8	90.0	90.0	89.9	91.5	85.5	86.9
5	1.5	0.7	1.4	0.3		99.6	99.7	99.4	99.5	91.1	91.0	90.9	89.9	89.8	89.8	90.0	90.0	89.9	91.4	85.4	87.1
6	1.2	0.5	1.1	0.2	0.4		99.9	99.6	99.9	91.1	91.0	90.6	89.8	89.8	89.8	89.9	89.9	89.8	91.4	85.4	87.1
7	1.1	0.4	1.1	0.2	0.3	0.1		99.7	99.8	91.1	91.0	90.6	89.8	89.7	89.7	89.8	89.8	89.8	91.4	85.4	87.1
8	1.3	0.7	1.1	0.5	0.6	0.4	0.3		99.5	90.8	90.9	90.6	89.7	89.6	89.6	89.8	89.8	89.7	91.1	85.1	86.7
9	1.3	0.6	1.1	0.3	0.5	0.1	0.2	0.5		91.1	91.0	90.6	89.9	89.8	89.8	90.0	90.0	89.9	91.4	85.4	87.1
10	10.7	10.1	8.8	9.4	9.6	9.6	9.6	9.9	9.6		99.1	93.6	92.5	92.9	92.3	92.4	92.5	92.5	90.7	88.7	88.2
11	10.7	9.9	10.1	9.4	9.6	9.6	9.6	9.8	9.7	0.9		92.6	92.8	92.9	92.7	92.9	92.9	92.8	89.7	87.2	87.2
12	10.9	10.7	9.2	9.9	9.8	10.1	10.1	10.1	10.1	6.7	7.9		98.9	98.8	98.8	98.9	98.9	98.9	90.3	86.8	87.5
13	12.2	11.6	10.3	10.9	10.9	11.0	11.1	11.2	10.9	8.0	7.6	1.1		99.6	99.7	99.9	99.9	100.0	89.1	85.4	86.9
14	12.3	11.7	10.1	11.0	11.0	11.1	11.2	11.3	11.0	7.5	7.6	1.2	0.4		99.4	99.5	99.5	99.6	88.9	85.7	86.8
15	12.3	11.7	10.5	11.0	11.0	11.1	11.2	11.3	11.0	8.2	7.7	1.2	0.3	0.6		99.6	99.6	99.7	88.9	85.2	86.8
16	12.2	11.5	10.3	10.8	10.8	10.9	11.0	11.1	10.8	8.0	7.6	1.1	0.1	0.5	0.4		99.8	99.9	89.1	85.4	86.9
17	12.1	11.5	10.3	10.8	10.8	10.9	11.0	11.1	10.8	8.0	7.6	1.1	0.1	0.5	0.4	0.2		99.9	89.1	85.4	86.9
18	12.2	11.6	10.3	10.9	10.9	11.0	11.1	11.2	10.9	8.0	7.6	1.1	0.0	0.4	0.3	0.1	0.1		89.1	85.4	86.9
19	10.6	9.8	9.1	9.1	9.3	9.3	9.3	9.7	9.3	10.0	11.2	10.6	12.0	12.2	12.2	12.0	12.0	12.0		85.3	88.8
20	17.7	17.0	15.8	16.2	16.4	16.4	16.4	16.8	16.4	12.3	14.0	14.6	16.4	16.0	16.6	16.4	16.4	16.4	16.5		83.6
21	15.5	14.6	14.1	14.6	14.4	14.4	14.4	14.8	14.4	13.0	14.2	13.8	14.5	14.7	14.7	14.6	14.5	14.5	12.4	18.7	

1：*H. bovis* Italy；2：*H. bovis* Luqu；3：*H. bovis* Veneto，Italy；4：*H. bovis* Weiyuan；5：*H. bovis* Tibet-5；6：*H. bovis* Tibet-4；7：*H. bovis* Tibet-3；8：*H. bovis* Tibet-2；9：*H. bovis* Tibet-1；10：*H. lineatum* Italy；11：*H. lineatum* Anxi；12：*H. sinense* Maqu；13：*H. sinense* Qinghai；14：*H. sinense* Tianzhu；15：*H. sinense* Tibet-4；16：*H. sinense* Tibet-3；17：*H. sinense* Tibet-2；18：*H. sinense* Tibet-1；19：*H. diana* France；20：*H. tarandi* Sweden；21：*H. actaeon* Spain

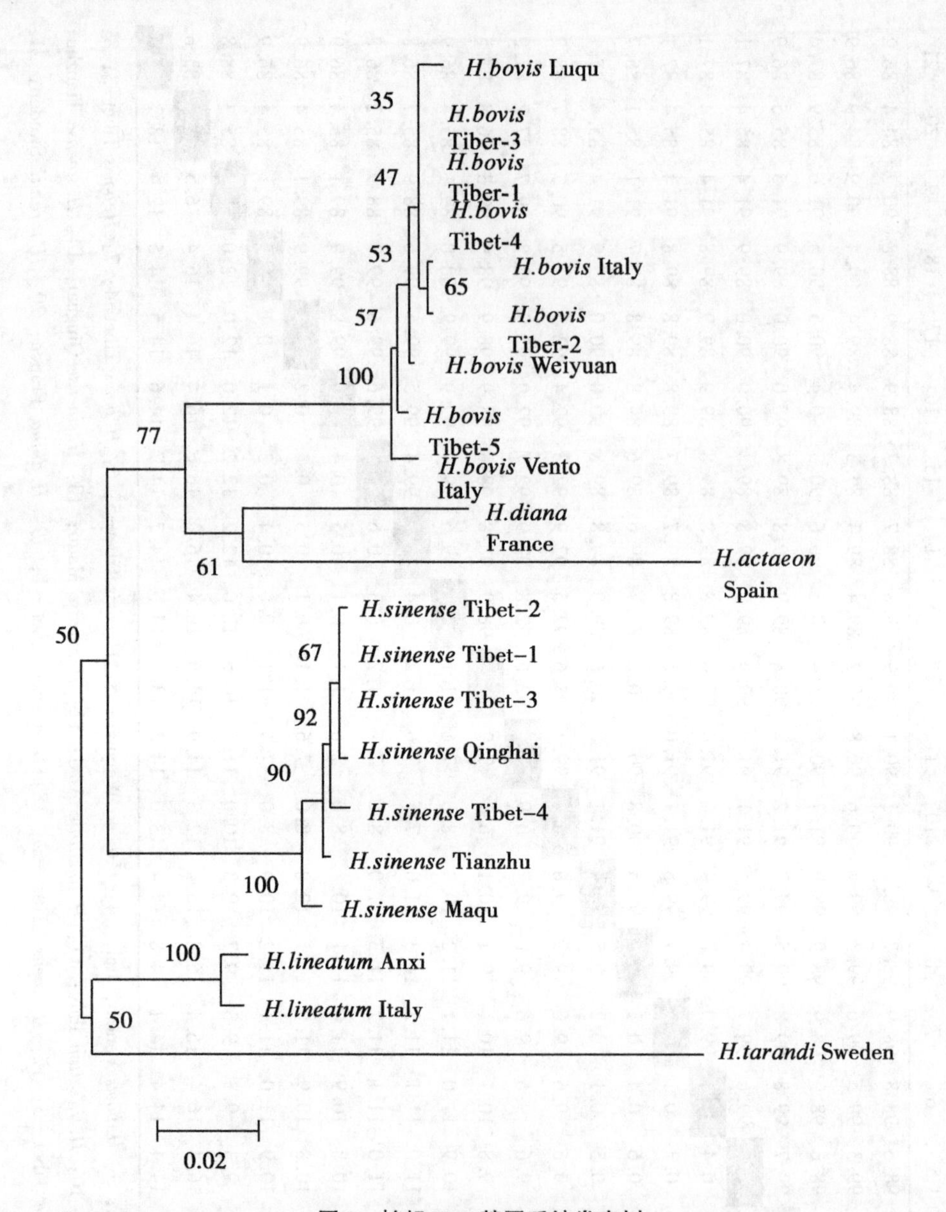

图 2 蜱蝇 *COI* 基因系统发育树

参考文献（略）

Mitochondrial and Nuclear Ribosomal DNA Dataset Supports that *Paramphistomum leydeni* (*Trematoda Digenea*) is A Distinct Rumen Fluke Species*

MA Jun[1,2], HE Junjun[1], LIU Guohua[1], ZHOU Donghui[1], LIU Jianzhi[3], LIU Yi[2], ZHU Xingquan[1,2,4]*

(1. State Key Laboratory of Veterinary Etiological Biology, Key Laboratory of Veterinary Parasitology of Gansu Province, Lanzhou Veterinary Research Institute, Chinese Academy of Agricultural Sciences, Lanzhou, Gansu Province 730046, PR China. 2. College of Veterinary Medicine, Hunan Agricultural University, Changsha, Hunan Province 410128, PR China. 3. Institute of Livestock Research, Tibet Academy of Agricultural and Animal Husbandry Sciences, Lhasa, Tibet Autonomous Region 850009, PR China. 4. Jiangsu Co-innovation Center for the Prevention and Control of Important Animal Infectious Diseases and Zoonoses, Yangzhou University College of Veterinary Medicine, Yangzhou, Jiangsu Province 225009, PR China)

Abstract:

Background: Rumen flukes parasitize the rumen and reticulum of ruminants, causing paramphistomiasis. Over the years, there has been considerable debate as to whether *Paramphistomum leydeni* and *Paramphistomum cervi* are the same or distant species.

Methods: In the present study, the complete mitochondrial (mt) genome of *P. leydeni* was amplified using PCR-based sequencing and compared with that of *P. cervi*. The second internal transcribed spacer (ITS-2) of nuclear ribosomal DNA (rDNA) of *P. leydeni* specimens ($n = 6$) and *P. cervi* specimens ($n = 8$) was amplified and then sequenced. Phylogenetic relationship of the concatenated amino acid sequence data for 12 protein-coding genes of the two rumen flukes and selected members of Trematoda was evaluated using Bayesian inference (BI).

Results: The complete mt genome of *P. leydeni* was 14 050bp in size. Significant nucleotide difference between the *P. leydeni* mt genome and that of *P. cervi* (14.7%) was observed. For genetic divergence in ITS-2, sequence difference between *P. leydeni* and *P. cervi* was 3.1%, while no sequence variation was detected within each of them. Phylogenetic analysis indicated that *P. leydeni* and *P. cervi* are closely-related but distinct rumen flukes.

* 刊于《*Parasites & Vectors*》2015 年 8 期

Conclusions: Results of the present study support the proposal that *P. leydeni* and *P. cervi* represent two distinct valid species. The mt genome sequences of *P. leydeni* provide plentiful resources of mitochondrial markers, which can be combined with nuclear markers, for further comparative studies of the biology of *P. leydeni* and its congeners from China and other countries.

Key words: *Paramphistomum leydeni*; *Paramphistomum cervi*; Mitochondrial genome; Nuclear ribosomal DNA; Phylogenetic analysis

1 Background

Species of *Paramphistomum* (Trematoda: Digenea), known as the 'rumen flukes' or 'amphistomes', are the pathogens of paramphistomiasis of ruminants, such as cattle, buffalo, sheep, goat and deer. Although rumen flukes are considered neglected parasites, they are widely distributed in many continents of the world, (e. g., Asia, the Americas, Europe, Africa and Oceania). Rumen flukes require aquatic snails as intermediate hosts and the preparasitic stages of miracidia and stages in snails (sporocyst, redia and cercaria) are similar to those of liver flukes, such as *Fasciola hepatica*. Cercaria escape from snails and attach to aquatic plants forming infectious metacercaria. Ruminants acquire infection through ingestion of infectious metacercaria attached to plants. Infection with adult *Paramphistomum* can cause chronic clinical signs, such as emaciation, anemia, diarrhea and edema. The immature paramphistomes might migrate through intestine towards rumen, reticulum, abomasums, bile duct and gallbladder. The migration could lead to significant morbidity in ruminants, even death.

Paramphistomum leydeni and *Paramphistomum cervi* are common rumen flukes in many countries, particularly in Argentina. Various host animals are often infected concurrently with *P. leydeni*, *P. cervi* and other paramphistomums globally, and the host or geographical preference of the two rumen flukes has not been documented. In spite of the economic loss and morbidity of paramphistomiasis, over the years, there has been a significant controversy as to whether *P. leydeni* and *P. cervi* represent the same or distinct fluke species. The taxonomy of *P. leydeni* and *P. cervi* is still unclear. Although the amphistome species are morphologically very similar, reports have documented that *P. leydeni* and *P. cervi* are morphologically distinct species based on morphological features of the adult (e. g., genital opening type, pharynx type, ventral pouch and tegumental papillae absent or present). Furthermore, some studies have shown that *Cotylophoron cotylophorum* was re-classified as *P. leydeni*. *P. leydeni*, as well as *Paramphistomum hiberniae*, *Paramphistomum scotiae* and *Cotylophoron skrjabini*, was regarded as established synonym of *P. cervi*.

Molecular tools, using genetic markers in mitochondrial (mt) DNA and in the internal transcribed spacer (ITS) regions of nuclear ribosomal DNA (rDNA), have been used effectively to identify trematode species. For rumen flukes, Yan *et al.* (2013) reported that mtDNA might be an useful molecular marker for studies of inter-and intra-specific differentiation of the Paramphistomidae. Additionally, the ITS-2 rDNA has also proved to be a valuable marker for identification of amphistomes. Advancements in long PCR-coupled sequencing and bioinformatic methods are providing effective approaches to probe into the biology of these parasites. Therefore, in the present study, the complete mt genome of *P. leydeni*, and ITS-2 rDNA sequences of *P. leydeni* and *P. cervi* were sequenced, analyzed and compared to test the hypothesis that *P. leydeni* and *P. cervi* are two genetically distinct species.

2 Methods

2.1 Ethics statement

This study was approved by the Animal Ethics Committee of Lanzhou Veterinary Research Institute, Chinese Academy of Agricultural Sciences. Adult specimens of Paramphistomum were collected from bovids and caprids, in accordance with the Animal Ethics Procedures and Guidelines of the People's Republic of China.

2.2 Parasites, total genomic DNA extraction and the ascertainment of specimen identity

Adult specimens of Paramphistomum were collected, *post-mortem*, from the rumens of naturally infected goats in Nimu County, Tibet Autonomous Region; from livers and rumens of naturally infected yaks in Tianzhu and Maqu counties, Gansu Province; Ruoergai County, Sichuan Province; and Shaoyang City, Hunan Province, China. Samples were washed in physiological saline extensively, fixed in 70% (*v/v*) ethanol and preserved at −20℃ until use.

Because the specimens were kept in 70% ethyl alcohol, it was difficult to acquire the accurate morphological data of the paramphistomums, thus molecular identification was performed to ascertain the identities of the two paramphistomums. Total genomic DNA of each sample was extracted separately by sodium dodecyl sulfate (SDS) /proteinase K digestion system and mini-column purification (Wizard-SV Genomic DNA Purification System, Promega) according to the existing instructions.

ITS-2 rDNA of individual *Paramphistomum* specimens was amplified by PCR and sequenced according to established methods, and the identity of individual *Paramphistomum* specimens was ascertained by comparison with corresponding sequences available in GenBank.

2.3 Long-range PCR-based sequencing of mt genome

The primers (Table 1) were designed to relatively conserved regions of mtDNA nucleotide sequences from *P. cervi* and other closely-related taxa. The mt DNA was amplified from one specimen of *P. leydeni* collected from a goat in Nimu County, Tibet Autonomous Region, China. The full mt genome of *P. leydeni* was amplified in 4 overlapping long fragments between *cox3* and *atp6* (approximately 3.5 kb), between *atp6* to *cox1* (approximately 4 kb), between *cox*1 to *rrnS* (approximately 2.6 kb) and between *rrnL* to *cox*3 (approximately 5.5 kb) (Table 1). PCR reactions were conducted in a total volume of 50μl using 4mM $MgCl_2$, 0.4mM each of dNTPs, 5μl 10× LA *Taq* buffer, 5mM of each primer, 0.5μl LA*Taq* DNA polymerase (Takara, Dalian, China) and 2μl DNA templates in a thermocycler (Biometra, Göttingen, Germany). The PCR cycling conditions began with an initial denaturation at 92℃ for 2 min, then 12 cycles of denaturation at 92℃ for 20 s, annealing at 55-62℃ for 30 s and extension at 60℃ for 3-5min, followed by 92℃ denaturation for 2min, plus 28 cycles of 92℃ for 20 s (denaturation), 55-62℃ for 30 s (annealing) and 66℃ for 3-5min, with 10min of the final extension at 66℃. A cycle elongation of 10 s was added for each cycle. A negative control containing nuclease-free water was included in every amplification run. Each amplicon (4μl) was evidenced by electrophoresis in a 1.2% agarose gel, stained with Gold View I (Solarbio, Beijing, China) and photographed by GelDoc-It TS^{TM} Imaging System (UVP, USA). Amplified products were sent to Genewiz Company (Beijing, China) for sequencing using ABI3730 sequencer from both directions using the primer walking strategy. Sequencing results were tested by Seq Scanner 2 and artificial secondary interpretation was performed by professional technical personnel to ensure that the fragment of 50-800bp of each sequencing result was read accurately. The walking primers were designed for approximately 600-700bp of each sequence to assure the accuracy of two adjacent sequencing reactions by the sequencing company. The sequences were assembled manually to avoid errors by visualization of the chromatograms.

Table 1 Sequences of primers used to amplify long PCR fragments of *Paramphistomum leydeni*

Primer	Sequence (5′-3′)	Size (kb)	Amplified region
Pl1F	GCGGTATTGGCATTTTGTTGATTA	~3.5	Partial *cox3*-H-*cyt*b-SNCR-*nad*4L-*nad*4-Q-F-M-partial atp6
Pl1R	CATCAAGACAACAGGACGCACTAAAT		
Pl2F	GGAAGTTAGGTGTTTGGAATGTTG	~4.0	Partial *atp*6-*nad2*-V-A-D-*nad1*-N-P-I-K-*nad3*-S1-W-partial *cox*1
Pl2R	CCAAACAATGAATCCTGATTTCTC		
Pl3F	TTTTTTGGGCATAATGAGGTTTAT	~2.6	Partial *cox1*-T-*rrn*L-C-partial *rrn*S
Pl3R	CCAACATTACCATGTTACGACTT		
Pl4F	GGAGCAAGATACCTCGGGGATAA	~5.5	Partial *rrn*L-C-*rrn*S-*cox2*-*nad6*-Y-L1-S2-L2-R-*nad5*-G-E-LNCR-*cox3*-H-partial *cyt*b
Pl4R	CCCACCTGGCTTACACTGGTCTTA		

2.4 Amplification and sequencing of ITS-2 rDNA

The ITS rDNA region, spanning partial 18S, complete ITS-1, complete 5.8S, complete ITS−2 and partial 28S rDNA sequences, was amplified from the extracted DNA of each specimens using primers 18SF (forward; 5′-CACCGCCCGTCGCTACTACC-3′) and 28SR (reverse; 5′-ACTTTTCAACTTTCCCTC-3′) described previously. The amplicons were approximately 2 582bp in length.

2.5 Assembling, annotation and bioinformatic analysis

P. leydeni mtDNA sequences were assembled manually and aligned against the whole mt DNA sequences of *P. cervi* (KF_ 475773) and *Paragonimus westermani* (AF_ 219379) using MAFFT 7.122 to define specific gene boundaries. Twelve protein-coding genes were translated into amino acid sequences using MEGA 6.06 selecting the trematode mt genetic code option. The tRNA genes were identified using the program tRNAscan-SE and ARWEN (http://130.235.46.10/ARWEN/) or by visual inspection. The two rRNA genes were annotated by comparison with those of *P. cervi* and *P. westermani*.

2.6 Sliding window analysis of nucleotide variability

Pairwise alignment of the complete mt genomes of *P. leydeni* and *P. cervi*, including tRNAs and all intergenic spacers, was conducted by MAFFT 7.122 to locate variable nucleotide sites between the two rumen flukes. A sliding window analysis (window length = 300bp, overlapping step size = 10bp) was performed using DnaSP v. 5 to estimate nucleotide diversity Pi (π) for each mt genes in the alignment. Nucleotide diversity was plotted against mid-point positions of each window, and gene boundaries were identified.

2.7 Phylogenetic analysis

For comparative purposes, the concatenated amino acid sequences conceptually translated from individual genes of the mt genomes of the two rumen fluke were aligned with published mt genomes from selected Digenea, including *Clonorchis sinensis* (FJ_ 381664), *Opisthorchis felineus* (EU_ 921260) and *Opisthorchis viverrini* (JF_ 739555) [family Opisthorchiidae]; *Haplorchis taichui* (KF_ 214770) [Heterophyidae]; *P. westermani* (AF_ 219379) [Paragonimidae]; *Fasciola hepatica* (NC_ 002546), *Fasciola gigantica* (NC_ 024025) and *Fasciola* sp. (KF_ 543343) [Fasciolidae]; *Dicrocoelium chinensis* (NC_ 025279) and *Dicrocoelium dendriticum* (NC_ 025280) [Dicrocoeliidae] and *P. cervi* (KF_ 475773) [Paramphistomidae]. The sequence of *Schistosoma turkestanicum* (HQ_ 283100) [Schistosomatidae] was included as an outgroup.

All amino acid sequences were aligned using MAFFT 7.122 and excluding ambiguously aligned regions using Gblocks v. 0.91b selecting the defaults choosing options for less strict flanking positions. Then the alignment was modified into nex format and subjected to phylogenetic analysis using Bayesian inference (BI) applying the General Time Reversible (GTR) model as described previously. Four Monte Carlo Markov Chain (MCMC) were run and two independent runs for 10 000 metropolis-coupled MCMC generations were used, sampling a tree every 10 generation in MrBayes 3. 1. 2. Phylograms were viewed using FigTree v. 1. 42.

3 Results and discussion

3.1 Identity of *P. leydeni* and *P. cervi*

The ITS-2 sequences of*P. leydeni* specimens ($n=6$) (GenBank accession nos. KP341666 to KP341671) were 100% homologous to previously published sequences of *P. leydeni* from sheep and cattle in Buenos Aires and Entre Ríos provinces, Argentina (HM_ 209064 and HM_ 209067), deer in Ireland (AB_ 973398) and ruminants in northern Uruguay (KJ_ 995524 to KJ_ 995529). The ITS-2 sequences of *P. cervi* specimens ($n=8$) (GenBank accession nos. KP341658 to KP341665) were 100% identical to those of *P. cervi* from cattle in Heilongjiang Province, China (KJ_ 459934, KJ_ 459935).

3.2 Content and organization of mt genome of *P. leydeni*

The complete mt genome sequence of *P. leydeni* (GenBank accession no. KP341657) is 14 050bp in size, 38bp larger than that of *P. cervi*. The circular genome of *P. leydeni* contains 36 genes that transcribing in the same direction, covering 12 protein-coding genes (*nad*1-6, *nad4*L, *cox1*-3, *cyt*b and *atp6*), 22 tRNA genes and two rRNA genes (*rrn*L and *rrn*S) (Table 2) which is consistent with those of all the trematode species available to date (Figure 1). A comparison of nucleotide sequences of each protein coding gene, the amino acid sequences, two ribosomal DNA genes and two NCRs is given in Tables 2 and 3.

Table 2 The features of the mitochondrial genomes of *Paramphistomum leydeni* (PL) and *Paramphistomum cervi* (PC)

Gene	Positions and nt sequence size (bp)		Start and stop codons		tRNA Anti-codons		Intergenic nt (bp)	
	PL (5′-3′)	PC (5′-3′)	PL	PC	PL	PC	PL	PC
cox3	1~645 (645)	1~645 (645)	ATG/TAG	ATG/TAG			0	0
tRNA-His (H)	647~714 (68)	647~715 (69)			GTG	GTG	1	3
*cyt*b	717~1 829 (1 113)	720~1 832 (1 113)	ATG/TAG	ATG/TAG			2	4
SNCR	1 830~1 894 (64)	1 833~1 890 (58)					0	0
*nad4*L	1 895~2 158 (264)	1 891~2 154 (264)	ATG/TAG	ATG/TAG			0	0
nad4	2 119~3 399 (1 281)	2 115~3 395 (1 281)	GTG/TAG	GTG/TAG			-40	-40
tRNA-Gln (Q)	3 404~3 469 (66)	3 398~3 462 (65)			TTG	TTG	4	2
tRNA-Phe (F)	3 501~3 567 (67)	3 489~3 553 (65)			GAA	GAA	31	26

(Continu)

Gene	Positions and nt sequence size (bp)		Start and stop codons		tRNA Anti-codons		Intergenic nt (bp)	
	PL (5′-3′)	PC (5′-3′)	PL	PC	PL	PC	PL	PC
tRNA-Met (M)	3 565~3 629 (65)	3 553~3 615 (63)			CAT	CAT	-3	-1
atp6	3 630~4 145 (516)	3 616~4 131 (516)	ATG/TAG	ATG/TAG			0	0
nad2	4 153~5 025 (873)	4 139~5 011 (870)	ATA/TAG	GTG/TAG			7	7
tRNA-Val (V)	5 049~5 112 (64)	5 014~5 077 (64)			TAC	TAC	23	2
tRNA-Ala (A)	5 122~5 187 (66)	5 085~5 154 (70)			TGC	TGC	9	7
tRNA-Asp (D)	5 197~5 266 (70)	5 165~5 229 (65)			GTC	GTC	9	10
nad1	5 269~6 165 (897)	5 233~6 129 (897)	ATG/TAG	ATG/TAG			2	3
tRNA-Asn (N)	6 170~6 235 (66)	6 142~6 207 (66)			GTT	GTT	4	12
tRNA-Pro (P)	6 235~6 300 (66)	6 208~6 270 (63)			TGG	TGG	-1	0
tRNA-Ile (I)	6 302~6 363 (62)	62 72~6 334 (63)			GAT	GAT	1	1
tRNA-Lys (K)	6 370~6 435 (66)	6 344~6 409 (66)			CTT	CTT	6	9
nad3	6 436~6 792 (357)	6 410~6 766 (357)	ATG/TAG	ATG/TAG			0	0
tRNA-Ser (S1)	6 810~6 868 (59)	6 785~6 843 (59)			GCT	GCT	17	18
tRNA-Trp (W)	6 878~6 941 (64)	6 853~6 915 (63)			TCA	TCA	9	9
cox1	6 942~8 486 (1 545)	6 916~8 460 (1 545)	ATA/TAG	GTG/TAG			0	0
tRNA-Thr (T)	8 500~8 561 (62)	8 470~8 534 (65)			TGT	TGT	13	9
*rrn*L	8 562~9 556 (995)	8 535~9 520 (986)					0	0
tRNA-Cys (C)	9 557~9 623 (67)	9 527~9 586 (60)			GCA	GCA	0	6
*rrn*S	9 624~10 372 (749)	9 592~10 340 (749)					0	5
cox2	10 373~10 954 (582)	10 341~10 919 (579)	ATG/TAG	ATG/TAG			0	0
nad6	10 948~11 400 (453)	10 920~11 372 (453)	GTG/TAG	GTG/TAG			-7	0
tRNA-Tyr (Y)	11 420~11 485 (66)	11 389~11 455 (67)			GTA	GTA	19	16
tRNA-Leu (L1)	11 496~11 557 (62)	11 470~11 536 (67)			TAG	TAG	10	14
tRNA-Ser (S2)	11 558~11 624 (67)	11 538~11 609 (72)			TGA	TGA	0	1
tRNA-Leu (L2)	11 644~11 708 (65)	11 646~11 710 (65)			TAA	TAA	19	36
tRNA-Arg (R)	11 709~11 775 (67)	11 713~11 779 (67)			TCG	TCG	0	2
nad5	11 775~13 358 (1 584)	11 780~13 360 (1581)	GTG/TAA	ATG/TAG			-1	0
tRNA-Gly (G)	13 359~13 431 (73)	13 365~13 433 (69)			TCC	TCC	0	4
tRNA-Glu (E)	13 440~13 507 (68)	13 451~13 515 (65)			TTC	TTC	8	17
LNCR	13 508~14 050 (543)	13 516~14 014 (499)					0	0

SNCR: Short non-coding region. LNCR: Long non-coding region.

Data of *P. cervi* (PC) mt genome sequence was derived from Yan *et al.* (2013) (GenBank accession No. KF_ 475773).

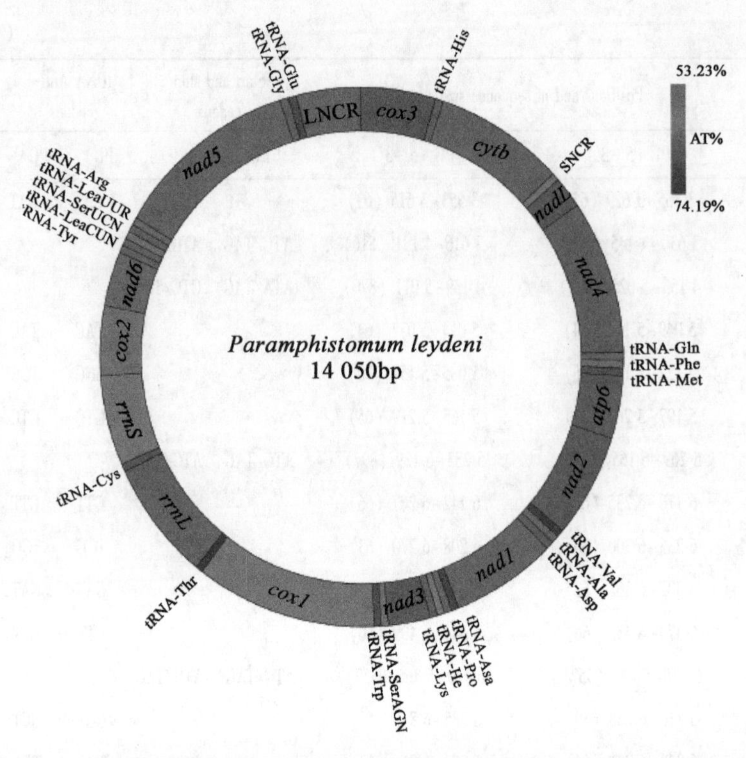

Figure 1 Organization of the mitochondrial genome of *Paramphistomum leydeni*.

The scale is accurate. All genes are transcribed in the clockwise direction, and use standard nomenclature including 22 tRNA genes. "LNCR" and "SNCR" refer to a large non-coding region and small non-coding region. The A + T content also showed in each gene or region and represented by color.

Table 3 Comparison of nucleotides and predicted amino acids sequences between *Paramphistomum leydeni* (PL) and *Paramphistomum cervi* (PC)

Gene	nt length (bp)		nt diversity (%)	Amino acid no.		Amino acid Diversity (%)
	PL	PC		PL	PC	
cox3	645	645	12.25	214	214	8.88
*cyt*b	1 113	1113	13.39	370	370	9.19
*nad4*L	264	264	12.88	87	87	6.90
nad4	1 281	1 281	13.66	426	426	8.69
atp6	516	516	11.43	171	171	10.53
nad2	873	873	15.23	290	290	14.14
nad1	897	897	11.04	298	298	10.17
nad3	357	357	9.80	118	118	7.72
cox1	1 545	1 545	12.30	514	514	5.25
cox2	582	579	9.45	193	192	9.84

(Continu)

Gene	nt length (bp)		nt diversity (%)	Amino acid no.		Amino acid Diversity (%)
	PL	PC		PL	PC	
nad6	453	453	15. 89	150	150	12. 67
nad5	1 584	1 581	16. 10	527	526	9. 49
*rrn*L	995	986	10. 53			
*rrn*S	749	749	11. 67			
LNCR	543	499	38. 33			
SNCR	64	58	35. 94			
All 22 tRNA	1 446	1438	13. 20			

The gene arrangement of the mt genome of *P. leydeni* is identical to that of *P. cervi*, but is obviously different from some species of *Schistosoma*, such as *Schistosoma mansoni*, *Schistosoma spindale* and *Schistosoma haematobium*. The two rumen flukes, together with *Opisthorchis* spp. , *Fasciola* spp. , *Dicrocoelium* spp. , *C. sinensis* and *S. turkestanicum*, share the same proteincoding gene and rRNA gene arrangement, which are interrupted by different tRNA genes or tRNA gene combinations, indicating important phylogenetic signal for Paramphistomatidae from the switched position of tRNA genes.

The nucleotide compositions of the whole mt genomes of two flukes reveal high T content and low C content, with T content being 44. 53% in *P. leydeni* and 44. 95% in *P. cervi* and C content being 9. 44% in *P. leydeni* and 9. 10% in *P. cervi*. The nucleotide composition of these two entire mt genomes is biased toward A and T, with an overall A + T content of 63. 77% for *P. leydeni* and 63. 40% for *P. cervi* respectively, which is within the range of magnitude of the trematode mt genomes (51. 68% in *P. westermani* to 72. 71% in *S. spindale*).

The A + T content for the mt genomes of the two rumen flukes is shown in Additional file 1: Table S1. The A + T content of each gene and region range from 53. 23% to 74. 19% for*P. leydeni* and 52. 24% to 69. 84% for *P. cervi*. Both the highest and the lowest A + T content of two mt genomes exist in tRNA genes of *P. leydeni* and *P. cervi*, while the other genes and regions occupy more steady A + T content of 60. 94% to 67. 29% and 60. 88% to 66. 78%, respectively. The A + T content of 12 protein-coding genes of *P. leydeni* are generally higher than that of *P. cervi*, except for *atp*6, *nad*2, *nad*6 and *nad*5. Other than high A + T content of NCRs in Schistosomatidae (>72% in *S. spindale* and >97% in *S. haematobium*), the A + T content of NCRs of Paramphistomatidae are at around 62%, with 60. 94% to 63. 90% in *P. leydeni*, and 62. 07% to 64. 33% in *P. cervi*, as shown in Additional file 1: Table S1.

3. 3 Annotation of mt genome of *P. leydeni*

In the*P. leydeni* mt genome, the open reading-frames of 12 protein-coding genes have

ATG or GTG or ATA as initiation codons, TAG or TAA as termination codons. It is noticeable that *P. leydeni* is the only trematode found initiating *nad2* with ATA so far. None of the 12 genes in the mt genome of *P. cervi* uses ATA as initial codons, nor TAA as termination codons (Table 2). No incomplete terminal codons were observed in either of genomes of the two *Paramphistomum*. In the mt genomes of *P. leydeni*, 22 tRNA genes, ranging from 59 to 73bp in size, have similar predicted secondary structures to the corresponding genes from *P. cervi*. In both mt genomes, the *rrn*L gene is situated between tRNA-Thr and tRNA-Cys, and *rrn*S locates between tRNA - Cys and *cox*2 (Table 2). The length of the *rrn*L gene is 995bp for *P. leydeni*, 9 nt longer than that in *P. cervi*. The length of the *rrn*S gene is 749bp for both *P. leydeni* and *P. cervi*. For these two mt genomes, the long non-coding regions (LNCR) and short non-coding regions (SNCR) are situated between the tRNA-Glu and *cox3*, and *cyt*b and *nad4*L, respectively (Table 2). Though the NCRs reveal no remarkable features, it is speculated that the AT-rich domain could be connected with the replication and transcription initiation.

3.4 Comparative analyses of mt genomes of *P. leydeni* and *P. cervi*

The magnitude of sequence difference across the entire mt genome between the two paramphistomums is 14.7% (2088 nucleotide substitutions in all), slightly larger than that between *F. hepatica* and *F. gigantica* (11.8%) and *D. chinensis* and *D. dendriticum* (11.81%). For the 12 protein genes of *P. leydeni* and *P. cervi*, comparisons also reveal sequence differences at both nucleotide (13.3%, a total of 1336 nucleotide substitutions) and amino acid level (9.05%, a total of 304 amino acid substitutions), which are larger than those between *F. hepatica* and *F. gigantica* (11.6% and 9.83%, respectively), and between *D. chinensis* and *D. dendriticum* (11.7% and 11.36%, respectively).

A comparison of the nucleotide and amino acid sequences inferred from individual mt protein-coding genes of *P. leydeni* and *P. cervi* is shown in Table 3. The nucleotide sequence differences of 12 protein coding-genes range from 9.45% to 16.10%, with *cox2* and *nad5* being the most and the least conserved genes, respectively. It is notable that the *nad5* gene is regarded as the most conserved protein-coding gene in *Dicrocoelium*, based on nucleotide sequences comparison between *D. dendriticum* and *D. chinensis*. The amino acid sequence differences of *P. leydeni* and *P. cervi* range from 5.25% to 14.14%. Based on the inferred amino acid sequence differences, *cox1* and *nad2* are the most and the least conserved protein-coding genes respectively. It is noteworthy that the *nad6* gene possesses the highest level of sequence difference in Fasciolidae and Dicrocoeliidae.

Nucleotide differences also exist in ribosomal RNA genes [*rrn*L (10.53%) and *rrn*S (11.67%)], tRNA genes (13.20%) and non-coding regions [LNCR (38.33%) and SNCR (35.94%)] (Table 3). Through the comparison of entire mt genomes of *P. leydeni* and *P. cervi*, *cox2* is the most conserved gene (Table 3). It is worth noting that the most conserved gene in *Dicrocoelium* is *rrn*S. Results of these comparative analyses indicate that *P. leydeni and P. cervi* represent distinct fluke species.

3.5 Sliding window analysis of nucleotide variability

By computing the number of variable positions per unit length of gene, the sliding window indicated that the highest and lowest levels of sequence variability were within the genes *nad*5 and *cox*2, respectively. In this study, protein-coding genes of *cox*2, *nad*3 and *nad*1 are the most conserved protein-coding genes, while *nad*5, *nad*6 and *nad*2 are the least conserved (Figure 2). These results are slightly different from those among *Fasciola* spp. that *cyt*b and *nad*1 were the most conserved genes, while *nad*6, *nad*5 and *nad*4 were the least conserved.

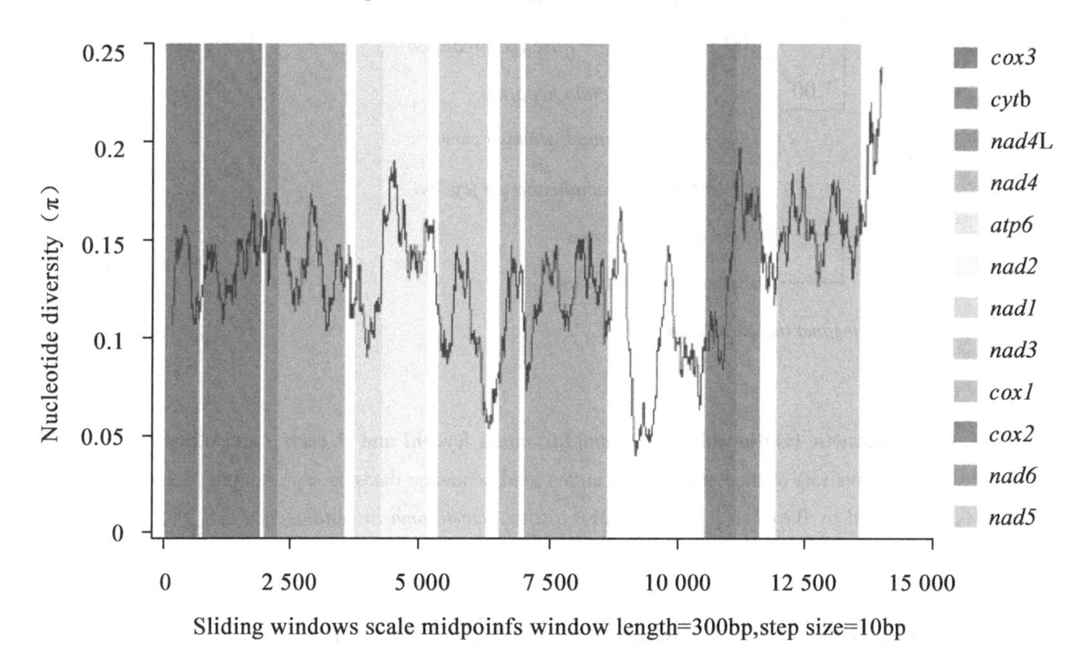

Figure 2 Sliding window of nucleotide variation in complete mt genome sequences of *Paramphistomum leydeni* and *P. cervi*.

Leydeni and P. cervi. The folding line indicates nucleotide variation in a window of 300bp (steps in 10bp). Regions and boundaries of 12 protein-coding genes are indicated by color

3.6 Phylogenetic analysis

Phylogenetic analysis of the concatenated amino acid sequence datasets for all 12 mt proteins (Figure 3) reflected the clear genetic distinctiveness between P. leydeni and P. cervi and also the grouping of these two members of *Paramphistomum* with other members of families Opisthorchiidae, Heterophyidae, Paragonimidae, Fasciolidae, Dicrocoeliidae and Schistosomatidae, with strong nodal support (posterior probability = 1.00). The difference between the two *Paramphistomum* spp. is similar to that between *F. hepatica* and *F. gigantica*,

D. chinensis and *D. dendriticum*, and *C. sinensis* and *O. felineus* by observing the lengths of the branches. The phylogenetic analysis further confirmed that *P. leydeni* and *P. cervi* are different *Paramphistomum* species.

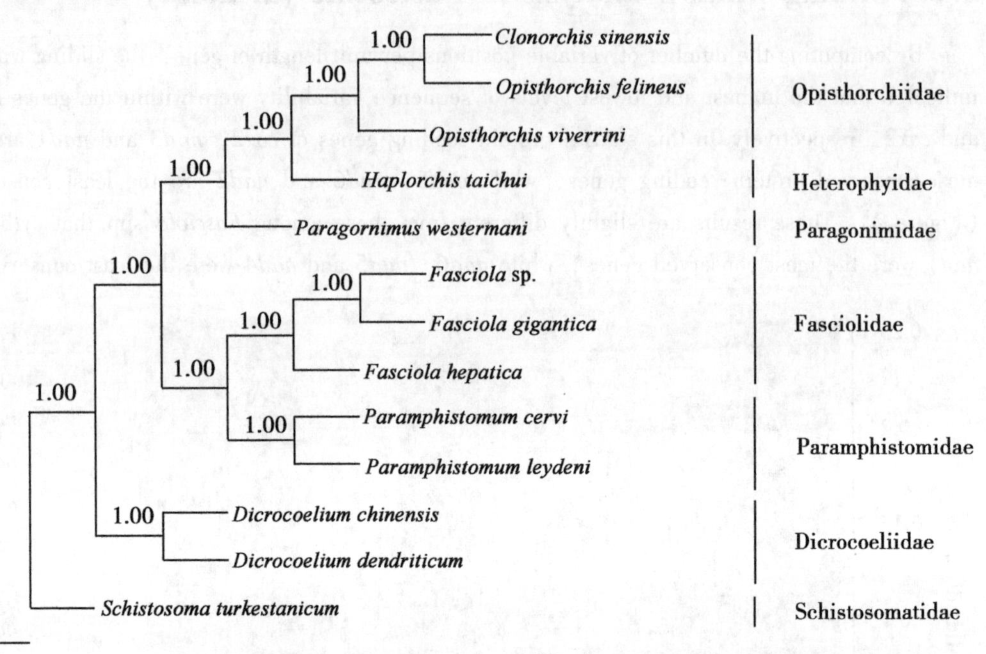

Figure 3 Phylogenetic relationships of *Paramphistomum leydeni* and *P. cervi*, and other trematodes.

Phylogenetic analysis of the concatenated amino acid sequence datasets representing 12 protein-coding genes was performed by Bayesian inference (BI), using *Schistosoma turkestanicum* (HQ_ 283100) as an outgroup.

3.7 Nucleotide differences in ITS-2 rDNA between *P. leydeni* and *P. cervi*

The rDNA region sequenced from individual *P. leydeni* samples was approximately 2 582bp in length, including partial 18S rDNA, complete ITS-1, complete 5. 8 rDNA, complete ITS-2, and partial 28S rDNA. ITS-2 was 286bp in length. Sequence difference in ITS-2 rDNA was 3. 1% between the *P. leydeni* and *P. cervi*, which is slightly lower than that between *D. chinensis* and *D. dendriticum* (3. 8%-6. 3%), but higher than that between *F. hepatica* and *F. gigantica* (1. 7%), while no sequence variation was observed within *P. leydeni* and *P. cervi*. These results provided additional strong support that *P. leydeni* and *P. cervi* are different trematode taxa.

In spite of the evidence of genetic difference between two *Paramphistomum* species, elaborate population genetic investigations still need to be conducted. Further studies could (i) explore nucleotide variation in mtDNAs among *Paramphistomum* populations in various hosts of numerous countries from different continents, (ii) establish accurate molecular tools and rapid detection methods, (iii) decipher the genomes of *Paramphistomum* using next generation sequencing (NGS) technologies. It is believed that elucidating the transcriptomes, proteomes and genomes of *Paramphistomum* would assist in future efforts in deciphering biology and taxonomy of more trematode parasites including the important family Paramphistomatidae.

4 Conclusions

The present study determined the complete mt genome sequences and ITS-2 rDNA sequences of *P. leydeni*, and provided reliable genetic evidence that *P. leydeni* and *P. cervi* are closely-related but distinct paramphistome species based on mt and nuclear ribosomal DNA dataset. The accurate identification of the two rumen flukes will contribute to the diagnosis and control of paramphistomiasis. The availability of the complete mt genome sequences and nuclear rDNA sequences of *P. leydeni* could provide additional genetic markers for studies of the epidemiology, population genetics and phylogenetic systematics of trematodes.

4.1 Additional file

Additional file 1: Table S1. Comparison of A+T content of mitochondrial genomes of *Paramphistomum leydeni* (PL) and *Paramphistomum cervi* (PC).

4.2 Competing interests

The authors declare that they have no competing interests.

4.3 Authors' contributions

XQZ and GHL conceived and designed the study, and critically revised the manuscript. JM and JJH performed the experiments, analysed the data and drafted the manuscript. DHZ, JZL and YL helped in study design, study implementation and manuscript revision. All authors read and approved the final manuscript.

4.4 Acknowledgements

Project support was provided in part by the International Science & Technology Cooperation Program of China (Grant No. 2013DFA31840), the "Special Fund for Agro-scientific Research in the Public Interest" (Grant No. 201303037) and the Science Fund for Creative Research Groups of Gansu Province (Grant No. 1210RJIA006).

西藏绵羊细颈囊尾蚴囊液 12 项生化指标的测定

孙少强

（西藏昌都地区动物卫生及植物检疫监督所）

摘　要：采用常规方法对 27 例西藏贡觉县阿旺绵羊细颈囊尾蚴囊液中的 12 项生化指标进行了测定。结果表明：被检细颈囊尾蚴囊液中 pH 值为 5.47±0.29；氯离子浓度（Cl^-）：（46.46±0.46）mmol/L；钙离子浓度（Ca^{2+}）：（3.57±0.71）mmol/L；无机磷浓度（P）：（3.48±0.83）mmol/L；尿素氮浓度（UN）：（0.81±0.23）mmol/L；总胆固醇浓度（TCHOL）：（3.94±0.89）mmol/L；酸性磷酸酶活性（ACP）：（40.58±34.89）IU/L；碱性磷酸酶（AKP）：（55.48±33.84）IU/L；谷胱甘肽过氧化物酶（GSH－Px）：912.22±369.54；淀粉酶（AMY）、谷丙转氨酶（ALT）和谷草转氨酶（AST）活性为 0 IU/L。

关键词：细颈囊尾蚴囊液；生化指标

细颈囊尾蚴病是又泡状带绦虫的蚴虫寄生于绵羊的肝脏浆膜、大网膜及肠系膜所引起的绦虫蚴病。成虫泡状带绦虫寄生于犬小肠内，虫卵随粪便排出，感染羊只。绵羊细颈囊尾蚴病分布广，发病率高（20%以上），使绵羊生长缓慢，皮毛及肉品质量下降，极大影响绵羊的生产性能。细颈囊尾蚴囊液是细颈囊尾蚴生长发育的内环境，对细颈囊尾蚴的生长发育、繁殖等有重要作用。然而有关西藏绵羊细颈囊尾蚴囊液生化指标测定的报道甚少。鉴此，对 27 例西藏贡觉县阿旺绵羊细颈囊尾蚴囊液的 12 项生化指标进行了测定，以期了解西藏绵羊细颈囊尾蚴的生物学特性，为诊断和防治西藏绵羊细颈囊尾蚴病提供一定的参考资料。

1　材料与方法

1.1　材料

27 例细颈囊尾蚴来自西藏贡觉县自然感染绵羊的肝脏，无菌方法采集囊液；囊液经3 000r/min，离心 10min，取上清液，备用。

1.2　测定项目与方法

pH 值：采用酸度计；氯离子（Cl^-）：采用硫氰酸汞比色法；钙离子（Ca^{2+}）：采用偶氮砷Ⅲ法；无机磷（P）：采用磷钼酸比色法；尿素氮（UN）：采用二乙酰比色法；总胆固醇（TCHOL）：采用酶法；碱性磷酸酶（AKP）活性：采用磷酸苯二钠比色法；酸性磷酸酶（ACP）活性：采用磷酸苯二钠比色法；谷草转氨酶（AST）和谷丙转氨酶（ALT）活性：采用赖氏法。淀粉酶（AMY）活性：采用碘-淀粉比色法；谷胱甘肽过氧化物酶（GSH-Px）活性：采用二硫代二硝基苯甲酸比色法。

以上测定所用试剂盒除钙离子试剂盒为宁波瑞源生物科技有限公司生产外，其余均购自南京建成生物工程研究所，产品批号 20110603。

1.3 主要仪器

TD24A-WS 低速台式离心机（长沙湘仪离心机仪器有限公司制造）；721 分光光度计（厦门分析仪器厂制造），pHS-2 型酸度计（上海第二分析仪器厂制造）。

1.4 数据处理

采用 SPSS. V 13.0 软件对细颈囊尾蚴囊液生化指标数据进行处理和分析。以样本数（n）、均数（$\overline{X}$）、标准差（SD）表示。

2 结果

被检绵羊细颈囊尾蚴囊液 12 项生化指标测定结果见表 1。

表 1 被检绵羊细颈囊尾蚴囊液 12 项生化指标测定结果

统计指标	n	$\overline{X}$	SD
pH	27	5.47	0.29
Cl^-（mmol/L）	27	46.46	0.46
Ca^{2+}（mmol/L）	27	3.57	0.71
P（mmol/L）	27	3.48	0.83
UN（mmol/L）	27	0.81	0.23
TCHOL（mmol/L）	27	3.94	0.89
ACP（IU/L）	27	40.58	34.89
AKP（IU/L）	27	55.48	33.84
GSH-Px（IU/L）	27	912.22	369.54
AMY（IU/L）	27	0	0
ALT（IU/L）	27	0	0
AST（IU/L）	27	0	0

3 讨论

（1）由附表可见，绵羊细颈囊尾蚴囊液中的 pH 值为 5.47，呈偏酸性，低于黄燕等测定的绵羊和黄牛中棘球蚴囊液的 pH 值，也低于袁平珍等测定的绵羊血液中的 pH 值，差异极显著（$P<0.01$）。此差异是否与宿主个体以及包囊定位脏器等因素有关，有待于进一步研究。

（2）无机离子除维持细胞内外液渗透压，调节细胞内外液酸碱平衡，参与细胞内糖、蛋白质和能量的代谢，还具有维持细胞的兴奋性及神经信号的传递等作用。本试验中，绵羊细颈囊尾蚴囊液中氯离子浓度极显著低于绵羊血清中氯离子浓度（$P<0.01$），但钙、磷含量高于棘球蚴囊液以及绵羊血液中的含量，差异极显著（$P<0.01$）。由此表明，绵羊细颈囊尾蚴具有富集钙磷的能力，以维持细颈囊尾蚴内环境的渗透压和酸碱平衡。

（3）尿素氮是通过鸟氨酸循环合成的，也是蛋白质、氨基酸代谢的最终产物。方热军等、郭万华等认为，尿素氮水平较高表明蛋白质分解较强，较低则表明氨基酸平衡较好，机体蛋白质合成率较高，氮沉积增加。绵羊细颈囊尾蚴囊液中尿素氮极显著低于绵羊血清中尿素氮（$P<0.01$）。表明细颈囊尾蚴对蛋白质合成率较高，氮沉积较多。而细颈囊尾蚴囊液中总胆固醇与绵羊血清中的总胆固醇含量接近，但显著高于棘球蚴囊液中的含量（$P<0.01$）。此差异可能与细颈囊尾蚴的生理状况有关，也与所寄生的宿主健康状况有关。

（4）酶是机体细胞内外物质代谢的重要催化剂，可反映体内代谢水平和动物遗传特性。ACP 和 AKP 是两种重要的机体功能调节酶，大量研究表明 ACP 和 AKP 的活力是细胞和体液免疫的综合体现，也是衡量免疫功能和机体状态的指标，反映机体对外源抗原侵染的防御能力。本试验中，细颈囊尾蚴囊液中 ACP 活性与绵羊血清中的 ACP 活性相似，AKP 活性极显著低于绵羊血清中 AKP 的活性（$P<0.01$）。而 GSH-Px 有清除脂质过氧化物、过氧化氢、减轻细胞膜多不饱和脂肪酸过氧化，保护细胞膜结构和功能的完整性和减少自由基产生的作用，是评价机体抗氧化功能的重要指标。本实验中，囊液中的 GSH-Px 活性高于绵羊血清中的活性，差异极显著。表明细颈囊尾蚴具有较高的抗氧化能力和防御能力。

参考文献（略）

研究综述

西藏昌都地区畜禽寄生虫名录

兰思学
（西藏昌都地区畜牧兽医总站）

笔者在工作实践中，对本地区畜禽寄生虫进行了多年的调查研究，根据收集的资料，编写成《西藏昌都地区畜禽寄生虫名录》（以下简称《名录》）。

《名录》共列出我地区牦牛、黄牛、绵羊、山羊、马、驴、骡、猪、鸡、家兔、獐子、鱼等体内外寄生虫4门，7纲，26科，37属，65种。其中扁形动物门吸虫纲2科，2属，2种；绦虫纲5科，9属，14种；线形动物门线虫纲9科，12属，18种；节肢动物门蜘蛛纲4科，5属，8种；昆虫纲4科，7属，12种；五口虫纲1科，1属，1种；原生动物门孢子虫纲1科，1属，10种。《名录》对每种寄生虫注明了宿主，寄生部位及区域分布。对区内罕见的寄生虫，注明了发现年、月。

《名录》中有3种寄生虫为自治区内首次发现。即：寄生于山羊皮下的斯氏多头蚴虫，寄生于牦牛、黄牛眼结膜囊和第三眼睑内的罗德西吸吮线虫，寄生于鱼腹腔内的肠舌状绦虫，有三种家兔艾美尔球虫经北京农业大学兽医学院索勋、韩谦、李安兴三位先生鉴定为国内罕见。即：松林艾美尔球虫，纳格浦尔艾美耳球虫和新兔艾美尔球虫。

本《名录》将为我地区制定畜禽寄生虫防治规划，科研提供资料。现分述如下：

扁形动物门 Platyhelminthes

吸虫纲 Trematoda

棘口目 Echinostomida

片形科 Fasciolidae

片形属 *Fasciola*

肝片吸虫 *Fasciola hepatica*

宿主：牦牛、黄牛、绵羊、山羊。

寄生部位：成虫、童虫寄生于肝脏胆管及胆囊内。

区域分布：昌都、江达、贡觉、左贡、芒康、八宿、洛隆、边坝、丁青、类乌齐、察雅等县。

同盘科 Paramphistomatidae

同盘属 *Paramphistomum*

鹿同盘吸虫 *Paramphistomum cervi*

宿主：牦牛、黄牛、绵羊、山羊。

寄生部位：瘤胃黏膜上。

区域分布：昌都、江达、贡觉、左贡、芒康、八宿、洛隆、边坝、丁青、类乌齐、察雅等县。

绦虫纲　Cestoda

圆叶目　Cyclophyllidea

裸头科　Anoplocephalidae

莫尼茨属　*Moniezia*

扩张莫尼茨绦虫　*Moniezia expansa*

宿主：牦牛、黄牛、绵羊、山羊。

寄生部位：成虫寄生于小肠内。

区域分布：昌都、江达、贡觉、左贡、芒康、八宿、洛隆、边坝、丁青、类乌齐、察雅等县。

贝氏莫尼茨绦虫　*Moniezia benedeni*

宿主：牦牛、绵羊、山羊。

寄生部位：成虫寄生于小肠内。

区域分布：昌都、江达、贡觉、左贡、芒康、八宿、洛隆、边坝、丁青、类乌齐、察雅等县。

曲子宫属　*Thysaniezia*

盖氏曲子宫绦虫　*Thysaniezia giardi*

宿主：牦牛、绵羊、山羊。

寄生部位：成虫寄生于小肠内。

区域分布：昌都、江达、贡觉、左贡、芒康、八宿、洛隆、边坝、丁青、类乌齐、察雅等县。

无卵黄腺属　*Avitellina*

中点无卵黄腺绦虫　*Avitellina centripunctata*

宿主：牦牛、绵羊、山羊。

寄生部位：成虫寄生于小肠内。

区域分布：昌都、江达、贡觉、左贡、芒康、八宿、洛隆、边坝、丁青、类乌齐、察雅等县。

带科　Taeniidae

棘球属　*Echinococcus*

细粒棘球蚴　*Echinococcus cysticus*

宿主：牦牛、绵羊、山羊。

寄生部位：蚴虫寄生于肺脏、肝脏等实质器官。

区域分布：昌都、江达、贡觉、左贡、芒康、八宿、洛隆、边坝、丁青、类乌齐、察雅等县。

多头属　*Multiceps*

脑多头蚴　*Coenurus cerebralis*

宿主：牦牛、绵羊、山羊。

寄生部位：蚴虫寄生于脑，也见于脊椎管内。

区域分布：昌都、江达、贡觉、左贡、芒康、八宿、洛隆、边坝、丁青、类乌齐、察雅等县。

斯氏多头蚴 *Coenurus skrjabini*

宿主：山羊。

寄生部位：蚴虫寄生于皮下，胸、腹部肌肉中。

区域分布：1979 年 4 月类乌齐县卡玛多乡，长毛峻乡。

注：此系自治区首次发现。

带属 *Taenia*

猪囊尾蚴 *Cysticercus cellulosae*

宿主：猪。

寄生部位：蚴虫寄生于猪的横纹肌、脑、心、眼、舌根，咬肌等组织器官。

区域分布：昌都、江达、贡觉、左贡、芒康、八宿、洛隆、边坝、丁青、类乌齐、察雅等县。

豆状囊尾蚴 *Cysticercus pisiformis*

宿主：家兔、野兔。

寄生部位：蚴虫寄生于肝脏、肠系膜、腹腔脏器表面。

区域分布：昌都、江达、贡觉、左贡、芒康、八宿、洛隆、边坝、丁青、类乌齐、察雅等县。

细颈囊尾蚴 *Cysticercus tenuicollis*

宿主：牦牛、黄牛、绵羊、山羊、猪。

寄生部位：蚴虫寄生于胸、腹腔脏浆膜及网膜、肠系膜上。

区域分布：昌都、江达、贡觉、左贡、芒康、八宿、洛隆、边坝、丁青、类乌齐、察雅等县。

戴维科 Davaineidae

瑞利属 *Raillietina*

棘盘瑞利绦虫 *Raillietina echinobothrida*

宿主：鸡。

寄生部位：小肠。

区域分布：昌都、察雅、左贡、芒康、八宿、贡觉、江达等县农业区。

四角瑞利绦虫 *Raillietina tetragona*

宿主：鸡。

寄生部位：小肠。

区域分布：昌都、察雅、左贡、芒康、八宿、贡觉、江达等县农业区。

有轮瑞利绦虫 *Raillietina cesticillus*

宿主：鸡。

寄生部位：小肠。

区域分布：昌都、察雅、左贡、芒康、八宿、贡觉、江达等县农业区。

假叶目 Pseudophyllidea

双槽头科 Dibothriocephalidae

舌形属 *Ligula*

肠舌状绦虫 *Ligula intestinalis*

宿主：鱼类。

寄生部位：蚴虫寄生于体腔内。

区域分布：1973 年 8 月察雅县烟多河流域。此系区内首次发现。

线形动物门 Nemathelminthes

线形纲 Nematoda

旋尾目 Spiruridea

吸吮科 Thelaziidae

吸吮属 *Thelazia*

罗德西吸吮线虫 *Thelazia rhodesi*

宿主：牦牛、黄牛。

寄生部位：眼结膜囊内和第三眼睑内。

区域分布：贡觉县三岩特区的木协、雄松、洛墨等地。

注：此虫系由自治区畜牧队鲁西科、边扎同志 1985 年 3 月鉴定，贡觉县畜牧兽医结吉生元、扎吉同志参加了此项工作。系自治区首次发现。

圆形目 Strongylidea

夏伯特科 Chabertidae

夏伯特属 *Chabertia*

羊夏伯特线虫 *Chabertia ovina*

宿主：牦牛、绵羊、山羊。

寄生部位：大肠内。

区域分布：昌都、江达、贡觉、左贡、芒康、八宿、洛隆、边坝、丁青、类乌齐、察雅等县。

食道口属 *Oesophagostomum*

粗纹食道口线虫 *Oesophagostomum asperum*

宿主：绵羊、山羊。

寄生部位：结肠壁内。

区域分布：昌都、江达、贡觉、左贡、芒康、八宿、洛隆、边坝、丁青、类乌齐、察雅等县。

甘肃食道口线虫 *Oesophagostomum kansuensis*

宿主：绵羊、山羊。

寄生部位：结肠壁内。

区域分布：昌都、江达、贡觉、左贡、芒康、八宿、洛隆、边坝、丁青、类乌齐、察雅等县。

哥伦比亚食道口线虫 *Oesophagostomum columbianum*

宿主：牦牛、绵羊、山羊。

寄生部位：结肠壁内。

区域分布：昌都、江达、贡觉、左贡、芒康、八宿、洛隆、边坝、丁青、类乌齐、察雅等县。

圆形科 Strongylidae

圆形属 *Strongylus*

马圆形线虫 *Strongylus equinus*

宿主：马、驴、骡。

寄生部位：盲肠、结肠内。

区域分布：昌都、江达、贡觉、左贡、芒康、八宿、洛隆、边坝、丁青、类乌齐、察雅等县。

阿尔夫属 *Alfortia*

无齿阿尔夫线虫 *Alfortia edentatus*

同物异名：无齿圆形线虫 *Strongylus edentatus*

宿主：马、驴、骡。

寄生部位：盲肠、结肠内。

区域分布：昌都、江达、贡觉、左贡、芒康、八宿、洛隆、边坝、丁青、类乌齐、察雅等县。

戴拉风属 *Delafondia*

普通戴拉风线虫 *Delafondia vulgaris*

同物异名：普通圆形线虫 *Strongylus vulgaris*

宿主：马、驴、骡。

寄生部位：盲肠、结肠内。

区域分布：昌都、江达、贡觉、左贡、芒康、八宿、洛隆、边坝、丁青、类乌齐、察雅等县。

毛圆科 Trichostrongylidae

奥斯特属 *Ostertagia*

普通奥斯特线虫 *Ostertagia circumcincta*

宿主：牦牛、绵羊、山羊。

寄生部位：第四胃内。

区域分布：昌都、江达、贡觉、左贡、芒康、八宿、洛隆、边坝、丁青、类乌齐、察雅等县。

细颈属 *Nematodirus*

细颈线虫 *Nematodirus* spp.

宿主：牦牛、绵羊、山羊。

寄生部位：小肠、回肠。

区域分布：昌都、江达、贡觉、左贡、芒康、八宿、洛隆、边坝、丁青、类乌齐、察雅等县。

血矛属 *Haemonchus*

捻转血矛线虫 *Haemonchus contortus*

宿主：牦牛、绵羊、山羊。

寄生部位：第四胃内。

区域分布：昌都、江达、贡觉、左贡、芒康、八宿、洛隆、边坝、丁青、类乌齐、察雅等县。

毛首科 *Trichocephalidae*

同物异名：鞭虫科 *Trichuridae*

毛首属 *Trichocephalus*

同物异名：鞭虫属 *Trichuris*

羊鞭虫 *Trichuris ovis*

宿主：牦牛、绵羊、山羊。

寄生部位：盲肠、大肠内。

区域分布：昌都、江达、贡觉、左贡、芒康、八宿、洛隆、边坝、丁青、类乌齐、察雅等县。

猪鞭虫 *Trichuris suis*

宿主：猪。

寄生部位：盲肠、大肠内。

区域分布：昌都地区面粉厂猪场。

钩口科 Ancylostomatidae

仰口属 *Bunostomum*

羊仰口线虫 *Bunostomum trigonocephalum*

宿主：绵羊、山羊。

寄生部位：小肠内。

区域分布：昌都、江达、贡觉、左贡、芒康、八宿、洛隆、边坝、丁青、类乌齐、察雅等县。

网尾科 Dictyocaulidae

网尾属 *Dictyocaulus*

胎生网尾线虫 *Dictyocaulus viviparus*

宿主：牦牛、黄牛。

寄生部位：肺气管、支气管内。

区域分布：昌都、江达、贡觉、左贡、芒康、八宿、洛隆、边坝、丁青、类乌齐、察雅等县。

丝状网尾线虫 *Dictyocaulus filaria*

宿主：绵羊、山羊。

寄生部位：肺气管、支气管内。

区域分布：昌都、江达、贡觉、左贡、芒康、八宿、洛隆、边坝、丁青、类乌齐、察雅等县。

伪达科 Pseudaliidae

缪勒属 *Muellerius*

毛样缪勒线虫 *Muellerius minutissimus*

宿主：牦牛、绵羊、山羊。

寄生部位：肺支气管、毛细支气管内。

区域分布：昌都、江达、贡觉、左贡、芒康、八宿、洛隆、边坝、丁青、类乌齐、察雅等县。

冠尾科 Stephanuridae

冠尾属 *Stephanurus*

有齿冠尾线虫 *Stephanurus dentatus*

宿主：猪。

寄生部位：肾盂、肾周围脂肪及输尿管等处。

区域分布：1974 年昌都镇驻军某通信连猪场。

节肢动物门 Arthropoda

蛛形纲 Arachnida

寄形目 Parasitiformes

硬蜱科 Ixodidae

璃眼蜱属 *Hyalomma*

白纹璃眼蜱 *Hyalomma detritum albipictum*

宿主：牦牛、绵羊、山羊、马。

寄生部位：成虫寄生于体表、四肢内侧、前胸、股后、耳壳内侧。

区域分布：昌都、江达、贡觉、左贡、芒康、八宿、洛隆、边坝、丁青、类乌齐、察雅等县。

革蜱属 *Dermacentor*

草原革蜱 *Dermacentor nuttalli*

宿主：牦牛、黄牛、绵羊、山羊、马。

寄生部位：成虫寄生于体表、耳壳内侧、前胸、腹股沟及四肢内侧。

区域分布：昌都、江达、贡觉、左贡、芒康、八宿、洛隆、边坝、丁青、类乌齐、察雅等县。

软蜱科 Argasidae

钝缘蜱属 *Ornithodorus*

拉合尔钝缘蜱 *Ornithodorus lahorensis*

宿主：绵羊。

寄生部位：体表、颈部、前胸被毛下。

区域分布：贡觉县拉妥乡阿旺、拉妥、阿益、罗马、金古等村。

痒螨科 Psoroptidae

痒螨属 *Psoroptes*

牛痒螨 *Psoroptes equi* var. *bovis*

宿主：牦牛。

寄生部位：体表，尤以尾根内侧、耳壳内侧多发。

区域分布：江达县青泥洞乡、字呷乡、白玛乡。

绵羊痒螨 *Psoroptes equi* var. *ovis*

宿主：绵羊。

寄生部位：始发于背部或臀部，继而蔓延至全身。

区域分布：1981年昌都地区觉拥种畜场。

疥螨科 Sarcoptidae

疥螨属 *Sarcoptes*

山羊疥螨 *Sarcoptes scabiei* var. *caprae*

宿主：山羊。

寄生部位：体表、嘴唇、鼻面、眼圈及耳根部乃至全身。

区域分布：昌都、江达、贡觉、左贡、芒康、八宿、洛隆、边坝、丁青、类乌齐、察雅等县。

猪疥螨 *Sarcoptes scabiei* var. *suis*

宿主：猪。

寄生部位：头、颈、胸、股及四肢等处皮肤内。

区域分布：昌都镇驻军修理所猪场及地委党校猪场。

昆虫纲 Insecta

双翅目 Diptera

狂蝇科 Oestridae

狂蝇属 *Oestrus*

羊狂蝇（蛆） *Oestrus ovis*

宿主：绵羊、山羊。

寄生部位：幼虫寄生于鼻腔、额窦、角腔内。

区域分布：昌都、江达、贡觉、左贡、芒康、八宿、洛隆、边坝、丁青、类乌齐、察雅等县。

皮蝇科 Hypodermatidae

皮蝇属 *Hypoderma*

牛皮蝇（蛆）　*Hypoderma bovis*

纹皮蝇（蛆）　*Hypoderma lineatum*

宿主：牦牛、黄牛、獐子。

寄生部位：第一、二期幼虫在体内移行，第三期蚴虫在背部皮下。

区域分布：昌都、江达、贡觉、左贡、芒康、八宿、洛隆、边坝、丁青、类乌齐、察雅等县。

胃蝇科　Gasterophilidae

胃蝇属　*Gasterophilus*

肠胃蝇（蛆）　*Gasterophilus intestinalis*

红尾胃蝇（蛆）　*Gasterophilus haemorrhoidalis*

兽胃蝇（蛆）　*Gasterophilus pecorum*

同物异名：黑腹胃蝇（蛆）

烦扰胃蝇（蛆）　*Gasterophilus veterinus*

宿主：马、驴、骡。

寄生部位：蚴虫寄生于胃、食道及肠。

区域分布：昌都、江达、贡觉、左贡、芒康、八宿、洛隆、边坝、丁青、类乌齐、察雅等县。

虱蝇科　Hippoboscidae

蜱蝇属　*Melophagus*

羊蜱蝇　*Melophagus ovinus*

宿主：绵羊。

寄生部位：体表、全身被毛下。

区域分布：昌都、江达、贡觉、左贡、芒康、八宿、洛隆、边坝、丁青、类乌齐、察雅等县。

虱目　Anoplura

血虱科　Haematopinidae

血虱属　*Haematopinus*

猪血虱　*Haematopinus suis*

宿主：猪。

寄生部位：多寄生于耳基周围、颈、腹、四肢内侧。

区域分布：昌都、江达、贡觉、左贡、芒康、八宿、洛隆、边坝、丁青、类乌齐、察雅等县。

牛血虱　*Haematopinus eurysternus*

同物异名：阔胸血虱

宿主：牦牛、黄牛。

寄生部位：多寄生于颈、肩、背及尾部。

区域分布：昌都、江达、贡觉、左贡、芒康、八宿、洛隆、边坝、丁青、类乌齐、察雅等县。

颚虱科 Linognathidae

颚虱属 *Linognathus*

牛颚虱 *Linognathus vituli*

宿主：牦牛、黄牛。

寄生部位：多寄生于耳基周围、颈、肩、腹及四肢内侧。

区域分布：昌都、江达、贡觉、左贡、芒康、八宿、洛隆、边坝、丁青、类乌齐、察雅等县。

绵羊颚虱 *Linognathus ovillus*

宿主：绵羊。

寄生部位：颈、胸、腹部被毛下。

区域分布：昌都、江达、贡觉、左贡、芒康、八宿、洛隆、边坝、丁青、类乌齐、察雅等县。

狭颚虱 *Linognathus stenopsis*

同物异名：山羊颚虱

宿主：山羊。

寄生部位：颈、胸、腹部被毛下。

区域分布：昌都、江达、贡觉、左贡、芒康、八宿、洛隆、边坝、丁青、类乌齐、察雅等县。

五口虫纲 Pentastomida

舌形虫目 Linguatulida

舌虫科 Linguatulidae

舌虫属 *Linguatula*

锯齿舌形虫 *Linguatula serrata*

宿主：牦牛、黄牛、绵羊。

寄生部位：蚴虫寄生于内脏中，成虫寄生于鼻腔中。

区域分布：1977 年发现于贡觉县木协、雄松、拉多、洛墨等区；1979 年发现于察雅县香堆区仁达乡；1984 年发现于左贡县乌雅区、县牧场。

顶器复合门 Apicomplexa

孢子虫纲 Sporozoasida

真球虫目 Eucoccidiorida

艾美耳科 Eimeriidae

艾美耳属 *Eimeria*

斯氏艾美耳球虫 *Eimeria stiedai*

大型艾美耳球虫 *Eimeria magna*

穿孔艾美耳球虫 *Eimeria perforans*

无残艾美耳球虫 *Eimeria irresidua*

盲肠艾美耳球虫 *Eimeria coecicola*

杭林艾美耳球虫 *Eimeria matsubayashii*

同物异名：马氏艾美耳球虫

肠艾美耳球虫 *Eimeria intestinalis*

黄色艾美耳球虫 *Eimeria flavescens*

那格浦尔艾美耳球虫 *Eimeria nagpurensis*

新兔艾美耳球虫 *Eimeria neoleporis*

宿主：家兔。

寄生部位：空肠、回肠、大肠上皮细胞内。

区域分布：昌都县昌都镇。

注：此兔球虫系由北京农业大学兽医学院索勋、韩谦、李安兴等先生鉴定，作者参加了此项工作。其中：松林艾美耳球虫、那格浦尔艾美耳球虫、和新兔艾美耳球虫三种为国内罕见。

部分县家畜家禽寄生虫名录

陈裕祥
（西藏自治区农牧科学院畜牧兽医研究所）

本文收集了西藏和平解放以来的畜禽寄生虫区系调查资料，经整理汇总。到目前为止，我区发表的畜禽寄生虫计为 185 种，其中寄生蠕虫 151 种、蜘蛛昆虫类 22 种、原虫类 12 种。现将 185 种寄生虫名录列表如下：

扁形动物门　Platyhelminthes

吸虫纲　Trematoda

分体科　Schistosomatidae

东毕属　*Orientobilharzia*

1. 彭氏东毕吸虫　*Orientobilharzia bomfordi*

宿主与发现地区：

黄牛：江孜县。感染率 10%（2/20），感染强度 16~43 条，平均感染强度 29.5 条。

绵羊：林周县原澎波农场八场。感染率 63.45%（125/197），感染强度 321~536 条，平均感染强度 432 条。

寄生虫部位：肠系膜静脉血管内、腹腔、肝脏、小肠、结肠、盲肠。

背孔科　Notocotylidae

列叶属　*Ogmocotyle*

2. 印度列叶吸虫　*Ogmocotyle indica*

宿主与发现地区：

山羊：林周县。感染率 10%（1/10），感染强度 25 条。

寄生部位：小肠。

棘口科　Echinostomatidae

棘口属　*Echinostoma*

3. 棘口吸虫未定种　*Echinostoma* spp.

宿主与发现地区：

鸡：林周县，感染率 0.97%（1/103），感染强度 2 条。

寄生部位：小肠。

同盘科　Paramphistomatidae

同盘属　*Paramphistomum*

4. 鹿同盘吸虫　*Paramphistomum cervi*

宿主与发现地区：

牦牛：江达县、林周县、江孜县。感染率 7.9%（3/38），感染强度 41～190 条，平均感染强度 125.3 条。

黄牛：林周县、江孜县。感染率 22.5%（9/40），感染强度 1～17 条，平均感染强度 9.22 条。

绵羊：当雄县、康马县、乃东县、墨竹工卡县、堆龙德庆县、聂拉木县、改则县、林周县。感染率 25.58%（22/86），感染强度 3～860 条，平均感染强度 23.21 条。

山羊：当雄县、林周县。感染率 10.34%（3/29），感染强度 1～13 条，平均感染强度 6.67 条。

寄生部位：瘤胃。

双腔科 Dicrocoeliidae

双腔属 *Dicrocoelium*

5. 矛形双腔吸虫 *Dicrocoelium lanceatum*

宿主与发现地区：

牦牛：林周县。感染率 9.09%（2/22），感染强度 1～23 条，平均感染强度 12 条。

黄牛：林周县、江孜县。感染率 29.55%（13/48），感染强度 2～1716 条，平均感染强度 277.41 条。

山羊：康马县、林周县、江孜县。感染率 31.91%（15/47），感染强度 1～304 条，平均感染强度 93.46 条。

寄生部位：肝脏、胆囊。

6. 东方双腔吸虫 *Dicrocoelium orientalis*

宿主与发现地区：

绵羊：康马县。感染率 4.76%（1/21），感染强度 22 条。

寄生部位：肝脏、胆囊。

7. 中华双腔吸虫 *Dicrocoelium chinensis*

宿主与发现地区：

牦牛：林周县。感染率 9.09%（2/22），感染强度 6～38 条，平均感染强度 22 条。

绵羊：林周县。感染率 7.41%（2/27），感染强度 20～37 条，平均感染强度 28.5 条。

山羊：林周县。感染率 20%（5/25），感染强度 9～25 条，平均感染强度 15 条。

寄生部位：肝脏、胆囊。

8. 扁体双腔吸虫 *Dicrocoelium platynosomum*

宿主与发现地区：

黄牛：林周县。感染率 12.5%（3/24），感染强度 4～85 条，平均感染强度31.67条。

绵羊：江孜县、林周县。感染率10.81（4/37），感染强度2~276条，平均感染强度135.75条。

寄生部位：肝脏、胆囊。

片形科 Fasciolidae

片形属 *Fasciola*

9. 肝片形吸虫 *Fasciola hepatica*

宿主与发现地区：

牦牛：江达县、林周县。感染率7.89%（3/38），感染强度3~287条，平均感染强度97.67条。

绵羊：江达县、墨竹工卡县、乃东县、林周县、当雄县、江孜县、康马县、聂拉木县、改则县。感染率26.04%（25/96），感染强度1~10条，平均感染强度20.92条。

山羊：当雄县、康马县、江孜县、乃东县。感染率26.97%（7/26），感染强度3~27条，平均感染强度15条。

寄生部位：肝脏。

10. 大片形吸虫 *Fasciola gigantica*

宿主与发现地区：

绵羊、山羊：乃东县。

寄生部位：肝脏。

短咽科 Brachylaimidae

斯孔属 *Skrjabinotrema*

11. 羊斯孔吸虫 *Skrjabinotrema ovis*

宿主与发现地区：

牦牛：林周县。感染率4.55%（1/22），感染强度18条。

黄牛：林周县。感染率4.17%（1/24），感染强度6条。

绵羊：康马县、林周县、江孜县。感染率23.08%（12/52），感染强度9~53 784条，平均感染强度5 190条。

山羊：康马县、江孜县。感染率22.73%（5/22），感染强度19~87 196条，平均感染强度18 380条。

寄生部位：小肠。

绦虫纲 Cestoda

裸头科 Anoplocephalidae

莫尼茨属 *Moniezia*

12. 扩展莫尼茨绦虫 *Moniezia expansa*

宿主与发现地区：

牦牛：江达县、林周县。感染率18.18%（4/22），感染强度1~4条，平均感染强度1.75条。

黄牛：江孜县。感染率 20%（4/20），感染强度 1~2 条，平均感染强度 1.25 条。

绵羊：江达县、林周县、江孜县。感染率 8.33%（4/48），感染强度 1~2 条，平均感染强度 1.75 条。

山羊：江达县、林周县、江孜县。感染率 9.09%（4/44），感染强度 1~5 条，平均感染强度 2.75 条。

寄生部位：小肠。

13. 贝氏莫尼茨绦虫 *Moniezia benedeni*

宿主与发现地区：

牦牛：江达县、林周县。感染率 18.18%（4/22），感染强度 1~4 条，平均感染强度 1.74 条。

黄牛：林周县。感染率 25%（6/24），感染强度 1~3 条，平均感染强度 1.5 条。

绵羊：江达县、康马县。感染率 4.76%（1/21），感染强度 1 条。

山羊：江达县、林周县。感染率 8%（1/25），感染强度 3 条。

寄生部位：小肠。

曲子宫属 *Thysaniezia/Helictometra*

14. 盖氏曲子宫绦虫 *Thysaniezia giardi*

宿主与发现地区：

牦牛：江达县。

黄牛：林周县。感染率 16.67%（4/24），感染强度 2~8 条，平均感染强度 4.75 条。

绵羊：江达县、林周县。感染率 3.7%（1/27），感染强度 1 条。

山羊：江达县、康马县。感染率 9.09%（2/22），感染强度 1~3 条，平均感染强度 2 条。

寄生部位：小肠。

无卵黄腺属 *Avitellina*

15. 塔提无卵黄腺绦虫 *Avitellina tatia*

宿主与发现地区：

绵羊：江孜县。感染率 4.76%（1/21），感染强度 3 条。

寄生部位：小肠。

16. 中点无卵黄腺绦虫 *Avitellina centripunctata*

宿主与发现地区：

牦牛：江达县、江孜县。感染率 12.5%（2/16），感染强度 2 条，平均感染强度 2 条。

绵羊：当雄县、康马县、江达县、乃东县、改则县、林周县、江孜县。感染率 33. 33%（31/93），感染强度 1~4 条，平均感染强度 2. 16 条。

山羊：江达县、江孜县。感染率 10. 53%（2/19），感染强度 1 条。

寄生部位：小肠。

带科 Taeniidae

棘球属 *Echinococcus*

17. 细粒棘球绦虫 *Echinococcus granulosus*

宿主与发现地区：

狗：申扎县、江孜县。感染率 21. 74%（5/23），感染强度 36~1701 条，平均感染强度 650. 2 条。

寄生部位：小肠。

18. 兽型棘球蚴/细粒棘球蚴 *Echinococcus veterinarum/Echinococcus cysticus*

宿主与发现地区：

马：林周县。感染率 22. 22%（2/9），感染强度 3~122 条，平均感染强度 62. 5 条。

牦牛：江达县、林周县、江孜县。感染率 15. 79%（6/38），感染强度 1~10 条，平均感染强度 2. 67 条。

黄牛：林周县、江孜县。感染率 4. 55%（2/44），感染强度 1~3 条，平均感染强度 2 条。

绵羊：当雄县、康马县、乃东县、江达县、改则县、林周县、江孜县。感染率 13. 98%（13/93），感染强度 1~45 条，平均感染强度 4. 77 条。

山羊：当雄县、江达县、林周县、江孜县。感染率 8. 33%（4/48），感染强度 1~2 条，平均感染强度 1. 25 条。

猪：林周县。感染率 36. 84%（7/19），感染强度 1~14 条，平均感染强度 6 条。

寄生部位：肺脏、肝脏。

带吻属 *Taeniarhynchus*

19. 牛囊尾蚴 *Cysticercus bovis*

宿主与发现地区：

黄牛：林周县、江孜县。感染率 20. 45%（9/44），感染强度未统计。

寄生部位：食管壁、心肌、咬肌、舌肌、其他部位肌肉。

泡尾属 *Hydatigera*

20. 泡状绦虫未定种 *Hydatigera* spp.

宿主与发现地区：

狗：林周县。感染率 72.73%（8/11），感染强度 1~14 条，平均感染强度 8.25 条。

寄生部位：小肠。

带属 *Taenia*

21. 猪囊尾蚴 *Cysticercus cellulosae*

宿主与发现地区：

猪：拉萨市。感染率 11.32%（237/2084）。

寄生部位：臀肌、肩胛肌。

22. 泡状带绦虫 *Taenia hydatigena*

宿主与发现地区：

狗：林周县、申扎县、江孜县。感染率 63.33%（19/33），感染强度 1~21 条，平均感染强度 5.05 条。

寄生部位：小肠。

23. 细颈囊尾蚴 *Cysticercus tenuicollis*

宿主与发现地区：

绵羊：当雄县、康马县、改则县、乃东县、江孜县、林周县。感染率 63.44%（59/93），感染强度 1~7 条，平均感染强度 2.29 条。

山羊：当雄县、康马县、乃东县、林周县、江孜县。感染率 41.18%（21/51），感染强度 1~11 条，平均感染强度 2.95 条。

猪：林周县。感染率 21.05%（4/19），感染强度 1 条。

寄生部位：肠系膜。

24. 羊囊尾蚴 *Cysticercus ovis*

山羊：江孜县。感染率 10.53%（2/19），感染强度 1 条。

寄生部位：食管壁。

25. 豆状带绦虫 *Taenia pisiformis*

宿主与发现地区：

狗：申扎县。感染率 75%（6/8），感染强度 2~24 条，平均感染强度 12 条。

寄生部位：小肠。

多头属 *Multiceps*

26. 多头多头绦虫 *Multiceps multiceps*

宿主与发现地区：

狗：林周县。感染率 63.64%（7/11），感染强度 2~239 条，平均感染强度 87.76 条。

寄生部位：小肠。

27. 脑多头蚴 *Coenurus cerebralis*

宿主与发现地区：

牦牛：江达县、亚东县。

绵羊：当雄县、康马县、江达县、乃东县、亚东县、聂拉木县、江孜县。感染率 10.87%（5/46），感染强度 1~4 条，平均感染强度 2 条。

山羊：江达县、亚东县。

寄生部位：脑。

28. 塞状多头绦虫 *Multiceps packi*

宿主与发现地区：

狗：江孜县。感染率 13.33%（2/15），感染强度 1 条。

寄生部位：小肠。

29. 斯氏多头蚴 *Coenurus skrjabini*

宿主与发现地区：

绵羊、山羊：类乌齐县。

寄生部位：皮下。

戴维科 Davaineidae

瑞利属 *Raillietina*

30. 四角瑞利绦虫 *Raillietina tetragona*

宿主与发现地区：

鸡：江孜县。感染率 1.54%（1/65），感染强度 3 条。

寄生部位：小肠。

31. 有轮瑞利绦虫 *Raillietina cesticillus*

宿主与发现地区：

鸡：江孜县。感染率 1.54%（1/65），感染强度 1 条。

寄生部位：小肠。

双壳科/囊宫科 Dilepididae

复殖孔属 *Dipylidium*

32. 犬复殖孔绦虫 *Dipylidium caninum*

宿主与发现地区：

狗：林周县、江孜县。感染率 63.63%（14/22），感染强度 1~281 条，平均感染强度 77.5 条。

寄生部位：小肠。

中殖孔科 Mesocestoididae

中殖孔属 *Mesocestoides*

33. 线形中殖孔绦虫 *Mesocestoides lineatus*

宿主与发现地区：

狗：林周县。感染率 57.34%（4/7），感染强度 1~264 条，平均感染强度 92.5 条。

寄生部位：小肠。

线形动物门 Nemathelminthes

线虫纲 Nematoda

吸吮科 Thelaziidae

吸吮属 *Thelazia*

34. 罗氏吸吮线虫 *Thelazia rhodesi*

宿主与发现地区：

黄牛：贡觉县、林周县。感染率 4.17%（1/24），感染强度 1 条。

寄生部位：第三眼睑下。

旋尾科 Spiruridae

蛔状属 *Ascarops*

35. 圆形蛔状线虫 *Ascarops strongylina*

宿主与发现地区：

猪：林周县。感染率 52.63%（10/19），感染强度 1~99 条，平均感染强度 28 条。

寄生部位：胃。

筒线科 Gongylonematidae

筒线属 *Gongylonema*

36. 美丽筒线虫 *Gongylonema pulchrum*

宿主与发现地区：

牦牛：林周县。感染率 13.64%（3/22），感染强度 1 条。

黄牛：林周县。感染率 4.17%（1/24），感染强度 4 条。

寄生部位：食管的黏膜下层。

37. 多瘤筒线虫 *Gongylonema verrucosum*

宿主与发现地区：

牦牛：林周县。感染率 9.09%（2/22），感染强度 1 条。

黄牛：林周县。感染率 4.17%（1/24），感染强度 4 条。

绵羊：林周县。感染率 3.7%（1/27），感染强度 1 条。

寄生部位：食管的黏膜下层。

尖尾科 Oxyuridae

尖尾属 *Oxyuris*

38. 马尖尾线虫 *Oxyuris equi*

宿主与发现地区：

马：林周县、江孜县。感染率 45.45%（5/11），感染强度 13~3 312条，平均感染强度 935.4 条。

驴：林周县。感染率 66.67%（2/3），感染强度 20~399 条，平均感染强度209.5条。

寄生部位：结肠、盲肠、直肠。

斯氏属 *Skrjabinema*

39. 绵羊斯氏线虫 *Skrjabinema ovis*

宿主与发现地区：

绵羊：康马县、亚东县、林周县、江孜县。感染率18.84%（13/69），感染强度1~160条，平均感染强度18.62条。

山羊：亚东县、林周县、江孜县。感染率52.27%（23/44），感染强度1~323，平均感染强度75.74条。

寄生部位：小肠、结肠、盲肠。

蛔虫科 Ascarididae

蛔属 *Ascaris*

40. 猪蛔虫 *Ascaris suum*

宿主与发现地区：

猪：林周县。感染率52.63%（10/19），感染强度1~6条，平均感染强度3.2条。

寄生部位：小肠。

禽蛔科 Ascaridiidae

禽蛔属 *Ascaridia*

41. 鸡蛔虫 *Ascaridia galli*

宿主与发现地区：

鸡：林周县。感染率0.97%（1/1~3），感染强度1条。

寄生部位：小肠。

弓首科 Toxocaridae

弓首属 *Toxocara*

42. 犬弓首蛔虫 *Toxocara canis*

宿主与发现地区：

狗：申扎县、林周县。感染率86.67%（13/15），感染强度2~603条，平均感染强度98.69条。

寄生部位：小肠。

圆形科 Strongylidae

圆形属 *Strongylus*

43. 马圆形线虫 *Strongylus equinus*

宿主与发现地区：

马：林周县、江孜县。感染率63.63%（7/11），感染强度2~290条，平均感染强度57条。

寄生部位：结肠、盲肠、直肠。

阿尔夫属 *Alfortia*

44. 无齿阿尔夫线虫 *Alfortia edentatus*

宿主与发现地区：

马：林周县、江孜县。感染率 81.81%（9/11），感染强度 5~168 条，平均感染强度 63.33 条。

驴：林周县、江孜县。感染率 33.33%（3/9），感染强度 4~14 条，平均感染强度 7.76 条。

骡：林周县。感染率 100%（1/1），感染强度 2 条。

寄生部位：结肠、盲肠、直肠。

戴拉风属 *Delafondia*

45. 普通戴拉风线虫 *Delafondia vulgaris*

宿主与发现地区：

马：林周县。感染率 77.78%（7/9），感染强度 4~1 008条，平均感染强度 200 条。

驴：林周县、江孜县。感染率 88.89%（8/9），感染强度 5~1 575条，平均感染强度 306.875 条。

骡：林周县。感染率 100%（1/1），感染强度 54 条。

寄生部位：结肠、盲肠、直肠。

三齿属 *Triodontophorus*

46. 锯齿三齿线虫 *Triodontophorus serratus*

宿主与发现地区：

马：林周县、江孜县。感染率 54.54%（6/11），感染强度 8~200 条，平均感染强度 57.67 条。

驴：林周县、江孜县。感染率 33.33%（3/9），感染强度 16~55 条，平均感染强度 36 条。

骡：林周县。感染率 100%（1/1），感染强度 2 条。

寄生部位：结肠、盲肠、直肠。

47. 短尾三齿线虫 *Triodontophorus brevicauda*

宿主与发现地区：

马：林周县。感染率 11.11%（1/9），感染强度 4 条。

驴：林周县。感染率 33.33%（1/3），感染强度 42 条。

寄生部位：结肠、盲肠、直肠。

48. 熊氏三齿线虫/日本三齿线虫 *Triodontophorus hsiungi/Triodontophorus nipponicus*

宿主与发现地区：

驴：林周县。感染率 33.33%（1/3），感染强度 18 条。

寄生部位：结肠。

49. 细颈三齿线虫 *Triodontophorus tenuicollis*

宿主与发现地区：

马：林周县。感染率 66.67%（6/9），感染强度 3~326 条，平均感染强度 155.83 条。

驴：林周县。感染率 55.56%（5/9），感染强度 5~20 条，平均感染强度 8.8 条。

寄生部位：结肠、盲肠。

夏伯特科　Chabertidae

夏伯特属　*Chabertia*

50. 羊夏伯特线虫　*Chabertia ovina*

宿主与发现地区：

牦牛：江达县、林周县、江孜县。感染率 18.42%（7/38），感染强度 1~13 条，平均感染强度 2.86 条。

黄牛：林周县、江孜县。感染率 61.36%（27/44），感染强度 1~72 条，平均感染强度 22.67 条。

绵羊：江达县、乃东县、林周县。感染率 11.11%（3/27），感染强度 2~18 条，平均感染强度 11.67 条。

寄生部位：结肠、盲肠。

钩口科　Ancylostomatidae

钩口属　*Ancylostoma*

51. 犬钩口线虫　*Ancylostoma caninum*

宿主与发现地区：

狗：林周县。感染率 14.28%（1/7），感染强度 16 条。

寄生部位：小肠。

仰口属　*Bunostomum*

52. 牛仰口线虫　*Bunostomum phlebotomum*

宿主与发现地区：

牦牛：林周县。感染率 4.55%（1/22），感染强度 1 条。

黄牛：林周县。感染率 16.67%（4/24），感染强度 1~2 条，平均感染强度 1.25 条。

寄生部位：十二指肠、小肠。

53. 羊仰口线虫　*Bunostomum trigonocephalum*

宿主与发现地区：

绵羊：当雄县、康马县、亚东县、乃东县、林周县。感染率 20.63%（13/63），感染强度 1~229 条，平均感染强度 26.92 条。

山羊：林周县。感染率 16%（4/25），感染强度 1~5 条，平均感染强度 2 条。

寄生部位：小肠、结肠、盲肠。

盅口科　Cyathostomidae

杯冠属 *Cylicostephanus*

54\. 长伞杯冠线虫 *Cylicostephanus longibursatus*

宿主与发现地区：

马：林周县、江孜县。感染率90.91%（10/11），感染强度63～13 224条，平均感染强度3157.5条。

驴：林周县、江孜县。感染率88.89%（8/9），感染强度10～845条，平均感染强度145.625条。

骡：林周县。感染率100%（1/1），感染强度8条。

寄生部位：结肠、盲肠、直肠。

55\. 小杯杯冠线虫 *Cylicostephanus calicatus*

宿主与发现地区：

马：林周县。感染率77.78%（7/9），感染强度8～1 683条，平均感染强度333.71条。

驴：林周县。感染率33.33%（1/3），感染强度140条。

骡：林周县。感染率100%（1/1），感染强度48条。

寄生部位：结肠、盲肠、直肠。

56\. 微小杯冠线虫 *Cylicostephanus minutus*

宿主与发现地区：

马：江孜县。感染率100%（2/2），感染强度15～88条，平均感染强度51.5条。

驴：江孜县。感染率50%（3/6），感染强度5～30条，平均感染强度14条。

寄生部位：结肠、盲肠、直肠。

57\. 曾氏杯冠线虫 *Cylicostephanus tsengi*

宿主与发现地区：

马：林周县、江孜县。感染率54.55%（6/11），感染强度5～848条，平均感染强度702条。

驴：林周县、江孜县。感染率77.78%（7/9），感染强度9～1141条，平均感染强度229条。

骡：林周县。感染率100%（1/1），感染强度358条。

寄生部位：结肠、盲肠、直肠。

58\. 杂种杯冠线虫 *Cylicostephanus hybridus*

宿主与发现地区：

马：林周县。感染率44.44%（4/9），感染强度1～72条，平均感染强度20.75条。

驴：林周县。感染率33.33%（1/3），感染强度7条。

寄生部位：结肠、盲肠、直肠。

59\. 高氏杯冠线虫 *Cylicostephanus goldi*

宿主与发现地区：

马：林周县、江孜县。感染率90.91%（10/11），感染强度15~8 861条，平均感染强度1 669.5条。

驴：林周县、江孜县。感染率66.67%（6/9），感染强度24~483条，平均感染强度140.67条。

骡：林周县。感染率100%（1/1），感染强度4条。

寄生部位：结肠、盲肠、直肠。

60. 偏位杯冠线虫 *Cylicostephanus asymmetricus*

宿主与发现地区：

马：林周县。感染率55.56%（5/9），感染强度32~2 448条，平均感染强度592.6条。

驴：林周县。感染率33.33%（1/3），感染强度126条。

骡：林周县。感染率100%（1/1），感染强度2条。

寄生部位：结肠、盲肠。

盅口属 *Cyathostomum*

61. 卡提盅口线虫 *Cyathostomum catinatum*

宿主与发现地区：

马：林周县、江孜县。感染率90.91%（10/11），感染强度45~12 149条，平均感染强度4 170.4条。

驴：林周县、江孜县。感染率88.89%（8/9），感染强度7~1 045条，平均感染强度300条。

骡：林周县。感染率100%（1/1），感染强度2条。

寄生部位：结肠、盲肠、直肠。

62. 四刺盅口线虫 *Cyathostomum tetracanthum*

宿主与发现地区：

马：林周县、江孜县。感染率45.45%（5/11），感染强度2~15条，平均感染强度6.65条。

驴：江孜县。感染率83.33%（5/6），感染强度22~530条，平均感染强度162.4条。

寄生部位：结肠、盲肠、直肠。

63. 亚冠盅口线虫 *Cyathostomum subcoronatum*

宿主与发现地区：

马：林周县。感染率55.56%（5/9），感染强度2~127条，平均感染强度41条。

驴：林周县。感染率33.33%（1/3），感染强度1190条。

骡：林周县。感染率100%（1/1），感染强度54条。

寄生部位：结肠、盲肠、直肠。

64. 碟状盅口线虫 *Cyathostomum pateratum*

宿主与发现地区：

马：林周县。感染率 33.33%（3/9），感染强度 23～4 464 条，平均感染强度 1 730.33 条。

驴：林周县。感染率 33.33%（2/6），感染强度 1～5 条，平均感染强度 3 条。

寄生部位：结肠、盲肠、直肠。

冠环属 *Coronocyclus*

65. 冠状冠环线虫 *Coronocyclus coronatus*

宿主与发现地区：

马：林周县、江孜县。感染率 81.82%（9/11），感染强度 8～788 条，平均感染强度 204.78 条。

驴：林周县、江孜县。感染率 77.78%（7/9），感染强度 10～1 388 条，平均感染强度 296.29 条。

寄生部位：结肠、盲肠、直肠。

66. 大唇片冠环线虫 *Coronocyclus labiatus*

宿主与发现地区：

马：林周县、江孜县。感染率 54.55%（6/11），感染强度 19～960 条，平均感染强度 206.67 条。

驴：林周县、江孜县。感染率 66.67%（6/9），感染强度 2～1 085 条，平均感染强度 206.67 条。

骡：林周县。感染率 100%（1/1），感染强度 40 条。

寄生部位：结肠、盲肠、直肠。

67. 小唇片冠环线虫 *Coronocyclus labratus*

宿主与发现地区：

马：林周县、江孜县。感染率 63.63%（7/11），感染强度 1～144 条，平均感染强度 70.71 条。

驴：林周县、江孜县。感染率 88.89%（8/9），感染强度 4～1 008 条，平均感染强度 225 条。

骡：林周县。感染率 100%（1/1），感染强度 6 条。

寄生部位：结肠、盲肠、直肠。

环齿属 *Cylicodontophorus*

68. 双冠环齿线虫 *Cylicodontophorus bicoronatus*

宿主与发现地区：

马：林周县。感染率 66.67%（6/9），感染强度 17～576 条，平均感染强度 207 条。

驴：林周县、江孜县。感染率 66.67%（6/9），感染强度 11～576 条，平均感染强度 86.67 条。

寄生部位：结肠、盲肠、直肠。

杯环属 *Cylicocyclus*

69. 辐射杯环线虫 *Cylicocyclus radiates*

宿主与发现地区：

马：林周县、江孜县。感染率 81. 82%（9/11），感染强度 33~12 968条，平均感染强度2 496. 75条。

驴：林周县、江孜县。感染率 44. 44%（4/9），感染强度 6~310 条，平均感染强度 117. 75 条。

骡：林周县。感染率 100%（1/1），感染强度 56 条。

寄生部位：结肠、盲肠、直肠。

70. 耳状杯环线虫 *Cylicocyclus auriculatus*

宿主与发现地区：

马：林周县、江孜县。感染率 44. 44%（4/9），感染强度 99~1820 条，平均感染强度 697 条。

寄生部位：结肠、盲肠。

71. 长形杯环线虫 *Cylicocyclus elongates*

宿主与发现地区：

马：林周县、江孜县。感染率 27. 27%（3/11），感染强度 7~36 条，平均感染强度 17 条。

驴：林周县、江孜县。感染率 22. 22%（2/9），感染强度 15~63 条，平均感染强度 39 条。

寄生部位：结肠、盲肠。

72. 显形杯环线虫 *Cylicocyclus insigne*

宿主与发现地区：

马：林周县。感染率 11. 11%（1/9），感染强度 6 条。

骡：林周县。感染率 100%（1/1），感染强度 2 条。

寄生部位：结肠、盲肠。

73. 鼻状杯环线虫 *Cylicocyclus nassatus*

宿主与发现地区：

马：林周县、江孜县。感染率 90. 91%（10/11），感染强度 30~13 104条，平均感染强度3 610. 1条。

驴：林周县、江孜县。感染率 44. 44%（4/9），感染强度 37~1 154条，平均感染强度 373 条。

骡：林周县。感染率 100%（1/1），感染强度 420 条。

寄生部位：结肠、盲肠、直肠。

74. 外射杯环线虫 *Cylicocyclus ultrajectinus*

宿主与发现地区：

马：林周县。感染率 33. 33%（3/9），感染强度 2~360 条，平均感染强度 125. 33 条。

骡：林周县。感染率 100%（1/1），感染强度 124 条。

寄生部位：结肠、盲肠、直肠。

75. 短囊杯环线虫 *Cylicocyclus brevicapsulatus*

宿主与发现地区：

马：林周县。感染率 55. 56%（5/9），感染强度 1~192 条，平均感染强度 57. 8 条。

驴：林周县。感染率 33. 33%（1/3），感染强度 49 条。

寄生部位：结肠、盲肠、直肠。

76. 天山杯环线虫 *Cylicocyclus tianshangensis*

宿主与发现地区：

马：林周县。感染率 44. 44%（4/9），感染强度 4~15 条，平均感染强度 9 条。

驴：林周县。感染率 33. 33%（1/3），感染强度 7 条。

寄生部位：盲肠、直肠。

77. 细口杯环线虫 *Cylicocyclus leptostomum*

宿主与发现地区：

马：林周县、江孜县。感染率 27. 27%（3/11），感染强度 297~431 条，平均感染强度 349. 33 条。

驴：林周县、江孜县。感染率 44. 44%（4/9），感染强度 12~28 条，平均感染强度 18 条。

骡：林周县、江孜县。感染率 100%（1/1），感染强度 4 条。

寄生部位：结肠、盲肠、直肠。

副杯口属 *Parapoteriostomum*

78. 真臂副杯口线虫 *Parapoteriostomum euproctus*

宿主与发现地区：

马：林周县。感染率 44. 44%（4/9），感染强度 3~655 条，平均感染强度 470. 5 条。

驴：江孜县。感染率 33. 33%（2/6），感染强度 1~10 条，平均感染强度 5. 5 条。

寄生部位：结肠、盲肠、直肠。

彼德洛夫属 *Petrovinema*

79. 杯状彼德洛夫线虫 *Petrovinema poculatum*

宿主与发现地区：

马：林周县、江孜县。感染率 27. 27%（3/11），感染强度 4~84 条，平均感染强度 53. 33 条。

驴：江孜县。感染率 16. 67%（1/6），感染强度 1 条。

寄生部位：结肠、盲肠、直肠。

杯口属 *Poteriostomum*

80. 不等齿杯口线虫 *Poteriostomum imparidentatum*

宿主与发现地区：

马：林周县。感染率 44.44%（4/9），感染强度 2~72 条，平均感染强度 35.5 条。

驴：林周县。感染率 33.33%（1/3），感染强度 14 条。

寄生部位：结肠、盲肠、直肠。

辐首属 *Gyalocephalus*

81. 头似辐首线虫 *Gyalocephalus capitatus*

宿主与发现地区：

马：林周县、江孜县。感染率 81.82%（9/11），感染强度 10~908 条，平均感染强度 237.44 条。

驴：林周县。感染率 44.44%（4/9），感染强度 4~36 条，平均感染强度 15 条。

寄生部位：结肠、盲肠、直肠。

夏伯特科 Chabertidae

食道口属 *Oesophagostomum*

82. 哥伦比亚食道口线虫 *Oesophagostomum columbianum*

宿主与发现地区：

牦牛：林周县。感染率 27.27%（6/22），感染强度 2~437 条，平均感染强度 79.67 条。

黄牛：林周县。感染率 29.17%（7/24），感染强度 1~184 条，平均感染强度 40 条。

绵羊：林周县。感染率 22.22%（6/27），感染强度 1~52 条，平均感染强度 11.5 条。

山羊：林周县。感染率 8%（2/25），感染强度 4~66 条，平均感染强度 35 条。

寄生部位：结肠、盲肠。

83. 辐射食道口线虫 *Oeophagostomum radiatum*

宿主与发现地区：

牦牛：林周县、江孜县。感染率 15.79%（6/38），感染强度 1~56 条，平均感染强度 12.5 条。

黄牛：林周县、江孜县。感染率 72.73%（33/44），感染强度 1~793 条，平均感染强度 180.375 条。

寄生部位：结肠、盲肠。

84. 粗纹食道口线虫 *Oesophagostomum asperum*

宿主与发现地区：

牦牛：林周县、江孜县。感染率 5.26%（2/38），感染强度

38~81 条，平均感染强度 59.5 条。

黄牛：林周县。感染率 8.33%（2/24），感染强度 4~9 条，平均感染强度 5 条。

绵羊：林周县。感染率 25.93%（7/27），感染强度 3~88 条，平均感染强度 25.29 条。

山羊：林周县。感染率 4%（1/25），感染强度 23 条。

寄生部位：结肠、盲肠。

85. 甘肃食道口线虫 *Oesophagostomum kansuensis*

宿主与发现地区：

绵羊：当雄县、康马县、林周县。感染率 61.90%（39/63），感染强度 1~160 条，平均感染强度 30.64 条。

山羊：当雄县、康马县、林周县。感染率 59.38%（19/32），感染强度 23 条，平均感染强度 28.12 条。

寄生部位：结肠、盲肠。

86. 微管食道口线虫 *Oesophagostomum venulosum*

宿主与发现地区：

黄牛：林周县。感染率 25%，感染强度 1~87 条，平均感染强度 25.5 条。

寄生部位：结肠。

毛圆科 Trichostrongylidae

毛圆属 *Trichostrongylus*

87. 蛇形毛圆线虫 *Trichostrongylus colubriformis*

宿主与发现地区：

黄牛：林周县、江孜县。感染率 9.09%（4/44），感染强度 1~135 条，平均感染强度 36.5 条。

绵羊：当雄县、康马县、林周县。感染率 41.27%（26/63），感染强度 1~115 条，平均感染强度 27.31 条。

山羊：当雄县、林周县。感染率 37.93%（11/29），感染强度 1~120 条，平均感染强度 31.9 条。

寄生部位：小肠。

88. 艾氏毛圆线虫 *Trichostrongylus axei*

宿主与发现地区：

绵羊：当雄县。感染率 33.33%（5/15），感染强度 1~16 条，平均感染强度 4.4 条。

山羊：当雄县。感染率 25%（1/4），感染强度 2 条。

寄生部位：小肠。

89. 鹿毛圆线虫 *Trichostrongylus cervarius*

宿主与发现地区：

绵羊：当雄县。感染率 13.33%（2/15），感染强度 1~29 条，平均感染强度 15 条。

寄生部位：小肠。

90. 透明毛圆线虫 *Trichostrongylus vitrines*

宿主与发现地区：

绵羊：当雄县。感染率 6.6%（1/15），感染强度 2 条。

寄生部位：小肠。

91. 斯氏毛圆线虫 *Trichostrongylus skrjabini*

宿主与发现地区：

绵羊：林周县。感染率 3.7%（1/27），感染强度 1 条。

山羊：林周县。感染率 8%（2/15），感染强度 6 条。

寄生部位：小肠。

奥斯特属 *Ostertagia*

92. 普通奥斯特线虫 *Ostertagia circumcincta*

宿主与发现地区：

绵羊：当雄县、康马县、江达县、林周县、亚东县、江孜县。感染率 39.39%（39/99），感染强度 1~317 条，平均感染强度 46.02 条。

山羊：当雄县、江孜县。感染率 39.13%（9/23），感染强度 1~57 条，平均感染强度 16.33 条。

寄生部位：真胃。

93. 奥氏奥斯特线虫 *Ostertagia ostertagi*

宿主与发现地区：

绵羊：林周县。感染率 3.7%（1/27），感染强度 12 条。

山羊：林周县、江孜县。感染率 6.28%（3/44），感染强度 7~58 条，平均感染强度 24.33 条。

寄生部位：真胃。

94. 三叉奥斯特线虫 *Ostertagia trifurcate*

宿主与发现地区：

绵羊：当雄县、康马县、亚东县。感染率 29.41%（15/51），感染强度 2~33 条，平均感染强度 8.33 条。

山羊：当雄县。感染率 50%（2/4），感染强度 1~3 条，平均感染强度 2 条。

寄生部位：真胃。

95. 叶氏奥斯特线虫 *Ostertagia erschowi*

宿主与发现地区：

绵羊：当雄县。感染率 13.33%（2/15），感染强度 1 条。

寄生部位：真胃。

96. 钩状奥斯特线虫 *Ostertagia hamata*

宿主与发现地区：

绵羊：当雄县。感染率 6.67%（1/15），感染强度 1 条。

山羊：当雄县。感染率 25%（1/4），感染强度 3 条。

寄生部位：真胃。

97. 西藏奥斯特线虫 *Ostertagia xizangensis*

宿主与发现地区：

绵羊：亚东县、林周县、江孜县。感染率 22.39%（15/67），感染强度 1~343 条，平均感染强度 45.06 条。

山羊：康马县、江孜县。感染率 33.33%（4/12），感染强度 5~41 条，平均感染强度 19.25 条。

寄生部位：真胃。

98. 念青唐古拉奥斯特线虫 *Ostertagia nianqingtangulaensis*

宿主与发现地区：

绵羊：当雄县、亚东县、林周县。感染率 28.57%（12/42），感染强度 1~54 条，平均感染强度 9.5 条。

山羊：林周县。感染率 8%（2/25），感染强度 1~18 条，平均感染强度 9.5 条。

寄生部位：真胃。

99. 中华奥斯特线虫 *Ostertagia sinensis*

宿主与发现地区：

绵羊：林周县。感染率 7.41%（2/27），感染强度 48~62 条，平均感染强度 55 条。

山羊：林周县。感染率 12%（3/25），感染强度 12~45 条，平均感染强度 27.33 条。

寄生部位：真胃、小肠。

100. 西方奥斯特线虫 *Ostertagia occidentalis*

宿主与发现地区：

绵羊：当雄县。感染率 13.33%（2/15），感染强度 1~30 条，平均感染强度 15.5 条。

山羊：林周县、江孜县。感染率 15.91%（7/44），感染强度 1~324 条，平均感染强度 53.29 条。

寄生部位：真胃。

101. 斯氏奥斯特线虫 *Ostertagia skrjabini*

宿主与发现地区：

绵羊：林周县。感染率 3.7%（1/27），感染强度 44 条。

山羊：江孜县。感染率 15.79%（3/19），感染强度 3~41 条，平均感染强度 16 条。

寄生部位：真胃。

102. 伏尔加奥斯特线虫 *Ostertagia volgaensis*

宿主与发现地区：

山羊：林周县。感染率4%（1/25），感染强度1条。

寄生部位：真胃。

103. *Ostertagia arcuiui*

宿主与发现地区：

绵羊：当雄县。感染率6.67%（1/15），感染强度1条。

寄生部位：真胃。

马歇尔属 *Marshallagia*

104. 马氏马歇尔线虫 *Marshallagia marshalli*

宿主与发现地区：

绵羊：当雄县、江孜县。感染率36.11%（13/36），感染强度1~38条，平均感染强度13.23条。

山羊：江孜县。感染率21.05%（4/19），感染强度1~12条，平均感染强度10.33条。

寄生部位：真胃。

105. 蒙古马歇尔线虫 *Marshallagia mongolica*

宿主与发现地区：

绵羊：康马县、江孜县。感染率96.49%（55/57），感染强度1~997条，平均感染强度152.42条。

山羊：当雄县、江孜县。感染率78.26%（18/23），感染强度1~200条，平均感染强度57.83条。

寄生部位：真胃。

106. 东方马歇尔线虫 *Marshallagia orientalis*

宿主与发现地区：

绵羊：康马县、江孜县。感染率25%（9/36），感染强度1~48条，平均感染强度24.22条。

山羊：江孜县。感染率10.53%（2/19），感染强度2~26条，平均感染强度14条。

寄生部位：真胃。

107. 许氏马歇尔线虫 *Marshallagia hsui*

宿主与发现地区：

绵羊：当雄县、江孜县。感染率52.78%（19/36），感染强度2~6507条，平均感染强度951.21条。

山羊：当雄县、江孜县。感染率43.48%（10/23），感染强度1~481条，平均感染强度105.7条。

寄生部位：真胃。

108. 拉萨马歇尔线虫 *Marshallagia lasaensis*

宿主与发现地区：

绵羊：当雄县、康马县、江孜县。感染率 28.81%（13/57），感染强度 1~120 条，平均感染强度 24.46 条。

山羊：当雄县、林周县、江孜县。感染率 27.08%（13/48），感染强度 1~72 条，平均感染强度 21 条。

寄生部位：真胃。

109. 塔里木马歇尔线虫 *Marshallagia tarimanus*

宿主与发现地区：

山羊：江孜县。感染率 10.53%（2/19），感染强度 4~103 条，平均感染强度 53.5 条。

寄生部位：真胃。

110. 短尾马歇尔线虫 *Marshallagia brevicauda*

宿主与发现地区：

山羊：江孜县。感染率 5.26%（1/19），感染强度 5 条。

寄生部位：真胃。

古柏属 *Cooperia*

111. 栉状古柏线虫 *Cooperia pectinate*

宿主与发现地区：

黄牛：林周县、江孜县。感染率 54.55%（24/44），感染强度 1~1 290条，平均感染强度 206.13 条。

寄生部位：小肠。

112. 肿孔古柏线虫 *Cooperia oncophora*

宿主与发现地区：

牦牛：林周县、江孜县。感染率 7.89%（3/38），感染强度 1~85 条，平均感染强度 29.33 条。

黄牛：林周县、江孜县。感染率 25%（11/44），感染强度 4~103 条，平均感染强度 29.36 条。

寄生部位：小肠。

113. 等侧古柏线虫 *Cooperia laterouniformis*

宿主与发现地区：

牦牛：林周县。感染率 22.73%（5/22），感染强度 1~1 445 条，平均感染强度 320 条。

黄牛：林周县、江孜县。感染率 38.64%（17/44），感染强度 2~589 条，平均感染强度 67.35 条。

寄生部位：小肠。

114. 野牛古柏线虫 *Cooperia bisonis*

宿主与发现地区：

牦牛：林周县。感染率 4.55%（1/22），感染强度 25 条。

黄牛：林周县、江孜县。感染率 18.18%（8/44），感染强度 1~16 条，平均感染强度 6.75 条。

寄生部位：小肠。

115. 珠纳古柏线虫 *Cooperia zurnabada*

宿主与发现地区：

牦牛：林周县。感染率 4.55%（1/22），感染强度 10 条。

黄牛：江孜县。感染率 10%（2/20），感染强度 3~19 条，平均感染强度 11 条。

寄生部位：小肠。

116. 黑山古柏线虫 *Cooperia hranktahensis*

宿主与发现地区：

牦牛：林周县。感染率 13.64%（3/22），感染强度 3~120 条，平均感染强度 42 条。

黄牛：林周县。感染率 12.50%（3/24），感染强度 6~48 条，平均感染强度 20.33 条。

寄生部位：小肠。

117. 古柏线虫未定种 *Cooperia* spp.

宿主与发现地区：

牦牛：林周县、江孜县。感染率 5.26%（2/38），感染强度 1~25 条，平均感染强度 13 条。

黄牛：江孜县。感染率 5%（1/20），感染强度 2 条。

寄生部位：小肠。

血矛属 *Haemonchus*

118. 捻转血矛线虫 *Haemonchus contortus*

宿主与发现地区：

黄牛：林周县、江孜县。感染率 50%（22/44），感染强度 1~7 681条，平均感染强度 504.64 条。

绵羊：当雄县、康马县、江达县、亚东县、乃东县、林周县、江孜县。感染率 42.03%（29/69），感染强度 1~602 条，平均感染强度 102.55 条。

山羊：林周县、亚东县、江孜县。感染率 45.45%（20/44），感染强度 1~869 条，平均感染强度 115.75 条。

寄生部位：真胃、十二指肠。

119. 似血矛线虫 *Haemonchus similis*

宿主与发现地区：

山羊：乃东县、林周县。感染率 4%（1/25），感染强度 1 条。

寄生部位：真胃。

120. 长柄血矛线虫 *Haemonchus longistipe*

宿主与发现地区：

黄牛：林周县。感染率 45.83%（11/24），感染强度 2~747 条，平均感染强度 130.27 条。

绵羊：林周县、江孜县。感染率 33.33%（16/48），感染强度 1~143 条，平均感染强度 30.63 条。

山羊：林周县、江孜县。感染率 18.18%（8/44），感染强度 1~86 条，平均感染强度 27.38 条。

寄生部位：真胃、十二指肠。

细颈属 *Nematodirus*

121. 达氏细颈线虫 *Nematodirus davtiani*

宿主与发现地区：

绵羊：康马县、江孜县。感染率 14.29%（6/42），感染强度 1~164 条，平均感染强度 37.67 条。

寄生部位：小肠。

122. 尖交合刺细颈线虫 *Nematodirus filicollis*

宿主与发现地区：

黄牛：林周县。感染率 58.33%（14/24），感染强度 2~290 条，平均感染强度 82.79 条。

绵羊：康马县、林周县、亚东县、江孜县。感染率 50.72%（35/69），感染强度 1~250 条，平均感染强度 31.71 条。

山羊：康马县。感染率 33.33%（1/3），感染强度 129 条。

寄生部位：十二指肠。

123. 奥利春细颈线虫 *Nematodirus oriatianus*

宿主与发现地区：

绵羊：当雄县、林周县、江孜县。感染率 6.35%（4/63），感染强度 1~120 条，平均感染强度 47.75 条。

山羊：林周县。感染率 4%（1/25），感染强度 4 条。

寄生部位：小肠。

124. 钝刺细颈线虫 *Nematodirus spathiger*

宿主与发现地区：

黄牛：林周县。感染率 4.17%（1/24），感染强度 42 条。

绵羊：当雄县、康马县、林周县、江孜县。感染率 9.52%（8/84），感染强度 1~1 314条，平均感染强度 169.38 条。

山羊：林周县、江孜县。感染率 47.33%（21/44），感染强度 1~1 981条，平均感染强度 167.48 条。

寄生部位：小肠。

125. 许氏细颈线虫 *Nematodirus hsui*

宿主与发现地区：

黄牛：林周县。感染率 4. 17%（1/24），感染强度 2 条。

绵羊：当雄县、江孜县。感染率 44. 44%（16/36），感染强度 4~6 507条，平均感染强度1 128. 19条。

山羊：当雄县、江孜县。感染率 17. 39%（4/23），感染强度 1~481 条，平均感染强度 230. 75 条。

寄生部位：真胃。

似细颈属 *Nematodirella*

126. 长刺似细颈线虫 *Nematodirella longispiculata*

宿主与发现地区：

山羊：林周县。感染率 4%（1/25），感染强度 4 条。

寄生部位：十二指肠。

长刺属 *Mecistocirrus*

127. 指形长刺线虫 *Mecistocirrus digitatus*

宿主与发现地区：

山羊：林周县。感染率 10%（1/10），感染强度 1 条。

寄生部位：真胃。

网尾科 Dictyocaulidae

网尾属 *Dictyocaulus*

128. 丝状网尾线虫 *Dictyocaulus filaria*

宿主与发现地区：

绵羊：当雄县、康马县、江达县、改则县、亚东县、乃东县、林周县、江孜县。感染率 42. 86%（36/84），感染强度 1~119 条，平均感染强度 30. 31 条。

山羊：当雄县、康马县、江达县、乃东县、林周县、江孜县。感染率 13. 73%（7/51），感染强度 1~29 条，平均感染强度 10. 71 条。

寄生部位：气管、支气管。

129. 胎生网尾线虫 *Dictyocaulus viviparus*

宿主与发现地区：

牦牛：江达县、林周县、江孜县。感染率 35. 58%（12/38），感染强度 1~60 条，平均感染强度 12. 83 条。

黄牛：林周县、江孜县。感染率 40. 91%（18/44），感染强度 1~253 条，平均感染强度 30. 72 条。

寄生部位：气管、支气管。

130. 安氏网尾线虫 *Dictyocaulus arnfieldi*

宿主与发现地区：

驴：林周县、江孜县。感染率 66.67%（6/9），感染强度 3~249 条，平均感染强度 65.33 条。

寄生部位：气管、支气管。

后圆科 Metastrongylidae

后圆属 *Metastrongylus*

131. 猪后圆线虫/长刺后圆线虫 *Metastrongylus apri/Metastrongylus elongatus*

宿主与发现地区：

猪：林周县。感染率 26.32%（5/19），感染强度 1~41 条，平均感染强度 12.8 条。

寄生部位：支气管。

原圆科 Protostrongylidae

原圆属 *Protostrongylus*

132. 霍氏原圆线虫 *Protostrongylus hobmaieri*

宿主与发现地区：

绵羊：当雄县、林周县。感染率 38.10%（16/42），感染强度 1~19 条，平均感染强度 8.56 条。

山羊：当雄县。感染率 100%（4/4），感染强度 1~7 条，平均感染强度 2.5 条。

寄生部位：支气管、细支气管。

133. 淡红原圆线虫/柯氏原圆线虫 *Protostrongylus rufescens/Protostrongylus kochi*

宿主与发现地区：

绵羊：当雄县、林周县。感染率 7.41%（2/27），感染强度 1~2 条，平均感染强度 1.5 条。

寄生部位：支气管、细支气管。

134. 赖氏原圆线虫 *Protostrongylus raillieti*

宿主与发现地区：

绵羊：当雄县、康马县。感染率 11.11%（4/36），感染强度 1~30 条，平均感染强度 8.25 条。

寄生部位：支气管、细支气管。

刺尾属 *Spiculocaulus*

135. 邝氏刺尾线虫 *Spiculocaulus kwongi*

宿主与发现地区：

绵羊：当雄县、康马县、亚东县、林周县。感染率 29.49%（23/78），感染强度 1~30 条，平均感染强度 8.26 条。

寄生部位：细支气管。

囊尾属 *Cystocaulus*

136. 有鞘囊尾线虫/黑色囊尾线虫 *Cystocaulus ocreatus/Cystocaulus nigrescens*

宿主与发现地区：

绵羊：林周县。感染率3.7%（1/27），感染强度1条。

山羊：林周县。感染率8%（2/25），感染强度6条。

寄生部位：细支气管。

137. 夫赛伏囊尾线虫 *Cystocaulus vsevolodovi*

宿主与发现地区：

山羊：林周县。感染率8%（2/25），感染强度4~7条，平均感染强度5.5条。

寄生部位：细支气管。

变圆属/歧尾属 *Varestrongylus/Bicaulus*

138. 舒氏变圆线虫 *Varestrongylus schulzi*

宿主与发现地区：

绵羊：当雄县、康马县、林周县。感染率20.63%（13/63），感染强度1~75条平均感染强度21.92条。

山羊：林周县。感染率8%（2/25），感染强度3条。

寄生部位：支气管、细支气管。

伪达科 Pseudaliidae

缪勒属 *Muellerius*

139. 毛细缪勒线虫 *Muellerius minutissimus*

宿主与发现地区：

绵羊：当雄县、江达县、亚东县。感染率80%（12/15）。

山羊：当雄县。感染率50%（2/4），感染强度3条。

寄生部位：支气管、细支气管、肺泡。

鞭虫科/毛首科 Trichuridae/Trichocephalidae

鞭虫属/毛首属 *Trichuris/Trichocephalus*

140. 羊鞭虫 *Trichuris ovis*

宿主与发现地区：

牦牛：江达县、林周县。感染率9.09%（2/22），感染强度18~20条，平均感染强度19条。

黄牛：林周县、江孜县。感染率6.82%（3/44），感染强度1~48条，平均感染强度17条。

绵羊：江达县、亚东县、林周县、江孜县。感染率44.44%（28/63），感染强度1~320条，平均感染强度40.18条。

山羊：江达县、林周县。感染率32%（8/25），感染强度1~7条，平均感染强度3.5条。

寄生部位：盲肠、结肠。

141. 同色鞭虫 *Trichuris concolor*

宿主与发现地区：

黄牛：林周县。感染率 8.33%（2/24），感染强度 1~44 条，平均感染强度 22.5 条。

绵羊：林周县。感染率 22.22%（6/27），感染强度 1~16 条，平均感染强度 4.67 条。

山羊：林周县。感染率 16%（4/25），感染强度 2~9 条，平均感染强度 4.25 条。

寄生部位：盲肠、结肠。

142. 斯氏鞭虫 *Trichuris skrjabini*

宿主与发现地区：

黄牛：林周县。感染率 12.5%（3/24），感染强度 1~650 条，平均感染强度 217.33 条。

绵羊：当雄县、亚东县、林周县、江孜县。感染率 50%（39/78），感染强度 1~82 条，平均感染强度 12.89 条。

山羊：林周县。感染率 52%（13/25），感染强度 1~57 条，平均感染强度 12.15 条。

寄生部位：盲肠、结肠。

143. 球鞘鞭虫 *Trichuris globulosa*

宿主与发现地区：

牦牛：林周县。感染率 18.18%（4/22），感染强度 7~10 条，平均感染强度 8.5 条。

黄牛：林周县。感染率 8.33%（2/24），感染强度 3~8 条，平均感染强度 5.5 条。

绵羊：当雄县、康马县、亚东县、林周县。感染率 19.23%（15/78），感染强度 1~60 条，平均感染强度 10.14 条。

山羊：林周县。感染率 32%（8/25），感染强度 1~17 条，平均感染强度 5.13 条。

寄生部位：盲肠、结肠。

144. 瞪羚鞭虫 *Trichuris gazellae*

宿主与发现地区：

绵羊：康马县、亚东县。感染率 47.22%（17/36），感染强度 1~162 条，平均感染强度 28.9 条。

山羊：康马县、林周县。感染率 7.14%（2/28），感染强度 1~3 条，平均感染强度 2 条。

寄生部位：盲肠、结肠。

145. 兰氏鞭虫 *Trichuris lani*

宿主与发现地区：

牦牛：林周县。感染率 18. 18%（4/22），感染强度 1~3 条，平均感染强度 1. 75 条。

黄牛：林周县。感染率 41. 67%（10/24），感染强度 1~168 条，平均感染强度 19. 2 条。

绵羊：当雄县、康马县、林周县、江孜县。感染率 27. 27%（27/99），感染强度 1~109 条，平均感染强度 18. 96 条。

山羊：康马县、林周县。感染率 32. 14%（9/22），感染强度 1~22 条，平均感染强度 5. 22 条。

寄生部位：盲肠、结肠。

146. 长刺鞭虫 *Trichuris longispiculus*

宿主与发现地区：

牦牛：林周县。感染率 13. 64%（3/22），感染强度 7~21 条，平均感染强度 12 条。

绵羊：林周县。感染率 3. 7%（1/27），感染强度 1 条。

山羊：林周县。感染率 4%（1/25），感染强度 9 条。

寄生部位：盲肠、结肠。

147. 印度鞭虫 *Trichuris indicus*

宿主与发现地区：

绵羊：亚东县。感染率 13. 33%（2/15），感染强度 5 条。

寄生部位：盲肠。

148. 鞭虫未定种 *Trichuris* spp.

宿主与发现地区：

绵羊：亚东县、江孜县。感染率 8. 33%（3/36），感染强度 4~8 条，平均感染强度 5. 67 条。

寄生部位：盲肠、结肠。

149. 猪鞭虫 *Trichuris suis*

宿主与发现地区：

绵羊：林周县。感染率 31. 58%（6/19），感染强度 1~4 条，平均感染强度 1. 83 条。

寄生部位：盲肠、结肠。

毛形科 Trichinellidae

毛形属 *Trichinella*

150. 旋毛形线虫 *Trichinella spiralis*

宿主与发现地区：

猪：拉萨市。感染率 1. 89%（5/265）。

寄生部位：横膈膜角肌、肌肉。

棘头动物门 Acanthocephala

少棘吻科 Oligacanthorhynchidae

巨吻属 *Macracanthorhynchus*

151. 蛭形巨吻棘头虫 *Macracanthorhynchus hirudinaceus*

宿主与发现地区：

猪：林周县。感染率 26.32%（5/19），感染强度 1~2 条，平均感染强度 1.6 条。

寄生部位：小肠。

节肢动物门 Arthropoda

蛛形纲 Arachnida

硬蜱科 Ixodidae

革蜱属 *Dermacentor*

152. 草原革蜱 *Dermacentor nuttalli*

宿主与发现地区：

绵羊：当雄县、康马县。感染率 80.56%（11/36），感染强度 1~7 条，平均感染强度 2 条。

山羊：林周县。感染率 10%。

寄生部位：体表。

璃眼蜱属 *Hyalomma*

153. 残缘璃眼蜱 *Hyalomma detritum*

宿主与发现地区：

绵羊：林周县。感染率 20%（2/10）。

寄生部位：体表。

154. 白纹璃眼蜱 *Hyalomma albipietum*

宿主与发现地区：

牦牛、绵羊、山羊：江达县。

寄生部位：体表。

牛蜱属 *Boophilus*

155. 微小牛蜱 *Boophilus microplus*

宿主与发现地区：

绵羊：林周县。感染率 18.52%（5/27），感染强度 1~4 条，平均感染强度 2 条。

寄生部位：体表。

软蜱科 Argasidae

钝缘蜱属 *Ornithodorus*

156. 拉合尔钝缘蜱 *Ornithodorus lahorensis*

宿主与发现地区：

牦牛：林周县、江孜县。感染率 7.89%（3/38），感染强度 1~2 条，平均感染强度 1.33 条。

黄牛：林周县。感染率 33.33%（8/24），感染强度 1~264

条，平均感染强度 63.75 条。

绵羊：林周县。感染率 40.74%（11/27），感染强度 1~5 条，平均感染强度 2.09 条。

驴：林周县。感染率 33.33%（1/3），感染强度 35 条。

寄生部位：体表。

痒螨科 Psoroptidae

痒螨属 *Psoroptes*

157. 绵羊痒螨 *Psoroptes equi* var. *ovis*

宿主与发现地区：

绵羊：江达县、昌都觉拥种畜场、乃东县。

寄生部位：体表。

158. 牛痒螨 *Psoroptes equi* var. *bovis*

宿主与发现地区：

牦牛：江达县。

寄生部位：体表。

疥螨科 Sarcoptidae

疥螨属 *Sarcoptes*

159. 绵羊疥螨 *Sarcoptes scabiei* var. *ovis*

宿主与发现地区：

绵羊：乃东县。

寄生部位：体表。

160. 山羊疥螨 *Sarcoptes scabiei* var. *caprae*

宿主与发现地区：

绵羊：乃东县。

寄生部位：体表。

昆虫纲 Insecta

皮蝇科 Hypodermatidae

蜱蝇属 *Hypoderma*

161. 牛皮蝇（蛆） *Hypoderma bovis*

宿主与发现地区：

牦牛：江达县、林周县、江孜县。感染率 55.26%（21/38），感染强度 1~205 条，平均感染强度 51.38 条。

黄牛：林周县。感染率 41.67%（10/24），感染强度 1~210 条，平均感染强度 42.2 条。

寄生部位：皮下。

胃蝇科 Gasterophilidae

胃蝇属 *Gasterophilus*

162. 肠胃蝇（蛆） *Gasterophilus intestinalis*

宿主与发现地区：

马：林周县。感染率 55.56%（5/9），感染强度 6~194 条，平均感染强度 68.6 条。

寄生部位：胃。

163. 黑腹胃蝇（蛆）/兽胃蝇（蛆） *Gasterophilus pecorum*

宿主与发现地区：

马：林周县。感染率 33.33%（3/9），感染强度 1~20 条，平均感染强度 8 条。

寄生部位：胃。

164. 烦扰胃蝇（蛆） *Gasterophilus veterinus*

宿主与发现地区：

马：林周县。感染率 66.67%（6/9），感染强度 1~133 条，平均感染强度 50.5 条。

骡：林周县。感染率 100%（1/1），感染强度 1 条。

寄生部位：胃。

狂蝇科 Oestridae

狂蝇属 *Oestrus*

165. 羊狂蝇（蛆） *Oestrus ovis*

宿主与发现地区：

绵羊：康马县、江达县、乃东县、林周县、亚东县。感染率 81.25%（39/48），感染强度 1~41 条，平均感染强度 6.21 条。

山羊：康马县、江达县、乃东县、林周县。感染率 17.86%（5/28），感染强度 1~8 条，平均感染强度 3 条。

寄生部位：鼻窦、额窦。

血虱科 Haematopinidae

血虱属 *Haematopinus*

166. 猪血虱 *Haematopinus suis*

宿主与发现地区：

猪：林周县。感染率 94.74%（18/19），感染强度 1~259 条，平均感染强度 31.11 条。

寄生部位：体表。

颚虱科 Linognathidae

颚虱属 *Linognathus*

167. 牛颚虱 *Linognathus vituli*

宿主与发现地区：

牦牛：江达县。

黄牛：林周县。感染率 20.83%（5/24），感染强度 4~38

条，平均感染强度 18 条。

寄生部位：体表。

168. 绵羊颚虱 *Linognathus ovillus*

宿主与发现地区：

绵羊：当雄县、江达县。感染率 13.33%（2/15），感染强度 15~16 条，平均感染强度 15.5 条。

寄生部位：体表。

169. 狭颚虱/山羊颚虱 *Linognathus stenopsis*

宿主与发现地区：

山羊：当雄县、康马县、江达县、林周县。感染率 41.18%（7/17），感染强度 1~23 条，平均感染强度 7.2 条。

寄生部位：体表。

毛虱科 Trichodectidae

毛虱属 *Bovicola*

170. 牛毛虱 *Bovicola bovis*

宿主与发现地区：

黄牛：林周县。感染率 12.5（3/24）。

寄生部位：体表。

171. 山羊毛虱 *Bovicola caprae*

宿主与发现地区：

山羊：当雄县、乃东县、林周县、江孜县。感染率 55.17%（32/58），感染强度 17~181 条，平均感染强度 76.86 条。

寄生部位：体表。

蠕形蚤科 Vermipsyllidae

蠕形蚤属 *Vermipsylla*

172. 花蠕形蚤 *Vermipsylla alakurt*

宿主与发现地区：

绵羊、山羊：乃东县。

寄生部位：体表。

五口虫纲 Pentastomida

舌形虫科 Linguatulidae

舌形属 *Linguatula*

173. 锯齿舌形虫 *Linguatula serrata*

宿主与发现地区：

黄牛：林周县、江孜县。感染率 9.09%（4/44），感染强度 1~4 条，平均感染强度 1.75 条。

绵羊：当雄县、林周县。感染率 9.62%（5/52），感染强度 2~6 条，平均感染强度 3.8 条。

山羊：林周县、江孜县。感染率20.37%（11/54），感染强度1~21条，平均感染强度5.36条。

狗：申扎县、林周县、江孜县。感染率47.06%（16/34），感染强度1~42条，平均感染强度9条。

寄生部位：成虫是鼻旁窦；幼虫多在肝脏、小肠、肠系膜淋巴结。

顶器复合门　Apicomplexa

孢子虫纲　Sporozoasida

梨形虫目　Piroplasmida

巴贝斯科　Babesiidae

巴贝斯属　*Babesia*

174. 双芽巴贝斯虫　*Babesia bigemina*

宿主与发现地区：

牛：察隅县。感染率0.97%。

寄生部位：红细胞内。

175. 柯契卡巴贝斯虫　*Babesia colchica*

宿主与发现地区：

牛：察隅县。感染率30%左右。

寄生部位：红细胞内。

泰勒科　Theileriidae

泰勒属　*Theileria*

176. 突变泰勒虫　*Theileria mutans*

宿主与发现地区：

牛：察隅县。感染率45%左右。

寄生部位：红细胞和网状内皮系统的细胞内。

177. 环形泰勒虫　*Theileria annulata*

宿主与发现地区：

牦牛、黄牛：工布江达县。感染率25%（19/76）。

寄生部位：红细胞和网状内皮系统的细胞内。

真球虫目　Eucoccidiorida

艾美耳科　Eimeriidae

艾美耳属　*Eimeria*

178. 肠艾美耳球虫　*Eimeria intestinalis*

宿主与发现地区：

兔：拉萨市。

寄生部位：小肠。

179. 斯氏艾美耳球虫　*Eimeria stiedai*

宿主与发现地区：

兔：拉萨市。

寄生部位：肝脏胆管的上皮细胞。

180. 穿孔艾美耳球虫 *Eimeria perforans*

宿主与发现地区：

兔：拉萨市。

寄生部位：空肠、回肠。

181. 盲肠艾美耳球虫 *Eimeria coecicola*

宿主与发现地区：

兔：拉萨市。

寄生部位：盲肠。

182. 无残艾美耳球虫 *Eimeria irresidua*

宿主与发现地区：

兔：拉萨市。

寄生部位：空肠。

183. 梨形艾美尔球虫 *Eimeria piriformis*

宿主与发现地区：

兔：拉萨市。

寄生部位：小肠、大肠。

184. 中型艾美耳球虫 *Eimeria media*

宿主与发现地区：

兔：拉萨市。

寄生部位：十二指肠、空肠。

185. 大型艾美耳球虫 *Eimeria magna*

宿主与发现地区：

兔：拉萨市。

寄生部位：回肠、盲肠。

西藏地区蚊虫种类和分布及其与疾病的关系*

薛群力[1]，邓　波[1]，丁浩平[2]，杨川莉[1]，范泉水[1]，陈春生[3]，徐志忠[3]
（1. 成都军区疾病预防控制中心；2. 西藏军区防疫队；3. 西藏动植物检疫检验局）

西藏高原位于北纬26°~36°，东经78°~97°，与印度、尼泊尔、锡金、不丹交界，为边境战略要地，且人迹稀少，地域广大，存在着许多原始状态的自然疫源地，如流行性乙型脑炎等10种自然疫源地种类。因此，做好媒介生物种类调查、资料整理、媒传疾病病源学研究及针对性媒介生物防治研究，对于增强部队战斗力和提高西藏人民健康水平都具有重大意义。蚊是多种疾病的传播媒介，与医学关系密切，察隅、昌都、当雄、拉萨等地有过流行性乙型脑炎的报告。墨脱等地疟疾疫情严重。据成都军区军事医学研究所（现在的成都军区疾病预防控制中心）、中国科学院等研究机构调查显示，西藏的蚊类主要分布在海拔2 000m以下的河谷地带，在这些地区蚊密度较大，种类多，危害严重，且季节蚊密度消长曲线与疾病发病一致。文献资料显示，西藏过去蚊类资料比较零散，为了使资料比较系统、完整，且对蚊传疾病病源学研究提供第一手资料，近年来，笔者对西藏已知蚊虫种类资料进行了整理。经整理，西藏蚊类共计9属14个亚属49种和亚种。现将西藏已知蚊类种群、分布及主要蚊种季节消长、与疾病的关系总结如下。

1　蚊种名录及地理分布

1.1　按蚊属 *Anopheles*

巨型按蚊贝氏亚种 *Anopheles*

分布：亚东、波密、墨脱、察隅；

巨型按蚊西姆拉亚种 *Anopheles gigas simlensis*

分布：亚东、小密、察隅；

林氏按蚊 *Anopheles lindesayi*

分布：波密、樟木；

最黑按蚊 *Anopheles nigerrimus*

分布：墨脱；

中华按蚊 *Anopheles sinensis*

分布：墨脱、察隅；

---

* 刊于《中华卫生杀虫药械》2009年6期

带足按蚊 *Anopheles peditaeniatus*

分布：墨脱；

多斑按蚊 *Anopheles maculatus*

分布：墨脱、察隅；

斯氏按蚊 *Anopheles stephensi*

分布：墨脱；

伪威氏按蚊 *Anopheles pseudowillmori*

分布：墨脱；

威氏按蚊 *Anopheles willmori*

分布：墨脱。

1.2 伊蚊属 *Aedes*

刺扰伊蚊 *Aedes vexans*

分布：亚东、波密、墨脱、察隅；

侧白伊蚊 *Aedes albolineatus*

分布：墨脱；

棘刺伊蚊 *Aedes elsiae*

分布：波密、樟木；

台湾伊蚊 *Aedes formosensis*

分布：墨脱；

哈维伊蚊 *Aedes harveyi*

分布：墨脱；

新白雪伊蚊（新雪伊蚊）*Aedes novoniveus*

分布：墨脱；

美腹伊蚊 *Aedes pulchriventer*

分布：亚东、波密、墨脱、樟木；

单棘伊蚊 *Aedes shortti*

分布：樟木、察隅；

金叶伊蚊 *Aedes oreophilus*

分布：樟木；

北部伊蚊 *Aedes tonkinensis*

分布：樟木；

拉萨伊蚊 *Aedes lasaensis*

分布：拉萨；

拉萨伊蚊吉隆亚种 *Aedes lasaensis gyirongensis*

分布：吉隆托当；

白纹伊蚊 *Aedes albopictus*

分布：察隅、墨脱；

圆斑伊蚊 *Aedes annandalei*

分布：墨脱；

窄翅伊蚊 *Aedes lineatopennis*

分布：墨脱。

1.3 库蚊属 *Culex*

二带喙库蚊 *Culex bitaeniorhynchus*

分布：墨脱；

棕头库蚊 *Culex fuscocephala*

分布：墨脱、察隅；

拟态库蚊（斑翅库蚊）*Culex mimeticus*

分布：亚东、波密、墨脱、察隅；

小拟态库蚊（小斑翅库蚊）*Culex mimulus*

分布：墨脱、樟木；

东方库蚊 *Culex orientalis*

分布：墨脱；

致倦库蚊 *Culex pipiens*

分布：波密、察隅、墨脱；

迷走库蚊 *Culex Vagans*

分布：亚东、波密；

白霜库蚊（霜背库蚊）*Culex whitmorei*

分布：墨脱；

黄氏库蚊 *Culex huangae*

分布：察隅；

伪杂鳞库蚊 *Culex pseudovishnui*

分布：墨脱、察隅；

三带喙库蚊 *Culex tritaentorhynchus*

分布：樟木；

黑点库蚊 *Culex nigropunctatus*

分布：墨脱；

薛氏库蚊 *Culex shebbearei*

分布：察隅、樟木、波密、墨脱；

冲绳库蚊 *Culex okinawae*

分布：樟木；

贪食库蚊 *Culex hlifaxia*

分布：樟木、察隅；

凶小库蚊 *Culex modestus*

分布：察隅。

1.4 阿蚊属 *Armigeres*

骚扰阿蚊 *Armigeres subalbatus*

分布：墨脱、察隅；

巨型阿蚊 *Armigeres magnus*

分布：墨脱。

1.5 脉毛蚊属 *Culiseta*

银带脉毛蚊 *Culiseta niveitaeniata*

分布：樟木、亚东。

1.6 曼蚊属 *Mansonia*

常型曼蚊 *Mansonia uniformis*

分布：察隅。

1.7 蓝带蚊属 *Uranotaenia*

白胸蓝带蚊 *Uranotaenia nivipleura*

分布：察隅；

双色蓝带蚊 *Uranotaenia bicolor*

分布：墨脱。

1.8 钩蚊属 *Malaya*

肘喙钩蚊 *Malaya genurostris*

分布：墨脱。

1.9 小蚊属 *Mimomyia*

吕宋小蚊 *Mimomyia luzonensis*

分布：墨脱。

根据中国动物志，昆虫纲，双翅目，蚊科（上、下卷)，对以下蚊虫种类做了相应的更正。

林氏按蚊日本亚种 *An.*（*A.*）*lindesayi japonicus*，1989 年报告在樟木有分布。近年马素芳、董学书等对同一地区林氏按蚊特征分析结果表明，亚种不成立，现更正为林氏按蚊。

尖音库蚊致乏亚种 C.（*C.*）*pipiens fatigans*，1982 年报告在波密有分布，现更正为致倦库蚊。

杂鳞库蚊 *C.*（*C.*）*vishnui*，1982 年报告在墨脱有分布，经复查我国各地大量原定为杂鳞库蚊的标本，证实确系伪杂鳞库蚊 *C.*（*C.*）*pseudovishnui* 的误定。真正的杂鳞库蚊是否在我国有分布，尚存疑问。所以将杂鳞库蚊更正为伪杂鳞库蚊。

二斑蓝带蚊 *U. bimacuiatus*，1982 年报告在墨脱有分布，现更名为双色蓝带蚊。

吕宋费蚊 *F.* （*E.*） *luzonensis*，1982 年报告在墨脱有分布，现更正为吕宋小蚊。

2　主要入室蚊种季节消

据文献资料显示，察隅入室主要蚊种有伪杂鳞库蚊、刺扰伊蚊、常型曼蚊、白胸蓝带蚊。但常型曼蚊、白胸蓝带蚊数量少，危害不明显，伪杂鳞库蚊是当地优势蚊种。墨脱入室主要蚊种为伪威氏按蚊，伪威氏按蚊是当地优势蚊种。

2.1　伪杂鳞库蚊

从 5—9 月均有活动，主要集中在 6—8 月，以 7 月密度最高，随后逐渐下降，到 9 月下旬偶见活动。

2.2　刺扰伊蚊

5—9 月均有活动，5 月有一高峰期，6、7 月相对减少，8、9 月分别再次出现 2 个高峰期，9 月下旬蚊虫活动明显减少。

2.3　伪威氏按蚊

4—12 月均有活动，7—10 月为高峰期。

3　优势蚊种与疾病的关系

蚊虫是多种虫媒病的传播媒介，与疾病关系密切，主要蚊传疾病有：疟疾、流行性乙型脑炎、登革热、丝虫病、黄热病等，文献报道西藏的蚊传疾病主要是疟疾、流行性乙型脑炎。登革热、丝虫病、黄热病等尚未见报道。

3.1　疟疾

疟疾流行于藏东南及喜马拉雅山麓地区，主要分布在墨脱、察隅及“麦线”以南我国境内海拔 1 500m 以下的河谷地带，在西藏已发现按蚊 10 种，与传播疟疾有关的蚊种是伪威氏按蚊、中华按蚊、多斑按蚊等，据潘嘉云报道墨脱的优势蚊种为伪威氏按蚊，占采集总数的 94. 71%（5062/5345）在室内的平均叮人率为 15. 80%，具备在当地传播疟疾的媒介生物学条件。察隅也有多斑按蚊和巨型按蚊刺叮人血的报道。

3.2　流行性乙型脑炎

比较明确的疫源地有察隅，1968 年 7—9 月，察隅地区流行性乙型脑炎暴发，在昌都、当雄、拉萨、八宿、江达、波密、工布江达、那曲等地有过疫情报告。据张有植等 1989 年报告，察隅优势蚊种为伪杂鳞库蚊，占采集总数的 93. 50%，15min 刺叮试验，平均叮人蚊虫高达 267 只。伪杂鳞库蚊虽然不是传播流行性乙型脑炎的主要蚊种，但是为当地入室主要蚊种，已具备在当地传播的流行性乙型脑炎媒介生物学条件，应视为重要医学昆虫进行病源学等相关研究并开展蚊虫防治工作。察隅刺扰伊蚊也是入室的主要蚊种，占采集总数的4.09%，刺扰伊蚊为传播流行性乙型脑炎主要蚊种，是否为当地流行性乙型脑炎的传播媒介，还待进一步研究。

参考文献（略）

牦牛重要传染病和寄生虫的防治与展望*

李家奎[1,2]，索朗斯珠[1]，贡 嘎[1]，丹巴次仁[1]
（1. 西藏农牧学院动物科学学院；2. 华中农业大学动物医学院）

摘 要：本文概述了牦牛常见重要传染病和寄生虫病的防治研究进展，指出了目前牦牛重要疾病防治工作上的不足，并探讨了牦牛疾病防治的发展方向。

关键词：牦牛；传染病；寄生虫病；展望

牦牛是青藏高原地区高寒草地经济发展的支柱产业，是青藏高原特有的家畜品种之一。我国现有牦牛近1 400万头，主要分布在青海、西藏、四川、甘肃等省区。牦牛作为高原草地畜牧业的主体畜种，在西藏畜牧业生产中具有不可取代的地位。牦牛业的稳步健康可持续发展对整个藏区经济发展起到重要的作用。目前，危害牦牛的主要疾病是传染病和寄生虫病，本文概述了危害牦牛的主要疫病，并对牦牛疾病防控技术的发展方向做了展望。

1 牦牛主要传染病

根据流行病学调查，发生于牦牛的传染病主要有 20 多种，包括细菌性疾病和病毒病，如炭疽、布氏杆菌病、巴氏杆菌病、犊牦牛大肠杆菌病、沙门氏菌病、传染性胸膜肺炎、结核病、肉毒梭菌中毒病、口蹄疫、黏膜病、传染性鼻气管炎、轮状病毒感染、传染性角膜结膜炎等。其中一些是人畜共患病，如牦牛炭疽、牦牛布鲁氏菌病、牦牛结核病等。下面简要介绍几种牦牛重要传染病及其预防进展。

1.1 牦牛炭疽病

牦牛炭疽是由炭疽杆菌引起的急性人畜共患病。本病呈散发性或地方流行性，一年四季都有发生，但夏秋温暖多雨季节和地势低洼易于积水的沼泽地带发病多。我国牦牛分布地区历史上就有本病存在，青海、甘肃常有该病发生的报道。其临床特征是发病突然，高热，可视黏膜发绀，天然孔出血，死后尸僵不全，血凝不良，皮下及浆膜组织呈出血性浸润和脾脏肿大。确诊后用大剂量的抗生素治疗效果良好，同时对病死牦牛按照相关规程进行处理。

牦牛炭疽散发，有一定的区域流行性，虽然有疫苗可供预防该病，但目前尚未列入强制免疫范围，只是在发病后最为紧急预防接种用，由于该病是人畜共患病，建议在流

* 刊于《中国奶牛》2012 年 1 期

行地区进行强制免疫接种，减少该病造成的损失。

1.2 牦牛巴氏杆菌病

牦牛巴氏杆菌病又称为牦牛出血性败血症，简称牦牛出败病，是由多杀性巴氏杆菌引起的牦牛的一种败血性传染病。该病急性经过时呈败血性变化，慢性经过时则表现为皮下组织、关节、各脏器的局限性化脓性炎症。该病在牦牛产区发病率为2%左右，但致死率90%左右，因此危害很大，是目前牦牛强制免疫的重要疾病之一。

牦牛出败呈散发性或地方流行性，一年四季均可发生，但秋冬季节发病较多，一年以上的壮年牦牛发病较多。青海、甘肃、四川和西藏牦牛产区都有报道。巴氏杆菌荚膜抗原（K抗原）和菌体抗原（O抗原）组合在一起，巴氏杆菌可分为16个血清型。虽然目前已经在牦牛产区进行强制免疫，仍常常有该病发生的报道，其原因是否与目前流行的巴氏杆菌血清型发生了变化有关，仍需要进一步研究。

1.3 牦牛口蹄疫

口蹄疫（FMD）是偶蹄动物的一种急性、热性、高度接触性传染病。该病传播途径多、传染性强、多种动物共患，严重危害家畜的生产力，给畜牧业生产造成较大损失。牦牛口蹄疫是危害牦牛业最为严重的疾病之一，发病的牦牛以口腔黏膜、蹄部和乳房皮肤发生水泡和溃疡为主要特征。

口蹄疫病毒具有多型性，根据病毒的血清学特征，口蹄疫病毒分为7个主型：A、O、C、南非Ⅰ、南非Ⅱ、南非Ⅲ和亚洲Ⅰ型（SAT1、SAT2、SAT3、Asia1）。各型之间没有血清学交叉。这些病毒变异性强，在保存和流行中常发生血清学变异，给口蹄疫病毒的预防带来困难。在牦牛中流行的口蹄疫病毒型为O型和亚洲Ⅰ型。目前在牦牛产区每年春秋两季用亚洲Ⅰ型和A型疫苗进行预防注射，能较好地控制本病的发生。由于牦牛产区如西藏、新疆等有漫长的边境线与其他国家接壤，历史上也有口蹄疫通过边境传入，因此牦牛口蹄疫的预防不能掉以轻心。

1.4 犊牦牛大肠杆菌病

犊牦牛大肠杆菌病，又称犊白痢，是犊牦牛的一种严重的急性肠道传染病，产肠毒素大肠杆菌是主要的病原之一，其主要通过消化道、子宫内和脐带而感染。我国在牧养牦牛的地区均有本病的发生。犊牛发病后，致病菌随其粪便等排泄物、分泌物散布于外界，引起新的感染而散播本病。发病犊牦牛临床上主要表现为严重腹泻、脱水、虚脱及急性败血症，往往因循环衰竭而死亡。

犊牛大肠杆菌病的治疗，可使用抗生素进行治疗，如环丙沙星、阿莫西林、氨苄青霉素等，同时配合强心补液。西藏农牧学院研制成功的牦牛大肠杆菌苗，经临床验证有很好的免疫预防作用，在流行地区可以进行预防注射。

1.5 牦牛病毒性腹泻—黏膜病

牦牛病毒性腹泻—黏膜病是病毒性腹泻—黏膜病病毒（BVDV）引起的以发热，消化道黏膜糜烂、溃疡、脱落，出血性炎症，腹泻，白细胞下降，繁殖障碍为主要特征的一种传染病。该病易形成持续性感染，引起免疫抑制，导致继发感染，给牦牛业造成巨大损失。该病目前在牦牛产区流行，血清流行病学调查显示，青海、西藏和甘肃的牦牛都有感染，是目前造成牦牛腹泻的主要原因之一。20 世纪 90 年代末有学者对甘肃、青海、四川三省牦牛进行了 BVDV 血清抗体检测，总阳性率为 31.9%，其中甘肃为 29.4%，青海为 28.0%，四川为 38.46%。研究表明，BVDV 与猪瘟病毒（HCV）在核苷酸序列上约有 66%的同源性，氨基酸约有 85%的同源性，因此，两者具有很高的交叉免疫性。用猪瘟兔化弱毒苗对牦牛进行免疫注射，犊牛每头注射 3 个猪免疫单位，成母牛每头注射 6 个猪免疫单位，可以很好地预防牦牛病毒性腹泻—黏膜病的发生，成本低廉，安全可靠，值得推广。

2 牦牛常见寄生虫病

牦牛常见寄生虫病有 10 多种，调查研究表明，寄生虫的侵袭和营养缺乏，是导致牦牛死亡的主要原因。下面概述几种牦牛重要寄生虫及其药物防治的进展。

2.1 牦牛胃肠道线虫病

牦牛胃肠道线虫病，在我国牦牛分布地区广泛存在，且多为混合性感染，是牦牛群中严重的寄生虫病之一。研究表明，寄生在牛胃肠道内的线虫有 8 属 14 种，分属于食道口属的哥伦比亚食道口线虫、辐射食道口线虫、夏伯特属的牛夏伯特线虫、仰口属的牛仰口线虫、古柏属的栉状古柏线虫和珠纳古柏线虫。

胃肠道线虫的寄生常造成犊牦牛生长发育停滞，严重时导致犊牛死亡。虫体寄生往往造成牦牛胃肠道炎症和出血，肝坏死和肝细胞脂肪变性，呈现贫血和营养不良等一系列的症状。临床表现为渐进性消瘦，可视黏膜苍白，下颌及腹下水肿，腹泻或顽固性下痢，有时便秘与腹泻交替，可因衰竭而死亡。剖检病变，前胃、真胃及肠道各段有数量不等的虫体吸着在胃黏膜上或游离于胃内容物中。治疗牦牛胃肠道线虫的药物很多，常有丙硫咪唑和伊维菌素等，对牦牛捻转血矛线虫、仰口线虫、结节虫、毛首线虫都有很好的驱杀作用。

2.2 牦牛棘球蚴病

牦牛棘球蚴病又称包虫病，是由棘球蚴属绦虫的幼虫引起。棘球蚴寄生于牦牛的肝脏、肺、脾脏及其他脏器内，由于孕节中虫卵较多，在脏器中形成几个到几十个蚴体，蚴体生长力强，体积大，不仅压迫周围组织使脏器萎缩和功能障碍，对畜体危害严重，甚至导致死亡。棘球蚴病在我国牦牛产区分布十分广泛。对四川阿坝州牧区解剖的牦、犏牛，几乎每头都有棘球蚴感染，感染强度从数个至十余个不等，青海、甘肃、新疆也常有牦牛感染棘球蚴病的报道，感染也十分严重，但西藏牦牛棘球蚴病发病情况报道的较少。用丙硫咪唑可很好地预防牦牛棘球蚴病的发生。

2.3 牦牛肝片吸虫病

肝片吸虫病又称肝蛭，由吸虫纲的片形科肝片吸虫寄生在肝脏胆管内，引起急性或慢性肝炎或胆囊炎，伴发全身性中毒和营养障碍，造成大批死亡。牦牛肝片吸虫病分布普遍，感染率为20%~50%。我国的西藏、青海、甘肃和四川藏区牦牛都有感染报道。笔者在林芝地区对屠宰场宰杀的牦牛进行检查，发现100%的牦牛都有肝片吸虫感染。

肝片吸虫病治疗可以采用肝蛭净、丙硫苯咪唑驱成虫，一年两次，分别在秋末冬初和冬末春初。对家畜实行轮牧制度，尽可能不在低洼潮湿的地区放牧可有效预防该病的发生。

2.4 牦牛焦虫病

牛焦虫病又称牛血孢子虫病、梨形虫病，是由寄生在牛红细胞内的血孢子虫，经蜱传播引起的一种急性过程的季节性疾病。该病多呈散发性或地方性流行，典型症状为血尿。该病在我国牦牛分布的部分地区时有发生。牦牛发病时出现高热、贫血、黄疸，体温升高到40~42℃，呈稽留热型。尿色棕红，病牦牛排出黑红色粪便。牦牛焦虫病的特效治疗药物为贝尼尔，治疗时剂量按3.5~3.8mg/kg体重，溶于10%葡萄糖静脉缓慢输入。

2.5 牦牛球虫病

牦牛球虫病是因艾美耳属的多种球虫寄生于牛肠道黏膜上皮细胞而引起的一种以急性出血性肠炎特征的原虫性寄生虫病，以2岁以内的牛发病率较高，其发病死亡率也较高，死亡率一般为20%~40%，而成年牛感染后常呈隐性感染。临床常见患牛食欲异常，瘤胃蠕动和反刍出现障碍；营养不良、消瘦、腹泻、下（血）痢、贫血，高度衰竭而死亡。剖检病死牦牛，可见肠黏膜增厚，有卡他性或出血性炎症变化，黏膜上散布点状出血点和大小不等的白点或灰白点；直肠内容物呈褐色、恶臭，有纤维性伪膜和黏膜碎片。治疗和预防牛球虫的药物很多，常用的磺胺类药物，用于治疗预防球虫，效果良好。

2.6 牦牛皮蝇蛆病

牦牛皮蝇蛆病是危害牦牛最为严重的一种蝇蛆病。该病在西藏、青海、甘肃、四川等地都有发生。皮蝇蛆病是由双翅目、皮蝇科的昆虫幼虫寄生于牦牛体内而引起寄生虫病。该病的主要特征是幼虫钻入牦牛的皮肤时，引起皮肤瘙痒，当幼虫移行至背部皮下时，寄生部位形成皮肤隆起和皮下蜂窝组织炎，继而皮肤穿孔。该病严重影响牦牛皮毛质量，给牦牛业造成巨大经济损失，可以采用倍硫磷、敌百虫和阿维菌素等防治。

3 牦牛疫病防治发展的趋势

牦牛目前仍然以放牧为主，因此，牦牛的各种疾病防治仍然是困扰牦牛业发展的主要因素之一，每年给牦牛饲养业造成十分严重的损失。虽然目前牦牛的疾病防治工作取得了很大的进展，但也存在很大不足，第一，牦牛重要传染病的预防疫苗，目前都是单苗，没有多联疫苗，因此免疫预防工作强度大；第二，牦牛疾病的防治目前仍然以口服或注射给药为主，由于牦牛目前仍然具有很大的野性，临床用药很不方便，给牦牛疾病防控带来很大困难，特别是注射剂，由于藏族牧民具惜牲的习俗，临床应用有很大阻力；第三，目前开发的针对牦牛疾病的治疗药物不多，现阶段的药物都是从其他动物引申而来，这些药物对牦牛的疗效不确切，同时，有关这些药物在牦牛体内的代谢、残留规律及残留风险评价尚缺乏深入的研究；第四，缺乏针对牦牛疾病预防和治疗的专用工具，牦牛有很大的野性，临床操作如保定、投药、注射等都有很大的困难，而专用于牦牛的医疗器具仍是空白。因此，针对目前牦牛疾病防治的困境，今后应开发针对牦牛重要疫病的多联疫苗，做到一次注射预防多种疾病，减少牦牛疾病预防的压力，研制针对牦牛疾病的特效药物，并深入研究这些药物在牦牛体内的代谢和残留规律，减少药物在牦牛体内的残留和环境风险，同时，开发适合牦牛使用的新药物剂型，通过集中药物复合配制，研制浇泼剂、涂擦剂、气雾剂等，减少给药次数和给药强度，这些将是今后牦牛疾病防控的发展方向。

参考文献（略）

中国牦牛主要寄生虫病流行现状及防控策略*

殷铭阳[1,2]，周东辉[2]，刘建枝[3]，蔡进忠[4]，朱兴全[1,2]
（1. 湖南农业大学动物医学院；2. 中国农业科学院兰州兽医研究所，家畜疫病病原生物学国家重点实验室；3. 西藏自治区农牧科学院畜牧兽医研究所；4. 青海省畜牧兽医科学院）

摘　要：牦牛主产于中国，主要生活在青藏高原地区，因其能适应高寒的生态条件及耐粗、耐劳等特性，被誉为“高原之舟”。寄生虫病是牦牛常见的疾病，严重危害着牦牛的健康。作者从中国牦牛主要寄生虫病的流行现状及防控策略进行了综述，以期为牦牛寄生虫病防控提供参考。

关键词：牦牛；寄生虫病；防控策略

中国是世界上拥有牦牛种群和数量最多的国家，全世界 90%以上的牦牛主要生活在中国青藏高原地区，近年来中国牦牛养殖规模已达1 300万头（Han 等，2013），促进了藏区经济发展。随着人们生活水平的不断提高，对食品安全的重视程度也在不断加强，安全无公害的畜产品日益受到人们的欢迎。但是，由于牧民养殖技术的相对落后，加之牦牛主要采用放牧饲养，实施寄生虫防疫措施缺乏、困难，故牦牛极易感染寄生虫，对牦牛养殖业造成了巨大的经济损失。作者概述了近十年来中国牦牛主要寄生虫病的流行现状及防控策略。

1　中国牦牛主要寄生虫病的流行现状

1.1　牦牛蠕虫病的流行现状

1.1.1　牦牛消化道线虫病

牦牛消化道线虫病是由寄生于牦牛消化道内的多种线虫所引起。消化道线虫多为混合感染，轻者引起患畜贫血消瘦，重者引起患畜衰竭死亡。在春季，常出现犊牦牛大批死亡的现象，经大量剖检后发现消化道线虫大量感染是其主要诱因之一（彭毛，2008）。米玛顿珠等（2001）对西藏林芝地区 8 头牦牛进行剖检后发现，捻转血矛线虫感染率为 100%，牛仰口线虫感染率为 90%，夏伯特线虫感染率为 86%，感染强度均在 1~30 条虫。马媛等（2011）对迪庆藏族自治州香格里拉县 65 份中甸牦牛新鲜粪便进

* 刊于《中国畜牧兽医》2014 年 5 期

行检查，结果显示，线虫卵阳性粪便38份，感染率为58.5%。付永等（2013）和曹雯丽等（2012）研究表明，青海玉树县和新疆和静县的牦牛消化道线虫主要为仰口线虫、毛圆线虫和夏伯特线虫。

1.1.2 牦牛绦虫病

1.1.2.1 牦牛莫尼茨绦虫病

牦牛莫尼茨绦虫病危害巨大，临床症状一般表现为贫血与水肿，也可表现神经症状，夏秋季节感染多发。李世双（2011）对青海省门源县100头牦牛粪便进行检查，结果发现，85头牦牛感染有绦虫卵，感染率为85%，经镜检发现莫尼茨绦虫感染最为严重。米玛顿珠等（2001）对西藏林芝地区8头牦牛剖检后发现，扩张莫尼茨绦虫感染率为30%。林涛等（2012）对新疆牦牛集中屠宰点的30份白绒牦牛内脏进行剖检后发现，莫尼茨绦虫感染率为33%。

1.1.2.2 牦牛棘球蚴病

牦牛棘球蚴病又称牦牛包虫病，是由细粒棘球绦虫的幼虫寄生在牦牛肝脏、肺脏及其他器官中引起周围组织贫血和继发感染的疾病，此病为人畜共患寄生虫病，危害严重。张静宵等（2007）对青海省部分地区1990—2005年的6个年份进行了牦牛棘球蚴病流行病学调查，结果发现，牦牛棘球蚴病阳性率为46.2%~78.5%，平均阳性率为55.3%；从流行地区来看，青南高原最高（57.2%），祁连山地和河湟谷地（53.0%）高于柴达木盆地（52.9%）。Yu等（2008）对青海省东南地区135头牦牛剖检后发现，106头牦牛的肝脏与肺脏感染包囊，感染率为78.5%。

1.1.2.3 牦牛脑包虫病

牦牛脑包虫病又称牦牛脑多头蚴病，是由带科多头属的多头绦虫的中绦期幼虫寄生于脑及脊髓中所引起的人畜共患寄生虫病。感染初期体温升高，数月后出现典型的神经症状，可致患畜死亡。沈秀英等（2007）对青海省9个县兽医站1990—2005年多头蚴病发生情况进行统计，结果发现9个县均有此病发生，且246万余头牦牛和藏羊的发病率在0.12%~13.98%，平均发病率为1.98%，病死率（死亡数/发病数）在27.00%~72.14%，平均病死率为51.83%，值得注意的是，2005年牦牛和藏羊的发病数达到10 162头，病死率达48.94%。以上数据表明，多头蚴的发病率虽然较低，但发病畜的死亡率很高。因此，对于牦牛脑包虫病的防制工作仍需加强。

1.1.3 牦牛吸虫病

1.1.3.1 牦牛肝片吸虫病

牦牛肝片吸虫病是由片形科片形属的肝片吸虫寄生于牦牛胆管引起的寄生虫病，可引起牦牛急性或慢性肝炎和胆管炎，导致全身中毒和营养障碍。青海省祁连县（赵兰，2010）和兴海县（柴正明，2012）的牦牛肝片吸虫感染率分别为10.00%和37.77%。柴正明（2012）对青海省兴海县肝片吸虫感染动态统计显示，牦牛肝片吸虫病春季感染率为62.67%，高于夏季26.29%、秋季18.41%和冬季47.59%。

1.1.3.2 牦牛前后盘吸虫病

牦牛前后盘吸虫病是由前后盘科前后盘属、腹袋属等多种前后盘吸虫寄生于牦牛的瘤胃所引起的一种吸虫病，童虫移行造成的危害较严重，该病感染已普遍发生。周菊等（2009）对青海省香格里拉县65头牦牛检疫时发现，16头牦牛的瘤胃与网胃有前后盘吸虫感染，且由于虫体感染，胃黏膜出现了潮红、出血的病变。米玛顿珠等（2001）对西藏林芝地区的调查结果显示，牦牛前后盘吸虫的感染率为100%。

1.2 中国牦牛原虫病的流行现状

1.2.1 牦牛弓形虫病

牦牛弓形虫病又称牦牛弓形体病，是由专性寄生的刚地弓形虫引起的一种人畜共患寄生原虫病，已被农业部列为二类动物疫病。陆艳等（2012）采用ELISA方法对2010年8月采自青海省大通县898份牦牛血清进行弓形虫抗体检测，结果发现，弓形虫抗体阳性血清21份，阳性率为2.34%。近年来大多研究人员采用间接血凝试验（IHA）以对照阳性血清效价不低于1∶1 024、待检血清抗体滴度达到或超过1∶64判为阳性进行弓形虫流行病学调查。Wang等（2012）对2009—2010年采自青海省玉树县（271份）、乌兰县（359份）、都兰县（478份）和贵南县（495份）共1603份牦牛血清进行弓形虫抗体检测，结果发现，弓形虫抗体阳性血清133份，阳性率为8.30%。Liu等（2011）对2010年5月至2010年6月采自青海省玉树县（114份）、杂多县（107份）、称多县（85份）、囊谦县（134份）、治多县（107份）和曲麻莱县（103份）共650份牦牛血清进行弓形虫抗体检测，结果发现，弓形虫抗体阳性血清228份，阳性率为35.08%。

1.2.2 牦牛隐孢子虫病

牦牛隐孢子虫病是一种重要的人兽共患寄生虫病，主要引起人和动物的急性或慢性腹泻，已被世界卫生组织（WHO）和美国疾病预防控制中心列入新发传染病。Mi等（2013）应用显微镜对2008年5月至2012年6月采自青海省刚察县、共和县、湟源县、祁连县和治多县共586份牦牛粪便进行隐孢子虫虫卵检测，结果发现，隐孢子虫虫卵阳性粪便142份，阳性率为24.2%。马利青等（2011）应用ELISA方法对采自青海省海晏县、祁连县、共和县、河南县和大通牛场共1 094份血清进行隐孢子虫抗体检测，结果发现，隐孢子虫抗体阳性血清368份，阳性率为33.64%。

1.2.3 牦牛新孢子虫病

牦牛新孢子虫病是由细胞内寄生性原虫新孢子虫所引起，呈世界性分布、流行。张焕容等（2013）应用ELISA方法对四川省阿坝州8个县1 070份牦牛血清进行新孢子虫抗体检测，结果发现，新孢子虫抗体阳性血清67份，平均阳性率为6.1%。Liu等（2008）采用ELISA方法对青海省946份牦牛血清进行新孢子虫抗体检测，结果表明，新孢子虫抗体阳性血清21份，阳性率为2.2%。

1.2.4 牦牛焦虫病

牦牛焦虫病主要是由巴贝斯焦虫和泰勒焦虫寄生于红细胞和网状内皮细胞引起的血液原虫病，该病必须通过寄生于牛体的蜱进行传播。Liu 等（2010）调查发现，甘肃、河南、河北、吉林和广西共 5 个省的牛和牦牛都有感染焦虫。铁富萍等（2011）应用 ELISA 方法对 2010 年 4 月采自青海省海晏县 135 份牦牛血清进行巴贝斯虫抗体检测，结果表明，巴贝斯虫抗体阳性血清 2 份，阳性率为 1.48%。

1.2.5 牦牛住肉孢子虫病

牦牛住肉孢子虫病是由住肉孢子虫属的多种原虫寄生于牦牛的肌肉或肠道中引起的人畜共患寄生虫病，广泛流行于世界各地。李春花等（2009）对 2006 年 10 月至 2007 年 5 月采自青海省循化县、久治县、玉树县、贵德县和门源县共 121 头牦牛不同部位的肌肉进行压片镜检，结果发现有 70 份感染了住肉孢子虫，感染率为 57.85%。张贵林（2010）对 2008 年采自青海乌兰的 134 头商品牦牛的心肌、膈肌、咽喉肌样品进行压片镜检，结果发现有 45 头感染了住肉孢子虫，阳性率为 33.58%。

1.3 中国牦牛外寄生虫病的流行现状

1.3.1 牦牛皮蝇蛆病

牦牛皮蝇蛆病是由狂蝇科皮蝇属的牛皮蝇蛆、纹皮蝇蛆和中华皮蝇蛆寄生于牦牛背部皮下组织内引起的一种慢性寄生虫病，是重要的人畜共患寄生虫病。牛皮蝇幼虫在牦牛体内移行造成严重损伤。马米玲等（2008）对 2003—2005 年甘肃省玛曲和天祝地区 1 106头牦牛进行剖检，结果发现有 331 头牦牛在食管部感染皮蝇蚴，感染率为 29.93%。刘建枝等（2012）应用 ELISA 方法对 2010—2011 年采自西藏当雄1 175份牦牛血清进行皮蝇蚴抗体检测，结果发现阳性率为 87.66%。

1.3.2 牦牛其他外寄生虫病

青海地区有毛虱、疥螨、颚虱、痒螨、草原革蜱、花蠕形蚤流行，感染率为 5.7%~15.4%（吕望海，2011）。新疆地区仅革蜱就有高山革蜱、巴士革蜱、银盾革蜱、草原革蜱和森林革蜱流行（王真等，2011）。

2 中国牦牛主要寄生虫病的防控策略

2.1 加强宣传教育工作

采取多种宣传方式向牧民宣传牦牛主要寄生虫病，尤其要强调人畜共患寄生虫病的危害及防制措施，提高牧民自我保护意识，充分调动其减少和消灭牦牛寄生虫病的积极性、主动性。

2.2 预防性驱虫

病畜和带虫者是重要的传染源，这类动物不断向外界散播病原体，因此定期对牦牛进行药物驱虫是目前预防寄生虫病的重要措施。大面积、高密度驱虫是防止无病害症状表现的带虫动物向外界散布病原的有效办法。付永等（2013）对青海省玉树县国营牧场常见的牦牛消化道寄生虫药物防制效果进行分析，结果发现在进行 3 次驱虫后，前后盘吸虫卵的感染率由 50%降至 30%，说明驱虫达到了一定的效果，并建议每年的 4 月和 10 月进行驱虫。田生珠等（2007）在 1997 年后使用丙硫咪唑和伊维菌素对青海省班玛县牦牛进行驱虫后发现，棘球蚴的感染率从 1983 年的 99%降至 2005 年的 64%。李永坚（2009）用阿维菌素片（0. 3mg/kg 体重）对青海省互助县 400 头牦牛进行皮蝇蛆防制，结果发现驱净率达到 97. 57%。长期使用药物驱虫很难避免产生抗药性、药物残留等问题，因此要注意使用高效、低毒药品，并制定好轮换用药计划。

2.3 环境驱虫

牦牛是放牧养殖，活动范围广阔，客观上给寄生虫病的防制带来了一定困难。在围栏周围施放药物，及时清扫围栏内的粪便并进行发酵等处理，可降低环境内虫卵感染牦牛的概率。

2.4 施行安全放牧措施

饲养牦牛的草原宽广、地形复杂，牦牛在牧区的移动和觅食时不仅可感染虫卵也可将感染性虫卵携带至其他地方，从而扩大感染面积。如肝片吸虫的中间宿主椎实螺在沼泽地较多，牦牛在此区域活动，感染的可能性极高。因此，可在牧区草场较宽松的情况下施行避虫放牧（安全放牧）或轮牧等措施。

2.5 加强饲养管理工作

加强饲养管理、搞好圈舍清洁卫生也是预防牦牛寄生虫病的关键。应提高饲养人员养殖水平，加强放牧、粪便管理，避免饲料和饮水污染，增强牦牛对寄生虫感染的抵抗能力。

3 小结

综上所述，寄生虫病仍严重危害着中国牦牛养殖业，并给其造成了巨大损失。因此，必须重视牦牛寄生虫病的防控工作，做到“预防为主、养防结合、防重于治”，达到保障牦牛和人类健康，提高牦牛养殖业经济效益的目的。

参考文献（略）

附　　图

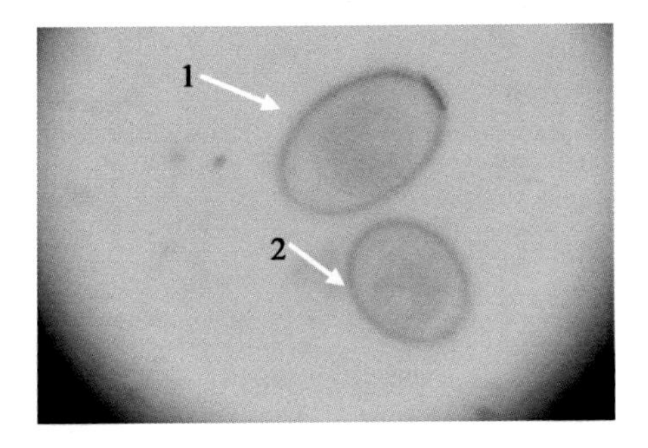

1—阿氏艾美耳球虫（山羊）
2—雅氏艾美耳球虫（山羊）

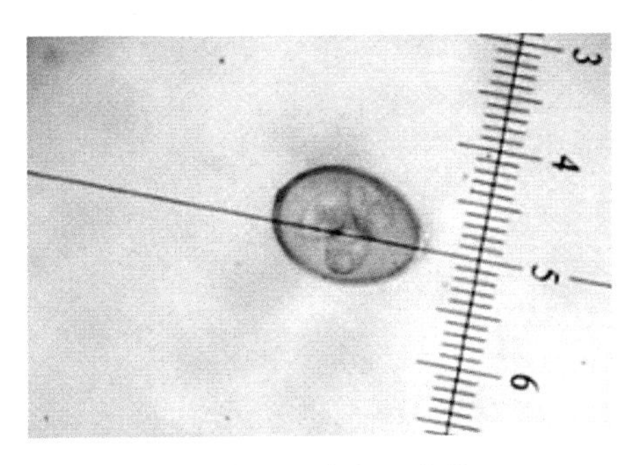

阿普艾美耳球虫（山羊）

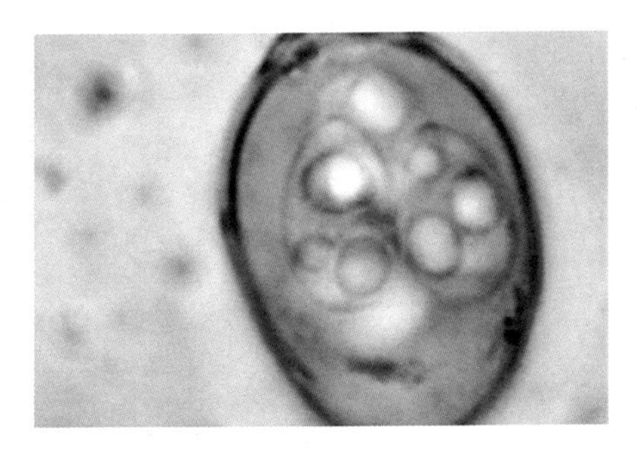

山羊艾美耳球虫（山羊）

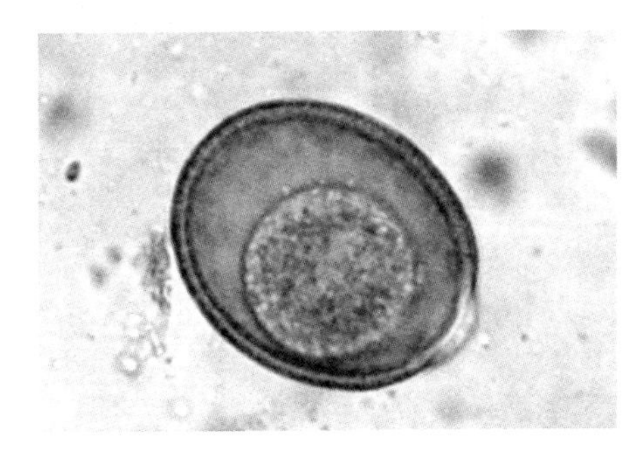

错乱艾美耳球虫（绵羊）

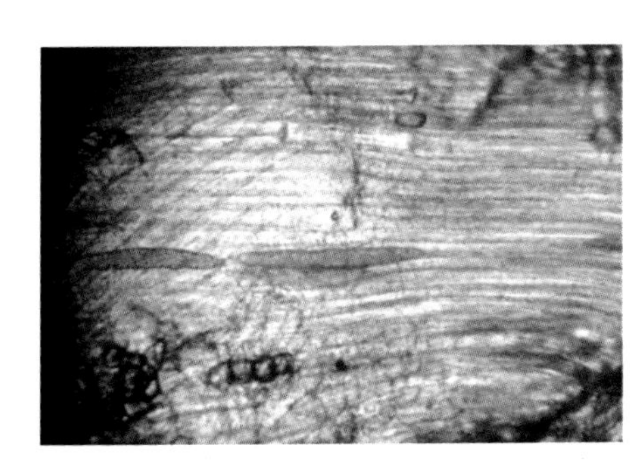

住肉孢子虫（山羊）

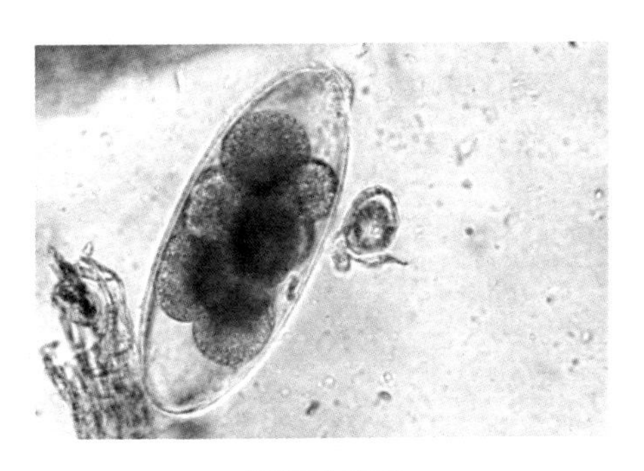

细颈线虫卵

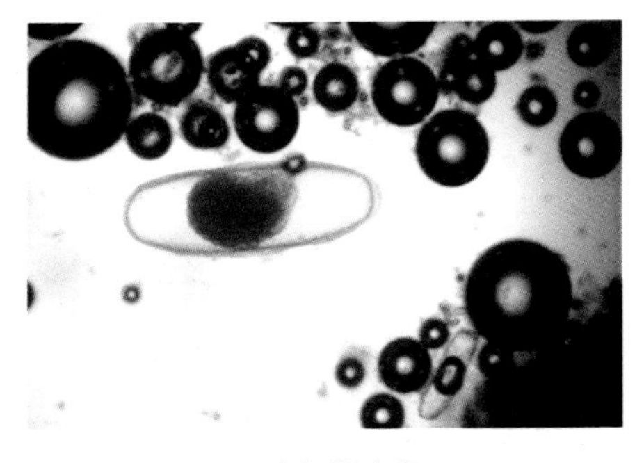

马歇尔线虫卵

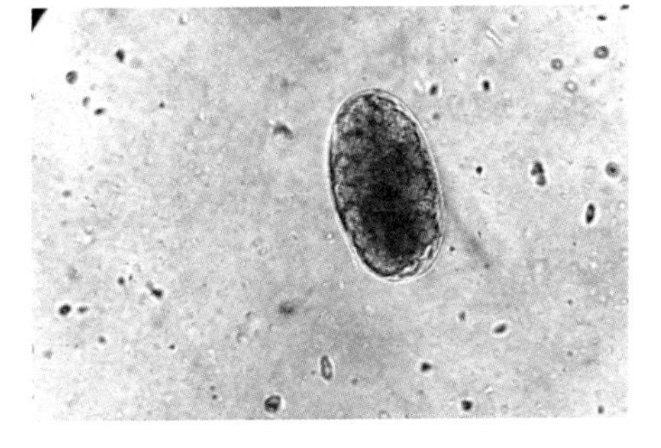

夏伯特线虫卵

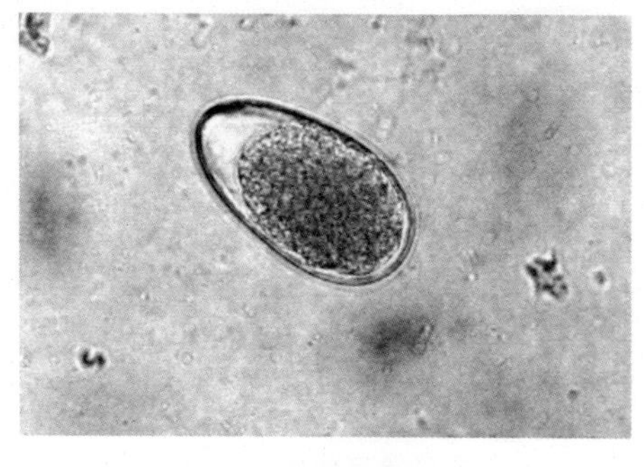

毛圆线虫卵

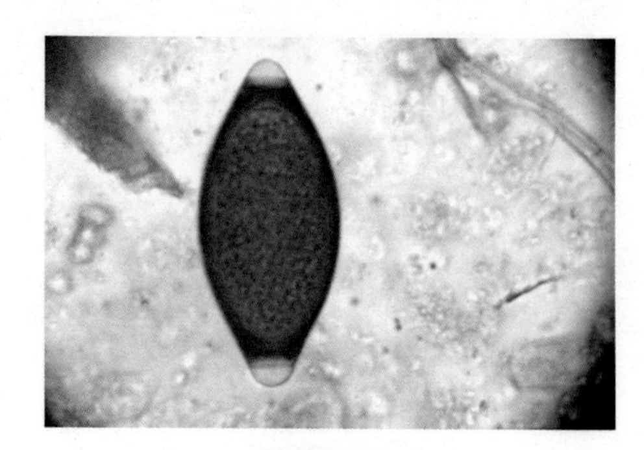

毛首线虫卵

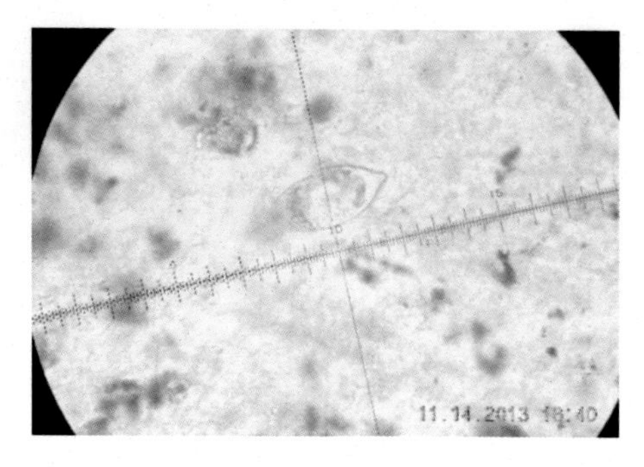

东毕吸虫卵

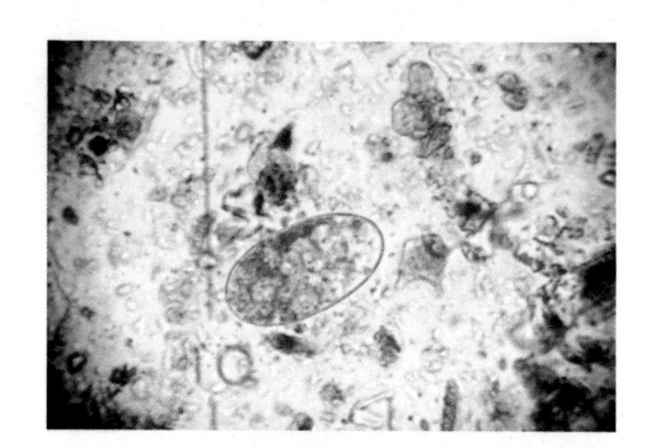

前后盘吸虫卵

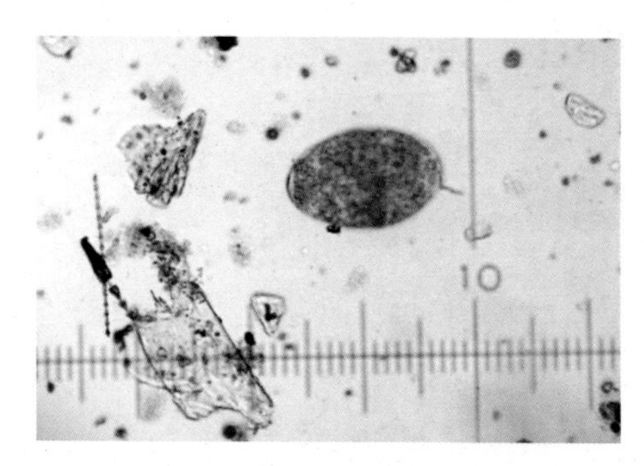

肝片吸虫卵

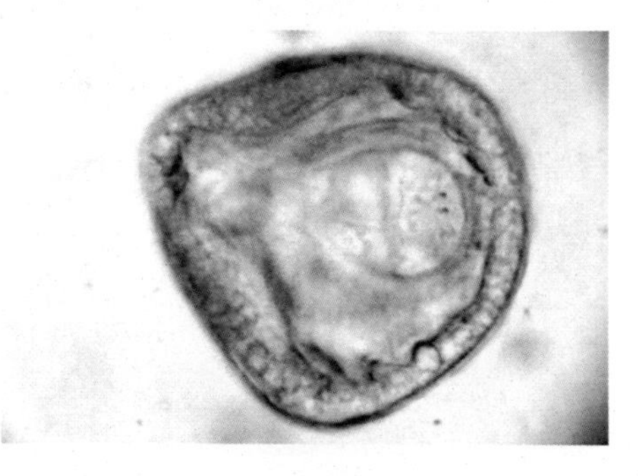

绦虫卵

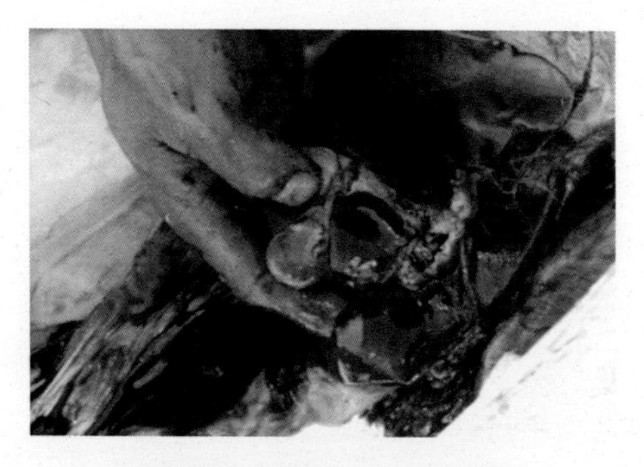

肝脏寄生细颈囊尾蚴（绵羊）

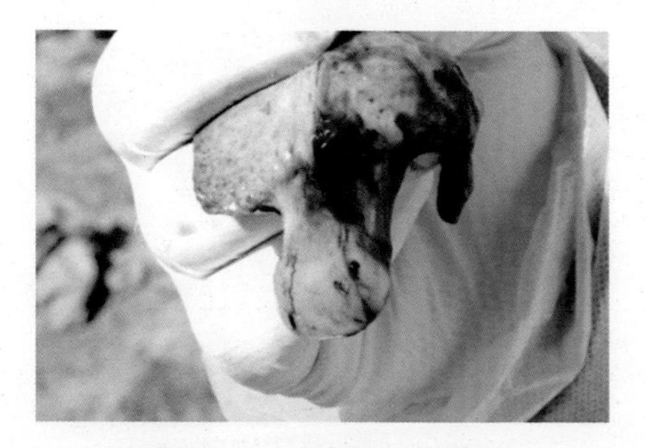

脾脏寄生细颈囊尾蚴（绵羊）

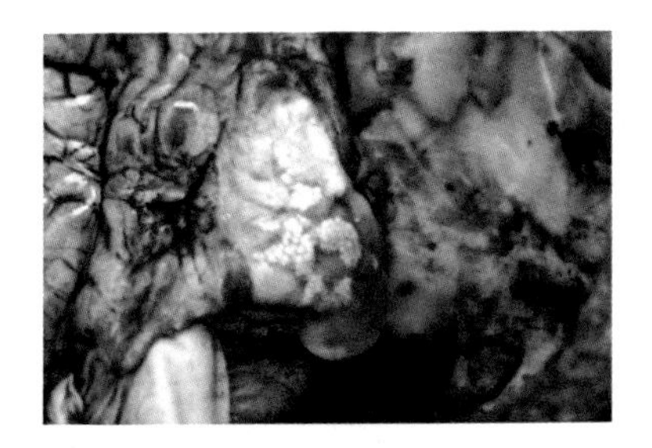

脑包虫（牦牛）

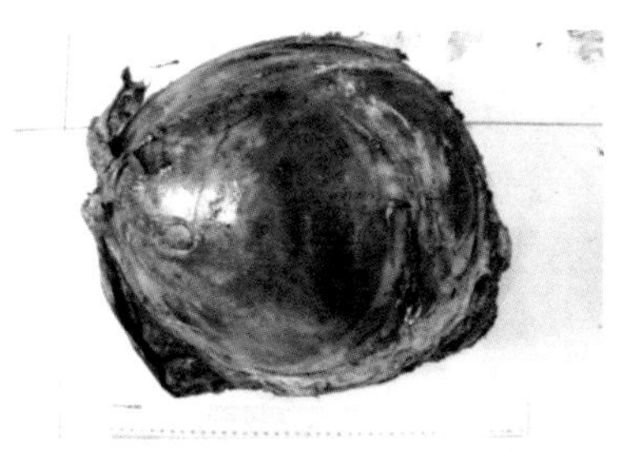

寄生于肝脏的超大棘球蚴(牦牛)

寄生于脾脏的棘球蚴（牦牛）

寄生于脾脏的棘球蚴（牦牛）

寄生于肝脏的棘球蚴（绵羊）

寄生于肝脏的棘球蚴（绵羊）

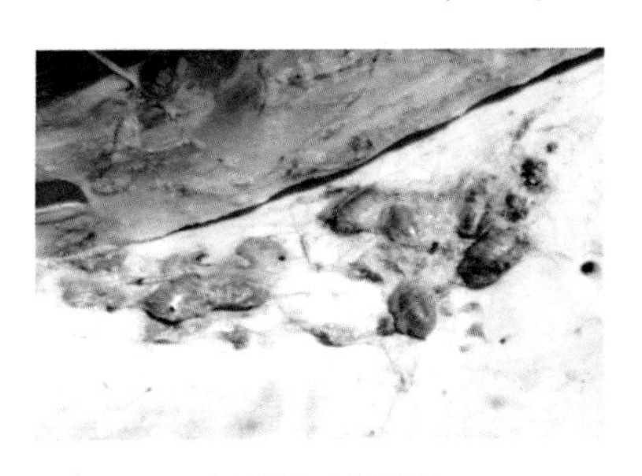

皮蝇蛆（牦牛）

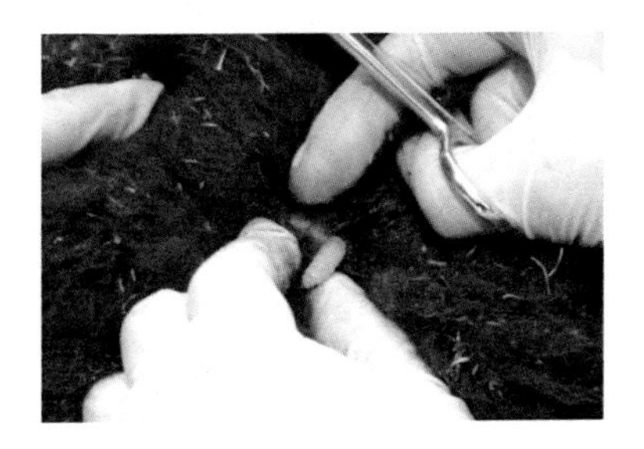

皮蝇蛆三期皮蝇蛆（牦牛）

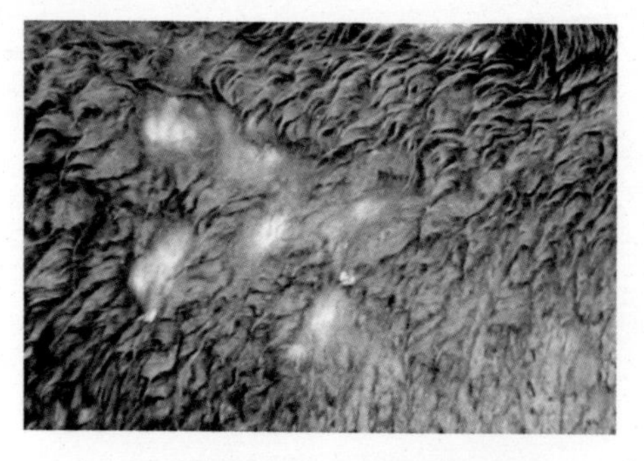

牛皮蝇病造成的背部皮肤损伤（牦牛）

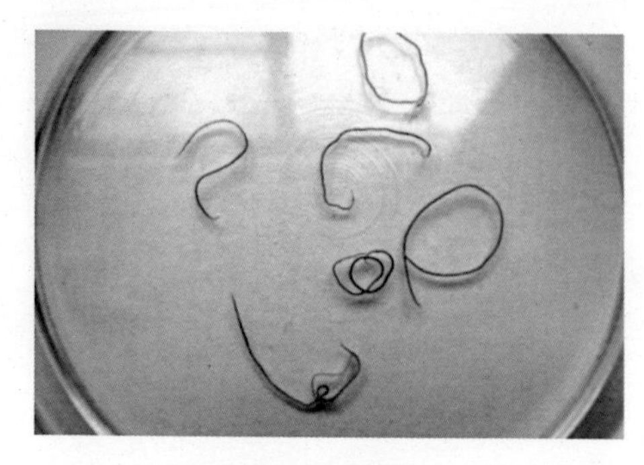

肺线虫（绵羊）

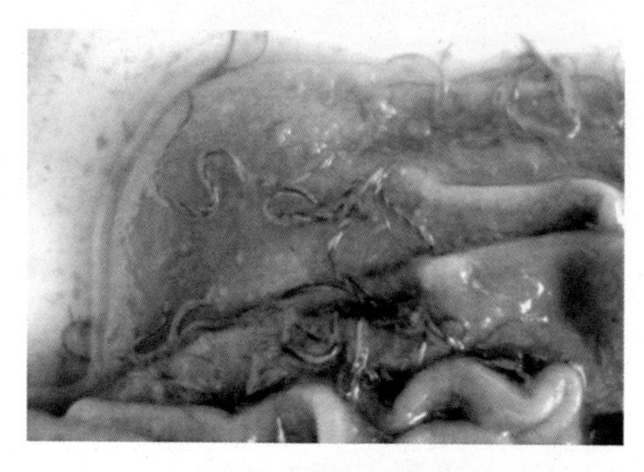

捻转血矛线虫（绵羊）

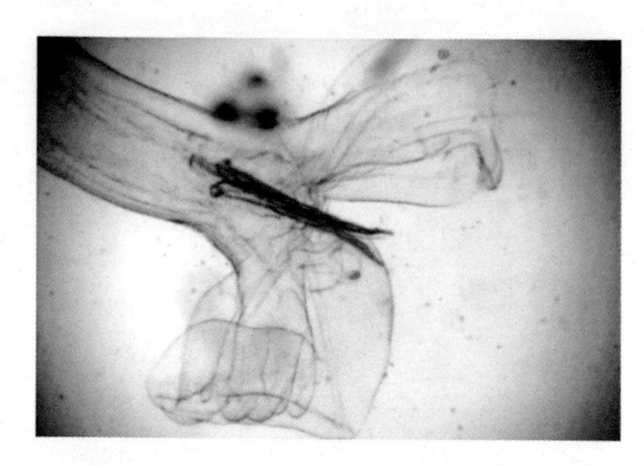

捻转血矛线虫（山羊）

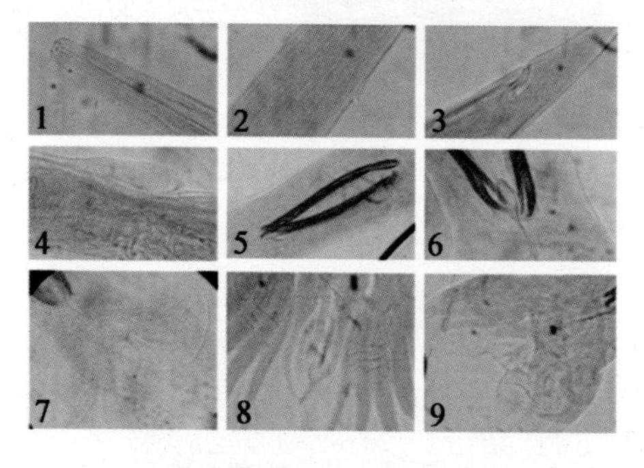

普通背带线虫（山羊）

旋毛虫（藏猪）

禽蛔虫（藏鸡）

禽蛔虫（藏鸡）

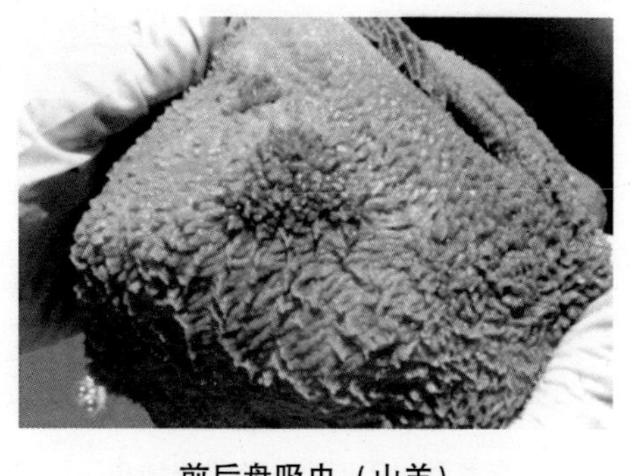

前后盘吸虫（山羊）

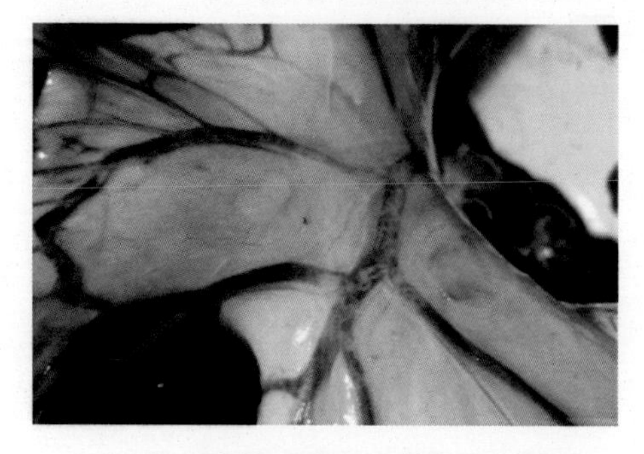

东毕吸虫（山羊）

东毕吸虫引起的肝脏结节（山羊）

蜱（绦虫）

沼泽地内的螺

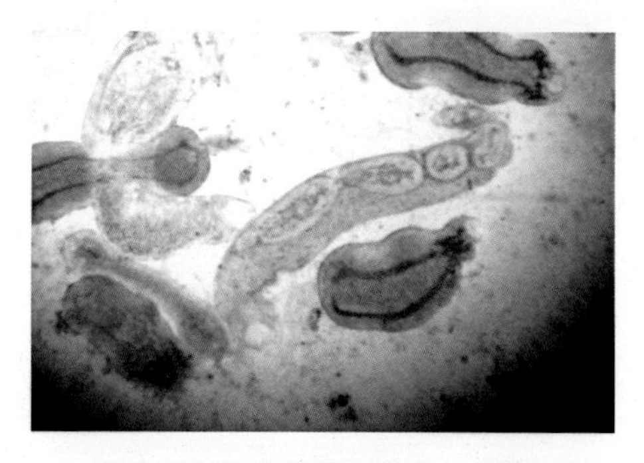

寄生于螺体内的吸虫幼虫（胞蚴）

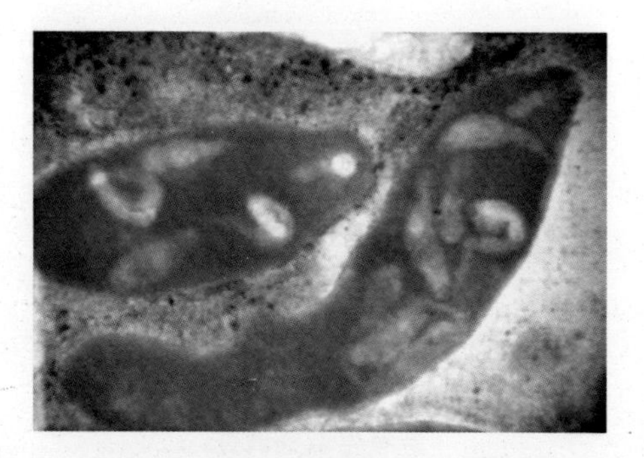

寄生于螺体内的吸虫幼虫（胞蚴）

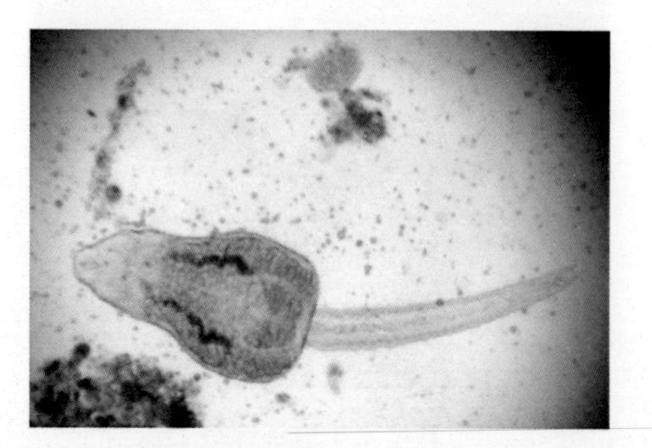

寄生于螺体内的吸虫幼虫（尾蚴）

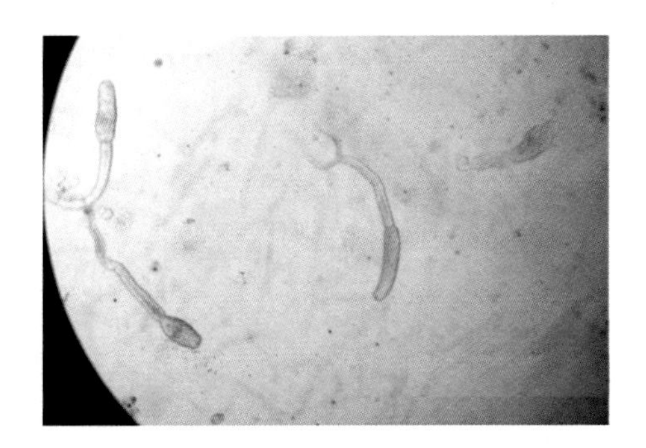

寄生于螺体内的吸虫幼虫（尾蚴）

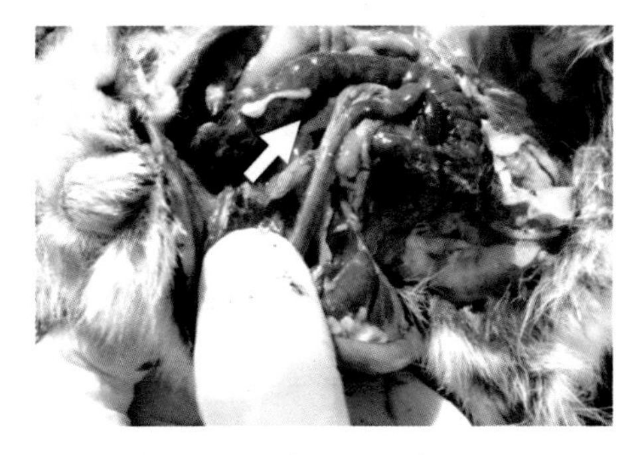

高原鼠兔体内寄生的绦虫幼虫

屠宰牛羊脏器喂食家犬

屠宰牛羊脏器喂食家犬

当雄生境地调查

尼木生境地调查

聂拉木生境地调查

萨嘎生境地调查

山羊粪便直肠采集

生境地内螺采集

粪便虫卵检查

ELISA 检测

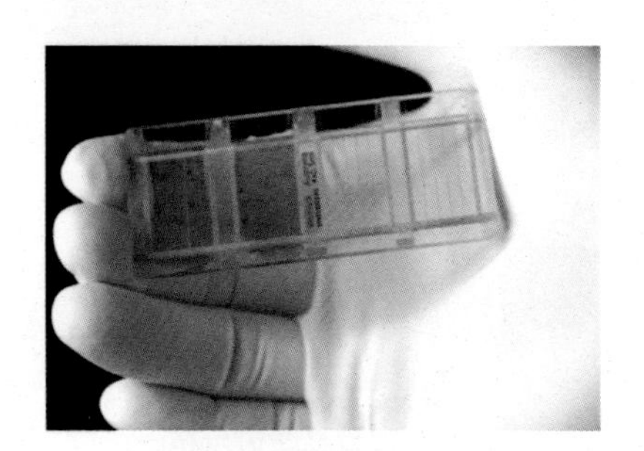

改良麦克马斯特虫卵计数板

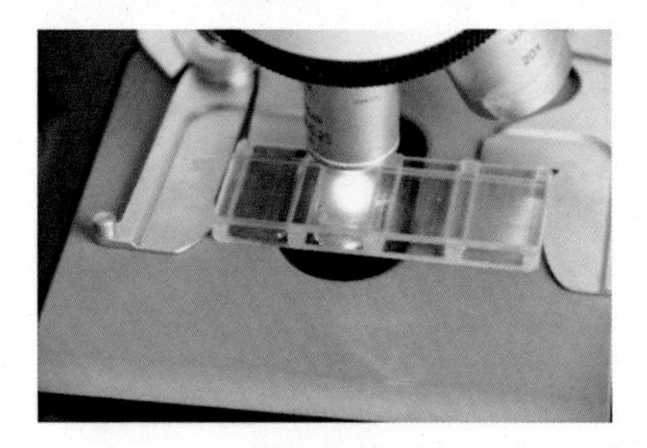

虫卵检查计数

收集虫体

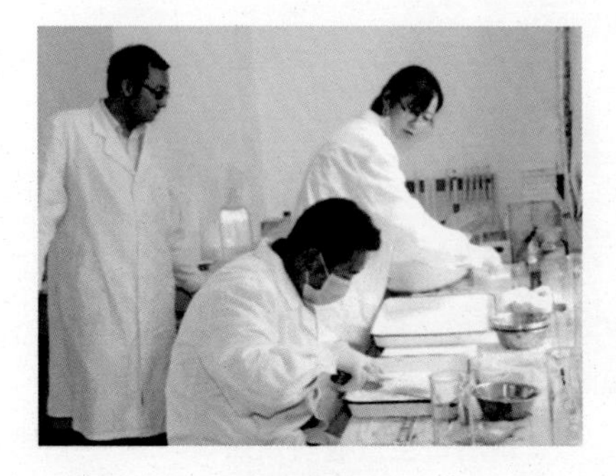

解剖检查

冬季屠宰季节调查

冬季屠宰季节调查

聂拉木县防治示范

聂拉木县防治示范

嘉黎县防治示范

嘉黎县防治示范

讲解寄生虫病防治知识